全国高等院校化工类专业规划教材

# 化工传递过程导论

## （第二版）

阎建民　刘　辉　编著

科学出版社

北　京

# 内 容 简 介

本书是化工传递过程方面的基础教材,内容上重视传递过程物理原理的解释和化工过程量化方法的阐述。第 1 章旨在帮助读者迅速理解课程的内容和意义;第 12 章总结了传递模型化方法并通过实例让读者领略其魅力;主体内容第 2~11 章依次介绍了动量传递、热量传递和质量传递,其中第 2、5、8 章分别介绍了各种传递过程的机理和模型,第 3、6、9 章讲解了各种分子传递过程的求解分析,第 4、7、11 章则介绍了对流传递现象的规律和量化方法,第 10 章补充了化工过程具有重要意义的多组分体系扩散传质的模型化方法。各章均附有例题、思考题和习题,并通过"学习提示"和"拓展文献"帮助读者理解运用本书内容。

本书可作为高等理工院校化学工程与工艺专业学生的基础教材或教学参考书,也可作为石油化工、环境工程、冶金工程、轻化工程等有关专业的研究人员和高校教师的参考书。

**图书在版编目(CIP)数据**

化工传递过程导论/阎建民,刘辉编著. —2 版. —北京:科学出版社,2019.12

ISBN 978-7-03-062668-4

Ⅰ. ①化… Ⅱ. ①阎…②刘… Ⅲ. ①化工过程-传递-教材 Ⅳ. ①TQ021

中国版本图书馆 CIP 数据核字(2019)第 233567 号

责任编辑:陈雅娴 李丽娇 / 责任校对:何艳萍
责任印制:张 伟 / 封面设计:迷底书装

科 学 出 版 社 出版
北京东黄城根北街 16 号
邮政编码:100717
http://www.sciencep.com

固安县铭成印刷有限公司 印刷
科学出版社发行 各地新华书店经销

*

2009 年 7 月第 一 版 开本:787×1092 1/16
2019 年 12 月第 二 版 印张:18 3/4
2021 年 6 月第七次印刷 字数:451 000

**定价:59.00 元**

(如有印装质量问题,我社负责调换)

# 第二版前言

本书第一版问世已 10 年。此次修订中，在保持原总体结构和特色风格的前提下，对部分内容进行了调整、更新更正和充实，以期更好地帮助学生理解化工过程的基本原理。特别补充了一些在化工过程开发设计中重要性日趋显现、同时在化工基础教材中普遍被忽视的内容。例如，动量传递部分增加了化工过程常见的多相流问题简介，湍流部分增加了目前湍流计算常用的湍动能及其耗散的 $k$-$\varepsilon$ 模式的阐释；热量传递中完善了对辐射的基本概念和原理的介绍；质量传递中除补充多组分体系扩散传质模型外，还完善了对流体相际传质模型的解释。

笔者编写了与动量和热量传递相关的第 1～7 章，并承担了最后的统稿工作。刘辉教授编写了与质量传递相关的第 8～11 章，以及模型化方法运用展示的第 12 章。质量传递是"三传"中最具化工特色的传递过程，由于传统的菲克扩散模型用于多组分物系存在的局限，以及相应扩散系数在实验测量方法上的巨大困难，扩散系数在工程计算中的应用远落后于流动和传热中对应的传递系数(黏度和导热系数)，多组分传质过程分析也基本属于目前国内化工专业本科教育阶段的知识盲点。Maxwell-Stefan(MS)扩散模型可以使用二元体系的扩散系数计算多组分物系内的扩散，并在 21 世纪已成功用于诸多工程传质问题的计算。此次修订增补了第 10 章与 MS 模型以及多组分菲克模型相关的内容，期望可以弥补国内同类教材在这方面的欠缺，同时促进传质教学更好地适应化工学科在这方面的发展趋势。作为教学信息化的尝试，笔者录制了几个教学短视频，可扫描书中的二维码观看，希望有助于读者对相关内容理解。

最后，感谢上海交通大学化工学科建设基金的资助和院系相关领导、老师的支持，感谢科学出版社责任编辑耐心细致的审阅校对。

由于笔者水平所限，书中难免有疏漏之处，希望读者批评指正。

阎建民
2019 年 5 月于交大园

# 第一版前言

化工生产过程千变万化，但本质上涉及的基本物理现象却有限。读者在学习中将逐渐认识到，掌握流动、传热与传质三种传递现象的物理规律是理解众多的新老化工操作单元的基础。近年流程模拟及计算流体力学软件正在深刻影响着化工基础课程的教学，在过程计算变得方便的情况下，仍离不开基本原理的指导。结合传递现象基本原理，学生可以更好更快地领会重要化工过程的原理，并便于日后将其用于解决复杂的实际工程问题。当前，许多学生更加注重知识的实用性，但过分强调知识的功利性也难免使人堕入"知识无用"的误区。我们应意识到：教育过程作为"特殊的生活过程"，乃是受教育引导的个人生活逐渐展开的过程，知识赋予一个人的综合素质绝非一蹴而就。

在长期的教学实践中，笔者注意到，一些学生往往被教材中连篇的数学公式所羁绊，学习传递课程成为他们必须经历的一场"囧途"；还有一些学生的学习视野完全被相关的数学推演所迷惑，而忽视了这些推演所欲深入揭示的那些鲜活多样的化工过程，以及日常生活中的流水潺潺、乍暖还寒和暗香浮动等现象。传递课程也因此在学生中素有"老虎课程"的形象。毋庸置疑，传递课程需要数学语言，不断涌现的传递教材也大多很注重基本理论描述的数学严谨性。笔者也认同：培养学生的数学思想和意识，理解掌握化工过程的量化方法，是本课程学习的主要目的之一。同时，数学于本课程的作用，更应该是理解传递现象之物理本质的工具，学习中更应强调物理概念、方程的物理解释以及所得结果在物理上的合理性。

教学中固然要引导学生理解、重视数学模型的理论意义，但如何通过有限的学时，让学生充分认识到传递课程中抽象数学模型的实用性和方法论意义，在数学模型的学习中自觉地把握千差万别化工过程的一些共性规律呢？基于这方面的理解和思考，笔者与北京化工大学刘辉教授共同编写了本书，旨在阐释动量、热量和质量传递过程的基本规律和一些重要的量化方法。内容上，在不影响读者理解的前提下力求简化数学处理，更强调对传递过程物理意义的理解和过程模型化方法的学习领会。在形式上，编者通过"学习提示"阐释对学科内容的一些体会，也希望给读者一些启发，并对内容进行总结归纳；各章节提供"拓展文献"帮助有心的读者开阔视野，以更好地理解课程内容及其与化工过程的联系。在篇章结构上，逐一讲解动量、热量和质量传递，以方便学生对传递过程物理意义的理解。

质量传递是"三传"中最具化工特色的传递过程，刘辉教授编写了相关的第 8～11 章，其中融入了他长年在传质领域从事科研和教学工作的诸多心得体会，并特别强调传质理论在分离单元操作、工业反应器分析中的作用。笔者编写了第 1～7 章，并承担了最后统稿工作。刘辉教授对书稿其余部分也提出了许多中肯的意见。

化学工程与工艺专业学生在学习化工原理或化学工程基础过程中或学习之后，可将本书作为基础教材或教学参考书，也可作为化工类其他专业的选修课教材。

华东理工大学戴干策教授和中国科学院过程研究所毛在砂研究员分别审阅了全部书稿，两位前辈都是传递学科领域的著名学者，他们在充分肯定书稿质量的同时也提供了睿智的指导意见，并指出了许多具体的表达疏漏或文字缺欠，为本书增色良多。戴干策先生细致地阐释了他对书中一些内容安排、重要概念讲解的看法，笔者在讨论中对学科现状及教学内容安排方面受到很多启发。在此，向两位先生恭致谢忱。

  另外，本书编写过程中参考了许多同类书籍资料，一并列在书末对各位编著者表示衷心的感谢。

  最后，感谢上海交通大学教材出版基金的资助和院校相关领导、老师的支持。

  由于笔者水平所限，书中难免有疏漏谬误之处，希望读者批评指正(笔者电子邮箱地址为 yanjm@sjtu.edu.cn)。

阎建民

2009 年 3 月于交大园

# 主要符号说明

## 英文符号

| | | |
|---|---|---|
| $A$ | 面积 | $m^2$ |
| $A_m$ | 对数平均面积 | $m^2$ |
| $a_i$ | 组分 $i$ 活度 | 量纲为一 |
| $C$ | 混合物的总摩尔浓度 | $mol/m^3$ |
| $C_D$ | 阻力系数 | 量纲为一 |
| $C_{Dx}$ | 局部阻力系数 | 量纲为一 |
| $C_\mu$ | 涡流黏度计算常数 | 量纲为一 |
| $c$ | 摩尔浓度 | $mol/m^3$ |
| $c_p$ | 定压比热容 | $J/(kg \cdot K)$ |
| $c_V$ | 定容比热容 | $J/(kg \cdot K)$ |
| $c'$ | 浓度脉动 | $mol/m^3$ |
| $D$ | 直径 | $m$ |
| $D$ | 菲克扩散系数 | $m^2/s$ |
| $D_{i,\text{eff}}$ | 组分 $i$ 相对其余组分的分子扩散系数 | $m^2/s$ |
| $D_{ij}^0$ | 无限稀释扩散系数 | $m^2/s$ |
| $Đ$ | MS 扩散系数 | $m^2/s$ |
| $d$ | 圆管管径 | $m$ |
| $d_e$ | 当量直径 | $m$ |
| $d_{\text{jump}}$ | 表面扩散的跳跃距离 | $m$ |
| $E$ | 扩散活化能 | $J/mol$ |
| $E_{mv}$ | 塔板板效率 | 量纲为一 |
| $e$ | 绝对粗糙度 | $m$ |
| $F$ | 力、外力或传质驱动力 | $N$ |
| $F_B$ | 体积力 | $N$ |

| $F_{df}$ | 摩擦曳力 | N |
|---|---|---|
| $F_{ds}$ | 形体曳力 | N |
| $F_G$ | 角系数 | 量纲为一 |
| $F_s$ | 表面力 | N |
| $F_\varepsilon$ | 灰体黑度的校正因子 | 量纲为一 |
| $f$ | 范宁摩擦因数 | 量纲为一 |
| $g$ | 重力加速度 | $m/s^2$ |
| $h$ | 对流传热系数 | $W/(m^2 \cdot K)$ |
| $h_m$ | 平均对流传热系数 | $W/(m^2 \cdot K)$ |
| $h_x$ | 局部对流传热系数 | $W/(m^2 \cdot K)$ |
| $I$ | 湍流强度 | 量纲为一 |
| $J$ | 扩散的摩尔通量 | $mol/(m^2 \cdot s)$ |
| $j$ | 扩散的质量通量 | $kg/(m^2 \cdot s)$ |
| $k$ | 湍流尺度相关的波数 | $1/m$ |
| $k$ | 湍动能 | J |
| $k$ | 导热系数 | $W/(m \cdot K)$ |
| $k$ | 玻尔兹曼常量$=1.38\times10^{-23}$ | J/K |
| $k_c$ | 对流传质系数 | m/s |
| $k_c^0$ | 对流传质系数(仅考虑纯粹的扩散传质) | m/s |
| $k_{cm}$ | 平均对流传质系数 | m/s |
| $k_{cx}$ | 局部对流传质系数 | m/s |
| $L$ | 长度、特征长度 | m |
| $l$ | 混合长 | m |
| $l$ | 涡旋大小相关的湍流尺度 | m |
| $l_c$ | 肋片的特征尺寸 | m |
| $l_e$ | 特征尺寸 | m |
| $M$ | 力矩 | $N \cdot m$ |
| $M$ | 相对分子质量 | 量纲为一 |
| $\dot{M}$ | 传质摩尔速率 | mol/s |

| $m$ | 质量 | kg |
|---|---|---|
| $N$ | 传质的摩尔通量 | mol/(m² · s) |
| $n$ | 传质的质量通量 | kg/(m² · s) |
| $P_0$ | 驻点压强 | N/m² |
| $p$ | 压强 | N/m² |
| $p_d$ | 动力压强 | N/m² |
| $p_s$ | 静压强 | N/m² |
| $Q$ | 热流速率 | J/s |
| $\dot{Q}$ | 单位质量流体所吸收的热 | J/kg |
| $q$ | 热通量 | W/m² |
| $\dot{q}$ | 内热源产热速率 | J/(m³ · s) |
| $R$ | 半径 | m |
| $R$ | 摩尔气体常量=8.31451 | J/(mol · K) |
| $R$ | 反应速率 | mol/(m³ · s) |
| $R$ | 脉动速度相关系数 | 量纲为一 |
| $r$ | 管半径 | m |
| $T$ | 温度 | K |
| $T_b$ | 流体主体温度 | K |
| $T_m$ | 液膜温度 | K |
| $T_s$ | 环境流体温度 | K |
| $T_w$ | 壁面温度 | K |
| $T_0$ | 初始温度 | K |
| $t$ | 时间 | s |
| $U$ | 单位质量流体的热力学能 | J/kg |
| $u$ | 流动速度、传质的质量平均速度 | m/s |
| $u_b$ | 主体平均流速 | m/s |
| $u_m$ | 摩尔平均流速 | m/s |
| $u_0$ | 边界层外的均匀流速 | m/s |
| $\bar{u}$ | 分子速度的平均值 | m/s |

| $u'$ | 流体微团的脉动速度 | m/s |
|---|---|---|
| $u^*$ | 摩擦速度 | m/s |
| $V$ | 体积 | $m^3$ |
| $V_s$ | 体积流率 | $m^3/s$ |
| $v_A^T$ | 表面扩散组分的热运动速度 | m/s |
| $W$ | 功 | J |
| $\dot{W}$ | 单位质量流体对环境所做的功 | J |
| $w$ | 质量流率 | kg/s |
| $x$、$y$ | 液体、气体的摩尔分数 | 量纲为一 |
| $y^*$ | 摩擦距离 | m |

**希腊文符号**

| $\alpha$ | 质量分数 | 量纲为一 |
|---|---|---|
| $\alpha$ | 导温系数 | $m^2/s$ |
| $\beta$ | 热膨胀系数 | 1/K |
| $\Gamma$ | 热力学校正因子 | 量纲为一 |
| $\gamma$ | 固体内孔道的收束因子 | 量纲为一 |
| $\gamma$ | 活度系数 | 量纲为一 |
| $\delta$ | 速度边界层厚度，液膜厚度 | m |
| $\delta_f$ | 静止膜层厚度 | m |
| $\delta_D$ | 浓度边界层厚度 | m |
| $\delta_T$ | 温度边界层厚度 | m |
| $\varepsilon$ | 湍动能耗散率 | J/s |
| $\varepsilon$ | 固体基体的空隙率 | 量纲为一 |
| $\varepsilon_M$ | 涡流扩散系数 | $m^2/s$ |
| $\zeta$ | MS 摩擦系数 | $N \cdot s/(mol \cdot m)$ |
| $\eta$ | 肋效率 | 量纲为一 |
| $\lambda$ | 分子平均自由程 | m/s |
| $\lambda_A$ | 组分 A 的摩尔蒸发焓 | J |
| $\mu$ | 黏度 | $Pa \cdot s$ |

| $\mu$ | 化学势 | J/mol |
|---|---|---|
| $\nu$ | 运动黏度 | m²/s |
| $\nu^r$ | 涡流黏度 | m²/s |
| $\rho$ | 密度 | kg/m³ |
| $\sigma_0$ | 斯特藩-玻尔兹曼常量=5.67×10⁻⁸ | W/(m²·K⁴) |
| $\tau$ | 剪切力 | N/m² |
| $\tau$ | 固体内孔道的曲径因子 | 量纲为一 |
| $\tau_s$ | 壁面剪应力 | N/m² |
| $\tau^r$ | 涡流剪应力 | N/m² |
| $\varphi$ | 势函数 | m²/s |
| $\phi$ | 内摩擦耗散热 | J/(m³·s) |
| $\psi$ | 流函数 | m²/s |

**下标**

| $x/y/z$ | 直角坐标系的坐标分量 |
|---|---|
| $r/\theta/z$ | 柱坐标系的坐标分量 |
| $r/\theta/\varphi$ | 球坐标系的坐标分量 |
| $i/j/k$ | 坐标系的任意方向坐标分量 |
| A/B、1/2 | 二元体系的组分 |
| $i$ | 多元体系的 $i$ 组分 |

**量纲为一数群**　　　　　　　　　　　　　　　　　　　　　　　　定义式

| $Bi$ | 毕渥数 | $\dfrac{hl}{k}$ |
|---|---|---|
| $C_A^{\bullet}$ | 量纲为一的浓度 | $\dfrac{c_A - c_{As}}{c_{A0} - c_{As}}$ |
| $Fi$ | 菲克数 | $\dfrac{tD_{AB}}{x^2}$ |
| $Fo$ | 傅里叶数 | $\dfrac{at}{R^2}$ |
| $Fr$ | 弗劳德数，外弗劳德数 | $\dfrac{U^2}{gL}$ |
| $Gr$ | 格拉斯霍夫数 | $\dfrac{L^3 \rho^2 g \beta \Delta T}{\mu^2}$ |

| | | |
|---|---|---|
| $Kn$ | 克努森数 | $\dfrac{\lambda}{d_{\mathrm{p}}}$ |
| $Nu$ | 努塞特数 | $\dfrac{hx}{k}$ |
| $Pr$ | 普朗特数 | $\dfrac{v}{\alpha}=\dfrac{c_{p}\mu}{k}$ |
| $Re$ | 雷诺数 | $\dfrac{\rho u_{\mathrm{b}}d}{\mu}$ |
| $Sc$ | 施密特数 | $\dfrac{\mu}{\rho D}$ |
| $Sh$ | 舍伍德数 | $\dfrac{k_{c}^{0}L}{D_{\mathrm{AB}}}$ |
| $T^{*}$ | 量纲为一的温度 | $\dfrac{T-T_{\mathrm{w}}}{T_{0}-T_{\mathrm{w}}}$ |
| $u^{+}$ | 量纲为一的速度 | $u\sqrt{\dfrac{\rho}{\tau_{\mathrm{s}}}}$ |
| $y^{+}$ | 量纲为一的距离 | $\dfrac{\sqrt{\tau_{\mathrm{s}}\rho}}{\mu}y$ |
| $\eta$ | 量纲为一的位置 | $y\sqrt{\dfrac{u_{0}}{vx}}$ |

# 目　　录

# 第1章 绪　　论

## 1.1　化工科学的发展与传递学科的成长

由于火的使用,原始人在一百多万年前就制造了陶器,这是最早出现的硅酸盐化工工艺。在此后漫长的人类历史长河中,物质转化的工艺知识通常作为经验或技术诀窍"藏匿"在工匠或小作坊主的脑袋里,没有成为系统的知识。在冶炼金属和制造玻璃方面,古埃及的技术文明已经发展到一个很高的水平,但直到18世纪末,玻璃杯的使用仍是财富的象征,一套铝制餐具则可以显示拿破仑的权贵。

化工科学的形成源于规模化的工业生产。19世纪末,逐步形成的各种化工产品的工艺学,正是当时以产品划分的化工生产的写实,这在后来集合为**工业化学**课程。一种化工产品的生产过程通常以化学反应为核心,而物理加工步骤只是为化学反应准备必要的反应原料以及进一步将反应得到的粗产品进行提纯。

虽有千千万万个不同的化工生产过程,但归纳起来,各生产过程都由化学反应和若干物理操作过程串联而成。因此,在关注每一个化工产品生产过程中特殊知识的同时,更应关注组成生产过程的各种类型的操作。1915年,化学工程的先驱利特尔(Little)在向麻省理工学院提交的报告中写道:"任何化学过程,不论是什么样的规律,总可以分解为一系列互相类同的被称为**单元操作**(unit operation)的组成部分,如破碎、混合、加热、吸收、沉淀、结晶、过滤等。这些基本单元操作的数目并不多,对于一个特定的加工过程,可能只包括它们之中的某几个。要使化学工程师们能广博地适应职业的需要所应具备的能力,只能是对实际规模上所进行的过程做出分析并将其分成多个单元操作来获得。"1922年,在美国化学工程师年会上,单元操作的概念得到认可。次年,麻省理工学院著名的沃克(Walker)教授等写成第一部关于单元操作的书,名为**《化工原理》**(*Principles of Chemical Engineering*)。

根据单元操作的基本规律,可将操作单元划分为三类:①遵循流体力学基本规律的操作单元,包括流体输送、沉降、过滤、固体流态化、混合等;②遵循传热基本规律的操作单元,包括加热、冷却、冷凝、蒸发等;③遵循传质基本规律的操作单元,包括蒸馏、吸收、萃取、结晶、干燥、膜分离等。这些操作的最终目的大多是将混合物分离,相应地称之为传质分离操作。

同一单元操作在不同化工生产中有共性,也有各自的特征。例如,制碱和制糖生产都有蒸发这个单元操作,它们共同遵循传热基本规律,都采用蒸发器,这就是蒸发操作在两种不同工业生产中的共性。但制碱工业的蒸发条件不同于制糖,两者所选的蒸发器也各异,这是特殊性。从以产品来划分的化工生产工艺中,抽象出各种单元操作,即从特殊性中总结出普遍性,是认识上的一个飞跃,使量化分析更加便利,极大地促进了化工的设计、预测和控制,对化学工程学的形成和发展起了重要推动作用,并促进了化学工业的发展。

同时,从事有机合成的化工专家也根据归类和归纳的思路,将有机合成工艺按其化学反应组合成单元过程,如磺化、硝化、酯化等。这些单元过程的内涵大多限于化学反应,逐渐发展为**精细化工学科**，指导批量化工产品的生产。

化工科学的成长是一个逐步抽象的历程，不断将有区别的化工过程的共同性质或特性形象地抽取出来予以考虑。这种抽象是理论思维的重要形态，任何学术研究发展到理论水平，几乎都需要对研究对象进行抽象处理，提炼出理论原则或模型。随着对单元操作不断深入研究，人们认识到分析单元操作中潜在的基本科学规律本身是更有价值的研究课题。

从整个社会来考察，任何理论归根到底都来自社会实践。理论最宝贵和真正有价值的地方，不仅仅是能够解释和剖析实践，而是在于能够强化实践和预示未来的实践。特别是在理论工具突飞猛进和微型计算机普及的信息时代，理论更加显示出"运筹帷幄之中，决胜千里之外"的作用。各种单元操作中抽象提炼出的共性科学规律不仅可以帮助理解已有单元操作的过程细节，还可以指导人们认识新的技术单元的基本规律。

流体流动是一种动量传递(momentum transfer)现象。因此，遵循流体力学基本规律的诸操作单元，都可以用动量传递理论去研究，其余两大类的单元操作除了与流体流动相关，更主要用热量传递(heat transfer)与质量传递(mass transfer)理论进行研究。三种传递现象在许多过程中同时发生，并且存在类似的规律。这使得原来本是分立学科的流体力学(动量传递)、传热学与传质学合而为一，构成一个新的基础学科成为必要。1960 年，威斯康星大学的伯德(Bird)等为了加强学生工程科学基础的训练，把三种传递过程的内容组织在一起写成《**传递现象**》(*Transport Phenomena*)一书，伯德在前言中写道："当前的工科教育越来越倾向于着重基本物理原理的理解，而不是盲目地套用经验结论。"这一思想也贯穿于该书之中。

在物理学上，物体质量与速度的乘积被定义为动量。速度可认为是单位质量物体所具有的动量。因此，同一物质的速度不同，所具动量也就不同。如果处于不同速度流体层的分子或微团相互交换位置时，则发生由高速流体层向低速流体层的动量传递；当物系中各部分之间的温度存在差异时，则发生由高温区向低温区的热量传递；若介质中的物质存在化学势差异时，则发生由高化学势区域向低化学势区域的质量传递过程，化学势的差异可以由浓度、温度、压强或电场力所产生，而最为常见的是由浓度差而导致的质量传递过程，此时混合物中某个组分将由其浓度高处向低处扩散传递。

同时，很多重要化学反应需要设计工业反应装置，确定并控制最佳操作条件，模拟放大生产过程。对反应器中的化学反应，除了要考虑分子反应的化学机理、反应速率，还必须注意参加反应物料的质量、热量和动量传递过程。传递过程的方法逐步与具有化学反应的工艺结合，在此交叉领域中再经归类和归纳，形成一门新的分支化工学科：**化学反应工程**。

至此，化学工程学学科发展到了"**三传一反**"的较完整阶段，人们可以通过物理角度去理解并利用数学手段来定量描述众多松散的化工过程。之后，由于计算机的迅速发展与普及，人们对化工单元的研究扩展到化工生产过程的系统优化设计、操作以及控制。运筹学与优化理论的结合并用于化工过程，形成了"化工系统工程"，同时发展了"过程动态学与控制论"。这些学科都是以"三传一反"对化工过程的数学描述作为基础的。

近年来，在近代科学技术快速发展的推动下，化学工程学科正在经历着急剧的变革。不仅在强化"三传一反"过程的准确量化认识，也更加注重众多小产量新产品开发所面临的问题。新形势下，化工专业教育的核心内容需要有所革新，但传递课程所涉及的动量、热量和质量传递内容不会被撤销，而将进一步调整充实，以帮助学生准确理解不同尺度下化工过程所蕴含的流动和传递现象。随着科技发展，传递课程涵盖的领域不断扩大，描述的对象从普通流体向多相流、高分子材料及其溶液、离子液体、生物体、流体界面等领域扩展,该学科的应用对象不断扩大,涵盖了国民经济、生命健康和一些高技术产业,如新材料、新能源、食品药品加工等,焕发出了新的生命力。

## 1.2 化工过程的平衡与速率

化工过程中的所有现象大致可归纳为 4 个物理过程和 1 个化学过程:流体流动(动量传递)、热量传递、质量传递、分相和化学反应(参见本章拓展文献 3)。本课程将主要讨论动量、热量、质量传递过程的速率。在另一课程"化学反应工程",将集中讨论发生化学反应的工业反应器中的过程。这些过程对应的平衡与速率现象及相应学科列于表 1-1。平衡的界面(表面)现象已经得到充分研究,但与分相相关的动态界面过程涉及更多变化因素,所包含的动量传递现象与界面形态相互影响,并通常伴有质量传递,同时界面形态变化的描述也不容易,因此至今难以建立准确的具有普遍实用意义的定量分析模型,许多科研人员仍在开展相关的研究。

表 1-1 主要化工过程的平衡与速率及其对应学科

| 传递过程 | 平衡 | 速率 | 实例 |
| --- | --- | --- | --- |
| 动量传递 | 机械能平衡(流体静力学) | 流动速率(流体动力学) | 流体输送 |
| 热量传递 | 热平衡(工程热力学) | 传热速率(传热学) | 加热、冷却 |
| 质量传递 | 化学势平衡(化工热力学) | 传质速率(传质学) | 吸收、萃取 |
| 化学反应 | 化学平衡(化学热力学) | 反应速率(化学动力学) | 反应器 |

化工科学的发展历程更加强调对化工过程基本科学规律的认识。其中,系统的平衡状态规律和过程速率的规律最为根本。

平衡状态的规律对于化工传递和反应过程的理解也很重要。首先,平衡状态将决定给定条件下传递过程的方向和极限,如热平衡往往意味着热量传递过程的终结;另外,当条件变化时,传递过程的速率变化趋势也取决于体系实际状态与平衡状态的对比。例如,熟知的换热过程的冷、热流体温差减小,传热速率将下降。

动力学探讨过程速率的规律。化学动力学研究化学变化的速率及浓度、温度、催化剂等因素对化学反应速率的影响,本课程研究物理变化的速率及有关影响因素。

流体静力学研究流体在静止的**平衡**状态规律,如静止流体保持力平衡状态。流体动力学则说明,**流体流动**是流体的连续应变行为,应变产生的表面应力基本决定了流动状态;另外,静止流体各处的机械能(位能与静压能之和)保持平衡,一旦这种平衡被打破,将出现从机械能高位置向机械能低位置的流动现象。化工原理课程中,主要通过机械能的宏观变化计算流动的总体情况。在本课程中,则将从微观的受力分析出发,揭示流动流体的内部细节。

工程热力学和传热学从不同的角度研究传热物理现象的客观规律。热力学以**平衡**态和可逆过程为基础,主要研究热能与机械能相互转换的规律,不考虑过程所需时间。所研究的热量传递过程通常是在温差趋于零(或无限小)的情况下进行的,并借助有效能分析及夹点分析研究能量的利用效率;传热学则专门研究温度不平衡时**热量传递**的规律,是典型的不可逆过程,此时所研究的热量传递过程都是在一定温差下进行的,传热的快慢和不同时刻的温度分布是主要的研究内容。例如，将一根灼热的钢棒放入水中冷却，热力学通常计算棒与水最后达到的平衡温度和水得到的热量，传热学则要求出热量传递的速率、某瞬间钢棒的温度分布和过程所需的时间。

传质过程经常体现于各种化工分离操作，平衡与速率也因此成为认识这些分离操作本质的两个重要的视角。下面以洗涤过程为例予以说明。洗涤是传统的分离操作，利用溶剂将不洁的杂质从织物上分离开。换一个视角，分离操作也可以看作洗涤过程，如吸收是用吸收液"洗"掉气体物流中的"脏"组分，气流干燥则用空气"洗"掉固体物料中的水分。

洗涤过程需关注**传质**速率，即脏物脱离织物的速度，特别是衣物沾染了不易洗掉的污染物如油漆，这时要采取各种措施，如揉搓、锤打，以加快脏物在织物与水之间的转移速率。洗涤过程也需要关注**平衡**，即脏物在织物上与洗涤所用水之间存在的平衡关系，"脏水洗不净衣服"体现了这种平衡，采用特定溶剂和洗涤剂可以调整这种平衡关系。逆流操作是一种高效的分离模式，也是高效而节水的洗涤模式，如图1-1所示。逆流操作的原理在于充分利用平衡关系，从而可用较少的水洗净更多的衣物。

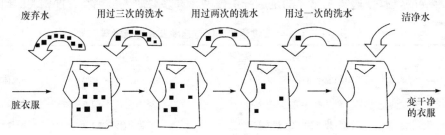

图1-1　逆流洗涤过程

在化工原理课程中，对传质分离过程更关注平衡关系，如板式塔的理论板或填料塔的传质单元都称为平衡级，平衡级的数量(理论板数或传质单元数)仅意味着相关过程看作洗涤时换了多少次水而已。平衡级通常对应一定的设备区域，不同物相在这里通过传质过程实现相平衡，在更广泛的意义上达到了化学势平衡。例如，读者熟悉的吸收过程的传质单元，在填料吸收塔往往对应一段填料，气体和吸收液在这里相互接触，通过质量传递达到平衡，从该段填料上方离开的气流浓度与下方离开的吸收液浓度满足相平衡关系，如亨利定律。

对这些传质分离单元过程的理解，如吸收、蒸馏、萃取等，传质速率的影响也同样重要。平衡级有助于进行过程设计，对过程的优化则必须考虑传质速率。例如，不同的填料所提供的气液传质面积不同，体现出不同的传质性能，一个传质单元(平衡级)所需要的填料体积也因此各异。对于板式的吸收塔或蒸馏塔，相间传质速率则决定了板效率，即一层实际塔板与理论板的差异。通过学习本书内容，读者可以更好地理解不同传质分离设备在效率上的差异。

## 1.3　传递过程速率的量化方法

对传递过程的量化研究，往往要依靠传递过程所遵循的一些基本物理规律，建立相应的**数学模型**(等量关系组)，再通过数学方法分析求解工艺设计参量。传递过程所遵循的基本规律都为大家所熟悉，如质量守恒定律、能量守恒定律(热力学第一定律)和动量守恒定律(牛顿第二运动定律)。除了极小尺度(如核物理)和极宏大尺度的宇宙演化过程，这些基本规律已经得到普遍认同，完全适用于传递过程所涉及的不同尺度。

传递过程涉及的变量很多，仅凭借以上基本规律不足以解决问题，为此需要一些本构方程(又称辅助定则)，如牛顿黏性定律、傅里叶定律和菲克定律。这些本构方程消除了模型中一些难以直接测量的过程参量，如流体剪应力、热传导的通量[①]、扩散传质的通量，同时引入一些便于测定的流体性质参量，如黏度、导热系数和扩散系数。

根据欲解决问题的需要，传递过程的规律可以在不同大小尺度范围上分析研究。同时，不同尺度上的传递相互紧密联系，一种尺度上的规律是理解上一级更大尺度上传递现象的基础。化工原理课程在设备尺度上研究传递过程的不同操作单元，讨论操作单元内流体平均运动引起的传递。这种方法通常只考虑流体在主体运动方向上流动参数的变化，即限于一维运动；本书将在微团尺度分析传递过程，帮助读者详尽地了解传递规律，不仅可以更好地掌握以前所接触的操作单元原理，同时可以迅速理解化工新技术蕴含的操作单元的运行规律；对于传递性质的认识，如混合物黏度、导热系数和扩散系数的变化规律，目前仍在分子尺度上运用统计力学和分子动力学模拟进行研究，相关领域(称为分子工程)已经取得许多重要结果。

依据质量守恒、能量守恒和动量守恒原理，对设备尺度范围进行的衡算称为**总衡算**或宏观衡算；对流体微团尺度范围进行的衡算称为**微分衡算**或微观衡算。进行衡算时必须确定一空间范围，这一衡算的空间范围称为"控制体"，包围此控制体的边界面称为"控制面"。控制体的大小、几何形状的选取则根据流体流动情况、边界位置和研究问题是否方便等来确定。

总衡算的控制体为一宏观的空间范围，依据守恒原理对某设备或其代表性部分进行传递规律研究。总质量衡算依据质量守恒定律，探讨控制体进出口流股的质量变化与内部流体总质量变化的关系，可以解决工程实际中的物料衡算。总能量衡算依据能量守恒定律，探讨控制体进出口及环境状态，能量变化与内部总能量变化的关系，计算能量转换及消耗。总动量衡算依据动量守恒，分析控制体进出口流股的动量变化与内部动量变化，以了解设备的受力作用。总衡算是化学工程师的一项基本功，在一些前修课程已多有接触，下面将通过一个质量总衡算的实例进行说明。

由于进行总衡算时，无需知道控制体内部的细节，因此它无疑是方便的工具。但正是由于这一点，妨碍了用它来对控制体内部详细情况进行研究。总衡算的特点在于，通过控制体外部(进出口及环境)各物理量的变化来考察控制体内部物理量的总体平均变化，而对控制体内部逐点的详细变化规律无法得知。例如，流体流过管截面的流速情况，总质量衡算只能解决主体平均流速问题，而截面上各点的速度变化规律(速度分布)则无法求解。进一步探讨动量、热量和质量传递规律问题，必须在流体微团尺度的控制体进行微分衡算，导出微分衡算方程，然后在特定的边界和初始条件下将微分方程求解，才能得到描述流体流动系统中每一点的有关物理量随空间位置和时间的变化规律。在进行微分衡算时，微元体积总是在单相内截取，在应用中也仅限于相边界以内。

微分衡算是在流体任一微分体积单元即微元体中进行，故又称微观衡算。微分衡算所依据的物理定律与总衡算一样，微分质量衡算依据质量守恒定律；微分能量衡算依据能量守恒定律，即热力学第一定律；微分动量衡算依据动量守恒定律，即牛顿第二运动定律。微分衡算是研究传递过程的重要方法，在以后的学习中应认真体会，熟练掌握。

---

① "通量"是传递过程的重要概念，表示单位时间、单位面积所传递的量，或单位面积上的传递速率。例如，传热通量是单位面积的传热速率，或单位时间、单位面积所传递的热量。

在本书中，依据守恒原理，将运用微分衡算方法推导出微分连续性方程、微分能量方程、微分运动方程和微分对流扩散方程，这些普遍化的微分方程和本构方程(牛顿黏性定律、傅里叶定律和菲克定律)一同构成传递过程理论计算的基本方程。

普遍化的微分方程作为概括传递过程规律的一般性方程，不可能直接求解，需要首先根据具体的传递现象进行化简。它要求人们必须对所研究的对象有深刻的了解，特别是对于传递现象物理意义的理解，这是化简微分方程的关键。通常可以依靠实验、观察，对被研究的对象进行具体分析，分析哪些是主要影响因素，哪些是次要影响因素，然后抓住主要因素忽略次要因素进行合理的简化和近似。

简化后的微分方程的求解需要各种数学工具，如微积分、数理方程等。高速电子计算机的出现，以及一系列有效的近似计算方法(如有限差分法、有限元法等)的发展，使数值计算在传递过程研究中成为重要的研究方法，能处理较为复杂的符合实际的过程，由此产生了计算流体力学(computational fluid dynamics，CFD)、计算传热学和计算流体混合等新的学科分支。

通过数理解析方法，运用基本方程可以解析传递过程的规律，这是对传递过程进行量化的最重要的方法之一，也是本课程的主要学习内容。读者在学习中要重视严谨的数学表述的重要性，学习解析法建立数学模型，培养数学思想和意识。

数理解析方法并非传递过程量化方法的全部。根据实验数据建立经验关系式目前仍是一些化工过程工程设计经常需要的方法，但纯经验性的关系式只能在实验验证的范围使用，并不能揭示问题的物理本质，无法赖以获得改善设计的方向，从发展的眼光将被逐渐淘汰。当所研究的问题极其复杂，模型不易建立，或虽有模型但因方程复杂或边界条件复杂难以求解时，可以根据传递现象物理意义的理解做出某些假设，提出半理论半经验的模型，并根据实验结果回归模型中的一些参量。解决复杂传递问题还有另一种途径——**量纲分析**(也称因次分析)法。这些半经验性方法在化工科研、开发、设计中具有很强的实用性，也是本课程的重要内容，在后面的学习中要认真领会。

【例】 搅拌槽中的总物料衡算。

搅拌槽中开始装有500kg 10%的盐溶液。在图1-2的(1)点，有一股物料含盐20%，以10kg/h的恒定流量进入，另一股物料在点(2)以5kg/h的恒定流量离开。槽的搅拌很好，可认为槽内浓度均匀。推导以小时表示任何时间下槽内质量分率的相关方程。

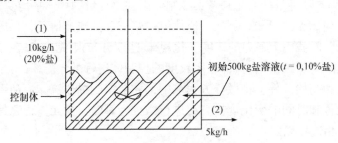

图1-2 搅拌槽的流动控制体

**解** 如图1-2所示，首先根据研究对象选择槽内的空间作为控制体。对于无质量产生的控制体，质量守恒定律可叙述如下：

控制体的质量输出速率–控制体的质量输入速率+控制体内的质量累积速率=0

为帮助读者更好地理解总衡算的思想，下面再给出上述质量守恒定律的数学表达式：

$$\iint_A \rho(\boldsymbol{u}\cdot\boldsymbol{n})\mathrm{d}A+\frac{\partial}{\partial t}\iiint_V \rho\mathrm{d}V=0 \tag{A}$$

式中，$\rho$ 为流体的密度；$t$ 为时间；$\boldsymbol{u}$ [①] 和 $\boldsymbol{n}$ 为控制面上某个微元面积 $\mathrm{d}A$ 上的流速以及该控制面微元的外法向。点乘积 $(\boldsymbol{u}\cdot\boldsymbol{n})$ 是标量，如果 $\boldsymbol{u}$ 和 $\boldsymbol{n}$ 的夹角小于 90°，点乘积 $(\boldsymbol{u}\cdot\boldsymbol{n})$ 为正，在微元 $\mathrm{d}A$ 上有质量流出；相反，如果 $\boldsymbol{u}$ 和 $\boldsymbol{n}$ 的夹角大于 90°，则点乘积 $(\boldsymbol{u}\cdot\boldsymbol{n})$ 为负，在微元 $\mathrm{d}A$ 上有质量流入；当 $\boldsymbol{u}$ 和 $\boldsymbol{n}$ 互相垂直或 $\boldsymbol{u}$ 等于零，在微元 $\mathrm{d}A$ 上无质量流入或流出。无论哪种情况，流出或流入的质量均可表示为 $\rho(\boldsymbol{u}\cdot\boldsymbol{n})\mathrm{d}A$。在整个控制面 $A$ 上对这个量积分，就得到通过控制面的净质量流出速率，为 $\iint\limits_{A}\rho(\boldsymbol{u}\cdot\boldsymbol{n})\mathrm{d}A$，即

$$\text{控制体的质量输出速率 } m_2 - \text{控制体的质量输入速率 } m_1 = \iint\limits_{A}\rho(\boldsymbol{u}\cdot\boldsymbol{n})\mathrm{d}A \tag{B}$$

控制体 $V$ 内的质量累积速率可表示为

$$\text{控制体内的质量累积速率} = \frac{\partial}{\partial t}\iiint\limits_{V}\rho\,\mathrm{d}V = \frac{\mathrm{d}M}{\mathrm{d}t} \tag{C}$$

式中，$M$ 为控制体内的流体质量。当控制体内某个微元 $\mathrm{d}V$ 内流体质量为 $\rho\mathrm{d}V$，在整个控制体 $V$ 上积分，就得到控制体内的流体质量 $M = \iiint\limits_{V}\rho\,\mathrm{d}V$。

　　式(A)～式(C)可应用于任意控制面所包围的控制体。这里都没有涉及任何物流的组成，但这些式子很容易推广到表示多组分系统中组分 $i$ 的总质量衡算。组分 $i$ 可以通过化学反应生成或消耗，需添加生成项。由式(A)～式(C)得到

$$m_{i2} - m_{i1} + \frac{\mathrm{d}M_i}{\mathrm{d}t} = R_i \tag{D}$$

式中，$m_{i2}$ 为组分 $i$ 离开控制体的质量流率；$R_i$ 为组分 $i$ 在控制体内的生成速率(消耗为负值)，当然，在某些情况下无生成量，$R_i=0$。式(D)可以物质的量(摩尔)或质量(千克)为单位列出。

　　先应用式(A)对本题中控制体的总质量净流出通量进行总质量衡算：

$$\iint\limits_{A}\rho(\boldsymbol{u}\cdot\boldsymbol{n})\mathrm{d}A = m_2 - m_1 = 5 - 10 = -5 \ (\mathrm{kg/h}) \tag{E}$$

将式(E)和式(C)代入式(A)，得

$$-5 + \frac{\mathrm{d}M}{\mathrm{d}t} = 0$$

将上式积分

$$\int_{M=500}^{M}\mathrm{d}M = 5\int_{t=0}^{t}\mathrm{d}t$$

得到

$$M = 5t + 500 \tag{F}$$

式(F)关联了在任何时间 $t$ 时槽内溶液的总质量 $M$。

　　接下来进行盐组分 $i$ 的衡算，令 $\alpha_i$ 为在时间 $t$ 时槽中盐的质量分数，也是在时间 $t$ 时离开槽的物流 $m_2$ 中的盐浓度。盐通过控制面的净质量流出速率为

$$m_{i2} - m_{i1} = 5\alpha_i - 10\times0.2 = 5\alpha_i - 2 \ (\mathrm{kg/h}) \tag{G}$$

控制体内盐的质量累积速率

$$\frac{\mathrm{d}M_i}{\mathrm{d}t} = \frac{\mathrm{d}}{\mathrm{d}t}(M\cdot\alpha_i) = \alpha_i\frac{\mathrm{d}M}{\mathrm{d}t} + M\frac{\mathrm{d}\alpha_i}{\mathrm{d}t} \tag{H}$$

将式(G)和式(H)代入式(D)

$$5\alpha_i - 2 + \alpha_i\frac{\mathrm{d}M}{\mathrm{d}t} + M\frac{\mathrm{d}\alpha_i}{\mathrm{d}t} = 0 \tag{I}$$

---

　　① 在本书中，速度的方向通常是明确的(如某坐标的方向)，这时可忽视速度的方向问题，因而速度可以作为标量处理，以避免本课程的学习受到向量分析知识的干扰。

根据式(F)将 $M$ 值代入式(I)，分离变量，积分并求解 $\alpha_i$

$$5\alpha_i - 2 + \alpha_i \frac{d(500+5t)}{dt} + (500+5t)\frac{d\alpha_i}{dt} = 0$$

$$5\alpha_i - 2 + 5\alpha_i + (500+5t)\frac{d\alpha_i}{dt} = 0$$

$$\int_{0.1}^{\alpha_i} \frac{d\alpha_i}{2-10d\alpha_i} = \int_0^t \frac{dt}{500+5t}$$

因此
$$\omega_A = -0.1 \times \left(\frac{100}{100+t}\right)^2 + 0.20$$

这一结果可用于 $R_i=0$(无生成)情况下对盐组分 $i$ 的衡算。

## 拓 展 文 献

1. 濮肯思 J D. 2006. 化学工程——第一个一百年. 见: 戴通 R C, 濮润思 R G H, 伍德 D G. 国际大师看化学工程. 北京: 化学工业出版社: 15-52
(重温化学工程的发展史, 可以理解传递学科在化学工程科学中的作用。同时, 能从历史视角帮助化工学子全面审视化工领域的全貌, 更好地为自己定位。)
2. 阿姆斯壮 R C. 2006. 未来化学工程课程表之展望. 见: 戴通 R C, 濮润思 R G H, 伍德 D G. 国际大师看化学工程. 北京: 化学工业出版社: 152-163
(了解化工教育的走向, 也将明白传递学科的知识在未来仍是化工科学的基础。)
3. 李静海, 郭慕孙. 1999. 过程工程量化的科学途径——多尺度法. 自然科学进展, 9(12): 1073-1078
(介绍了现在和未来化工科学采用的多尺度视角, 是两位院士的深思熟虑之作。这篇文献有助于埋头苦读的化工学子提升学科认识的大局观。)
4. Bird R B. 2004. Five Decades of Transport Phenomena. AIChE J, 50(2): 273-286
(传递学科奠基人对学科现状和发展情况的总结、回顾和展望, 可以帮助读者了解本课程的众多研究领域和方法。)

## 学 习 提 示

1. 从历史视角可以看到, 传递学科是化学工程科学长期发展的结果, 是经过时间检验的化工核心课程。本课程内容抽象, 介绍众多化工生产过程所蕴含的具有共性的科学规律。因此, 无论从深度还是广度上, 通过本课程的学习都将提升化工学子的专业学习能力。
2. 本课程旨在阐释化学工程中基本的动态物理过程(动量、热量和质量传递)速率的规律。速率与平衡是认识化工过程的两个核心问题。
3. 本课程学习过程中, 要注重对过程量化方法的学习, 培养数学思想和意识。学习使用数学语言建立模型, 用数学语言表达背景新颖的问题。本章定性描述了对传递过程的一些量化方法, 在开始学习阶段难免感觉模糊, 建议在后续的学习中"回头看", 不断加深理解。

## 思 考 题

如何理解数学模型在工程实践中的作用?

## 习 题

1. 某储槽装有 $4m^3$ 质量浓度为 95%的乙醇水溶液，在稳态操作的情况下，质量浓度 95%的乙醇水溶液(密度为 $804kg/m^3$)以 $6×10^{-3}m^3/s$ 的流速，连续地流进和流出该储槽。现在突然停止乙醇溶液的输送，而以 $6×10^{-3}m^3/s$ 流速的纯水代替。若维持槽中物料的总质量不变，并且槽中的液体保持充分的混合，欲使槽中乙醇浓度下降至 5%(质量分数)时，需要多长时间？

2. 由甲醇部分氧化制甲醛，其反应式如下：

$$CH_3OH + \frac{1}{2}O_2 \longrightarrow CH_2O + H_2O$$

如图 1-3 所示，进反应器的气体混合物(流股④)含摩尔分数 12%的甲醇和摩尔分数 15%的氧。在装有 $Fe_2O_3 \cdot MoO_3$ 的催化剂粒子床层的反应器中，甲醇完全转化为甲醛。

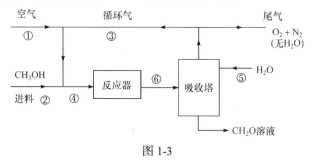

图 1-3

生产过程要求吸收塔底部为质量流率 35kg/s 的 37%甲醛溶液，试计算流股①、②、③、④和⑤的组成摩尔分数和流量(kmol/s)。

# 第2章　流体流动及其微分方程

如前所述，为揭示流体流动系统内部物理量的变化规律，解决诸如速度分布、压强分布和流动阻力的计算问题，必须进行微分衡算。本章首先介绍流体与流动的一些重要概念和方法，之后通过对等温流动系统进行微分质量衡算和微分动量衡算，建立流体流动的微分方程——连续性方程和运动方程。

在本章学习中，要仔细理解连续性方程和运动方程的物理意义和来历，同时要注意对于微分衡算方法的领会贯通。

## 2.1　流体与流动的基本概念

### 2.1.1　连续介质假定

从微观上看，流体由大量分子组成，分子不断地、无规则地运动着。分子之间具有空隙。例如，常压下每立方毫米的空气中有 $2.7 \times 10^{15}$ 个气体分子，空气分子的平均自由程约为 $7 \times 10^{-4}$mm。大多数工程实际情况下，涉及的是流体的宏观特征，若将平均自由程近似看作分子之间的空隙，与流体流动中所涉及的设备或管道尺寸相比，则分子间的空隙可忽略，从而可假定流体是由流体微团构成的连续相，其中没有空隙，也就是说，可把流体看成是连续的介质。这一概念只适用于宏观情况，可以说流体作为连续介质处理的论述，只有在流体微团内所包含的分子数很大，具有统计平均意义时才是正确的。以密度为例

$$\rho = \lim_{\Delta V \to \delta V} \frac{\Delta m}{\Delta V} \tag{2-1}$$

式中，密度 $\rho$ 为单位体积内的质量；$\Delta m$ 为$\Delta V$ 体积内的质量。$\Delta V$ 很小时，由于分子不规则运动，随机地进出$\Delta V$ 体积的分子使其中的质量波动很大，当$\Delta V$ 逐渐增至$\delta V$，随机地进出该体积的分子数平衡，不再使其质量产生波动，如图 2-1 所示，流体的密度趋于一定值，这时的体积 $\delta V$ 即具有统计平均意义。因此，**流体微团**是指一个微小的流体体积或分子团，它的大小和$\delta V$ 相当，微观上足够大，可包含大量分子，宏观上与设备尺寸相比又足够小。流体微团又称流体质点，为流体中的一个点。在任一空间点、任一时刻

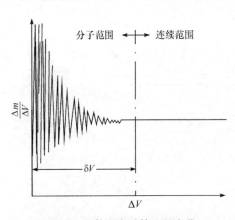

图 2-1　流体密度随体积的变化

都具有确定的宏观物理量，如密度以及压强、温度、黏度等。这些宏观的物理量为空间坐标和时间的连续函数，可用连续函数的数学方法处理。

在工业生产中遇到的流体，基本可以作为连续介质处理。但如果压强降至很低的数值，

如 0.1333Pa、15℃时空气的平均自由程为 48.6mm，在此情况下，若空气流经小于 48.6mm 的管道，空气将以单个分子的形式飞过管道，这种流动状态为不连续的自由分子流。例如，压强很小的冷冻干燥和微孔尺寸小的膜分离等，可能出现不连续的**分子流**，或介于连续流体与分子流之间的**过渡流**。这时，本课程所讲述的传递原理的应用会受到限制。

### 2.1.2　流速和流率

对任意流动状态，流体流动的速度为一空间向量，以 **u** 表示。设 **u** 在直角坐标系 $x$、$y$、$z$ 三个轴方向上的投影为 $u_x$、$u_y$、$u_z$，在 $dt$ 时间内流体流过的距离为 $ds$，且 $ds$ 在各坐标轴的投影距离为 $dx$、$dy$、$dz$，则流速的定义为

$$u_x = \frac{dx}{dt} \quad u_y = \frac{dy}{dt} \quad u_z = \frac{dz}{dt} \tag{2-2}$$

若流体流动与空间的三个方向有关，称为三维流动；与两个方向有关，称为二维流动；仅与一个方向有关，则称为一维流动。工程实际中许多流动状态可视为一维流动。例如，流体在直管内流动时，经过进口和管件一定距离后的流动状态，即属于平行于管轴的一维流动。

流体在管道或设备内的一维流动，与流速方向相互垂直的流动截面上，各点的流速称为**点速度**。通常各点流速不相等，在同一截面上的点速度的变化规律称为**速度分布**。

工业过程关注单位时间内流体通过流动截面的量，以流体体积计量时称为体积流率(习惯上称为**流量**)，$m^3/s$；以质量计量称为质量流率，kg/s。

在流动截面上任取一微分面积 $dA$，其点速度为 $u$，则通过该微分面积的体积流率 $dV_s$ 为

$$dV_s = u dA$$

通过整个流动截面积 $A$ 的体积流率 $V_s$ 为

$$V_s = \iint\limits_A u dA$$

质量流率 $w$ 与体积流率 $V_s$ 的关系为

$$w = \rho V_s$$

由于各点流速不等，实际应用很不方便。在工程上为简化计算，通常采用截面上各点流速的平均值，称为**主体平均流速** $u_b$，其定义为体积流率 $V_s$ 与流动截面积 $A$ 之比，即

$$u_b = \frac{V_s}{A} = \frac{1}{A} \iint\limits_A u dA \tag{2-3}$$

### 2.1.3　定态流动与非定态流动

流体流动和热量、质量传递过程中，流体质点的所有物理量都是空间位置($x, y, z$)和时间 $t$ 的函数，根据物理量随时间变化的特点，传递过程有定态与非定态之分。定态过程的数学特征为 $\frac{\partial}{\partial t} = 0$，即物理量只是空间坐标($x, y, z$)的函数，与时间 $t$ 无关。显然，非定态流动或传递过程的数学规律要比定态过程复杂，因而求解相对困难。

当流体流过任意截面时，流速、压强和其他有关的物理量不随时间而变化，称为定态流动或稳态流动；流体流动时，任一截面上的有关物理量中只要有一个随时间变化，则称为非定态流动或非稳态流动。

### 2.1.4　外部流动与内部流动

外部流动也称绕流，指流体绕过置于广袤流体中的物体，或者物体在无界流体中运动，典型的如空气绕过机翼、潜艇在大海中潜行，都属于这一类。内部流动指流体处于有限固体壁面所限制的空间内流动，如流体在管道中流动。

外部流动问题常见于气象、航空、水力等领域，化工过程中的颗粒沉降、流体掠过换热管的流动也可以近似视为外部流动。严格意义上，沉降颗粒周围的流体处在内外边界所限定的空间，一个颗粒周围的流动不仅受到此颗粒影响，也受到周围颗粒及设备筒壁影响。除非周围颗粒距离足够远，作为近似才可以忽略其存在。

### 2.1.5　黏性流体与理想流体

液体发生形变较固体容易，但液体快速变形时也表现出抗力。例如，用棒旋拨盆中的水，水并不容易被迅速带动，旋拨足够时间后盆中的水做整体旋转运动，将棒取出后，水旋转速度渐渐减小，直至静止。这个例子说明：流体除了流动性外，还有带动或阻止邻近流体运动的特征。流体流动时，流体内部的质点或流层之间因速度差异而产生内摩擦力(或内切向力)，以抵抗液体的形变，这种性质称为**黏性**。自然界中存在的流体都具有黏性，具有黏性的流体统称为黏性流体或实际流体。完全没有黏性，即 $\mu=0$ 的流体称为理想流体。自然界并不存在真正的理想流体，它只是为了便于求解某些流动问题所作的假设而已。

在研究流体流动时，引入理想流体的概念很重要。由于黏性的存在给流体流动的数学描述和处理带来很大困难，因此，对于黏度较小的流体如水和空气等，在速度梯度也较小的情况下，往往首先将其视为理想流体，待找出规律后，根据需要再考虑黏性的影响，对理想流体的分析结果加以修正。但是有些场合，当黏性对流动起主导作用时，则实际流体不能按理想流体处理。

### 2.1.6　层流和湍流

对于黏性流体，人们已普遍认识到，存在两种根本不同的黏性流动。

实验表明，流体在小管中流动或以低速流动时，流动呈现出通过厚度无限小的相邻层的层状滑动而运动，各流层之间不存在横向的混合，当做宏观定态流动时，各点的流速均为定值。逐渐提高流体流速到一定值，流层开始出现波动，最终流动转变为**湍流**，这时，流体层与层之间由于旋涡运动而混合，即使流体在总体上做定态流动，但一点处的速度却围绕某一平均值上下脉动。雷诺(Reynold)通过实验证实了上述两种流型的存在，他改变圆管的管径 $d$，并采用不同种类的流体进行试验，发现当量纲为一的比值 $du\rho/\mu$ 小于 2100 时，一般出现层流。这个被称为**雷诺数**($Re$)的比值非常有用，在今后的分析中将会经常遇到。$Re$ 的数值与所采用的单位制无关。在非常光滑的管子中，即使 $Re$ 在 2100 以上，仍然可能维持层流状态，但流动不稳定，只要有很小的扰动就可能使流动转变为湍流。两种不同的流体在同样的圆管中以给定的速度流动时，则运动黏度较低的流体更容易发展成为湍流。由于偏离直线的流动受到流体黏性的抑制，而偏离的流体微团的惯性与流体的密度成正比，因此，低黏度和高密度的流体更趋于保持湍流状态。

由上述可知，$Re$ 可以判别流动的形态是层流还是湍流。同时，采用运动黏度表示的雷诺数为 $du/\nu$，雷诺数也是量度惯性影响与黏性影响比例的一个尺度。

### 2.1.7　牛顿黏性定律

为定量描述流体的黏性，可参考图 2-2，两块水平放置的无限大平行平板相距 $\Delta y$，两板间充满黏性流体。设下平板固定不动，而上平板上施加一个力 $F$，使其以速度 $\Delta u_x$ 向右运动。由流体无滑移假设[①]，贴近上、下平板的流体质点必附着于板面，与下平板贴近的流体质点其速度为零，而与上平板贴近的流体质点同样以平板的运动速度 $\Delta u_x$ 向右运动。在两平板间，每层流体质点的速度如图 2-2 所示。当两平板之间的距离 $\Delta y$ 很小，而且平板移动速度不大时，可以认为平板间每层流体的速度分布是直线分布。

牛顿曾做过此类实验，设移动上平板时单位面积上所需的力为 $\tau_0$，那么

$$\tau_0 \propto \Delta u_x \quad \tau_0 \propto \frac{1}{\Delta y}$$

或者可以写作

$$\tau_0 = \mu \frac{\Delta u_x}{\Delta y}$$

式中，$\mu$ 为比例系数，称为黏度系数(或**黏度**)，单位在 SI 制是 $N \cdot s/m^2$，以符号 $Pa \cdot s$ 表示。

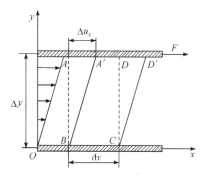

图 2-2　流体黏性

$\tau_0$ 代表黏性流体作用于移动平板单位面积上的切向力或者摩擦阻力。实际上，流体在运动时，各层之间都会产生摩擦阻力。设任意两层流体之间的距离为 $dy$，它们之间的速度差为 $du$，则这两层流体之间单位面积所受到的剪应力为

$$\tau = \mu \frac{du_x}{dy} \tag{2-4}$$

式中，$\frac{du_x}{dy}$ 为速度在法线方向的变化率，称为速度梯度。式(2-4)就是**牛顿黏性定律**，表示在一定的剪应力作用下，黏度大的流体产生的剪切形变小，流得慢；黏度小的流体产生的剪切形变大，流得很快。

温度对流体黏度的影响很大。液体的黏度随温度升高而减小，气体的黏度随温度升高而增大。这是由流体黏性的微观机制决定的：液体的黏性主要由分子内聚力决定。当温度升高时，液体分子运动幅度增大，分子间平均距离增大，由于分子间吸引力随间距增大而减小，因此内聚力减小，黏度也相应减小。气体的黏度主要由分子动量交换的强度决定。当温度升高时，分子运动加剧，动量交换剧烈，表现剪应力增大，使黏度也相应增大。压强对于黏度 $\mu$ 值影响很小，故一般可以忽略不计。在高压作用下，液体和气体的黏度都将随压强的升高而增大。

牛顿黏性定律适用于气体和大多数相对分子质量低的液体，如水和空气等，它们称为**牛顿流体**；将不满足该定律的某些流体称为**非牛顿流体**，如泥浆、污水、油漆和高分子溶液

---

① 几百年以来，人们采用无滑移边界条件的假设，成功模拟了大量的宏观流体实验，获得了大量对于科研及工程实践具有重要意义的结果。然而，随着微纳系统及其他微小尺度系统的迅速发展，人们已经观察到滑移边界条件的存在，无滑移条件在一定程度上受到挑战。可以认为，固体表面的无滑移边界条件与流体的连续性假定密切相关，流体分子与固体表面分子的间距很小，与流体分子之间的距离接近，分子间吸引力也基本相当。当所考察的控制体或系统的尺度远大于分子之间的距离，无滑移边界条件的假设总是成立的。(参见：文书明. 2002. 微流边界层理论及其应用. 北京: 冶金工业出版社)

等。与牛顿流体不同，非牛顿流体的 $\tau$ 与 d$u$/d$y$ 的关系曲线多种多样，黏度的概念只有等效意义。如果读者希望对非牛顿流体有系统了解，请参阅流变学的相关专著。如果没有特别说明，本书讨论的流体均为牛顿流体。

### 2.1.8　动量传递现象

比较流体力学的其他应用领域，如气象、水利等，化工过程中的流体流动过程更多受到所接触固体边界的影响。由于流体在固体表面的无滑移现象，靠近固体表面的流体必然存在速度梯度。速度梯度 d$u$/d$y$≠0 的两相邻流体层之间，则存在着动量传递。

由于分子的无规则运动，运动速度较快流体层中的某些分子会进入运动速度较慢的流体层中去，并与低速运动的分子碰撞，使其加速。类似地，低速层流体对高速层流体也会起减速的作用(注意"慢"与"快"指的是流层的速度，而不是指可以决定流体温度的分子无规则运动速度)。这种分子的交换过程使得在平行于速度梯度的方向上产生动量传递，因此单位面积上需要某种力来克服流层之间的摩擦力，以维持速度梯度。

层流流体在流向上的动量，沿着其垂直方向由高速流层向低速流层传递，导致流体层之间的剪应力，这种内摩擦表现了流体的黏性作用。层流时由流体黏性作用所引起的动量传递现象，本质上是分子微观运动的结果，属于**分子传递**过程。

假设所研究的流体为不可压缩流体，即密度 $\rho$ 为常数，则牛顿黏性定律

$$\tau = \frac{\mu}{\rho}\frac{d(\rho u_x)}{dy} = \nu\frac{d(\rho u_x)}{dy} \tag{2-5}$$

式中，$\tau$ 为剪应力或动量通量，单位为

$$[\tau] = \left[\frac{N}{m^2}\right] = \left[\frac{kg \times m/s^2}{m^2}\right] = \left[\frac{kg \times m/s}{m^2 \times s}\right]$$

$\nu$ 称为运动黏度或动量扩散系数，与流体的惯性相关，也与流体的黏性相关，单位为

$$[\nu] = \left[\frac{\mu}{\rho}\right] = \left[\frac{kg}{m \cdot s}\right] \cdot \left[\frac{m^3}{kg}\right] = [m^2/s]$$

$\rho u_x$ 为动量浓度，其单位为

$$[\rho u_x] = \left[\frac{kg}{m^3}\right] \cdot \left[\frac{m}{s}\right] = \left[\frac{kg \times m/s}{m^3}\right]$$

d$(\rho u_x)$/d$y$ 为动量浓度梯度。

分析式(2-5)各物理量单位可以看出，剪应力 $\tau$ 为单位时间通过单位面积的动量，表示动量通量，等于运动黏度乘以动量浓度梯度。

因此，牛顿黏性定律定量描述了流体层流时的动量传递现象。

流体在湍流时，不但存在分子动量传递，而且存在大量分子质点高频脉动引起的**涡流传递**。涡流传递作用一般比分子传递高出很多。因此，湍流时的涡流动量传递通量比分子传递通量大得多，相比之下，湍流时的分子传递通量可忽略。这时，由于漩涡混合造成流体质点的宏观运动所引起的动量传递现象，属于**涡流传递**过程。

对于涡流动量通量，可写成类似式(2-5)的形式

$$\tau^r = \nu^r \frac{d(\rho u_x)}{dy} \tag{2-5a}$$

式中，$\tau^r$ 为涡流剪应力或雷诺应力；$v^r$ 为涡流黏度。

需要注意的是：分子传递对应的动量扩散系数(运动黏度 $v$)是流体的物理性质参数，仅与温度、压强及组成等因素有关；而涡流黏度 $v^r$ 与局部流体流动状况有关。

### 2.1.9　流动阻力与阻力系数

黏性流体靠近固体边界附近，各层流体速度不同而发生相对运动，所产生的内摩擦力就是前面提到的黏性应力。在流体与固体表面接触的地方，速度梯度同样导致黏性应力的存在，一方面，流体的黏性应力对固体壁面有**曳力**作用；另一方面，作为反作用力，固体壁面对相邻流体产生流动**阻力**。流动阻力或动量传递的通量是黏性流体力学研究的重点问题之一。

在流体力学早期研究中，人们注意到许多流体流动的阻力(或曳力)与流体的动能以及固体表面的受力面积成正比，即

$$F_{\mathrm{ds}} \propto \frac{\rho u^2}{2} A \tag{2-6}$$

式(2-6)称为牛顿阻力平方定律，其中 $A$ 为固体表面的受力面积，或采用垂直于流动方向上的投影面积(迎流面积)。

流体流动的方式大致可分为两类：流体在封闭通道的流动和围绕浸没物体的流动(绕流)。前者如流体输送管道中的流体流动，后者如流体在平板上壁面的流动、粒子的沉降、填充床内的流动等。下面分别给出两种情况下式(2-6)定义的阻力系数。

对于绕流流动，定义

$$C_D = \frac{2F_{\mathrm{ds}}}{\rho u_0^2 A} \tag{2-6a}$$

为流场中阻碍物的**阻力系数**(或称曳力系数)。式中，$u_0$ 为远离物体表面的流体速度。

对于管内流动，固体表面的受力面积 $A$ 为流体与壁面的接触面积，流动阻力为

$$F_{\mathrm{ds}} = f \frac{\rho u_{\mathrm{b}}^2}{2} A \tag{2-6b}$$

壁面处的剪应力

$$\tau_{\mathrm{s}} = f \frac{\rho u_{\mathrm{b}}^2}{2} \tag{2-6c}$$

式中，比例系数 $f$ 称为**范宁(Fanning)摩擦因数**。

在定态流动下，管内流动的摩擦阻力与推动力(压头)相互平衡。例如，对于直径为 $D$、长为 $L$ 的水平直圆管

$$\tau_{\mathrm{s}}(\pi D L) = \left(\frac{\pi D^2}{4}\right)\Delta p$$

因此

$$\tau_{\mathrm{s}} = \frac{\Delta p}{4}\frac{D}{L}$$

这样，可以通过实验测定流动阻力的大小，进而由式(2-6c)求得 $f$。

## 2.2　描述流动问题的方法

研究流体流动时，首要的问题是用什么方法来描述流体的运动。描述流体的运动就是描述各个流体质点在各个不同时刻所占有的空间位置、速度和加速度等。目前通常采用两种不

同的方法，即拉格朗日(Lagrange)法和欧拉(Euler)法来描述流体的运动。但应指出，无论采用哪种分析方法，最终都可以得到正确的结果。

下面对两种方法及其表征相关物理量所采用的时间导数作简单介绍。

### 2.2.1　系统和控制体

在说明两种描述方法之前，先来区别"空间点"和"流体质点"这两个完全不同的概念。所谓空间点是指固定在参考坐标系上的点，它不随时间变更自己的位置。而流体质点是物理上的流体微团在数学上的抽象，在数学上把它看成是没有体积的质点。流体质点在不同时刻可以占据不同的空间点位置。

包含确定不变的物质的任何集合称为**系统**。在传递过程中，系统是指由确定的流体质点组成的流体团。系统以外的一切统称为外界。系统的边界是把系统和外界分开的真实或假想的表面。

若使用系统来研究连续介质的流动，可以把确定的流体质点所组成的流体微团作为研究对象。但是对多数的实际传递过程，人们感兴趣的往往不是各个流体质点在不同时刻所占据的位置，以及它们所具有的诸物理量的值，而是流体流过某些空间点时的情况。与此相对应，有控制体的概念。

相对于某个坐标系来说，固定不变的任何体积称为**控制体**。如 1.3 节所述，控制体的边界称为控制面。在控制面上可以有质量交换，因此，占据控制体的流体质点可以随时间而变化。

### 2.2.2　拉格朗日法和欧拉法

拉格朗日法的着眼点是流体运动的质点或微团，研究每个流体质点自始至终的运动方程。进行微分衡算时，选取包含流体质点的微小**系统**。

微小流体系统的特点是质量固定，而位置和体积是随时间变化的。这是由于流体微团随流体一起运动，而流体在不同位置的状态不同，流体微团的体积也随之压缩或膨胀。另外，虽然流体微团包含的流体质点固定不变，但是在系统的边界上，可以有能量交换，也会受到系统外的流体或固体壁面施加在系统内流体上的力。

在微分衡算中采用拉格朗日法，是在运动的流体中选取任意的质量固定的流体微团，将守恒定律用于该流体微团，进行相应的微分衡算，从而得出描述物理量变化的微分方程。如果知道了每个流体微团自始至终的运动规律，则整个流场的运动状况也就清楚了。

与拉格朗日法不同，欧拉法的研究对象是相对于坐标固定的流场内的空间点，研究流体流经的每一空间点的力学性质。进行微分衡算时，选取的衡算范围为一微小尺寸范围的**控制体**。

衡算控制体的特点是体积位置固定，控制面上有质量、能量的输入输出，控制体内流体也会受到控制体以外流体或固体壁面施加的力。

具体来讲，欧拉法在流体运动的空间中任意取位置体积固定的微元控制体，对此流体微元依据守恒定律作相应的衡算，可以得到相应的微分方程。为了获得整个流场的运动规律，可以对微分方程积分。

在微分衡算过程中，这两种方法均可采用，具体选用哪种观点需根据具体情况并视如何使微分衡算方程易于导出而定。

### 2.2.3 物理量的时间导数

在动量、热量和质量传递过程中，众多的物理量如密度、速度、温度等随时间的变化率是传递过程速度大小的量度。物理量的时间导数有三种：全导数、偏导数和随体导数。各种形式的导数均具有一定的物理意义。下面以大气温度随时间的变化为例进行说明。

气温随空间位置和时间变化，可以表示为时间和空间的连续函数 $T = T(x, y, z, t)$。全导数的表达式可由对 $T$ 的全微分得到

$$dT = \frac{\partial T}{\partial t} dt + \frac{\partial T}{\partial x} dx + \frac{\partial T}{\partial y} dy + \frac{\partial T}{\partial z} dz \tag{2-7}$$

式(2-7)全微分可以表示气温随空间位置和时间的任意变化，各项同除以 $dt$，就得到 $T$ 的全导数

$$\frac{dT}{dt} = \frac{\partial T}{\partial t} + \frac{\partial T}{\partial x} \frac{dx}{dt} + \frac{\partial T}{\partial y} \frac{dy}{dt} + \frac{\partial T}{\partial z} \frac{dz}{dt} \tag{2-7a}$$

全导数体现了人们需要了解的流体变量的变化规律，其获取需要有一个神奇的飞行器，能够以任意速度在空间飞行，上式中 $\dfrac{dx}{dt}$、$\dfrac{dy}{dt}$ 和 $\dfrac{dz}{dt}$ 就分别表示飞行器的运动速度在 $x$、$y$、$z$ 方向上的分量。如果将测温计装在飞行器上，观察记录下不同时刻的空气温度。这样得到的温度随时间的变化以时间导数表示，就是温度 $T$ 的全导数。

如果已知某个时刻某空间点的气温，根据 $T$ 的全导数，可以计算任意时刻在任意位置的气温。所以，全导数可以全面反映一个物理量(如气温)的变化情况。

偏导数和随体导数是全导数的两个特殊情况，也体现两种便于实践观测的方式。

当飞行器静止在某个空间位置，飞行速度在 $x$、$y$、$z$ 方向上的分量 $\dfrac{dx}{dt}$、$\dfrac{dy}{dt}$ 和 $\dfrac{dz}{dt}$ 均为零，这时由式(2-7a)得到 $\dfrac{dT}{dt} = \dfrac{\partial T}{\partial t}$，所以记录的温度随时间变化能够以偏导数 $\dfrac{\partial T}{\partial t}$ 表示，反映一个流体微元控制体的温度变化规律，是采用欧拉法在一个着眼点可以获取的。

当飞行器的飞行速度与周围大气的速度相同，这时的飞行器相当于很轻的探空气球，随风飘动。周围大气的速度在直角坐标系 $x$、$y$、$z$ 三个轴方向上的投影为 $u_x$、$u_y$、$u_z$，所以飞行器的飞行速度为

$$\frac{dx}{dt} = u_x \qquad \frac{dy}{dt} = u_y \qquad \frac{dz}{dt} = u_z$$

这时可以记录下不同时刻的大气温度，反映所跟踪的一个空气微团(系统)的温度变化规律，也是拉格朗日法的一个着眼点所获取的信息。如此获得的温度 $T$ 随时间 $t$ 的变化称为随体导数，也称为拉格朗日导数，以 $\dfrac{DT}{Dt}$ 表示。

$$\frac{DT}{Dt} = \frac{\partial T}{\partial t} + u_x \frac{\partial T}{\partial x} + u_y \frac{\partial T}{\partial y} + u_z \frac{\partial T}{\partial z} \tag{2-8}$$

一般地，随体导数的物理意义是流场中流体质点上物理量(如温度)随时间的变化率。因此，随体导数也称为质点导数。如式(2-8)右侧所示，随体导数由局部导数 $\dfrac{\partial T}{\partial t}$ 和对流导数

$u_x \dfrac{\partial T}{\partial x} + u_y \dfrac{\partial T}{\partial y} + u_z \dfrac{\partial T}{\partial z}$ 两部分组成，前者表示量 $T$ 在一个固定点随时间的变化，后者为量 $T$ 由于流体质点运动，从一个点转移到另一个点时发生的变化。

## 2.3　微分质量衡算与连续性方程

对于单组分系统或组成无变化的多组分系统，应用质量守恒定律进行衡算所得到的方程称为连续性方程。连续性方程在解决动量、热量与质量传递的许多问题中扮演着重要的角色。

### 2.3.1　连续性方程的推导

连续性方程的推导采用欧拉法。在流动的流体中取一微元控制体，如图 2-3 所示。此微元体的边长为 dx、dy、dz，其相应的各边分别与直角坐标系的三个轴 $x$、$y$、$z$ 平行。根据质量守恒定律，对此微元体进行质量衡算，衡算的依据为

$$\text{输出的质量流率} - \text{输入的质量流率} + \text{累积的质量速率} = 0 \tag{2-9}$$

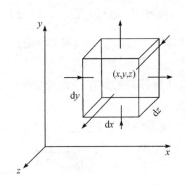

图 2-3　微元体的质量衡算

设流体在任一点$(x, y, z)$处的速度 $u$ 沿 $x$、$y$、$z$ 方向的分量分别为 $u_x$、$u_y$、$u_z$，流体的密度为 $\rho$，且 $\rho$ 为 $x$、$y$、$z$ 和时间 $t$ 的函数。因此，在点$(x, y, z)$处的质量通量为 $\rho u$，而沿各坐标轴的质量通量分量则分别为 $\rho u_x$、$\rho u_y$ 和 $\rho u_z$。在某微元体中，输出与输入的质量流率可以分别根据 $x$、$y$、$z$ 三个方向考虑。

首先分析沿 $x$ 方向流过此微元体的质量流率。设微元体左侧平面处的质量通量为 $\rho u_x$，则通过左侧平面流入此微元体的质量流率为 $\rho u_x$ 与面积 $\mathrm{d}y\mathrm{d}z$ 的乘积，即

$$\rho u_x \mathrm{d}y\mathrm{d}z$$

流体的速度 $u$ 和密度 $\rho$ 都是空间位置坐标 $x$、$y$、$z$ 的函数，所以质量通量 $\rho u_x$ 沿 $x$ 方向有所变化。经 $\mathrm{d}x$ 距离后 $\rho u_x$ 的变化可以表示为

$$\delta \left( u_x \rho \right) = \frac{\partial \left( u_x \rho \right)}{\partial x} \mathrm{d}x$$

因此，沿 $x$ 方向微元右侧流出的质量通量为

$$u_x \rho + \frac{\partial \left( u_x \rho \right)}{\partial x} \mathrm{d}x$$

$x$ 方向流出此微元体的质量流率为

$$\left[ u_x \rho + \frac{\partial \left( u_x \rho \right)}{\partial x} \mathrm{d}x \right] \mathrm{d}y\mathrm{d}z$$

沿 $x$ 方向，输出与输入的质量流率之差为

$$\left[ u_x \rho + \frac{\partial \left( u_x \rho \right)}{\partial x} \mathrm{d}x \right] \mathrm{d}y\mathrm{d}z - u_x \rho \mathrm{d}y\mathrm{d}z = \frac{\partial \left( u_x \rho \right)}{\partial x} \mathrm{d}x\mathrm{d}y\mathrm{d}z \tag{2-10a}$$

同理，可得 $y$ 和 $z$ 方向输出与输入此微元体的质量流率之差分别为

$$\left[u_y\rho + \frac{\partial\left(u_y\rho\right)}{\partial y}\mathrm{d}y\right]\mathrm{d}x\mathrm{d}z - u_y\rho\mathrm{d}x\mathrm{d}z = \frac{\partial\left(u_y\rho\right)}{\partial y}\mathrm{d}x\mathrm{d}y\mathrm{d}z \tag{2-10b}$$

$$\left[u_z\rho + \frac{\partial\left(u_z\rho\right)}{\partial z}\mathrm{d}z\right]\mathrm{d}x\mathrm{d}y - u_z\rho\mathrm{d}x\mathrm{d}y = \frac{\partial\left(u_z\rho\right)}{\partial z}\mathrm{d}x\mathrm{d}y\mathrm{d}z \tag{2-10c}$$

将上述三部分质量流率之差相加，得到微元控制体质量流率之差

$$\binom{输出的}{质量流率} - \binom{输入的}{质量流率} = \left[\frac{\partial\left(u_x\rho\right)}{\partial x} + \frac{\partial\left(u_y\rho\right)}{\partial y} + \frac{\partial\left(u_z\rho\right)}{\partial z}\right]\mathrm{d}x\mathrm{d}y\mathrm{d}z$$

微元控制体质量累积的速率为

$$\binom{累积的}{质量速率} = \frac{\partial\rho}{\partial t}\mathrm{d}x\mathrm{d}y\mathrm{d}z$$

于是质量衡算式成为

$$\left[\frac{\partial\left(u_x\rho\right)}{\partial x} + \frac{\partial\left(u_y\rho\right)}{\partial y} + \frac{\partial\left(u_z\rho\right)}{\partial z}\right]\mathrm{d}x\mathrm{d}y\mathrm{d}z + \frac{\partial\rho}{\partial t}\mathrm{d}x\mathrm{d}y\mathrm{d}z = 0$$

可以简化为

$$\frac{\partial\left(u_x\rho\right)}{\partial x} + \frac{\partial\left(u_y\rho\right)}{\partial y} + \frac{\partial\left(u_z\rho\right)}{\partial z} + \frac{\partial\rho}{\partial t} = 0 \tag{2-11}$$

式(2-11)即为流体流动时的通用微分质量衡算方程，通常称为**连续性方程**。由于推导过程中没有任何假定，故它适用于定态或非定态系统、理想流体或真实流体、可压缩流体或不可压缩流体、牛顿流体或非牛顿流体。连续性方程是研究动量、热量和质量传递过程的最基本、最重要的微分方程之一。

### 2.3.2　连续性方程的分析

将式(2-11)的各项展开，可以得到连续性方程的另一形式

$$\rho\left(\frac{\partial u_x}{\partial x} + \frac{\partial u_y}{\partial y} + \frac{\partial u_z}{\partial z}\right) + u_x\frac{\partial\rho}{\partial x} + u_y\frac{\partial\rho}{\partial y} + u_z\frac{\partial\rho}{\partial z} + \frac{\partial\rho}{\partial t} = 0 \tag{2-12}$$

按照随体导数的定义，式(2-12)可写成

$$\frac{\partial u_x}{\partial x} + \frac{\partial u_y}{\partial y} + \frac{\partial u_z}{\partial z} + \frac{1}{\rho}\frac{\mathrm{D}\rho}{\mathrm{D}t} = 0 \tag{2-13}$$

现在应用随体导数的概念，给出式(2-13)前三项的物理意义。考察随流体运动的具有单位质量的流体微元可知，该微元的体积 $V$ 和密度 $\rho$ 随时间而变。将关系式 $\rho V=1$ 对时间求随体导数，得

$$\rho\frac{\mathrm{D}V}{\mathrm{D}t} + V\frac{\mathrm{D}\rho}{\mathrm{D}t} = 0$$

或写成

$$\frac{1}{V}\frac{\mathrm{D}V}{\mathrm{D}t} + \frac{1}{\rho}\frac{\mathrm{D}\rho}{\mathrm{D}t} = 0 \tag{2-14}$$

比较式(2-13)和式(2-14)可知

$$\frac{1}{V}\frac{\mathrm{D}V}{\mathrm{D}t} = \frac{\partial u_x}{\partial x} + \frac{\partial u_y}{\partial y} + \frac{\partial u_z}{\partial z} \tag{2-15}$$

式(2-15)具有明显的物理意义，左边表示微元体积应变速率或微元体积膨胀速率，与右边的三个线应变速率之和相等。三个线应变速率的总和称为速度向量的**散度**。式(2-15)也可以写成向量形式，为

$$\frac{1}{V}\frac{\mathrm{D}V}{\mathrm{D}t} = \nabla \cdot \boldsymbol{u}$$

通用的连续性方程式(2-11)，在某些特定情况下可加以简化。

在定态流动时，密度不随时间而变，即$\frac{\partial \rho}{\partial t} = 0$，于是连续性方程式(2-11)可简化为

$$\frac{\partial (u_x \rho)}{\partial x} + \frac{\partial (u_y \rho)}{\partial y} + \frac{\partial (u_z \rho)}{\partial z} = 0 \tag{2-16}$$

式(2-16)为描述定态下流体的连续性方程，适用于可压缩流体或不可压缩流体。但对于不可压缩流体，密度$\rho$与时间及空间无关。因此不可压缩流体无论在定态还是非定态下流动，连续性方程式(2-11)均可简化为

$$\frac{\partial u_x}{\partial x} + \frac{\partial u_y}{\partial y} + \frac{\partial u_z}{\partial z} = 0 \tag{2-17}$$

这个描述不可压缩流体流动的连续性方程的形式很简单，在以后解决涉及密度恒定的流体流动问题时非常有用。

**【例 2-1】** 某不可压缩流体绕扁平物体流动时，其速度分布式可由下述式组表达

$$u_x = -\left(A + \frac{Cx}{x^2+y^2}\right) \quad u_y = -\frac{Cy}{x^2+y^2} \quad u_z = 0$$

式中，$A$ 和 $C$ 为常数。试证明此流体流动时满足连续性方程。

**解** 对题给的速度分布式进行求导，得

$$\frac{\partial u_x}{\partial x} = -\frac{\partial}{\partial x}\left(A + \frac{Cx}{x^2+y^2}\right) = -\frac{C(x^2+y^2)-2Cx^2}{(x^2+y^2)^2} = -\frac{C(y^2-x^2)}{(x^2+y^2)^2}$$

$$\frac{\partial u_y}{\partial y} = -\frac{\partial}{\partial y}\left(\frac{Cy}{x^2+y^2}\right) = -\frac{C(x^2+y^2)-2Cy^2}{(x^2+y^2)^2} = \frac{C(y^2-x^2)}{(x^2+y^2)^2}$$

$$\frac{\partial u_z}{\partial z} = 0$$

于是

$$\frac{\partial u_x}{\partial x} + \frac{\partial u_y}{\partial y} + \frac{\partial u_z}{\partial z} = -\frac{C(y^2-x^2)}{(x^2+y^2)^2} + \frac{C(y^2-x^2)}{(x^2+y^2)^2} + 0 = 0$$

由此可知，此流体满足定态流动的连续性方程。

### 2.3.3 柱坐标系和球坐标系中的连续性方程

上面导出的是连续性方程在直角坐标系中的表达式。但在某些场合，需要应用柱坐标系或球坐标系来表达连续性方程或其他微分方程。在研究圆形导管内流体流动时，采用柱坐标

系表达连续性方程较为方便；研究流体在球体或球面的一部分流动时，往往采用球坐标系。

柱坐标系和球坐标系中的连续性方程的推导，原则上与直角坐标系类似，也可通过坐标系的对应关系由直角坐标系转换而得。

图 2-4 表示柱坐标系与直角坐标系的关系。连续性方程在柱坐标系上的表达形式为

$$\frac{\partial \rho}{\partial t} + \frac{1}{r}\frac{\partial (\rho r u_r)}{\partial r} + \frac{1}{r}\frac{\partial (\rho u_\theta)}{\partial \theta} + \frac{\partial (\rho u_z)}{\partial z} = 0 \tag{2-18}$$

式中，$r$ 为径向坐标；$z$ 为轴向坐标；$\theta$ 为方位角；$u_r$、$u_z$ 和 $u_\theta$ 分别为流体速度在柱坐标系$(r, z, \theta)$各方向上的分量。

图 2-5 表示球坐标系与直角坐标系的关系。连续性方程在球坐标系上的表达形式为

$$\frac{\partial \rho}{\partial t} + \frac{1}{r^2}\frac{\partial (\rho r^2 u_r)}{\partial r} + \frac{1}{r\sin\theta}\frac{\partial (\rho u_\theta \sin\theta)}{\partial \theta} + \frac{1}{r\sin\theta}\frac{\partial (\rho u_\varphi)}{\partial \varphi} = 0 \tag{2-19}$$

式中，$\theta$ 为余纬度；$\varphi$ 为方位角；$u_r$、$u_\varphi$ 和 $u_\theta$ 分别为流体速度在球坐标系$(r, \varphi, \theta)$各方向上的分量。

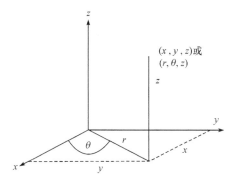

图 2-4　柱坐标系与直角坐标系

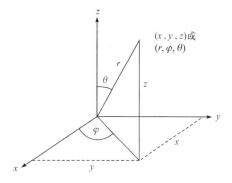

图 2-5　球坐标系与直角坐标系

应注意，本书中柱坐标系和球坐标系的所有微分衡算方程中的时间均以 $t$ 表示，而 $\theta$ 表示方位角或余纬度。

## 2.4　流体的受力

以上应用质量守恒定律进行微分衡算得到了连续性方程。在进行动量衡算之前，首先分析流体的受力情况。流体运动状态发生变化的外因是流体所受到的作用力。流体中作用力按作用方式分为体积力和表面力。下面首先阐释两种力的基本概念和表达形式，之后介绍各种表面力的计算公式。

### 2.4.1　体积力和表面力

体积力又称长程力或质量力，是能够穿越空间作用到每个流体质点上的力。例如，地球引力、带电流体受的静电力等均为体积力。体积力分布在各流体质点的体积上，重力的大小与受力流体质点的质量成正比。

体积力的大小通常以作用在单位质量上的力 $f_B$ 表示，单位为 N，其在直角坐标 $x$、$y$、$z$ 方向上的分量分别为 $X$、$Y$、$Z$，则

$$f_B = Xi + Yj + Zk$$

据此定义，流体微元所受的体积力为

$$dF_B = f_B \rho dxdydz = dF_{Bx}i + dF_{By}j + dF_{Bz}k \qquad (2\text{-}20)$$

式中，$dF_B$ 为流体微元所受的体积力；$dF_{Bx}$、$dF_{By}$、$dF_{Bz}$ 分别为 $x$、$y$、$z$ 方向上的流体微元所受的体积力。

将上面的向量写成坐标分量形式

$$dF_{Bx} = X\rho dxdydz\;;\quad dF_{By} = Y\rho dxdydz\;;\quad dF_{Bz} = Z\rho dxdydz \qquad (2\text{-}21)$$

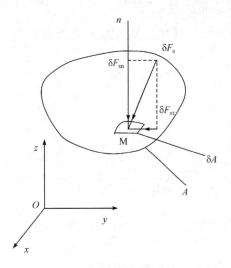

图 2-6　表面力

在传递过程中，一般限于考察处于重力场作用下的流体，这时 $f_B = g$。如果选择的坐标系 $x$、$y$ 为水平方向，$z$ 为垂直方向，则 $X=Y=0$，$Z=-g$。

表面力是直接作用在流体表面上的力，它分布于面积上。这个力的施力体主要取决于流体与流体接触还是与物体接触，前者施力体是流体(内力)、后者施力体是物体(外力)。表面力又称为短程力，是指相邻的流体与流体、流体与物体之间通过分子作用(如分子碰撞、内聚力、分子动量交换等)产生的力，它只有在分子间距的量级上才是显著的。随着两个质点的间距增大，短程力急剧减小为零。一般地，表面力可以分为**法向应力**和**剪应力**。

在运动流体中，设某流体微团外表与外界接触的曲面为 $A$，在 $A$ 上取一小块微小面积 $\delta A$，其中流体质点 M 在 $\delta A$ 内(图 2-6)。若作用在 $\delta A$ 上的总表面力为 $\delta F_s$，将其沿 $\delta A$ 的法向和切向分解为两个分力 $\delta F_{sn}$ 和 $\delta F_{s\tau}$，则定义

$$p = \frac{\delta F_{sn}}{\delta A}$$

为 $\delta A$ 上的平均法向应力；

$$\tau = \frac{\delta F_{s\tau}}{\delta A}$$

为 $\delta A$ 上的平均剪应力，取极限

$$p = \lim_{\delta A \to 0} \frac{\delta F_{sn}}{\delta A}$$

称为 M 点的法向应力，习惯上称为 M 点的压应力。

$$\tau_M = \lim_{\delta A \to 0} \frac{\delta F_{s\tau}}{\delta A}$$

称为 M 点的剪应力，习惯上称为 M 点的黏性应力。压应力和黏性应力的法定单位为帕斯卡，以符号 Pa 表示，单位[N/m²]。

表面力的表达与体积力有很大不同，不仅要指示力的大小和方向，还需要明确受力面的方向。受力面的方向定义为面的外法向，也就是与面垂直向外的方向。图 2-7 标出了方向为 $x$、$y$、$z$ 的平面上所受应力的作用情况。例如，法向为 $x$ 的平面上，受到三个表面应力分量的作用，一个是法向应力分量 $\tau_{xx}$，另外两个是剪应力分量 $\tau_{xy}$ 和 $\tau_{xz}$。这三个表面应力分量的下标含义如下：第一个下标 $x$ 表示应力分量的作用面方向与 $x$ 轴垂直，而第二个下标 $x$、$y$、$z$ 分别表示应力分量的作用方向。由图 2-7 可见，流体中任何一个流体微元所承受的应力只要有 9 个应力分量即可完全表达，它们可以写成下面的矩阵：

$$\begin{bmatrix} \tau_{xx} & \tau_{xy} & \tau_{xz} \\ \tau_{yx} & \tau_{yy} & \tau_{yz} \\ \tau_{zx} & \tau_{zy} & \tau_{zz} \end{bmatrix}$$

矩阵主轴上，具有相同下标的 $\tau_{xx}$、$\tau_{yy}$ 和 $\tau_{zz}$ 为法向应力分量，习惯上规定拉伸方向或作用面的外法线方向为正，压缩方向为负；具有混合下标的其他应力分量表示剪应力分量，当剪应力作用面的外法线的方向沿坐标轴的正方向时，沿坐标轴的正方向剪切应力为正，当作用面的外法线的方向沿坐标轴的负方向时，沿坐标轴的负方向剪切应力为正。

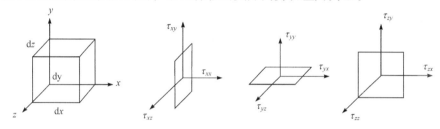

图 2-7　流体表面力

### 2.4.2　表面应力与应变速率的关系

法向应力和剪应力的计算，需要借助本构方程表述应力与应变速率之间的关系。对于三维流动系统，可以从理论上推导本构方程，其推导过程可以参见有关专著[①]。

静止流体内，任意点处存在压应力，称为静压强。其大小与距离表面的深度有关，而与容器的形状以及该点的方向无关。在同种静止流体内部，同一水平高度的静压强相等。当流体运动时，不同方向的法向应力不相同。这时压强大小为不同方向上法向应力的平均值，而方向相反[②]

$$p = -\frac{1}{3}\left(\tau_{xx} + \tau_{yy} + \tau_{zz}\right) \tag{2-22}$$

流体流动时，法向应力由两部分构成[③]：其一是流体的压强，它使流体微元承受压缩，发生体积应变；其二由流体黏性作用引起，使流体微元在法线方向上承受拉伸或压缩，发生线性应变。对牛顿流体，各法向应力与压强及应变速率的关系如下：

---

① 应力与剪切应变速率之间本构关系的推导过程参见流体力学专著，其中本构方程推导过程不仅考虑流体剪应力，也考虑体积膨胀应力的影响，后者一般情况下可以忽略。例如，吴望一. 1985. 流体力学(上). 北京: 北京大学出版社。

② 流体微团的应力方向与所受外界压强的方向相反。应力是微团所受内力，压强则属外力。

③ 某些同类书籍中，将压强与法向应力区分开来，法向应力特指法向上流体的黏性作用。这时，法向应力的本构关系式应扣除压强项。

$$\tau_{xx} = -p + 2\mu\left(\frac{\partial u_x}{\partial x}\right) - \frac{2\mu}{3}\left(\frac{\partial u_x}{\partial x} + \frac{\partial u_y}{\partial y} + \frac{\partial u_z}{\partial z}\right) \tag{2-23}$$

$$\tau_{yy} = -p + 2\mu\left(\frac{\partial u_y}{\partial y}\right) - \frac{2\mu}{3}\left(\frac{\partial u_x}{\partial x} + \frac{\partial u_y}{\partial y} + \frac{\partial u_z}{\partial z}\right) \tag{2-24}$$

$$\tau_{zz} = -p + 2\mu\left(\frac{\partial u_z}{\partial z}\right) - \frac{2\mu}{3}\left(\frac{\partial u_x}{\partial x} + \frac{\partial u_y}{\partial y} + \frac{\partial u_z}{\partial z}\right) \tag{2-25}$$

剪应力与流体抵抗流动剪切变形有关。流体质点受到剪应力能够而且的确经受变形，同时流体质点抗拒应变。流体的抵抗力取决于应变大小。代表抵抗应变能力大小的这种流体性质称为黏性，是产生流体流动阻力的重要原因。牛顿黏性定律[式(2-4)]描述了一维流动时剪应力与剪切变形速率的关系。三维流动的情况更加复杂，每一个剪应力分量与其相应的两方向上的应变速率有关。经分析推导，其关系为

$$\tau_{xy} = \tau_{yx} = \mu\left(\frac{\partial u_x}{\partial y} + \frac{\partial u_y}{\partial x}\right) \tag{2-26}$$

$$\tau_{yz} = \tau_{zy} = \mu\left(\frac{\partial u_z}{\partial y} + \frac{\partial u_y}{\partial z}\right) \tag{2-27}$$

$$\tau_{xz} = \tau_{zx} = \mu\left(\frac{\partial u_x}{\partial z} + \frac{\partial u_z}{\partial x}\right) \tag{2-28}$$

需要注意，6个剪应力分量并非相互独立，而是相互有关的。下标次序互换的剪应力分量彼此相等：$\tau_{xy} = \tau_{yx}$，$\tau_{yz} = \tau_{zy}$，$\tau_{xz} = \tau_{zx}$。

对牛顿流体，柱坐标系下应力与应变速率的关系为

$$\tau_{rr} = -p + \mu\left[2\frac{\partial u_r}{\partial r} - \frac{2}{3}(\nabla \cdot \boldsymbol{u})\right] \tag{2-29}$$

$$\tau_{\theta\theta} = -p + \mu\left[2\left(\frac{1}{r}\frac{\partial u_\theta}{\partial \theta} + \frac{u_r}{r}\right) - \frac{2}{3}(\nabla \cdot \boldsymbol{u})\right] \tag{2-30}$$

$$\tau_{zz} = -p + \mu\left[2\frac{\partial u_z}{\partial z} - \frac{2}{3}(\nabla \cdot \boldsymbol{u})\right] \tag{2-31}$$

$$\tau_{r\theta} = \tau_{\theta r} = \mu r\left[\frac{\partial(u_\theta/r)}{\partial r} + \frac{1}{r}\frac{\partial u_r}{\partial \theta}\right] \tag{2-32}$$

$$\tau_{\theta z} = \tau_{z\theta} = \mu\left(r\frac{\partial u_\theta}{\partial z} + \frac{1}{r}\frac{\partial u_z}{\partial \theta}\right) \tag{2-33}$$

$$\tau_{zr} = \tau_{rz} = \mu\left(\frac{\partial u_z}{\partial r} + \frac{\partial u_r}{\partial z}\right) \tag{2-34}$$

式中，速度向量的散度 $(\nabla \cdot \boldsymbol{u}) = \frac{1}{r}\frac{\partial(ru_r)}{\partial r} + \frac{1}{r}\frac{\partial u_\theta}{\partial \theta} + \frac{\partial u_z}{\partial z}$。

对牛顿流体，球坐标系下应力与应变速率的关系为

$$\tau_{rr} = -p + \mu\left[2\frac{\partial u_r}{\partial r} - \frac{2}{3}(\nabla \cdot \boldsymbol{u})\right] \tag{2-35}$$

$$\tau_{\theta\theta} = -p + \mu\left[2\left(\frac{1}{r}\frac{\partial u_\theta}{\partial\theta} + \frac{u_r}{r}\right) - \frac{2}{3}(\nabla\cdot\boldsymbol{u})\right] \tag{2-36}$$

$$\tau_{\varphi\varphi} = -p + \mu\left[2\left(\frac{1}{r\sin\theta}\frac{\partial u_\varphi}{\partial\varphi} + \frac{u_r}{r} + \frac{u_\theta\cot\theta}{r}\right) - \frac{2}{3}(\nabla\cdot\boldsymbol{u})\right] \tag{2-37}$$

$$\tau_{r\theta} = \tau_{\theta r} = \mu\left(r\frac{\partial(u_\theta/r)}{\partial r} + \frac{1}{r}\frac{\partial u_r}{\partial\theta}\right) \tag{2-38}$$

$$\tau_{\theta\varphi} = \tau_{\varphi\theta} = \mu\left[\frac{\sin\theta}{r}\frac{\partial(u_\varphi/\sin\theta)}{\partial\theta} + \frac{1}{r\sin\theta}\frac{\partial u_\theta}{\partial\varphi}\right] \tag{2-39}$$

$$\tau_{\varphi r} = \tau_{r\varphi} = \mu\left[\frac{1}{r\sin\theta}\frac{\partial u_r}{\partial\varphi} + r\frac{\partial(u_\varphi/r)}{\partial r}\right] \tag{2-40}$$

式中，速度向量的散度 $(\nabla\cdot\boldsymbol{u}) = \frac{1}{r^2}\frac{\partial(r^2 u_r)}{\partial r} + \frac{1}{r\sin\theta}\frac{\partial(u_\theta\sin\theta)}{\partial\theta} + \frac{1}{r\sin\theta}\frac{\partial u_\varphi}{\partial\varphi}$。

## 2.5　一维流动的薄壳动量衡算

动量衡算的依据与质量衡算类似，当采用欧拉法时，对一控制体而言，有

$$\begin{pmatrix}动量累积\\速率\end{pmatrix} = \begin{pmatrix}动量输入\\流率\end{pmatrix} - \begin{pmatrix}动量输出\\流率\end{pmatrix} + \begin{pmatrix}作用于控制体\\的合外力\end{pmatrix} \tag{2-41}$$

这里，控制体的受力包括所有的体积力和表面力，动量输入和输出流率指示由于流体的总体流动而进入(离开)控制体[①]。当采用拉格朗日法时，选取固定质量的流体微元系统作为衡算对象，这时

$$\begin{pmatrix}动量累积\\速率\end{pmatrix} = \begin{pmatrix}作用于系统\\的合外力\end{pmatrix} \tag{2-42}$$

2.6 节将采用拉格朗日法，通过微分衡算推导流体流动的微分运动方程。下面采用欧拉法，对一种常见的圆管内一维定态流动进行薄壳动量衡算，使读者初步领会从理论上研究传递过程的原理和方法。

### 2.5.1　薄壳衡算

在传递过程的微分衡算中，微元体形状的选择需根据流体流动情况及问题的要求等确定，其原则是使微分衡算方程的推导过程简化。对某些二维或一维的传递过程，所研究的物理量如流速、温度和浓度等在某些情况下沿容器的轴线、中心点对称。例如，流体在直圆管内流动，经过进口一定距离后成为平行于管轴的一维流动，且流动截面上的速度分布沿管轴对称。传热和传质中的温度、浓度分布有时出现轴对称或点(如球心)对称现象。这种情况下推导微分衡算方程，为使问题简化，选择微元体可采用一微分厚度 $dr$ 的薄壳圆环体或微分厚度 $dr$ 的薄

---

① 一些同类书籍中，动量输入和输出流率的定义还包括了黏性应力导致的动量传递进入(离开)控制体，这时分析控制体的合力时应扣除黏性应力，只考虑体积力和压强。此外，动量累积速率也称为惯性力(也是一种体积力)，读者应明白两者是等价的。

壳球环体。这种在薄壳体中进行的微分衡算过程称为**薄壳衡算**。

薄壳衡算的更一般形式为**薄层衡算**。控制体选取薄层流体,薄层的表面与流动方向平行,并与动量传递的方向垂直。通过薄层衡算建立、求解动量传递问题的过程如下:首先针对一个具有一定厚度的流体薄壳,应用动量守恒定律写出衡算式(2-41);然后令该厚度趋近于零,利用一阶导数的数学定义得出描述动量通量分布的微分方程。然后可以代入适当的牛顿(或非牛顿)动量通量的本构关系,从而得到速度的微分方程。这两类微分方程的积分将分别给出系统的动量通量分布和速度分布。利用这些知识就可以计算许多其他的物理量,如平均速度、最大速度、体积流率、流体压头损失以及固体边界的摩擦阻力等。

在上面提及的积分中会出现几个积分常数,它们可以利用"边界条件"[①]计算。所谓边界条件是指某些独立变量在一些特定位置有明确数值。下面介绍几类常用的边界条件:

(1) 在固体与流体界面上,流体的速度与固体表面本身的速度相等,即流体黏附在与其相接触的固体表面上,这类边界条件称为流体无滑移条件。

(2) 在液体与气体界面上(常称为液体自由表面),液相中侧向的动量通量(即速度梯度)极接近于零,且在大多数计算中可以假定为零。因此,液体自由表面上法向应力分量在数值上等于气体的压强,而剪应力分量为零。

(3) 在液体与液体界面上,界面两侧侧向的动量通量和速度相等。

以上给出了求解基本的黏性流动问题的一般规则。下面具体阐释如何应用于圆管的流动。

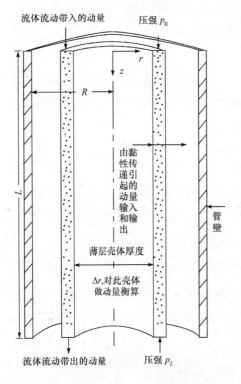

图 2-8 流体的圆环薄壳动量衡算

### 2.5.2 通过圆管的流动

在物理学、化学、生物学和工程科学中经常会遇到圆管中的流体流动问题。针对圆管的几何形状,很自然地采用柱坐标系。

现在考虑半径为 $R$ 的很长的圆管,其中有密度 $\rho$ 和黏度 $\mu$ 为常量的流体做定态层流流动。这里指明管子"很长"是为了假定不存在端效应。在管的进出口处、直角弯管处和变截面处附近区域,流体流速不一定处处与管壁平行,这里不予考虑。这样,可假定速度 $u$ 与管轴平行,在轴向和方位角坐标方向上的速度分量为零。用数学式表示,即 $u_r=0$、$u_\theta=0$。

选择一厚度为 $\Delta r$、长度为 $L$ 的圆环薄壳层(图 2-8)作为研究的控制体。下面考虑动量衡算方程的各个贡献项:

(1) 流体做定态流动,因此控制体的轴向动量累积速率为零。

(2) 由于忽略端效应,控制体的内外表面不存在流体的总体流动而进入(离开)控制体,动量输入和输

---

① 数学上,相对函数的一阶导数需要提一个条件,二阶导数则需要提两个条件。

出流率只需考虑上、下环隙表面。

通过 $z=0$ 的动量输入流率

$$\left(2\pi r\Delta r u_z\right)\left(\rho u_z\right)\big|_{z=0}$$

通过 $z=L$ 的动量输出流率

$$\left(2\pi r\Delta r u_z\right)\left(\rho u_z\right)\big|_{z=L}$$

(3) 依次考虑控制体内流体所受的体积力、剪应力和法向应力。$z$ 方向为流体运动方向。对表面力,只需考虑 $z$ 方向的应力分量,$r$ 方向的表面力与运动方向垂直,不影响流体的轴向动量。

控制体流体受到重力($g$ 为重力加速度):$\left(2\pi r\Delta r L\right)\rho g$;

在 $r$ 处的剪应力:$\left(2\pi r L\tau_{rz}\right)\big|_r$;

在 $r+\Delta r$ 处的剪应力与运动速度方向相反:$-\left(2\pi r L\tau_{rz}\right)\big|_{r+\Delta r}$;

作用于 $z=0$ 处环隙表面上的法向应力:$\left(2\pi r\Delta r\right)\tau_{zz}\big|_{z=0}$;

作用于 $z=L$ 处环隙表面上的法向应力与运动速度方向相反:$-\left(2\pi r\Delta r\right)\tau_{zz}\big|_{z=L}$。

把上述贡献项代入动量衡算式(2-41),得

$$\left(2\pi r\Delta r u_z\right)\left(\rho u_z\right)\big|_{z=0}-\left(2\pi r\Delta r u_z\right)\left(\rho u_z\right)\big|_{z=L}+\left(2\pi r\Delta r L\right)\rho g+\left(2\pi r L\tau_{rz}\right)\big|_r-\left(2\pi r L\tau_{rz}\right)\big|_{r+\Delta r}$$
$$+\left(2\pi r\Delta r\right)\tau_{zz}\big|_{z=0}-\left(2\pi r\Delta r\right)\tau_{zz}\big|_{z=L}=0$$

当忽略端效应并假定流体为不可压缩时,在 $z=0$ 和 $z=L$ 处的 $u_z$ 相同[由于 $u_r=0$ 和 $u_\theta=0$,该结论可以通过连续性方程(2-18)得出],前两项相互抵消。

在 $z$ 方向的 $u_z$ 不变,法向应力与压强相等,$\tau_{zz}\big|_{z=0}=p_0$,$\tau_{zz}\big|_{z=L}=p_L$。现在用 $2\pi L\Delta r$ 除方程式两边,并使 $\Delta r$ 趋近于零取极限,整理得到

$$\lim_{\Delta r\to 0}\left[\frac{\left(r\tau_{rz}\right)\big|_{r+\Delta r}-\left(r\tau_{rz}\right)\big|_r}{\Delta r}\right]=\left(\frac{p_0-p_L}{L}+\rho g\right)r$$

方程式左边的表达式恰是一阶导数的定义,因此上式可以写成

$$\frac{\mathrm{d}}{\mathrm{d}r}\left(r\tau_{rz}\right)=\left(\frac{p_{d0}-p_{dL}}{L}\right)r$$

其中,$p_d=p-\rho gz$ [注:①]。积分上式,得

$$\tau_{rz}=\left(\frac{p_{d0}-p_{dL}}{2L}\right)r+\frac{C}{r}$$

在 $r=0$ 处的剪应力不会是无穷大,故积分常数 $C$ 必定为零。因此剪应力的分布规律为

$$\tau_{rz}=\left(\frac{p_{d0}-p_{dL}}{2L}\right)r \tag{2-43}$$

对于牛顿型流体,由式(2-34)得

$$\tau_{rz}=-\mu\frac{\mathrm{d}u_z}{\mathrm{d}r}$$

---

① 物理量 $p_d$ 表示静压强与重力的联合效应,也称为动力压强,其意义具体参见 2.6 节。对于其他不同流向,$p_d$ 更一般的定义为 $p_d=p+\rho(\boldsymbol{g}\cdot\boldsymbol{h})$,这里矢量 $\boldsymbol{h}$ 是以任意参考平面为基准平面的垂直向上(与重力方向相反)的距离。

这里负号表示薄壳表面所受到的外界摩擦力，与薄壳表面自身的剪切应力方向相反。将以上关系式代入方程式(2-43)，得到如下速度分布微分方程

$$\frac{\mathrm{d}u_z}{\mathrm{d}r} = -\left(\frac{p_{d0} - p_{dL}}{2\mu L}\right)r$$

积分得

$$u_z = -\left(\frac{p_{d0} - p_{dL}}{4\mu L}\right)r^2 + C'$$

利用固体表面的无滑移边界条件：$r = R$ 时，$u_z = 0$，可以计算积分常数 $C'$，从而得到如下速度分布

$$u_z = \left(\frac{p_{d0} - p_{dL}}{4\mu L}\right)\left(R^2 - r^2\right) \tag{2-44}$$

以上结果表明，对于圆管中牛顿型不可压缩流体的层流流动，剪应力呈线性变化，速度分布呈抛物线型。

一旦建立了速度分布，很容易计算其他派生量：

(1) 最大速度 $u_{z,\max}$ 出现在 $r = 0$ 处

$$u_{z,\max} = \left(\frac{p_{d0} - p_{dL}}{4\mu L}\right)R^2 \tag{2-45}$$

(2) 平均速度 $u_b$ 为截面各位置速度的加和平均

$$u_b = \frac{\int_0^{2\pi}\int_0^R u_z r\,\mathrm{d}r\,\mathrm{d}t}{\int_0^{2\pi}\int_0^R r\,\mathrm{d}r\,\mathrm{d}t} = \left(\frac{p_{d0} - p_{dL}}{8\mu L}\right)R^2 \tag{2-46}$$

详细的积分过程留给读者自己完成，注意 $u_b = 0.5u_{z,\max}$。

(3) 体积流量 $V_s$ 为面积与平均速度的乘积

$$V_s = \frac{\pi\left(p_{d0} - p_{dL}\right)}{8\mu L}R^4 \tag{2-47}$$

这就是有名的哈根-泊肃叶(Hagen-Poiseuille)方程，针对描述圆管中流量规律的公式。实验上的结果是由德国人哈根和法国人泊肃叶同时发现的。泊肃叶是一位医生兼物理学家，他是在研究血液在血管中的流动规律时发现这个公式的。物理学家通常称黏性不可压缩流体在圆管中的流动为泊肃叶流动。

(4) 对于长度为 $L$ 的圆管，流体作用于管内润湿表面上的力的 $z$ 方向分量 $F_z$ 为

$$F_z = (2\pi RL)\tau_{rz} = \pi R^2\left(p_0 - p_L\right) + \pi R^2 L\rho g$$

这一结果表明，压强差和重力作用于液体柱上的合力，正好与方向相反的阻止流体流动的黏性力 $F_z$ 相平衡，从而维持着定态流动。

结合速度分布，可以计算圆管中定态层流的范宁摩擦因数。首先计算壁面上的剪应力

$$\tau_s = \mu \frac{\mathrm{d}u_z}{\mathrm{d}r}\bigg|_{r=R} = \frac{4\mu u_\mathrm{b}}{R}$$

因此，范宁摩擦因数为

$$f = \frac{2\tau_s}{\rho u_\mathrm{b}^2} = \frac{8\mu}{\rho u_\mathrm{b} R} = \frac{16}{Re} \tag{2-48}$$

　　泊肃叶流动在流体力学理论发展史上有着不可磨灭的功绩。其理论上的准确解与实验值非常符合，从而肯定了牛顿黏性定律和流体在壁面无滑移假设的正确性。

　　应指出，以上对哈根-泊肃叶方程的推导过程蕴含了一些假定，以排除次要细节的影响，体现了研究工作中"抓主要矛盾"的思考方法。现将这些假设综述如下：① 流动为层流($Re$ 小于 2100)；② 密度 $\rho$ 是常数(不可压缩流体)；③ 黏度物性系数 $\mu$ 为常数(等温系统，牛顿流体)；④ 流动与时间无关(定态流动)；⑤ 忽略端效应——离开管进口处一定距离后，流动才能成为具有抛物线型的速度剖面；⑥ 流体为连续介质——除了很稀薄的气体，或毛细管管径很小时，该假定通常是可靠的。

## 2.6　微分运动方程

　　薄壳衡算能够快捷地建立流体流动、传热和传质过程的数学模型，但其应用局限于一些特定的场合。下面采用拉格朗日法进行微分衡算，导出流体的微分运动方程。运动方程和连续性方程结合，可以处理一般情形的流体流动问题，在热量和质量传递过程的求解中也是有实际意义的基础方程。

### 2.6.1　用应力表示的微分运动方程

　　在流场中任意选取一个固定质量的流体微元系统(拉格朗日观点)，考察该微元系统随环境流体一起流动过程中的动量变化。式(2-41)可写为

$$\mathrm{d}\boldsymbol{F} = \frac{\mathrm{D}}{\mathrm{D}t}(m\boldsymbol{U}) \tag{2-49}$$

式中，$\boldsymbol{U}$ 为微元系统流体的运动速度矢量；$m$ 为微元系统流体的质量；$\boldsymbol{F}$ 为作用于微元系统上体积力和表面力的矢量和，此即牛顿第二定律。

　　在某时刻，设该微元系统的体积为 $\mathrm{d}V = \mathrm{d}x\mathrm{d}y\mathrm{d}z$(图 2-9，注意其体积和位置随时间改变)。同时，考虑微元系统的受力分为体积力和表面力两部分。式(2-49)可写为

$$\mathrm{d}\boldsymbol{F} = \mathrm{d}\boldsymbol{F}_\mathrm{B} + \mathrm{d}\boldsymbol{F}_\mathrm{s} = \rho\mathrm{d}x\mathrm{d}y\mathrm{d}z\frac{\mathrm{D}\boldsymbol{U}}{\mathrm{D}t} \tag{2-50}$$

　　向量方程式(2-50)在直角坐标系 $x$、$y$ 和 $z$ 方向上的分量为

$$\mathrm{d}F_x = \mathrm{d}F_{Bx} + \mathrm{d}F_{sx} = \rho\mathrm{d}x\mathrm{d}y\mathrm{d}z\frac{\mathrm{D}u_x}{\mathrm{D}t} \tag{2-50a}$$

$$\mathrm{d}F_y = \mathrm{d}F_{By} + \mathrm{d}F_{sy} = \rho\mathrm{d}x\mathrm{d}y\mathrm{d}z\frac{\mathrm{D}u_y}{\mathrm{D}t} \tag{2-50b}$$

$$dF_z = dF_{Bz} + dF_{sz} = \rho dx dy dz \frac{Du_z}{Dt} \tag{2-50c}$$

下面首先考察流体微元系统在 $x$ 方向上受到的体积力和表面力。由前面的讨论可知体积力 $x$ 方向上的分量

$$dF_{Bx} = X \rho dx dy dz \tag{2-51}$$

微元系统在 $x$ 方向上受到的表面力如图 2-9 所示。

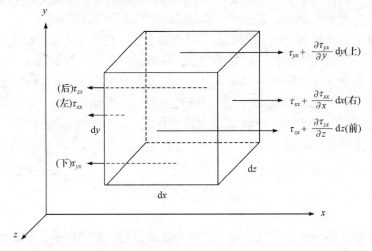

图 2-9　流体微元及其 $x$ 方向上的应力分量

以 $x$ 轴方向为正，则

$$dF_{sx} = \left[ \left( \tau_{xx} + \frac{\partial \tau_{xx}}{\partial x} dx \right) dy dz - \tau_{xx} dy dz \right] + \left[ \left( \tau_{yx} + \frac{\partial \tau_{yx}}{\partial y} dy \right) dx dz - \tau_{yx} dx dz \right]$$
$$+ \left[ \left( \tau_{zx} + \frac{\partial \tau_{zx}}{\partial z} dz \right) dx dy - \tau_{zx} dx dy \right]$$

化简后，得

$$dF_{sx} = \left( \frac{\partial \tau_{xx}}{\partial x} + \frac{\partial \tau_{yx}}{\partial y} + \frac{\partial \tau_{zx}}{\partial z} \right) dx dy dz \tag{2-52}$$

将式(2-51)和式(2-52)代入式(2-50a)，整理后得

$$\rho \frac{Du_x}{Dt} = \rho X + \frac{\partial \tau_{xx}}{\partial x} + \frac{\partial \tau_{yx}}{\partial y} + \frac{\partial \tau_{zx}}{\partial z} \tag{2-53a}$$

式(2-53a)即为 $x$ 方向上以应力表示的动量衡算方程。

采用与式(2-53a)相同的推导步骤，可以得到 $y$、$z$ 方向上以应力表示的动量衡算方程

$$\rho \frac{Du_y}{Dt} = \rho Y + \frac{\partial \tau_{xy}}{\partial x} + \frac{\partial \tau_{yy}}{\partial y} + \frac{\partial \tau_{zy}}{\partial z} \tag{2-53b}$$

$$\rho \frac{Du_z}{Dt} = \rho Z + \frac{\partial \tau_{xz}}{\partial x} + \frac{\partial \tau_{yz}}{\partial y} + \frac{\partial \tau_{zz}}{\partial z} \tag{2-53c}$$

式(2-53a)～式(2-53c)也称为应力表示的**黏性流体的运动方程**，推导过程中没有任何假定，

故它适用于各种流体的不同运动场合，包括定态系统或非定态系统、理想流体或真实流体、可压缩流体或不可压缩流体、牛顿流体或非牛顿流体。将压强从法向应力中独立出来，可以用下面简洁的单个矢量方程来表示上面的方程组[式(2-53a)～式(2-53c)]

$$\rho \frac{\mathrm{D}\boldsymbol{u}}{\mathrm{D}t} = \rho \boldsymbol{g} - \nabla p + [\nabla \cdot \boldsymbol{\tau}] \tag{2-53d}$$

式中，每项都具有明确的物理意义，分析如下：$\rho \dfrac{\mathrm{D}\boldsymbol{u}}{\mathrm{D}t}$ 为单位体积流体系统的动量变化率(惯性力)；$\rho \boldsymbol{g}$ 为单位体积流体系统所受的重力；$\nabla p$ 为作用于单位体积流体系统的压强；$[\nabla \cdot \boldsymbol{\tau}]$ 为作用于单位体积流体系统的黏性应力，有 3 个分量，而张量 $\boldsymbol{\tau}$ 有 9 个分量。

### 2.6.2　运动方程与机械能方程　

利用以上运动方程，可以描述流体流动中各种形式的能量之间如何相互转换。首先作局部速度 $\boldsymbol{u}$ 和矢量方程式(2-53d)的点积

$$\rho \frac{\mathrm{D}}{\mathrm{D}t}\left(\frac{1}{2}u^2\right) = \rho(\boldsymbol{u}\cdot\boldsymbol{g}) - (\boldsymbol{u}\cdot\nabla p) + (\boldsymbol{u}\cdot[\nabla\cdot\boldsymbol{\tau}]) \tag{2-54}$$

这是一个标量方程，为拉格朗日法描述的随体运动的单位质量流体系统的动能$\left(\frac{1}{2}u^2\right)$变化率，方程的单位为[J/(m³·s)]。为了讨论方便，这个方程可以改写成下面的偏导数形式，这样方程的每一项都可以理解为针对一个固定的空间位置，或单位体积的控制体而言。读者可以不拘泥以下方程的导出过程，而关注所给出方程中每一项的物理意义。整个方程描述了流体流动中机械能的耗散[①]及各种形式能量相互转换，其积分形式就是大家所熟悉的机械能方程(伯努利方程为其特例)。

$$\frac{\partial}{\partial t}\left(\frac{1}{2}\rho u^2\right) = -\left[\nabla\cdot\left(\frac{1}{2}\rho u^2\boldsymbol{u}\right)\right] - (\nabla\cdot p\boldsymbol{u}) - p(-\nabla\cdot\boldsymbol{u}) - [\nabla\cdot(\boldsymbol{\tau}\cdot\boldsymbol{u})] - (-\boldsymbol{\tau}:\nabla\boldsymbol{u}) + \rho(\boldsymbol{u}\cdot\boldsymbol{g}) \tag{2-55}$$

读者应着重留心上式中各项的物理意义，以加深对机械能方程的理解。式中，$\dfrac{\partial}{\partial t}\left(\dfrac{1}{2}\rho u^2\right)$ 为单位体积控制体内流体的动能变化率；$-\left[\nabla\cdot\left(\dfrac{1}{2}\rho u^2\boldsymbol{u}\right)\right]$ 为总体流动导致控制体内流体的动能净输入；$-(\nabla\cdot p\boldsymbol{u})$ 为环境压强(法向应力)对控制体内流体做功的速率，往复泵对液体增压过程主要基于本项的效应；$p(\nabla\cdot\boldsymbol{u})$ 为由于压缩或膨胀，控制体内流体的机械能可逆转变为热力学能的速率；$-[\nabla\cdot(\boldsymbol{\tau}\cdot\boldsymbol{u})]$ 为黏性应力对控制体内流体做功的速率，离心泵对液体增压过程主要基于本项的效应；$-(-\boldsymbol{\tau}:\nabla\boldsymbol{u})$ 为机械能不可逆耗散为热力学能的速率；$\rho(\boldsymbol{u}\cdot\boldsymbol{g})$ 为重力对控制体内流体做功的速率(位能转变为动能的速率)。

$p(\nabla\cdot\boldsymbol{u})$ 和 $-(-\boldsymbol{\tau}:\nabla\boldsymbol{u})$ 两项的物理意义，在学习第 5 章后会有更深入的理解。由于 $p(\nabla\cdot\boldsymbol{u})$

---

[①] 这里"耗散"指摩擦力等原因导致机械能的损耗。流体损耗的机械能将转化为流体的热力学能，也可以通过向周围低温物体自发散热。本书中一般不考虑机械能耗散对流体热状态的影响。可简单换算，流速 1m/s 水的动能完全耗散可导致温升约 $1.2\times10^{-4}$℃，而机械能耗散导致水的压强下降 1atm(1atm=1.01325×10⁵Pa)情况下对应的温升约 $2.4\times10^{-3}$℃。

和 $-(\tau : \nabla u)$ 两项的效应, 流体可以内部被加热或冷却。

$p(\nabla \cdot u)$ 项的效应可能使得气体温度发生显著变化。在绝热压缩升温及膨胀降温过程中, 流体机械能与流体热力学能相互转化, 并且这种能量转化是可逆的。相比于液体 $(\Delta \cdot u = 0)$, 单位质量气体增加一定压强所需输送机械功率要大很多, 因为气体在压缩机经历压缩时, 需要此项效应对应的机械能最终转化为气体的热力学能。

另外, 由于黏性应力作用, 牛顿流体产生摩擦热, 即部分耗散的机械能将不可逆地转化为热力学能, 因此 $(-\tau : \nabla u)$ 总是一个正数。由于机械能耗散, $-(\tau : \nabla u)$ 产生的热量通常不会引起流体温度的明显变化, 仅仅在高速流动系统, 由于存在较大黏度和速度梯度, 这一项的效果才是显著的, 会引起可测量的温度变化。高速飞行、润滑等就是很好的例证。

### 2.6.3 纳维-斯托克斯方程

应力表示的运动方程可与连续性方程联立解析流体流动过程。由于涉及的独立变量共有 10 个, 它们是 $\rho$、$u_x$、$u_y$、$u_z$、$\tau_{xx}$、$\tau_{yy}$、$\tau_{zz}$、$\tau_{xy}$(或 $\tau_{yx}$)、$\tau_{yz}$(或 $\tau_{zy}$)、$\tau_{xz}$(或 $\tau_{zx}$), 采用 4 个微分方程解 10 个未知量是不可能的。必须设法找出上述未知量之间、未知量与已知量之间的关系, 以减少独立变量的数目。对于牛顿流体, 前面已经介绍了本构方程, 通过黏度表达出各应力分量与应变速率之间的关系, 利用这些本构关系, 将在下面导出黏性流体力学中具有重要意义的纳维(Navier)-斯托克斯(Stokes)方程。

式(2-53)中许多项以应力形式表达, 将式(2-23)、式(2-26)和式(2-28)代入式(2-53a)即可得到下列 $x$ 方向的完全运动微分方程

$$\rho \frac{Du_x}{Dt} = \rho X - \frac{\partial p}{\partial x} + 2\mu\left(\frac{\partial^2 u_x}{\partial x^2}\right) - \frac{2}{3}\mu\left(\frac{\partial^2 u_x}{\partial x^2} + \frac{\partial^2 u_y}{\partial x \partial y} + \frac{\partial^2 u_z}{\partial x \partial z}\right) + \mu\left(\frac{\partial^2 u_x}{\partial y^2} + \frac{\partial^2 u_y}{\partial x \partial y}\right) + \mu\left(\frac{\partial^2 u_x}{\partial z^2} + \frac{\partial^2 u_z}{\partial x \partial z}\right)$$

经整理得

$$\rho \frac{Du_x}{Dt} = \rho X - \frac{\partial p}{\partial x} + \mu\left(\frac{\partial^2 u_x}{\partial x^2} + \frac{\partial^2 u_x}{\partial y^2} + \frac{\partial^2 u_x}{\partial z^2}\right) + \frac{1}{3}\mu\frac{\partial}{\partial x}\left(\frac{\partial u_x}{\partial x} + \frac{\partial u_y}{\partial y} + \frac{\partial u_z}{\partial z}\right) \tag{2-56a}$$

同理可得

$$\rho \frac{Du_y}{Dt} = \rho Y - \frac{\partial p}{\partial y} + \mu\left(\frac{\partial^2 u_y}{\partial x^2} + \frac{\partial^2 u_y}{\partial y^2} + \frac{\partial^2 u_y}{\partial z^2}\right) + \frac{1}{3}\mu\frac{\partial}{\partial y}\left(\frac{\partial u_x}{\partial x} + \frac{\partial u_y}{\partial y} + \frac{\partial u_z}{\partial z}\right) \tag{2-56b}$$

$$\rho \frac{Du_z}{Dt} = \rho Z - \frac{\partial p}{\partial z} + \mu\left(\frac{\partial^2 u_z}{\partial x^2} + \frac{\partial^2 u_z}{\partial y^2} + \frac{\partial^2 u_z}{\partial z^2}\right) + \frac{1}{3}\mu\frac{\partial}{\partial z}\left(\frac{\partial u_x}{\partial x} + \frac{\partial u_y}{\partial y} + \frac{\partial u_z}{\partial z}\right) \tag{2-56c}$$

也可以用下面一矢量方程来表示上面的方程组式(2-56a)～式(2-56c)

$$\rho \frac{Du}{Dt} = \rho F_g - \nabla p + \mu \nabla^2 u + \frac{1}{3}\mu\nabla(\nabla \cdot u) \tag{2-56}$$

式(2-56)即为牛顿流体的**微分运动方程**, 也称为**纳维-斯托克斯方程**, 或简称 **N-S 方程**。纳维-斯托克斯方程实质上仍是力的衡算式, 其中每一项都代表着作用在流体质点上的力。$\frac{Du}{Dt}$

表示动量累积速率(惯性力)，$F_g$ 表示体积力，$\nabla p$ 表示压强梯度，$\mu\nabla^2 u$ 表示黏性力。四种力中，对流体起决定作用的是惯性力和黏性力，而压强在两者之间起平衡作用。

由于推导过程并未对流体的压缩性作过假设，纳维-斯托克斯方程对可压缩或不可压缩流体均是正确的。对于不可压缩流体，连续性方程为

$$\frac{\partial u_x}{\partial x} + \frac{\partial u_y}{\partial y} + \frac{\partial u_z}{\partial z} = 0 \tag{2-17}$$

代入式(2-56a、b、c)中，可得不可压缩牛顿流体的微分运动方程

$$\frac{\mathrm{D}u_x}{\mathrm{D}t} = \frac{\partial u_x}{\partial t} + u_x\frac{\partial u_x}{\partial x} + u_y\frac{\partial u_x}{\partial y} + u_z\frac{\partial u_x}{\partial z}$$
$$= X - \frac{1}{\rho}\frac{\partial p}{\partial x} + \nu\left(\frac{\partial^2 u_x}{\partial x^2} + \frac{\partial^2 u_x}{\partial y^2} + \frac{\partial^2 u_x}{\partial z^2}\right) \tag{2-57a}$$

$$\frac{\mathrm{D}u_y}{\mathrm{D}t} = \frac{\partial u_y}{\partial t} + u_x\frac{\partial u_y}{\partial x} + u_y\frac{\partial u_y}{\partial y} + u_z\frac{\partial u_y}{\partial z}$$
$$= Y - \frac{1}{\rho}\frac{\partial p}{\partial y} + \nu\left(\frac{\partial^2 u_y}{\partial x^2} + \frac{\partial^2 u_y}{\partial y^2} + \frac{\partial^2 u_y}{\partial z^2}\right) \tag{2-57b}$$

$$\frac{\mathrm{D}u_z}{\mathrm{D}t} = \frac{\partial u_z}{\partial t} + u_x\frac{\partial u_z}{\partial x} + u_y\frac{\partial u_z}{\partial y} + u_z\frac{\partial u_z}{\partial z}$$
$$= Z - \frac{1}{\rho}\frac{\partial p}{\partial z} + \nu\left(\frac{\partial^2 u_z}{\partial x^2} + \frac{\partial^2 u_z}{\partial y^2} + \frac{\partial^2 u_z}{\partial z^2}\right) \tag{2-57c}$$

式中，$\nu = \mu/\rho$ 为流体的运动黏度。

与讨论连续性方程的情况一样，在某些情况下，采用柱坐标系或球坐标系来表示纳维-斯托克斯方程，在应用上较直角坐标系更为方便。下面写出不可压缩流体的纳维-斯托克斯方程在柱坐标系和球坐标系中的表达形式。其中，各坐标分量的意义与连续性方程相同，体积力分量用 $X$ 表示。

在柱坐标系下

$r$ 分量：
$$\frac{\partial u_r}{\partial t} + u_r\frac{\partial u_r}{\partial r} + \frac{u_\theta}{r}\frac{\partial(u_r)}{\partial\theta} - \frac{u_\theta^2}{r} + u_z\frac{\partial u_r}{\partial z}$$
$$= X_r - \frac{1}{\rho}\frac{\partial p}{\partial r} + \nu\left\{\frac{\partial}{\partial r}\left[\frac{1}{r}\frac{\partial}{\partial r}(ru_r)\right] + \frac{1}{r^2}\frac{\partial^2 u_r}{\partial\theta^2} - \frac{2}{r^2}\frac{\partial u_\theta}{\partial\theta} + \frac{\partial^2 u_r}{\partial z^2}\right\} \tag{2-58a}$$

$\theta$ 分量：
$$\frac{\partial u_\theta}{\partial t} + u_r\frac{\partial u_\theta}{\partial r} + \frac{u_\theta}{r}\frac{\partial u_\theta}{\partial\theta} + \frac{u_r u_\theta}{r} + u_z\frac{\partial u_\theta}{\partial z}$$
$$= X_\theta - \frac{1}{\rho}\frac{1}{r}\frac{\partial p}{\partial\theta} + \nu\left\{\frac{\partial}{\partial r}\left[\frac{1}{r}\frac{\partial}{\partial r}(ru_\theta)\right] + \frac{1}{r^2}\frac{\partial^2 u_\theta}{\partial\theta^2} - \frac{2}{r^2}\frac{\partial u_r}{\partial\theta} + \frac{\partial^2 u_\theta}{\partial z^2}\right\} \tag{2-58b}$$

$z$ 分量：

$$\frac{\partial u_z}{\partial t}+u_r\frac{\partial u_z}{\partial r}+\frac{u_\theta}{r}\frac{\partial u_{\theta z}}{\partial \theta}+u_z\frac{\partial u_z}{\partial z}$$

$$=X_z-\frac{1}{\rho}\frac{\partial p}{\partial z}+\nu\left[\frac{1}{r}\frac{\partial}{\partial r}\left(r\frac{\partial u_z}{\partial r}\right)+\frac{1}{r^2}\frac{\partial^2 u_z}{\partial \theta^2}+\frac{2}{r^2}\frac{\partial u_z}{\partial z^2}\right] \tag{2-58c}$$

球坐标系下

$r$ 分量：

$$\frac{\partial u_r}{\partial t}+u_r\frac{\partial u_r}{\partial r}+\frac{u_\theta}{r}\frac{\partial (u_r)}{\partial \theta}+\frac{u_\varphi}{r\sin\theta}\frac{\partial u_r}{\partial \varphi}-\frac{u_\theta^2+u_\varphi^2}{r}$$

$$=X_r-\frac{1}{\rho}\frac{\partial p}{\partial r}+\nu\left\{\frac{1}{r^2}\frac{\partial}{\partial r}\left(r^2\frac{\partial u_r}{\partial r}\right)+\frac{1}{r^2\sin\theta}\frac{\partial}{\partial \theta}\left(\sin\theta\frac{\partial u_r}{\partial \theta}\right)+\right. \tag{2-59a}$$

$$\left.\frac{1}{r^2\sin^2\theta}\frac{\partial^2 u_r}{\partial \varphi^2}-\frac{2}{r^2}u_r-\frac{2}{r^2}\frac{\partial u_\theta}{\partial \theta}-\frac{2}{r^2}u_\theta\cot\theta-\frac{2}{r^2\sin\theta}\frac{\partial u_\varphi}{\partial \varphi}\right\}$$

$\theta$ 分量：

$$\frac{\partial u_\theta}{\partial t}+u_r\frac{\partial u_\theta}{\partial r}+\frac{u_\theta}{r}\frac{\partial u_\theta}{\partial \theta}+\frac{u_\varphi}{r\sin\theta}\frac{\partial u_\theta}{\partial \varphi}+\frac{u_r u_\theta}{r}-\frac{u_\varphi^2\cot\theta}{r}$$

$$=X_\theta-\frac{1}{\rho}\frac{1}{r}\frac{\partial p}{\partial \theta}+\nu\left\{\frac{1}{r^2}\frac{\partial}{\partial r}\left(r^2\frac{\partial u_\theta}{\partial r}\right)+\frac{1}{r^2\sin\theta}\frac{\partial}{\partial \theta}\left(\sin\theta\frac{\partial u_\theta}{\partial \theta}\right)+\right. \tag{2-59b}$$

$$\left.\frac{2}{r^2\sin^2\theta}\frac{\partial^2 u_\theta}{\partial \varphi^2}+\frac{2}{r^2}\frac{\partial u_r}{\partial \theta}-\frac{u_\theta}{r^2\sin^2\theta}-\frac{2\cos\theta}{r^2\sin^2\theta}\frac{\partial u_\varphi}{\partial \varphi}\right\}$$

$\varphi$ 分量：

$$\frac{\partial u_\varphi}{\partial t}+u_r\frac{\partial u_\varphi}{\partial r}+\frac{u_\theta}{r}\frac{\partial u_\varphi}{\partial \theta}+\frac{u_\varphi}{r\sin\theta}\frac{\partial u_\varphi}{\partial \varphi}+\frac{u_\varphi u_\theta}{r}+\frac{u_\theta u_\varphi\cot\theta}{r}$$

$$=X_\varphi-\frac{1}{\rho}\frac{1}{r\sin\theta}\frac{\partial p}{\partial \varphi}+\nu\left\{\frac{1}{r^2}\frac{\partial}{\partial r}\left(r^2\frac{\partial u_\varphi}{\partial r}\right)+\frac{1}{r^2\sin\theta}\frac{\partial}{\partial \theta}\left(\sin\theta\frac{\partial u_\varphi}{\partial \theta}\right)+\right. \tag{2-59c}$$

$$\left.\frac{2}{r^2\sin^2\theta}\frac{\partial^2 u_\varphi}{\partial \varphi^2}-\frac{u_\varphi}{r^2\sin^2\theta}+\frac{2}{r^2\sin\theta}\frac{\partial u_r}{\partial \varphi}+\frac{2\cos\theta}{r^2\sin^2\theta}\frac{\partial u_\theta}{\partial \varphi}\right\}$$

### 2.6.4　纳维-斯托克斯方程的求解

#### 1. 方程组的可解性

N-S 方程加上连续性方程共有 4 个方程，因此对于密度 $\rho$ 和黏度 $\mu$ 恒定的流体流动，原则上可以应用数学方法求解其中的四个独立变量(速度分量 $u_x$、$u_y$、$u_z$ 和压强 $p$)。联立流体的状态方程 $f(p,\rho)=0$，还可以求解流体密度 $\rho$ 发生变化的流动过程。

但事实上到目前为止，还无法将 N-S 方程的普遍解求出。其原因是方程中含有两个未知量的乘积，如 $u_x\frac{\partial u_x}{\partial x}$、$\rho\frac{\partial u_x}{\partial t}$ 等，所以方程是非线性的，应用数学求解非常困难。以上方程组的形式十分复杂，这主要是由于将它们写成适用于三维非对称系统的一般形式的流动。幸而许多工程问题常常可以应用一维或二维形式的方程来求解。此外，应用这些方程时，还可以根据具体条件使之近一步简化。从而，对一些简单的问题能够获得分析解。

N-S 方程代表某瞬间、某一位置流体质点的运动规律。从原则上讲，方程既适用于层流，也适用于湍流。但事实上只能直接将该方程应用于层流，而难以直接地严格解决湍流问题。

由于在湍流中有旋涡的产生和散逸，各种物理量呈现高频脉动，不可能追踪这些极其错综复杂的旋涡并弄清它们速度千变万化的情况。CFD 研究中有一种直接采用非稳态 N-S 方程组求解的数值计算方法(direct numerical simulation，DNS)，可用于中低雷诺数简单湍流的物理机制研究。对高雷诺数($Re=10^7\sim10^8$)的实验测试表明，湍流的旋涡尺度可小到微米级，并可能在数微秒内发生明显的形态变化，因此就解决工程实际问题而言，DNS 算法对计算机的容量和速度提出了迄今难以达到的过高要求，在可预见的未来难以实现。关于如何将 N-S 方程应用于湍流问题，将在第 4 章中加以讨论。

在求解流体流动问题时，应该注意适当选择坐标系。坐标系的选择原则应使被研究的流体流动在所选定的坐标系上具有对称性，以便减少方程组中独立的变量数。例如，对平板间的流体流动采用直角坐标系，对圆管内的流体流动采用柱坐标系，对流体绕过球体的流动采用球坐标系。

## 2. 定解条件

连续性方程和 N-S 方程的建立，都是从一个任意微元六面体出发，根据普遍的物理定律推导出来的。因此，它们表述的是传递现象的共同规律，千差万别的传递过程都必须满足这些通用方程。它们全然没有涉及过程的具体特点，例如，无论讨论管内流体流动还是流体绕物体的流动，不管通过多孔介质的缓慢流动抑或搅拌作用下的快速湍动，所有这些流动过程都必须满足上述通用方程。如要了解某具体的传递过程，还必须认识此具体过程的特殊性，即能唯一地确定该具体过程所必须具备的定解条例。从数学上来看，前面所述这些传递过程的通用方程构成了一个偏微分方程组，此偏微分方程组的解有无穷多个。为了得到确定的解，还必须补充某些附加条件。这些补充的附加条件称为**定解条件**。通用的基本方程组加上相应的定解条件就构成了描述具体传递过程的完整的数学模型。

定解条件可分为初始条件和边界条件两大类。

求解运动方程时，初始条件就是当初始时刻 $t=0$ 时，流动过程应该满足的初始状态。即 $t=0$ 时，在所考虑问题中给出下述条件

$$\boldsymbol{u}=u(x,y,z)，\quad p=p(x,y,z)$$

如果密度 $\rho$ 和黏度 $\mu$ 不稳定，其初始时刻的值也需要给出。显然，对于定态过程而言，不需要给定初始条件。

运动过程的边界条件有很多形式，2.5 节已经作过讨论，不再赘述。

## 3. 重力项的处理

在许多场合，流体是均匀的而且不具有自由表面，每一流体质点的质量和它的静浮力互成平衡，犹如流体静止时一样。此时，可求出质量力和压强之间的关系，以便将质量力一项由 N-S 方程中消去。

当流体运动时，N-S 方程中的压强一般可理解为流动的总压强。对于不可压缩流体来说，总压强 $p$ 实际上是由下述两类压强组成的，其中之一是静压强 $p_s$，即流体静止时所呈现的压强，另外一类是**动力压强** $p_d$，即使流体流动所需提供的压强。就压强梯度而论，如果流体静止时，流体的总压强梯度应等于静压强梯度，而动力压强梯度等于零。如果流体处于流动状态，则总压强梯度应该等于上述两个压强梯度之和。

动力压强 $p_d$ 一般定义为

$$p_d = p + \rho gh \quad 或 \quad p_d = p - p_s \tag{2-60}$$

式中，$h$ 为以任意参考平面为基准平面的垂直向上(即与重力方向相反)的距离。

将式(2-60)代入式(2-57)，整理可得

$$\frac{Du_x}{Dt} = -\frac{1}{\rho}\frac{\partial p_d}{\partial x} + \nu\left(\frac{\partial^2 u_x}{\partial x^2} + \frac{\partial^2 u_x}{\partial y^2} + \frac{\partial^2 u_x}{\partial z^2}\right) \tag{2-61a}$$

$$\frac{Du_y}{Dt} = -\frac{1}{\rho}\frac{\partial p_d}{\partial y} + \nu\left(\frac{\partial^2 u_y}{\partial x^2} + \frac{\partial^2 u_y}{\partial y^2} + \frac{\partial^2 u_y}{\partial z^2}\right) \tag{2-61b}$$

$$\frac{Du_z}{Dt} = -\frac{1}{\rho}\frac{\partial p_d}{\partial z} + \nu\left(\frac{\partial^2 u_z}{\partial x^2} + \frac{\partial^2 u_z}{\partial y^2} + \frac{\partial^2 u_z}{\partial z^2}\right) \tag{2-61c}$$

式(2-61)中的体积力一项已经消去，其中压强采用动力压强表示。利用该式可以解决不具有自由表面的流体流动问题，如解决封闭管道内的流体流动问题时，比较方便。需要注意的是，有液体自由表面的流动情况，边界条件常出现压强条件，这时用式(2-61)并不适宜。

## 2.7　量纲分析与放大

许多流动问题的影响因素很多，另外由于物体边界的形状复杂等原因，N-S 方程的数学求解一般很困难，经常难以得到满意的解答。这时，实验便成为一个必不可少的手段。实验研究对于解决复杂传递问题特别重要，它也是研究工作中不可缺少的一个方面。计算结果的正确性和可靠性，也需要实验来检验。

由于实验条件的限制，实验过程往往不能完全真实地再现实物的情况。例如，由于实物的尺寸太大，也很难期望直接建造的大型装置会出现最佳的结果，而且在实物上进行实验会耗费大量的人力和物力。因此通常是先研究一个小型的工作装置，然后将该过程外推到工业规模的水平。这正如塑料的发明者贝克兰(Baekeland，1863—1944)所说的那样：**在小装置上犯错误，在大规模生产中获利润**。这种研究开发的程序不仅是过程设计的重要方法，也是认识复杂过程的定量规律的实用性手段。

那么如何实现从小到大进行外推呢？人们熟悉一些静态系统的放大缩小，如将地图按比例放大来计算城市间的距离。但这种尺寸的线性放大模式并不适用于包含流动、传热和传质的动态系统，特别是放大倍数很大的情况。以蜥蜴为例可以理解动态系统放大的不同之处。如果设计一只很大的蜥蜴，如像房子一样大，采用线性比例放大所得到的形象令人感觉很不真实，早期科幻电影中的恐龙形象就是这样。因为线性比例放大的结果，躯体的质量与高度的立方成正比，而骨骼的强度(与骨骼截面积成正比)与高度的平方成正比。这样，线性放大得到的巨大蜥蜴的身体质量会超过其骨骼的承受能力。换言之，真实的大蜥蜴身体各部分尺寸的比例与小蜥蜴不尽相同。化工动态系统的放大，不仅包含设备尺寸的变化，流动速度、设备功率等工艺参数也要相应调整。而量纲分析是动态系统放大的基础，也是本节的主题。

量纲也称因次。在量纲一致性的前提下，一些物理量的组合可以构成量纲为一的准数。例如，大家所熟悉的雷诺数 $Re$ 是特征长度、特征速度和运动黏度的组合。这些量纲为一的准数是联结不同尺度动态过程的纽带，小装置和大设备中的动态过程规律都可以通过这些准数

用统一的形式进行描述(这方面的效果,量纲分析获取的准数方程与微分变化方程可谓异曲同工)。例如,圆管内范宁摩擦因数关系式就蕴含这样的神奇功能,简单的关联式可用于不同粗细管道内不同流体在不同流速下的流动。湍流时的范宁摩擦因数关系式并非通过理论解析,而是借助量纲分析对实验数据处理的结果。实验中需要关联很多重要变量的影响,这是很烦琐的工作。这些量纲为一准数的数目要比原始变量的数目少,故对实验工作很有好处。通过量纲分析可以把给定条件下的变量组合成量纲为一参数,能使实验数据的整理工作大为简化。

本节将针对有基本方程可用以及尚无方程可循的两种情况,分别讲述量纲为一准数的确定和计算。在下面的分析中,有些量纲为一准数是大家所熟悉的,而另一些准数则是初次遇到。以后将在一些比例模型实验的基础上运用某些相似性质来预测设备的流动特性,并讨论无方程可循的情况下如何获取过程的量纲为一参数。

## 2.7.1　量纲与单位

描述流体流动的物理量,如长度、时间、质量、速度、加速度、密度、压强等,都可按其性质不同而加以分类。表征各种物理量性质和类别的称为物理量的量纲。例如,长度、时间、质量三种物理量,分别与日常生活中的远近、迟早、重轻三类概念相关,这是三个性质完全不同的物理量,因而具有三种不同的量纲。我们注意到这三种量纲是互不依赖的,即其中的任一量纲,都不能从其他两个推导出来,这种互不依赖、互相独立的量纲称为基本量纲,而其他的量纲则可以用它们来表示。由基本量纲之一的长度 $L$,面积和体积的量纲分别可以用 $L^2$ 和 $L^3$ 来表示。第二个基本量纲是时间,记作 $t$。这样,运动学的量,如速度和加速度就可以用 $L/t$ 和 $L/t^2$ 来表示。

另一个基本量纲是质量,用 $M$ 来表示。一个含有质量量纲的例子如密度,它的量纲可用 $M/L^3$ 来表示。牛顿第二定律表示了力和质量的关系。这样力的量纲便可以用 $F=Ma=ML/t^2$ 来表示。有些书籍不采用 SI 制,相反把力看成基本量纲,再按照牛顿第二运动定律用 $F$、$L$ 和 $t$ 来表示质量。在这本书中,一律把质量作为基本量纲。

为了比较同一类物理量的大小,可以选择与其同类的标准量加以比较,此标准量称单位。例如,比较长度的大小,可以选择 m、cm、ft 作为单位。

通过本节学习可以知道,动量传递中的各个重要参量,均可用量纲 $M$、$L$ 和 $t$ 来表示。在后面,对传热问题进行量纲分析时,还将增加温度这个基本量纲。此外,SI 制还有几个其他的基本量纲,如表示物质的量的摩尔(mol)与化学反应相关,表示电流强度的安培(A)与电磁现象有关,表示发光强度的坎德拉(cd)用于光学问题描述。

在表 2-1 中列出了动量传递过程中一些重要变量以及它们用 $M$、$L$ 和 $t$ 表示的量纲。

**表 2-1　在动量传递过程中的一些重要变量**

| 变量 | 符号 | 量纲 |
|---|---|---|
| 质量 | $M$ | M |
| 长度 | $L$ | L |
| 时间 | $t$ | t |
| 速度 | $u$ | L/t |
| 重力加速度 | $g$ | L/t$^2$ |

续表

| 变量 | 符号 | 量纲 |
|------|------|------|
| 力 | $F$ | $ML/t^2$ |
| 压强 | $p$ | $M/Lt^2$ |
| 密度 | $\rho$ | $M/L^3$ |
| 黏度 | $\mu$ | $M/Lt$ |
| 表面张力 | $\sigma$ | $M/t^2$ |

一个正确、完整的反映客观规律的方程式中，求和关系中各项的量纲必须相同，并具有相同的单位，这就是量纲一致性原则。

### 2.7.2 纳维-斯托克斯方程的量纲分析

尽管针对某一给定的问题，本书所介绍的传递微分方程可能不一定能够积分求解，但是，可以利用这些方程找出量纲为一准数应该如何组合，下面以 N-S 方程为例进行说明。首先写出不可压缩流体定态流动时，N-S 方程组中的 $x$ 方向的分量方程如下：

$$\frac{\partial u_x}{\partial t} + u_x \frac{\partial u_x}{\partial x} + u_y \frac{\partial u_x}{\partial y} + u_z \frac{\partial u_x}{\partial z} = X - \frac{1}{\rho}\frac{\partial p}{\partial x} + \nu\left(\frac{\partial^2 u_x}{\partial x^2} + \frac{\partial^2 u_x}{\partial y^2} + \frac{\partial^2 u_x}{\partial z^2}\right) \tag{2-62}$$

式(2-62)中各项的量纲均为 $L/t^2$，于是可写出式(2-62)的量纲方程

$$\left[\frac{U^2}{L}\right] = \left[g - \frac{p}{\rho L} + \frac{\nu U}{L^2}\right] \tag{2-63}$$

式(2-63)表示量纲相等而不是数值相等。这里采用一个单一的特征速度 $U$ 代表所有的速度分量，采用一个特征长度 $L$ 表示所有的长度。现在将式(2-63)中的各项除以 $U^2/L$，变换为量纲为一形式，则得

$$[1] = \left[\frac{gL}{U^2} - \frac{p}{\rho U^2} + \frac{\nu}{LU}\right] \tag{2-64}$$

式(2-63)左边表示惯性力，可以得到下列量纲为一参数

$$\frac{重力}{惯性力} = \frac{gL}{U^2} \qquad \frac{压力}{惯性力} = \frac{p}{\rho U^2} \qquad \frac{黏性力}{惯性力} = \frac{\nu}{LU}$$

根据其物理意义，可以预料这些量纲为一参数在流体分析过程中经常出现。分别给它们或其倒数特定命名如下：

$$\frac{U^2}{gL} = Fr \text{ 弗劳德数} \tag{2-65}$$

$$\frac{p}{\rho U^2} = Eu \text{ 欧拉数} \tag{2-66}$$

$$\frac{LU}{\nu} = Re \text{ 雷诺数} \tag{2-67}$$

以上量纲分析可以形成各种不同的量纲为一的参数，应用微分运动方程还可以解释所得

量纲为一参数的物理意义，如雷诺数 $Re$ 表示惯性力与黏性力之比。构成这些量纲为一参数的各个有量纲变量的意义，在不同情况下是有区别的。所用的长度、速度等有关参数都是每种流动过程中最重要或最有代表性的量。例如，特征长度 $L$ 可能是流体经过管道的直径，也可能是从平板前沿开始沿流动方向所测的距离。同样，对于不同的流动类型也可选用不同的特征速度 $U$。因此，在引入任何一个量纲为一参数时，都应明确地规定其所用的特征长度和特征速度等有关的物理量，以避免引起混乱。

通过特征长度和特征速度，可以定义量纲为一变量，如

量纲为一速度
$$u^* = \frac{u}{U}$$

量纲为一压强
$$p^* = \frac{p}{\rho U^2}$$

量纲为一时间
$$t^* = \frac{tU}{L}$$

量纲为一坐标

$$x^* = \frac{x}{L} \quad y^* = \frac{y}{L} \quad z^* = \frac{z}{L}$$

利用以上量纲为一变量和坐标进行置换，可以重新写出式(2-62)，为

$$\frac{\mathrm{D}u_x^*}{\mathrm{D}t} = \frac{1}{Fr}\frac{X}{g} - \frac{\partial p^*}{\partial x^*} + \frac{1}{Re}\left(\frac{\partial^2 u_x^*}{\partial x^{*2}} + \frac{\partial^2 u_x^*}{\partial y^{*2}} + \frac{\partial^2 u_x^*}{\partial z^{*2}}\right) \tag{2-68}$$

类似地，连续性方程和 N-S 方程的向量形式可以量纲为一化为

$$\nabla u^* = 0 \tag{2-69}$$

$$\frac{\mathrm{D}\boldsymbol{u}^*}{\mathrm{D}t} = \frac{1}{Fr}\frac{\boldsymbol{g}}{g} - \nabla p^* + \frac{1}{Re}\nabla^2 u^* \tag{2-70}$$

如果大小不同的两个系统，由它们的相关变量组合而成的 $Re$ 和 $Fr$ 相同，那么这两个系统可以用相同的量纲为一微分运动方程来描述。此外，若两个系统的量纲为一初始条件和边界条件也相同(后面将看到，这意味着两个系统是几何相似的)，则这两个系统在数学上是全等的。这时，量纲为一速度分布和量纲为一压强分布在两个系统中是相等的，或者说两个系统是"动力相似"的。对于不甚了解的系统的放大研究，通常要求保持流体动力相似条件。下面举例说明。

**【例 2-2】**　搅拌釜的放大(图 2-10)。液体物料在一大的无挡板搅拌釜中做定态流动，经常需要预测合适的搅拌转速或功率。搅拌釜一般与某种间歇化学反应的进行相关，因而这种问题具有重要的实际意义。这时，可在一个较小而与大釜几何相似的搅拌釜中进行模型研究。那么，模型研究应在怎样的条件下进行，才有可能提供可靠的预测结果？

**解**　在具有自由液面的搅拌釜中，螺旋桨或涡轮所搅拌的液体运动特性非常复杂，不能由运动方程推算其分析解，因此可以应用量纲分析方法。如果描述这两个流动系统的量纲为一微分方程、量纲为一边界条件都相同，那么两个系统是"动力相似"的，可以通过小釜模型研究的结果定量推算大釜的情况。它们的边界条件为

| 边界条件 | 大釜 | 小釜 |
| --- | --- | --- |
| 釜底 $u=0$ | 在 $z=0$, $0<r<T_1/2$ | 在 $z=0$, $0<r<T_2/2$ |
| 侧壁 $u=0$ | 在 $r=T_1/2$, $0<z<H_1$ | 在 $r=T_2/2$, $0<z<H_2$ |
| 液面 $p=p_0$ | 在 $S_1(r,z)$ | 在 $S_2(r,z)$ |

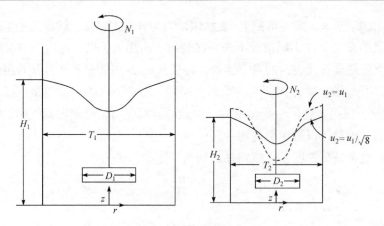

图 2-10　搅拌釜的放大

这里，$S_1(r, z)$ 和 $S_2(r, z)$ 分别为大釜和小釜的旋涡表面，而 $p_0$ 为液面上方的大气压强。据题意，假定系统为定态操作，所以不需要初始条件。上面所列的条件已经足够来说明量纲分析的方法了。

选用搅拌叶的直径 $D$ 作为特征长度，搅拌桨外沿速度(等于搅拌叶的直径 $D$ 与桨叶旋转角速度 $N$ 的乘积)作为特征速度。用量纲为一变量表示的边界条件为

| 边界条件 | 大釜 | 小釜 |
|---|---|---|
| 釜底 $u^*=0$ | 在 $z^*=0$, $0<r^*<T_1/2D_1$ | 在 $z^*=0$, $0<r^*<T_2/2D_2$ |
| 侧壁 $u^*=0$ | 在 $r^*=T_1/2D_1$, $0<z^*<H_1/D_1$ | 在 $r^*=T_2/2D_2$, $0<z^*<H_2/D_2$ |
| 液面 $p^*=0$ | 在 $S_1^*(r/D_1, z/D_1)$ | 在 $S_2^*(r/D_2, z/D_2)$ |

满足以上量纲为一边界条件，必须满足下述等式

$$\frac{T_1}{D_1}=\frac{T_2}{D_2} \quad \frac{H_1}{D_1}=\frac{H_2}{D_2} \tag{A}$$

$$S_1^*\left(\frac{r}{D_1},\frac{z}{D_1}\right)=S_2^*\left(\frac{r}{D_2},\frac{z}{D_2}\right) \tag{B}$$

式(A)给出了几何相似的条件。模型研究的小釜与大釜在形状结构上应尽可能保持相似。显然，如果对速度为零的表面描述越详尽，那么所要求的类似式(A)的比值关系就越多。实际上，甚至釜壁表面的相对光滑度、螺栓头的尺寸对流动都可能起重要作用。

式(B)要求两个釜的旋涡形状相同，这需要两个系统"动力相似"。依据上面对特征长度和特征速度的定义，系统的 $Re$ 和 $Fr$ 数分别为 $D^2N\rho/\mu$ 和 $DN^2/g$，因此

$$\frac{D_1^2N_1\rho_1}{\mu_1}=\frac{D_2^2N_2\rho_2}{\mu_2} \tag{C}$$

$$\frac{D_1N_1^2}{g}=\frac{D_2N_2^2}{g} \tag{D}$$

式(C)和式(D)给出设备尺寸、流体性质和操作参数的关系，是工程上最感兴趣的。将重力加速度看作常数，那么由式(D)可以得出

$$\frac{N_1}{N_2}=\sqrt{\frac{D_2}{D_1}} \tag{E}$$

代入式(C), 得

$$\frac{\mu_2}{\rho_2} = \frac{\mu_1}{\rho_1}\left(\frac{D_2}{D_1}\right)^{\frac{3}{2}} \tag{F}$$

由以上讨论可知: 采用同样的液体, 不可能做到小搅拌釜与大搅拌釜之间流体动力相似。若要达到流体动力相似, 小釜必须采用运动黏度较小的流体。例如, 小釜的线性尺寸为大釜的一半, 根据式(C), 小釜采用流体的运动黏度必须为大釜的$1/\sqrt{8}$。又如, 若两釜采用同一流体, 并使两者的雷诺数 $Re$ 相同, 则小釜中 $Fr$ 将较大, 其液面旋涡效应较深, 如图 2-10 所示。

大多数工业搅拌釜采用挡板限制打旋, 使液面旋涡消失, 这时 $Fr$ 也不再重要。挡板的影响如图 2-11 所示。对于某一加挡板的搅拌釜, 可以仅通过雷诺数 $Re$ 预测搅拌器的功率$[pg/(N^3\rho D^5)]$, 如图 2-12 所示。需注意, 图 2-12 所示的曲线仅适用于几何相似的搅拌釜, 若叶轮位置、液体的深度、叶轮直径与釜径之比, 以及挡板的相对尺寸和位置发生改变时, 则在图 2-12 这样的图上可能得到不同的曲线。虽然利用这种方法可以估算放大后的功率消耗, 但针对混合效率还不能作出任何说明。

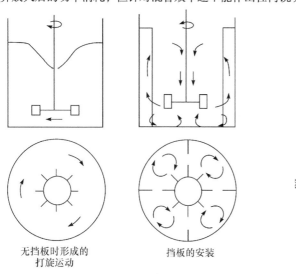

图 2-11　搅拌釜中挡板的影响　　　　图 2-12　安装挡板的搅拌器功率

### 2.7.3　白金汉方法

在许多情况下, 并没有可直接使用的控制微分方程。这时需要有更为通用的方法进行量纲分析, 下面以步行过程为例进行说明。虽然步行过程与本书所介绍的传递过程原理没有直接关系, 这样的实例对量纲分析方法的理解却非常有帮助。对步行过程做纯粹的数学解析几乎是不可能的, 工程专业学生对此类问题也极少关注, 因此这样的实例可以帮助读者排除数学解析思维以及专业知识的干扰, 更好地领会量纲分析方法的一般步骤和广泛的应用场合。因为人的身体构造是相似的, 所以, 人们应该能够根据一些物理参数来预测人的步行速度。

首先, 要找到描述步行过程的参数(表 2-2):

(1) 第一个参数是步行速度 $u$。

(2) 个子高的人似乎步行速度快, 起码成人与儿童相比是这样。因此, 身高可能影响速度。

然而，每个人的结构比例有差别。更准确地说，人的腿长 $l$ 是一个更合适的参数。

(3) 人体质量 $m$ 似乎也会影响步行速度。

(4) 步行包含将质量举起的动作，因此可设想与重力有关系。就是说，即使穿相同的太空服，一个人在月球上的步行速度也将与在地球上不同，重力加速度 $g$ 的影响不容忽略。

(5) 人的步行方式有区别，有人喜欢迈大步行走，也有人小碎步走路。尽管步长 $s$ 与腿长 $l$ 有关，但相同腿长的人步长可以不同。

表 2-2　步行参数

| 变量 | 符号 | 量纲 |
|---|---|---|
| 速度 | $u$ | L/t |
| 腿长 | $l$ | L |
| 质量 | $m$ | M |
| 重力加速度 | $g$ | L/t² |
| 步长 | $s$ | L |

确定过程变量参数，是量纲分析方法的关键步骤，需要充分了解过程的物理学知识。只有描述过程的所有相关物理参数均已知，量纲分析法方可适用；当然，如前一节所述，如果有描述问题的数学方程，将有助于对量纲为一准数的深入了解；另外即使不知道与问题相关的所有参数，量纲分析的观点对求解一个问题仍是有用的。量纲分析的恰当运用过程中，往往会发现遗忘的参数或排除人为引入的多余参数。对于上述步行过程，如果步长参数 $s$ 与腿长 $l$ 相关是多余的，它会在实验数据中反映出来，可能会发现一个量纲为一准数(如 $s/l$)是多余的。

可以利用一个模型预测步行速度 $u$，$u$ 应是其他参数 $l$、$m$、$g$、$s$ 的某种函数，即

$$u = f(l,m,g,s)$$

上式经过量纲分析后，希望找到各参数组合的量纲为一数群项(类似于流动现象中的雷诺数 $Re$ 的量纲为一参数)，将其写作 $\Pi$，这样的数群可能不止一个，分别写为 $\Pi_1$、$\Pi_2$、$\Pi_3$、…，一个步行的 $\Pi$ 数群将具有如下通式：

$$\Pi = u^a l^b m^c g^d s^e$$

式中，$a$、$b$、$c$、$d$、$e$ 分别为待定参数。按照量纲一致原则，等式两侧的量纲相同。将表 2-2 的量纲代入，有

$$[\Pi] = \left(\frac{L}{t}\right)^a (L)^b (M)^c \left(\frac{L}{t^2}\right)^d (L)^e$$

或者

$$[\Pi] = L^{a+b+d+e} t^{-a-2d} M^c \tag{2-71}$$

由于 $\Pi$ 是量纲为一的，因此式(2-71)右边各项的指数必然为零，即

长度量纲 L:　　　　　　　　　　　　$a+b+d+e=0$　　　　　　　　　　　　(2-72)

时间量纲 t:　　　　　　　　　　　　$-a-2d=0$　　　　　　　　　　　　(2-73)

质量量纲 M:　　　　　　　　　　　　$c=0$　　　　　　　　　　　　(2-74)

质量量纲分析结果式(2-74)要求 $c=0$，即人体质量对步行过程没有影响。一般地，如果一个参数包含其他参数所没有的基本量纲，将不能与其他参数组合为量纲为一准数。对于步行过程，不排除遗漏了基本量纲包含质量的一个其他参数，但难以找到其他合适的包含质量的参数时，可以将质量作为多余参数从表 2-2 中排除掉。

现在剩下长度和时间量纲分析的两个方程式(2-72)和式(2-73)，以及四个未知数，有无穷多 $a$、$b$、$d$ 和 $e$ 的组合能满足这两个方程。**白金汉(Buckingham)$\pi$ 定理**对量纲为一准数的个数作了限制，$\pi$ 定理可用数学方法予以证明，具体可表述为

**量纲为一准数数目=参数个数–基本量纲数目**

通过 $\pi$ 定理，可以将影响过程的参数组合为数目较少的量纲为一准数，这将极大地方便对实验结果的分析。对于步行过程，量纲为一准数的个数为 4–2=2 个，分别写作 $\Pi_1$ 和 $\Pi_2$。

量纲分析的目标是寻找一个量纲为一准数表示的函数形式，如对于步行过程

$$\Pi_2 = f(\Pi_1) \tag{2-75}$$

如何确定两个量纲为一准数呢？有一个重要的规则：对每个量纲为一准数，均包含一个**核心变量**。方便的方法是将预测的量作为一个核心变量，如步行过程的速度 $u$。其他核心变量应是实验过程中能够改变的独立参数。步行过程的第二个核心变量，步长 $s$ 是合适的选择。

下面导出 $\Pi_1$ 和 $\Pi_2$ 两个量纲为一准数，它们分别以速度 $u$ 和步长 $s$ 为核心变量。

$\Pi_1$ 包含 $u$ 而不包含 $s$，因此 $s$ 的指数为零，即 $e=0$。选一个数作为 $u$ 的指数，通常选 1 方便，即令 $a=1$。将 $e=0$ 和 $a=1$ 代入式(2-72)和式(2-73)，得

长度量纲 L:　　　　　　　　　　　　$1+b+d+0=0$

时间量纲 t:　　　　　　　　　　　　$-1-2d=0$

很容易解出 $d=-1/2$，$b=-1/2$，因此

$$\Pi_1 = u^1 l^{-1/2} m^0 g^{-1/2} s^0 = \frac{u}{(gl)^{1/2}}$$

取该数群的平方不会影响分析结果。事实上，该数群的平方项就是前面遇到的 $Fr$，通常一个物体运动受到重力影响时就会出现该准数。

$\Pi_2$ 包含 $s$ 而不包含 $u$，因此 $u$ 的指数为零，即 $a=0$。同样可以选 1 作为 $s$ 的指数，令 $e=1$。将 $a=0$ 和 $e=1$ 代入式(2-72)和式(2-73)，得 $d=0$，$b=-1$。因此

$$\Pi_2 = u^0 l^{-1} m^0 g^0 s^1 = \frac{s}{l}$$

将步长 $s$ 为核心变量的准数 $\Pi_2$ 作为另一个准数 $\Pi_1$ 的函数

$$\Pi_2 = f(\Pi_1) \text{ 或 } \Pi_2 = g(Fr)$$

即

$$\frac{s}{l} = g\left(\frac{u^2}{gl}\right)$$

通常的说法是，对比步长是对比速度的函数。也就是说，速度的平方按 $gl$ 进行比例缩

放，步长 s 按腿长 l 进行类似的比例缩放。通过这些缩放，所有步行者的数据将满足相同的函数关系。

对比步长与对比速度的函数关系如何，需要通过实验来确定。根据美国康奈尔大学一年级工科学生测定的数据[①]，对比步长与 Fr 有很好的相关性，在双对数坐标下呈线性增长趋势，近似满足如图 2-13 虚线所示的规律。快步行走的学生所测定的数据位于右上角部分，慢步行走的学生的数据位于左下角部分，中间的数据是按自然步伐行走的学生的数据。可能还有一个与跑步运动对应的高 s/l 区域，但可能变为另一条曲线，因为跑步与步行是两种不同的现象，跑步时两脚有时会同时离地。

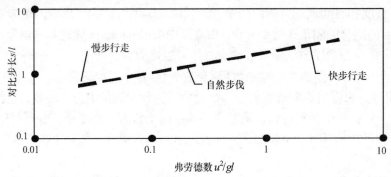

图 2-13　对比步长 s/l 与 Fr 之间的关系

步行过程的量纲分析进一步揭示了动态相似性的概念。量纲为一准数的大小表明了该现象的特征。如果一个步行者的 Fr 是 2，可以断定这是个快步行走的人。步行分析已经扩展到其他两足动物和四足动物，各种不同生命的步行数据也基本分布在同一曲线上。结合骨头强度的量纲分析，人们可以由此确定远古动物的行走速度，进而推测食物链的构成。

通过以上对步行过程的分析，读者可以理解量纲分析方法的思想和一般步骤。下面通过具体实例介绍其在动量传递过程中的运用，并说明通过矩阵分析，如何由量纲矩阵的秩确定过程所涉及基本量纲数目。

【例 2-3】　试求当流体绕流流过固体时，其有关变量所组成的量纲为一数。流体加在固体上的曳力($F$)是 $u$、$\rho$、$\mu$ 和 $L$(物体的特征长度)的函数。

**解**　通常，作为解题的第一步是作出下述的变量及其量纲表：

| 变量 | 符号 | 量纲 |
|---|---|---|
| 力 | $F$ | $ML/t^2$ |
| 速度 | $u$ | $L/t$ |
| 密度 | $\rho$ | $M/L^3$ |
| 黏度 | $\mu$ | $M/Lt$ |
| 长度 | $L$ | $L$ |

在确定所要组成的量纲为一参数的个数之前，必须知道绕流涉及的基本量纲数目。此时，所用的量纲矩阵由下表构成

① 邓肯 T M, 雷默 J A. 2004. 化工过程分析与设计导论. 陈晓春, 李春喜, 译. 北京: 化学工业出版社: 172.

| 量纲＼变量 | $F$ | $u$ | $\rho$ | $\mu$ | $L$ |
|---|---|---|---|---|---|
| M | 1 | 0 | 1 | 1 | 0 |
| L | 1 | 1 | −3 | −1 | 1 |
| t | −2 | −1 | 0 | −1 | 0 |

表中的数字表示在所含每个变量的量纲表达式中，M、L、t 的指数。例如，$F$ 的量纲表达式为 $ML/t^2$，相应表中对应于 M、L、t 的指数便为 1、1 和−2。于是，矩阵就是下述形式的数字排列：

$$\begin{bmatrix} 1 & 0 & 1 & 1 & 0 \\ 1 & 1 & -3 & -1 & 1 \\ -2 & -1 & 0 & -1 & 0 \end{bmatrix}$$

矩阵的秩 $r$ 是矩阵中可以构成的不为零子式的最大阶数。在本例中，$r$ 等于 3。因此，应组成的量纲为一参数的个数可由白金汉 π 定理求出，即 5−3=2。

用 $\pi_1$ 和 $\pi_2$ 来表示这两个量纲为一参数，并可用几种不同的方法予以构成。首先，必须选取 $r$ 变量中的核心变量，如前所述，所谓核心变量是由那些在每个 π 参数中都要出现的变量，而且在这些变量中包含所有的基本量纲。选取核心变量的一种方法是，从变量中排出人们希望孤立其影响的那些变量。以本例而言，如果只在一个量纲为一参数中含有阻力，这样它便不是核心变量。现在，再随意将黏度也排除在核心变量之外。那么，核心变量便是由余下的三个变量 $\rho$、$u$ 和 $L$ 组成，可以看到它们中包括 M、L、t 基本量纲。

已知 $\pi_1$ 和 $\pi_2$ 都含有 $\rho$、$u$ 和 $L$，其中一个含有 $F$，另一个含有 $\mu$，而且它们都是量纲为一的。为使这两个 π 参数都是量纲为一的，就必须给这些变量加以适当的指数。于是，可以分别写成

$$\pi_1 = u^a \rho^b L^c F \qquad \pi_2 = u^d \rho^e L^f \mu$$

下面就来确定这些指数。单独考虑每一个 π 参数，如 $\pi_1 = u^a \rho^b L^c F$ 写成量纲形式为

$$M^0 L^0 t^0 = \left(\frac{L}{t}\right)^a \left(\frac{M}{L^3}\right)^b (L)^c \frac{ML}{t^2}$$

因为方程两边 M、L、t 的指数应该相等，从而可以得出：

对 M    $0=b+1$
对 L    $0=a-3b+c+1$
对 t    $0=-a-2$

由上述各式可以计算出 $a=-2$，$b=-1$，$c=-2$。于是，可得

$$\pi_1 = \frac{F}{L^2 \rho u^2} = \frac{F/L^2}{\rho u^2} = Eu$$

类似地，对 $\pi_2$ 同样可写出量纲的形式

$$M^0 L^0 t^0 = \left(\frac{L}{t}\right)^d \left(\frac{M}{L^3}\right)^e (L)^f \frac{M}{Lt}$$

同样也可以写出下述方程式

对 M    $0=e+1$
对 L    $0=d-3e+f-1$
对 t    $0=-d-1$

由此可以求出 $d=-1$，$e=-1$，$f=-1$。因此，第二个量纲为一参数为

$$\pi_1 = \frac{\mu}{\rho uL} = \frac{1}{Re}$$

由此可见，量纲分析只用两个量纲为一参数就能表示原来用五个变量描述的现象，其表达式的形式为

$$Eu=\phi(Re) \tag{2-76}$$

式(2-76)中 $\phi(Re)$ 是 $Re$ 的某一函数。实验已经证实，欧拉数与雷诺数之间存在的关系可以用图示或公式表达。后面将介绍的绕球形等物体流动的实验数据曲线就是以上述形式给出的，另外欧拉数也决定了圆管内的范宁摩擦因数 $f$ 的大小。

上述的例题已经说明了白金汉 $\pi$ 定理的应用，以及把变量关联成量纲为一参数的一些步骤。这里所介绍的法则是普遍适用的，也是在任何量纲分析中都必须遵守的。同时应注意到，对所导出量纲为一参数的物理意义，需要借助基本方程来解释。

## 拓 展 文 献

1. 胡英. 2003. 连续介质力学概要. 见: 胡英. 物理化学参考. 北京: 高等教育出版社
   (流体是连续介质的一种特例，这篇文章可以帮助读者站在更广阔的视野认识本章的基本概念和原理。这篇数千字的短文是胡英院士写给另一个学科"物理化学"教师的，其内容简洁而不乏深度。)
2. 夏皮罗 A H. 1979. 形与流——漫谈阻力流体动力学. 谈镐生, 等译. 北京: 科学出版社
   (这是一本流体力学的科普译作，它可以帮助读者理解动量传递知识的广泛用途，提高学习兴趣。对于数学基础较差的读者，还能够从书中内容粗略领悟流体流动的基本原理。)
3. 马克·兹洛卡尼克. 2007. 化学工程放大技术. 王涛, 等译. 北京: 化学工业出版社
   (该书从量纲分析的基本概念和原理出发，结合化工过程的化学反应和单元操作，以及机械过程工程和热工过程的工程实例，详细介绍了量纲分析的方法和问题。量纲分析往往借助于具体现象的准确理解，因此量纲分析方法的理解往往需要对具体问题的实际处理经验。前七章论述了量纲分析和量纲为一准数的导出方法，后面给出许多不同领域的具体应用实例。)

## 学 习 提 示

1. 本章的内容按知识的连贯性相互衔接，从学习目的上可以分为三部分: 第 2.1、2.2、2.4 节介绍流体流动的基本概念和方法; 第 2.3、2.6 节推导出流体流动问题的一般方程(其应用在后面章节展开); 第 2.5 节通过具体案例，针对常见的圆管内定态流动进行薄壳动量衡算，使读者初步领会从理论上研究传递过程的原理和方法; 第 2.7 节介绍了一种解决复杂传递问题常用的半经验性方法(量纲分析)。
2. 本课程可以看作化工领域中的物理学分支。对于流体流动及其受力的一些基本概念，理解其物理意义非常重要。
3. 教育心理学有一句名言: "Education is what survives when what has been learned has been forgotten (B. F. Skinner)"。为此，建议读者不要刻意去记忆本课程出现的长串数学公式。诸如各种形式的 N-S 方程和连续性方程，它们对读者的意义如同要乘坐的交通工具，而读者应更关心它从哪里来(如何推导出的)，到哪里去(怎样具体应用)。具体的数学形式如同车辆的机械结构细节，就留给专业机械师去考究吧。
4. 仔细理解重要公式的导出过程是必要的。一方面，推导过程所采用的衡算方法是化学工程师的一项基本功; 另一方面，领悟公式中各项的物理含义非常重要，是应用方程分析实际问题的前提条件，而推导过程也是对公式各项的物理意义进行追本溯源的过程。
5. 衡算方法的学习是本章的重要学习内容之一，读者不妨重温第 1 章相关部分。
6. 量纲分析只是给定问题量纲一致性的一种应用。应用量纲分析可以把独立变量组合成个数较少的量纲为一的 $\pi$ 参数，使关联实验数据所花费的时间和工作量大为减少。除此之外，量纲为一参数间的关联式还有助于表述系统的性能。量纲分析需要一定的物理直觉，远非一两次课堂学习就可以掌握。掌握这种经验型的半定量方法，还需要相当的实践经验。如同学习游泳，这里仅告诉读者一些换气蹬腿要旨，更重要的是要下水实践。

7. 如果已知描述某一给定过程的方程式，则通过求解方程中某一项与其他项比值的方法，便可很方便地确定量纲为一参数的个数。对所求得的量纲为一参数，这种方法还可以给出它们的物理意义。按照几何、运动和动力相似的必要条件，人们可以通过模型的数据来预示原型或全尺寸设备的特性；如果给定的过程没有方程可用，则可以应用经验方法，即白金汉法。这是一种经常应用的方法，但应用这种方法不能给出所求得量纲为一参数的物理意义。量纲分析既不能预示给定情况下哪些变量是重要的，也不能揭示它所包含的传递机理。尽管有这些局限之处，这种方法对于工程师分析问题仍然是非常有价值的。

## 思　考　题

1. 如何表达大气压强 $p$ 对时间的全导数和随体导数？它们各自反映了怎样的物理意义？
2. 有两种完全不互溶的液体 A 和 B 在两平行板间做层流流动。试问其速度分布是否有可能如图 2-14 所给的形状。为什么？

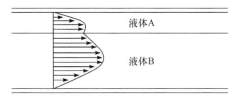

液体A

液体B

图 2-14

3. 在薄壳衡算时，应如何选取体积元的形状以及取向？
4. 流体流动过程中的机械能耗散能否小于零？所反映的物理意义是什么？
5. 柱坐标系的运动方程中有 $\rho\dfrac{u_\theta^2}{r}$ 项，其物理意义是什么？
6. 比较分子动量传递与涡流动量传递的类似和差异之处。
7. 试设计一套实验装置，使用哈根-泊肃叶方程来确定流体的黏度。需要测量哪些量？会遇到哪些测量上的困难？如果各测量值的误差为 1%，分析对结果会造成多大影响？
8. 牛顿黏性定律导出过程仅考虑流体在一个方向上的变形，思考流体在两个方向同时发生变形的情形，并画出在下述条件下流体微元的变形图。
    (1) $\partial u_x/\partial y \gg \partial u_y/\partial x$         (2) $\partial u_x/\partial y \ll \partial u_y/\partial x$
9. 一个二维不可压缩流动的速度分布为 $u_x=u_x(y)$，画出其中一个三维流体微元，并标明每个应力分量的大小、方向和作用面。
10. 除了运动黏度 $\nu$，还有另外两个物性参数：导温系数 $\alpha$ ($\alpha=k/\rho c_p$，$k$、$\rho$、$c_p$ 分别为物体导热系数、密度和比热容) 和扩散系数 $D$，这三个参数分别影响动量、热量和质量的分子传递过程，并具有相同的量纲。该量纲是什么？三个参数可以构成哪三个量纲为一准数？
11. 什么是 $\pi$ 定理？试述运用量纲分析论处理问题的具体步骤。

## 习　题

1. 已知流场的速度分布为

$$\begin{cases} u_x = 2t + 2x + 2y \\ u_y = t - y - z \\ u_z = t + x - z \end{cases}$$

此流动是否稳定？计算流体质点在通过场中(1,1,1)点时的加速度。
2. 证明：压强 $p$ 在柱坐标系和球坐标系的随体导数分别为

$$\frac{\mathrm{D}p}{\mathrm{D}t} = \frac{\partial p}{\partial t} + u_r \frac{\partial p}{\partial r} + \frac{u_\theta}{r}\frac{\partial p}{\partial \theta} + u_z \frac{\partial p}{\partial z}$$

$$\frac{\mathrm{D}p}{\mathrm{D}t} = \frac{\partial p}{\partial t} + u_r \frac{\partial p}{\partial r} + \frac{u_\theta}{r}\frac{\partial p}{\partial \theta} + \frac{u_\varphi}{r\sin\theta}\frac{\partial p}{\partial \varphi}$$

3. 不可压缩流体绕一圆柱体做二维流动，其流场可用下式表示

$$u_r = \left(\frac{C}{r^2} - D\right)\cos\theta; \quad u_\theta = \left(\frac{C}{r^2} + D\right)\sin\theta$$

式中，$C$、$D$ 为常数。说明此时是否满足连续性方程。

4. 假定有二维不可压缩流场的解为

$$u_x = 20x^2\cos y; \quad u_y = 40xy + \sin x$$

试确定这个速度场是否可能存在。

5. 今有不可压缩流体的二维定态流动。已知其 $x$ 方向的速度分量：$u_x = \mathrm{e}^{-x}\cos(hy+1)$。式中，$h$ 为常数；而 $y=0$ 时，$u_y = 0$。试求 $y$ 方向的速度分量。

6. 判断以下流动是否可能是不可压缩流动。

$$(1)\begin{cases} u_x = 2t + 2x + 2y \\ u_y = t - y - z \\ u_z = t + x - z \end{cases} \qquad (2)\begin{cases} u_x = \dfrac{1}{\rho}\left(y^2 - x^2\right) \\ u_y = \dfrac{1}{\rho}\left(2xy\right) \\ u_z = \dfrac{1}{\rho}\left(-2tz\right) \\ \rho = t^2 \end{cases}$$

7. 流体流入圆管进口的一段距离内，流动为轴对称的沿径向和轴向的二维流动，试采用圆环体薄壳衡算方法，导出不可压缩流体在圆管入口段定态流动的连续性方程。

8. 对于下述各种运动情况，试采用适当坐标系的一般化连续性方程描述，并结合下述具体条件将一般化连续性方程加以简化，指出简化过程的依据。

(1) 在矩形截面流道内，可压缩流体做定态一维流动；

(2) 在平板壁面上不可压缩流体做定态二维流动；

(3) 在平板壁面上可压缩流体做定态二维流动；

(4) 不可压缩流体在圆管中做轴对称的轴向定态流动；

(5) 不可压缩流体做球心对称的径向定态流动。

9. 有两块相距为 $2B$ 的直立无限大平行平板，水在板间垂直下流(图 2-15)。试通过薄层衡算推导出在定态层流流动情况下的速度分布式及压强降计算式。

10. 一种非牛顿流体的应力应变关系满足

$$\tau_{yx} = -\mu\frac{\mathrm{d}u_x}{\mathrm{d}y} \pm \tau_0 \qquad |\tau_{yx}| > \tau_0 \tag{a}$$

$$\tau_{yx} = 0 \qquad |\tau_{yx}| < \tau_0 \tag{b}$$

当 $\tau_{yx}$ 为正，方程式(a)取正号；当 $\tau_{yx}$ 为负，则取负号。服从该两参数模型的物质称为宾厄姆(Bingham)塑性流体；当剪应力值小于屈服应力 $\tau_0$ 时，它保持为刚体状态，而当剪应力值超过屈服应力 $\tau_0$，则流动犹如牛顿流体。对于许多细粒悬浮液和糊状物体，该模型都相当精确。现在有一种宾厄姆流体在压强梯度和重力的联合作用下流过一垂直圆管，管径和管长分别为 $R$ 和 $L$。试通过薄层衡算推导出体积流量与动力压强之间的关系[白金汉-赖纳(Buckingham-Reiner)方程]。

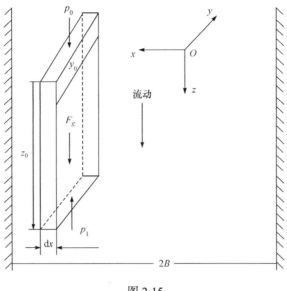

图 2-15

11. 现有 20℃的乙醇流过直径为 3mm 的水平圆管,已知乙醇的黏度为 $\mu=1.2\times10^{-3}\mathrm{N\cdot s/m^2}$、密度为 $\rho=808.9\mathrm{kg/m^3}$,流动时的压强降为 300N/m,计算乙醇在管中的平均流速。

12. 表压为 0.2MPa 的高空水箱底部连接有一根内径 0.6cm 的垂直向下延伸的水管,现该水管在距离水箱 3m 处突然爆裂,计算爆裂处外溢的流量。思考管径若为 6cm,在同样位置爆裂将如何。

13. 试参照推导以应力分量形式表示的 $x$ 方向的运动方程,推导下述方程

$$\rho\frac{\mathrm{D}u_y}{\mathrm{D}t}=\rho Y+\frac{\partial \tau_{xy}}{\partial x}+\frac{\partial \tau_{yy}}{\partial y}+\frac{\partial \tau_{zy}}{\partial z} \qquad \rho\frac{\mathrm{D}u_z}{\mathrm{D}t}=\rho Z+\frac{\partial \tau_{xz}}{\partial x}+\frac{\partial \tau_{yz}}{\partial y}+\frac{\partial \tau_{zz}}{\partial z}$$

14. 如果流动是无黏性的($\mu=0$),那么 N-S 方程将变成著名的欧拉方程或理想流体的运动微分方程。试将柱坐标系下不可压缩流体 N-S 方程在 $r$、$\theta$、$z$ 方向上的 3 个分量方程简化成欧拉方程的分量方程。

15. 已知泵的扬程 $P$(与流体经过泵的压头提高成正比)与流体密度 $\rho$、水泵叶轮角速度 $\omega$、叶轮直径 $D$、容积流量 $Q$ 及流体黏度 $\mu$ 有关。试求出有关的量纲为一参数,并使 $P$、$Q$、$\mu$ 这几个变量分别只出现在一个参数中。试先以输入功率代替扬程,而后再用泵的效率代替之,分别求出它的相似表达式。

16. 一种按比例放大圆筒形液体混合罐和叶轮的近似方法是让单位容积的输入功率保持不变。如果想把这个有隔板的混合器的体积增加三倍,那么混合器的直径和叶轮的速度应按什么比例改变?这两个混合器是几何相似的,而且都是在完全湍流的状态下工作。假定混合叶轮的输入功率 $P$ 是叶轮直径 $D$、叶轮角速度 $\omega$ 和液体密度 $\rho$ 的函数。

17. 在电镀过程中,金属离子从稀电解液中流向旋转圆盘式电极的速率,一般是由离子到圆盘的扩散率来控制的。这个过程被认为是受下述变量控制的,即 $k$ 为传质系数,量纲 L/t;$D$ 为扩散系数,量纲 $\mathrm{L^2/t}$;$d$ 为盘径,量纲 L;$\alpha$ 为角速度,量纲 1/t;$\rho$ 为密度,量纲 $\mathrm{M/L^3}$;$\mu$ 为黏度,量纲 M/Lt。试以这些变量导出一组量纲为一参数并使 $k$、$\mu$、$D$ 分别出现在不同的参数中。另外,对这个系统,应该如何采集和记录实验数据?

18. 由于重力作用,从一根垂直管中排出的液体的质量 $M$ 是管径 $D$、液体密度 $\rho$、表面张力 $F$ 和重力加速度 $g$ 的函数。试求出各独立的量纲为一参数,以便用于分析表面张力的影响。黏度的作用可以忽略不计。

# 第3章　微分运动方程的若干解析

第 2 章导出了一组非线性偏微分方程，即连续性方程和纳维-斯托克斯方程。由于数学的复杂性，N-S 方程必须得到充分的简化，才能求得方程的精确解。方程的简化要根据具体流动情形，合理考虑主要矛盾，构想较简单的理想情况。如同第 2 章的实例，等黏度不可压缩流体在圆管内一维定态层流就是一种理想情况，忽略了许多次要细节。这样的理想情形目前并不很多(参见拓展文献 1)，但对应着大量的化工实际现象。

N-S 方程能够简化求解的理想情形可以分为以下两种情况：①3.1 节的几个实例都是一维定态流动，能够用常微分方程表达；②后面几节讨论的几类应用问题，包括非定态流动以及二维的黏性流和势流等，这时 N-S 方程中的许多项可以由方程中消去，得到流动过程的近似解，尽管如此，仍需要解偏微分方程。对于偏微分方程的具体数学求解过程，本书将予以简化处理，着重介绍对流动问题结果的解析。

另外需要指出，本章研究中没有考虑流体黏度 $\mu$ 和密度 $\rho$ 的变化，都是针对等温不可压缩流体的运动。通常对于液体或低速运动的气体，可以采用不可压缩流体模型。

## 3.1　一维定态流动

### 3.1.1　平壁间定态层流

在工程实际中，经常遇到流体在两平壁之间做平行定态层流的问题，如板式热交换器、各种平板式膜分离组件等。这类装置的特点是平壁的宽度和长度远远大于两平壁之间的距离，因此可以忽略宽度方向上流动的变化，流体在平壁间的流动仅为一维流动。

如果流体沿 $x$ 方向流动，则 $u_y$、$u_z$ 均等于零，于是连续性方程简化为

$$\frac{\partial u_x}{\partial x} = 0 \tag{3-1}$$

由于平壁间的流动是无自由表面流道中的流动，可以采用动力压强表示的运动方程式(2-61)。首先考察 N-S 方程组中的式(2-61a)。由于 $\partial u_x/\partial t = 0$，$u_y = 0$，$u_z = 0$ 以及 $\partial u_x/\partial x = 0$，式(2-61a)简化为

$$0 = -\frac{1}{\rho}\frac{\partial p_d}{\partial x} + \nu\left(\frac{\partial^2 u_x}{\partial y^2} + \frac{\partial^2 u_x}{\partial z^2}\right) \tag{3-2}$$

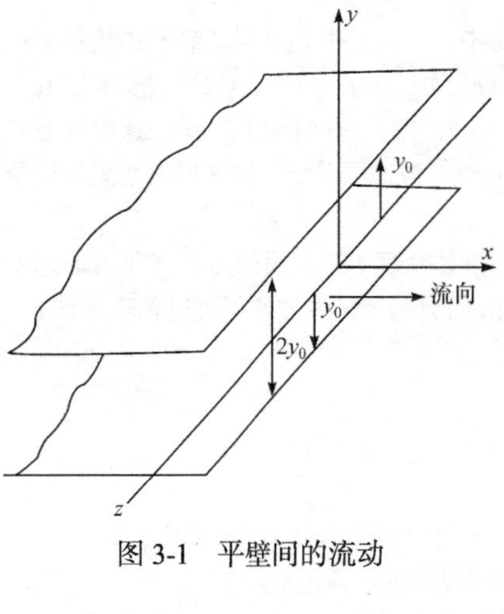

由于没有涉及重力的方向，图 3-1 仅表明了各轴的取向，也适用于流动方向不是水平的情形。如图 3-1 所示，高度为 $2y_0$ 的流道是无限宽的，因而 $u_x$ 不随 $z$ 而变，$\partial^2 u_x/\partial z^2$ 等于零，于是式(3-2)简化为

图 3-1　平壁间的流动

$$\frac{\partial p_{\mathrm{d}}}{\partial x} = \mu \frac{\partial^2 u_x}{\partial y^2} \tag{3-3}$$

现在考察 $y$、$z$ 方向上的运动方程式(2-61b)和式(2-61c)，由于含有 $u_y$ 和 $u_z$ 的各项均为零，因而

$$\frac{\partial p_{\mathrm{d}}}{\partial y} = 0 \qquad \frac{\partial p_{\mathrm{d}}}{\partial z} = 0$$

同时，对于定态流动有 $\partial p_{\mathrm{d}}/\partial t = 0$，因而 $p_{\mathrm{d}}$ 只是 $x$ 的函数。

根据全导数的定义化简，有

$$\frac{\mathrm{d}p_{\mathrm{d}}}{\mathrm{d}x} = \mu \frac{\partial^2 u_x}{\partial y^2} \tag{3-4}$$

因为 $p_{\mathrm{d}}$ 只是 $x$ 的函数，所以式(3-4)左边仍只是 $x$ 的函数；另外，因为 $u_x$ 只是 $y$ 的函数，所以式(3-4)右边仍只是 $y$ 的函数。这样，等式两边必须等于同一个常数，即

$$\frac{\mathrm{d}p_{\mathrm{d}}}{\mathrm{d}x} = \mu \frac{\mathrm{d}^2 u_x}{\mathrm{d}y^2} = 常数 \tag{3-5}$$

应注意，因为 $u_x$ 只是 $y$ 的函数，所以式(3-4)中的偏导数 $\partial^2 u_x/\partial y^2$ 可以写成式(3-5)中常导数的形式。同时，式(3-5)表明流动方向上动力压强梯度 $\mathrm{d}p_{\mathrm{d}}/\mathrm{d}x$ 为常数，与壁面的相对位置无关。

式(3-5)为 $u_x$ 的二阶线性常微分方程，进行第一次积分，得到

$$\frac{\mathrm{d}u_x}{\mathrm{d}y} = \frac{1}{\mu} \frac{\mathrm{d}p_{\mathrm{d}}}{\mathrm{d}x} y + C \tag{3-6}$$

由于 $y=0$ 时，$\partial u_x/\partial y = 0$，因此式(3-6)得积分常数 $C$ 等于零。对式(3-6)进行第二次积分，且考虑到 $y=y_0$ 时，$u_x = 0$，得

$$u_x = \frac{1}{2\mu} \frac{\mathrm{d}p_{\mathrm{d}}}{\mathrm{d}x} \left( y^2 - y_0^2 \right) \tag{3-7}$$

最大流速 $u_{\max}$ 出现在 $y=0$ 处，式(3-7)可以写成

$$u_x = u_{\max} \left[ 1 - \left( \frac{y}{y_0} \right)^2 \right] \tag{3-8}$$

根据平均速度的定义，还可以得到如下关系

$$u_{\mathrm{b}} = \frac{2}{3} u_{\max} \tag{3-9}$$

$$\frac{\mathrm{d}p_{\mathrm{d}}}{\mathrm{d}x} = -\frac{3\mu u_{\mathrm{b}}}{y_0^2} \tag{3-10}$$

请读者自己完成式(3-9)和式(3-10)关系的推导。

以上采用动力压强，研究结果适用于任意的流动方向。特别地，当流动方向水平时，以 $y=0$ 作为式(2-60)中 $h$ 的参照面，流体压强为

$$p = p_{\mathrm{d}} - \rho g y$$

上式两边微分，有 $\dfrac{\partial p}{\partial x} = \dfrac{\partial p_{\mathrm{d}}}{\partial x} = \dfrac{\mathrm{d}p_{\mathrm{d}}}{\mathrm{d}x} =$ 常数。

可以证明，对于垂直或其他方向的流动，在流动方向上的流体压强梯度 $\mathrm{d}p/\mathrm{d}x$ 仍为常数，尽管不再等同于动力压强梯度 $\mathrm{d}p_{\mathrm{d}}/\mathrm{d}x$。

另外，以上推导作了一些假定以排除次要细节的影响，这些假定包括：①$z$ 方向上无限大，因而在该方向没有发生流动($u_z=0$)，且各物理量在 $z$ 方向都是均匀的，即可以认为上述流动为二维问题($x,y$)。对任意物理量 $A$，则 $\partial A/\partial z = 0$。②流体做定态流动，即流场中任何一点的任何物理量 $A$ 均不随时间变化，则 $\partial A/\partial t = 0$。③流体为不可压缩的，且做等温流动，性质参数 $\rho$、$\mu$ 均为常数。④所考察的位置远离流道的进、出口区域，即流型为充分发展，$u_y=0$。

### 3.1.2　平壁面上降膜流动

化工过程中，经常遇到液体在平壁面上呈膜状向下流动的现象。它涉及多种传热传质过程，如膜状冷凝、蒸发、湿壁塔吸收等。如图 3-2 中一个垂直放置的固体壁面，液体在重力作用下呈膜状沿壁面向下流动。液膜内流动速度很慢，呈定态层流流动。液膜的一侧紧贴壁面，另一侧为自由表面。

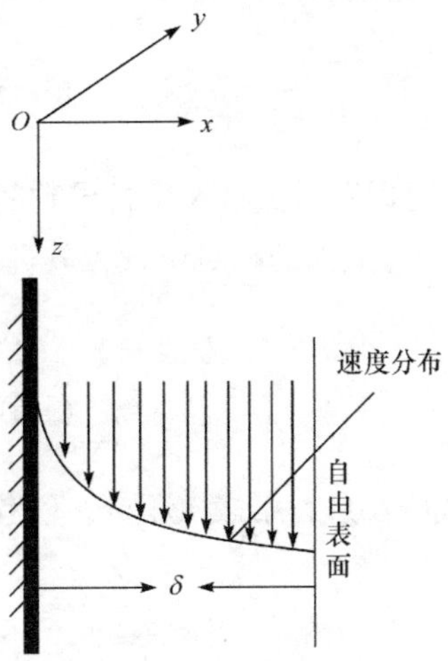

下面通过连续性方程和 N-S 方程，求解液膜内的速度分布、主体平均速度和液膜厚度。

液膜流动为 $z$ 方向上的一维流动，$u_x=0$，$u_y=0$，因此连续性方程可简化为

$$\frac{\partial u_z}{\partial z} = 0$$

N-S 方程只需要考虑 $z$ 方向，其余两个方向上 N-S 方程的各项均为零。液膜外为自由表面，外界压强一定，于是 $\partial p/\partial y = 0$；在 $z$ 方向上，由于是定态流动，$\partial u_z/\partial t = 0$；假定固体壁面很宽，$u_z$ 不在 $y$ 方向上变化，$\partial u_z/\partial y = 0$；由于 $z$ 轴与重力方向相同，

图 3-2　降落液膜的定态流动

故 $Z=g$。利用以上条件，以及 $u_x=u_y=0$，$\partial u_z/\partial z = 0$，$z$ 方向 N-S 方程最后简化为

$$\mu \frac{\partial^2 u_z}{\partial x^2} + \rho g = 0 \tag{3-11}$$

由于 $\partial u_z/\partial t = 0$，$\partial u_z/\partial y = 0$，$\partial u_z/\partial z = 0$，因此，式(3-11)中的偏导数可以写成常导数

$$\mu \frac{\mathrm{d}^2 u_z}{\mathrm{d}x^2} + \rho g = 0 \tag{3-12}$$

式(3-12)为二阶常微分方程，液膜两侧给出两个边界条件：

(1) 壁面处液体无滑移，流速为零：$x=0$ 时，$u_z=0$。

(2) 液膜外表面为自由表面，剪应力为零：$x=\delta$ 时，$\mathrm{d}u_z/\mathrm{d}x = 0$。

将式(3-12)积分，并代入边界条件，最后得到液膜内的速度分布方程

$$u_z = \frac{\rho g}{\mu}\left(\delta x - \frac{x^2}{2}\right) \tag{3-13}$$

在 $y$ 方向上取一单位宽度计算主体流速 $u_b$

$$u_b = \frac{1}{\delta \times 1}\int_0^\delta u_z \mathrm{d}x(1) = \frac{1}{\delta}\int_0^\delta u_z \mathrm{d}x$$

$$= \frac{\rho g}{\delta \mu}\int_0^\delta \left(\delta x - \frac{x^2}{2}\right)\mathrm{d}x = \frac{\rho g}{\delta \mu}\left(\frac{\delta^3}{2} - \frac{\delta^3}{6}\right) = \frac{\rho g \delta^2}{3\mu}$$

故得液膜厚度 $\delta$ 为

$$\delta = \left(\frac{3\mu u_b}{\rho g}\right)^{1/2} \tag{3-14}$$

需注意，以上各式适用于层流，即液膜雷诺数小于 30 的条件下。液膜雷诺数定义为

$$Re = \frac{d_e \rho u_b}{\mu}$$

式中

$$d_e = \frac{4 \times 流通截面面积}{润湿周边边长} = \frac{4(\delta \times 1)}{1} = 4\delta$$

**【例 3-1】**　某流体的运动黏度为 $2 \times 10^{-4}\mathrm{m}^2/\mathrm{s}$，密度为 $800\mathrm{kg/m}^3$，欲使该流体沿宽度为 1m 的垂直平壁下降的液膜厚度达到 2.5mm，则液膜下降的质量流率应为多少？

**解**　由式(3-14)，得

$$u_b = \frac{\rho g \delta^2}{3\mu} = \frac{g\delta^2}{3\nu} = \frac{9.81 \times 0.0025^2}{3 \times 2 \times 10^{-4}} = 0.102(\mathrm{m/s})$$

因此，单位宽度的质量流率为

$$w = u_b \rho \delta \times 1 = 0.102 \times 800 \times 0.0025 \times 1 = 0.204(\mathrm{kg/s})$$

以上计算结果仅当液膜内流动为层流才是正确的。液膜雷诺数为

$$Re = \frac{4\delta \rho u_b}{\mu} = \frac{4 \times 0.0025 \times 0.102}{2 \times 10^{-4}} = 5.1$$

因此，流动确为层流，上述计算结果是正确的。

### 3.1.3　套管环隙间的轴向定态层流

液体在两根同心套管环隙空间沿轴向的流动过程，在物料的加热和冷却时经常遇到，如套管换热器。针对流道的特征，下面采用柱坐标系下的连续性方程和运动方程对流动过程进行分析，求解工程实际中所关心的速度分布、主体流速和压强降的表达式。如图 3-3 所示，有两根同心套管，内管的外半径为 $R_1$，外管的内半径为 $R_2$，当考察的部位远离进、出口，流动为轴向的一维流动。

由于流动为沿 $z$ 方向的一维流动，即 $u_r = 0$，$u_\theta = 0$，对于不可压缩流体，式(2-18)连续性方程可简化为

$$\partial u_z / \partial z = 0 \tag{3-15}$$

流体在管内流动无自由表面，故可以采用动力压强表示 N-S 方程(这方面，直角坐标系与柱坐标系、球坐标系没有区别)，这时的 N-S 方程写成以下形式

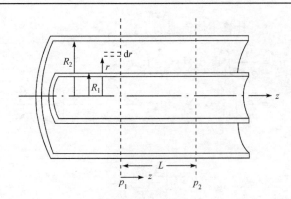

图 3-3　套管环隙间的定态层流

$$\frac{\partial u_r}{\partial t}+u_r\frac{\partial u_r}{\partial r}+\frac{u_\theta}{r}\frac{\partial u_r}{\partial \theta}-\frac{u_\theta^2}{r}+u_x\frac{\partial u_r}{\partial x}$$

$$=-\frac{1}{\rho}\frac{\partial p_d}{\partial r}+\nu\left\{\frac{\partial}{\partial r}\left[\frac{1}{r}\frac{\partial}{\partial r}(ru_r)\right]+\frac{1}{r^2}\frac{\partial^2 u_r}{\partial \theta^2}-\frac{2}{r^2}\frac{\partial u_\theta}{\partial \theta}+\frac{\partial^2 u_r}{\partial z^2}\right\}\frac{\partial u_\theta}{\partial t} \tag{3-16a}$$

$$+u_r\frac{\partial u_\theta}{\partial r}+\frac{u_\theta}{r}\frac{\partial u_\theta}{\partial \theta}+\frac{u_r u_\theta}{r}+u_z\frac{\partial u_\theta}{\partial z}$$

$$=-\frac{1}{\rho r}\frac{\partial p_d}{\partial \theta}+\nu\left\{\frac{\partial}{\partial r}\left[\frac{1}{r}\frac{\partial}{\partial r}(ru_\theta)\right]+\frac{1}{r^2}\frac{\partial^2 u_\theta}{\partial \theta^2}-\frac{2}{r^2}\frac{\partial u_r}{\partial \theta}+\frac{\partial^2 u_\theta}{\partial z^2}\right\}\frac{\partial u_z}{\partial t} \tag{3-16b}$$

$$+u_r\frac{\partial u_z}{\partial r}+\frac{u_\theta}{r}\frac{\partial u_{\theta z}}{\partial \theta}+u_z\frac{\partial u_z}{\partial z}$$

$$=-\frac{1}{\rho}\frac{\partial p_d}{\partial z}+\nu\left[\frac{1}{r}\frac{\partial}{\partial r}\left(r\frac{\partial u_z}{\partial r}\right)+\frac{1}{r^2}\frac{\partial^2 u_z}{\partial \theta^2}-\frac{2}{r^2}\frac{\partial u_z}{\partial z^2}\right] \tag{3-16c}$$

对于 $\theta$、$r$ 方向化简，可得

$$\frac{\partial p_d}{\partial \theta}=0 \qquad \frac{\partial p_d}{\partial r}=0$$

对于定态流动，还有
$$\frac{\partial p_d}{\partial t}=0$$

因此动力压强仅是 $z$ 的函数，即

$$\frac{\partial p_d}{\partial z}=\frac{\mathrm{d}p_d}{\mathrm{d}z} \tag{3-17}$$

对 $z$ 方向的 N-S 方程，有许多化简条件：$u_r=0$，$u_\theta=0$，$\partial u_z/\partial z=0$，$\partial u_z/\partial t=0$(定态流动)，$\partial u_z/\partial \theta=0$(周向对称)，并考虑式(3-17)，化简可得

$$\frac{\mathrm{d}p_d}{\mathrm{d}z}=\mu\left[\frac{1}{r}\frac{\partial}{\partial r}\left(r\frac{\partial u_z}{\partial r}\right)\right] \tag{3-18}$$

由于 $\partial u_z/\partial z=0$，$\partial u_z/\partial t=0$，$\partial u_z/\partial \theta=0$，$u_z$ 仅为 $r$ 的函数，因而

$$\frac{\mathrm{d}p_d}{\mathrm{d}z}=\mu\left[\frac{1}{r}\frac{\mathrm{d}}{\mathrm{d}r}\left(r\frac{\mathrm{d}u_z}{\mathrm{d}r}\right)\right] \tag{3-19}$$

式(3-19)为二阶线性常微分方程。由于右侧 $u_z$ 仅为 $r$ 的函数，左侧动力压强 $p_d$ 仅是 $z$ 的函数，而 $r$ 和 $z$ 是两个独立的自变量，故该式两侧应等于同一常数才能成立，即

$$\frac{1}{r}\frac{\mathrm{d}}{\mathrm{d}r}\left(r\frac{\mathrm{d}u_z}{\mathrm{d}r}\right)=\frac{1}{\mu}\frac{\mathrm{d}p_\mathrm{d}}{\mathrm{d}z}=\text{常数} \tag{3-20}$$

求解式(3-20)的边界条件为

(1) $r=R_1$ 时, $u_z=0$;

(2) $r=R_2$ 时, $u_z=0$;

(3) $r=r_{\max}$ 时, $\mathrm{d}u_z/\mathrm{d}r=0$。

其中, $r_{\max}$ 为环隙截面上最大流速 $u_{\max}$ 处距离管中心的距离, 增加该参数可以简化下面方程的形式, 其数值也能够通过已知参数计算。

对式(3-20)进行积分, 并代入边界条件(3), 可得式(3-21)

$$r\frac{\mathrm{d}u_z}{\mathrm{d}r}=\frac{1}{2\mu}\frac{\mathrm{d}p_\mathrm{d}}{\mathrm{d}z}\left(r^2-r_{\max}^2\right) \tag{3-21}$$

根据边界条件 $r=R_1$ 时, $u_z=0$, 对式(3-21)进行再次积分, 得速度分布

$$u_z=\frac{1}{2\mu}\frac{\mathrm{d}p_\mathrm{d}}{\mathrm{d}z}\left(\frac{r^2-R_1^2}{2}-r_{\max}^2\ln\frac{r}{R_1}\right) \tag{3-22}$$

由另一边界条件 $r=R_2$ 时, $u_z=0$, 同样可以得到速度分布的另一表达式

$$u_z=\frac{1}{2\mu}\frac{\mathrm{d}p_\mathrm{d}}{\mathrm{d}z}\left(\frac{r^2-R_2^2}{2}-r_{\max}^2\ln\frac{r}{R_2}\right) \tag{3-23}$$

将式(3-22)和式(3-23)联立, 可得

$$r_{\max}=\sqrt{\frac{R_2^2-R_1^2}{2\ln\left(R_2/R_1\right)}} \tag{3-24}$$

由式(3-22)或式(3-23)可以计算套管环隙内的主体流速 $u_\mathrm{b}$

$$u_\mathrm{b}=\frac{1}{A}\iint_A u_z\mathrm{d}A=\frac{1}{\pi\left(R_2^2-R_1^2\right)}\int_{R_1}^{R_2}u_z2\pi r\mathrm{d}r$$
$$=-\frac{1}{8\mu}\frac{\mathrm{d}p_\mathrm{d}}{\mathrm{d}z}\left(R_1^2+R_2^2-2r_{\max}^2\right) \tag{3-25}$$

于是, $z$ 方向上的压强降可表示为

$$\frac{\Delta p_f}{L}=-\frac{\mathrm{d}p_\mathrm{d}}{\mathrm{d}z}=8\mu u_\mathrm{b}\left(\frac{1}{R_1^2+R_2^2-2r_{\max}^2}\right) \tag{3-26}$$

注意, 当 $R_1$ 趋近于零时, 上面套管环隙的流动过程方程应该与圆管流动的结果相同(参照 2.5 节)。建议读者应养成一个习惯, 要确认所得结果是否能正确描述各种"极限情况", 用这种方法可以检验所得解析解的结果。套管环隙的流动还有一种极限情况, 当 $R_2$ 趋近于 $R_1$ 时, 流动过程的方程与前面所讲述的平壁间流动结果相同。

【例 3-2】 20℃的水以 $1\mathrm{m}^3/\mathrm{h}$ 的体积流率流过内管外径为 100mm、外管内径为 200mm 的水平套管环隙。试求算截面上出现最大速度的径向距离、该处的流速以及内外壁面处摩擦力的比值。

已知水的黏度为 $1.005\times10^{-3}\mathrm{Pa}\cdot\mathrm{s}$, 密度为 1000kg/m³。

**解** 为了确定流型, 首先计算雷诺数。套管的当量直径 $d_\mathrm{e}$ 为

$$d_\mathrm{e}=4\frac{(\pi/4)\cdot\left(d_2^2-d_1^2\right)}{\pi\left(d_1+d_2\right)}=d_2-d_1=0.1(\mathrm{m})$$

主体流速 
$$u_b = \frac{1}{3600(\pi/4)\left(0.2^2 - 0.1^2\right)} = 0.01179(\text{m/s})$$

于是 
$$Re = \frac{d_e u_b \rho}{\mu} = \frac{0.1 \times 0.01179 \times 1000}{1.005 \times 10^{-3}} = 1173$$

流动为层流，可以应用本节导出的公式进行计算。

(1) 出现最大流速处的 $r_{max}$ 由式(3-24)计算
$$r_{max} = \sqrt{\frac{R_2^2 - R_1^2}{2\ln\left(R_2/R_1\right)}} = \sqrt{\frac{0.1^2 - 0.05^2}{2\ln(0.2/0.1)}} = 0.07355(\text{m})$$

(2) 最大流速 $u_{max}$ 由式(3-22)计算，首先由式(3-26)计算流动方向上的压强梯度
$$\frac{\mathrm{d}p_d}{\mathrm{d}z} = \frac{-8\mu u_b}{R_1^2 + R_2^2 - 2r_{max}^2}$$

因此
$$u_{max} = \frac{1}{2\mu}\frac{\mathrm{d}p_d}{\mathrm{d}z}\left(\frac{r_{max}^2 - R_1^2}{2} - r_{max}^2 \ln\frac{r_{max}}{R_1}\right) = -2u_b\frac{r_{max}^2 - R_1^2 - 2r_{max}^2 \ln\left(r_{max}/R_1\right)}{R_1^2 + R_2^2 - 2r_{max}^2}$$
$$= -2 \times 0.01179 \times \frac{0.07355^2 - 0.05^2 - 2 \times 0.07355^2 \times \ln(0.07355/0.05)}{0.1^2 + 0.05^2 - 2 \times 0.07355^2}$$
$$= 0.0179(\text{m/s})$$

(3) 在 $r = R_1$ 和 $r = R_2$ 处的摩擦力，可分别由环隙内、外壁面处的剪应力乘以相应的表面积得出。计算剪应力时需要注意：环隙内、外壁面处的速度梯度相反，因而
$$\tau_{s1} = \mu \frac{\mathrm{d}u}{\mathrm{d}r}\bigg|_{r=R_1} \qquad \tau_{s2} = -\mu \frac{\mathrm{d}u}{\mathrm{d}r}\bigg|_{r=R_2}$$

速度梯度可通过式(3-21)计算，即
$$\frac{\mathrm{d}u_z}{\mathrm{d}r} = \frac{1}{2\mu}\frac{\mathrm{d}p_d}{\mathrm{d}z}\left(\frac{r^2 - r_{max}^2}{r}\right)$$

因此
$$\tau_{s1} = \frac{1}{2}\frac{\mathrm{d}p_d}{\mathrm{d}z}\left(\frac{R_1^2 - r_{max}^2}{R_1}\right) \qquad \tau_{s2} = -\frac{1}{2}\frac{\mathrm{d}p_d}{\mathrm{d}z}\left(\frac{R_2^2 - r_{max}^2}{R_2}\right)$$

内、外壁面处的摩擦力比值
$$\frac{F_1}{F_2} = \frac{2\pi R_1 L \tau_{s1}}{2\pi R_2 L \tau_{s2}} = \frac{R_1^2 - r_{max}^2}{r_{max}^2 - R_2^2} = \frac{0.05^2 - 0.07355^2}{0.07355^2 - 0.1^2} = 0.6338$$

### 3.1.4 套管环隙间的周向层流

流体在两个转动的同心圆筒环隙间的周向流动($\theta$ 方向)也是常见的流动形式，称为旋转库特(Couette)流。某些摩擦轴承中的润滑油在工作中保持类似的流动，用于测量黏度的旋转黏度计也是依据此原理制成的。

图 3-4 所示为两个垂直的同轴圆筒，其环隙间充满不可压缩的牛顿流体，内筒的外半径为 $a$，外筒的内半径为 $b$。当内筒以角速度 $\omega_1$ 旋转、外筒以角速度 $\omega_2$ 旋转时，引起环隙内流体按切线方向做稳定的层流流动，假设端效应可以忽略。取柱坐标系，速度的三个分量分别为 $u_r$、$u_\theta$、$u_z$。

由于流动对于 $z$ 轴对称，在 $r$ 方向没有流动，即 $u_r = 0$，且 $z$ 方向也没有流动，$u_z = 0$，则连续性方程式(2-18)可简化为

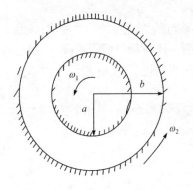

图 3-4 套管环隙的周向流动

$$\frac{1}{r}\frac{\partial u_\theta}{\partial \theta} = 0 \tag{3-27}$$

对于定态流动，$\partial u_\theta / \partial t = 0$；由于流动对于旋转轴对称，$u_\theta$ 不随 $\theta$ 而变，或 $\partial u_\theta / \partial \theta = 0$，基于物理事实，在 $\theta$ 方向不存在压强梯度，$\partial p / \partial \theta = 0$；当圆筒足够长，忽略端效应，$u_\theta$ 不随 $z$ 而变，$\partial u_\theta / \partial z = 0$；又由于 $r$、$\theta$ 坐标为水平方向，故 $X_r = 0$，$X_\theta = 0$，$X_z = g$。将以上条件代入柱坐标系的 N-S 方程，可简化为

$r$ 分量
$$\frac{u_\theta^2}{r} = \frac{1}{\rho}\frac{\partial p}{\partial r} \tag{3-28a}$$

$\theta$ 分量
$$\frac{\partial}{\partial r}\left[\frac{1}{r}\frac{\partial}{\partial r}(ru_\theta)\right] = 0 \tag{3-28b}$$

$z$ 分量
$$g - \frac{1}{\rho}\frac{\partial p}{\partial z} = 0 \tag{3-28c}$$

从以上条件还可以发现，$u_\theta$ 仅是 $r$ 的函数，因此式(3-28b)中的偏导数可以写成常导数

$$\frac{\mathrm{d}}{\mathrm{d}r}\left[\frac{1}{r}\frac{\mathrm{d}}{\mathrm{d}r}(ru_\theta)\right] = 0 \tag{3-29}$$

上述二阶常微分方程满足的边界条件为

(1) $r = a$ 时，$u_\theta = a\omega_1$；

(2) $r = b$ 时，$u_\theta = b\omega_2$。

可以解得速度分布为

$$u_\theta = \frac{\omega_2 b^2 - \omega_1 a^2}{b^2 - a^2}r + \frac{(\omega_1 - \omega_2)a^2 b^2}{b^2 - a^2}\frac{1}{r} \tag{3-30}$$

旋转流体内的剪应力可以通过式(2-32)计算，由于 $u_r = 0$，因此

$$\tau_{r\theta} = -\mu r\frac{\partial}{\partial r}\left(\frac{u_\theta}{r}\right) \tag{3-31a}$$

$u_\theta$ 仅是 $r$ 的函数，因此式(3-31a)中的偏导数也可以写成常导数，代入速度分布方程式(3-30)得

$$\tau_{r\theta} = -2\mu\frac{\omega_1 - \omega_2}{b^2 - a^2}\frac{a^2 b^2}{r^2} \tag{3-31b}$$

利用以上流动模型，可以测定流体的黏度。通常在黏度计中内筒固定不动，$\omega_1 = 0$，外筒以角速度 $\omega_2$ 旋转。作用在外筒上的剪应力为

$$\tau_{r\theta}|_{r=b} = 2\mu\frac{\omega_2 a^2}{b^2 - a^2} \tag{3-32}$$

使得外筒旋转的力矩 $M$ 容易求得，即为力和力臂的乘积。已知旋转黏度计圆筒长为 $L$，则

$$M = \left[\left(\tau_{r\theta}|_{r=b}\right)\cdot 2\pi bL\right]\cdot b = 4\pi\mu\frac{\omega_2 b^2 a^2 L}{b^2 - a^2} \tag{3-33}$$

当测定未知黏度的液体时，在规定的外筒旋转速度 $\omega_2$ 下，通过测定转动力矩 $M$，可以计算待测液体的黏度

$$\mu = \frac{M\left(b^2 - a^2\right)}{4\pi\omega_2 b^2 a^2 L} \tag{3-34}$$

以上层流流动的离心力作用使得流动保持稳定。作用于外层流体质点上的离心力大于内层(靠近旋转轴)流体质点的离心力，因此外层流体质点向内运动受到遏制；同时，该流体质点也不易取代更外层质点，因为外层质点受到更大的离心力作用，从而也限制了质点向外运动。与上述黏度计外筒旋转相比较，内筒旋转的情况下，离心力的作用使得流动产生不稳定倾向，在 $Re$ 更小的情况下就会从层流过渡到湍流[①]。

【例 3-3】 旋转液体的表面形状问题。

在一半径为 $R$ 的圆柱形容器中盛有液体，该容器绕它自身的轴以角速度 $\omega$ 运动。容器的轴是垂直的，求系统达到定态时自由表面的形状(参见图 3-5)。

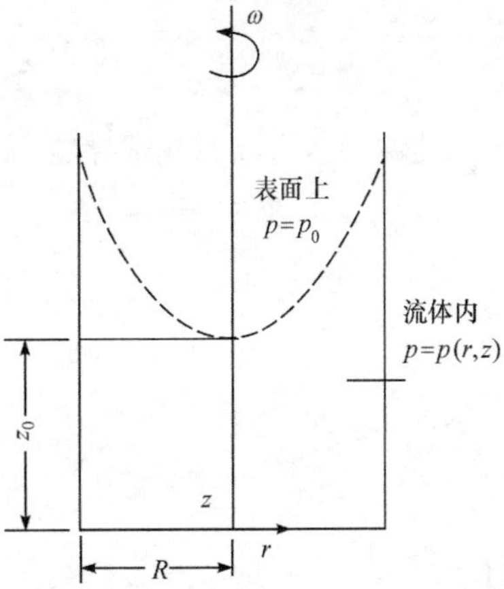

**解** 显然，采用柱坐标系最为方便。所有假定与上面套管环隙的周向流动一样，故简化后的方程也一样。

对方程式(3-29)积分两次，得

$$v_\theta = \frac{1}{2}C_1 r + \frac{C_2}{r}$$

利用边界条件：$r = 0$ 处，$u_\theta$ 值不可能无限大；$r = R$ 处，$u_\theta = \omega R$，求得积分常数。速度分布为

$$u_\theta = \omega r$$

上式表明，旋转流体的运动就如同刚体运动。

将速度分布代入式(3-28a)，并联立式(3-28c)，有

$$\frac{\partial p}{\partial r} = \rho\omega^2 r \qquad \frac{\partial p}{\partial z} = -\rho g$$

又因为 $\partial p/\partial\theta = 0$，所以

$$dp = \frac{\partial p}{\partial r}dr + \frac{\partial p}{\partial z}dz = \rho\omega^2 r dr - \rho g dz$$

图 3-5 旋转流体的自由表面

积分，得

$$p = \frac{1}{2}\rho\omega^2 r^2 - \rho gz + C$$

积分常数 $C$ 可以通过以下边界条件计算：在 $r = 0$ 和 $z = z_0$ 处，$p = p_0$(接壤大气压强)。因此

$$p - p_0 = \frac{1}{2}\rho\omega^2 r^2 - \rho g(z - z_0)$$

因为自由表面上所有的点上 $p = p_0$(大气压强)，于是自由表面的形状为

$$0 = \frac{1}{2}\rho\omega^2 r - \rho g(z - z_0) \quad\text{或}\quad z - z_0 = \left(\frac{\omega^2}{2g}\right)r^2$$

## 3.2 非定态流动问题简介

严格意义上来说，化工过程都是非定态的。将连续操作视为定态只是一种简化的或不得已的处理方式，任何所谓"定态"过程运行中不可避免会有扰动，开车和停车过程则注定是非定态的。另外，化学工业中特别是许多小批量的精细化工产品的生产中，存在许多非定态

[①] 在一些传质分离设备中，希望流体呈湍动状态。这时将采用内筒旋转，内外筒环隙间流体呈现一种二次流称为泰勒涡漩(Taylor vortices)。(参见：湛含辉. 2006. 二次流原理. 长沙：中南大学出版社.)

的间歇操作过程，近年来还发展了强制的(或外加的)非定态操作，以提高反应、分离过程的效率。因此，对于非定态过程的认识非常重要。

非定态问题比定态过程更需要数学帮助，以实现对过程的准确量化认识，近代的计算技术为此提供了可能，因而模型化具备了更为实际的意义。

非定态问题涉及更复杂的数学处理方法，即使是一维非定态流动问题，也至少有两个自变量(时间和流动方向坐标)，因此微分方程必定是偏微分方程。类似地，从物理学及其他各门自然科学、技术科学问题中产生了许多的偏微分方程，常被称为数学物理方程(体现方程本身的数学特性与过程的物理特性密切相关)，这是一个重要的工程数学领域。对于许多线性的数学物理方程，已经有很多求准确解的方法，如分离变量法、积分变换法、复变函数等；解有时能用各种初等函数和超越的特殊函数来表达。但这些只限于比较典型的情况，更多的数学物理方程是非线性方程或方程组，其求解方法更为复杂，只有少数问题有准确解。获取准确解的有效方法之一是利用问题的对称性，如球对称性、轴对称性和相似性等来求解，它可以减少变量数，如通过常微分方程来求出特解。在未能获得准确解的情况下可以用摄动方法求出近似解，它往往先找出与问题有关的小参数，然后求出解关于这个小参数的展开式到一定的次幂作为解的渐近表达式。由于计算机的发展，许多问题能够依靠计算机来得出数值解，这是目前最有效的办法。

偏微分方程一般理论的发展在很大程度上反映了求解数学物理方程的需要，同时也是研究数学物理方程的强大理论后盾。在本书中，不可能系统介绍数学物理方程的研究方法。下面举例说明一种方法，采用组合变量法(或称相似解法)，可将一维非定态流动的偏微分方程转化为一个常微分方程。

设想有一无限大平板，其上半空间充满静止的、黏性不可压缩牛顿流体，如图 3-6(a)所示。若在某一时刻 $t=0$，平板突然以速度 $U$ 沿 $x$ 方向运动，并保持速度 $U$ 做等速运动[图 3-6(b)]。$t>0$ 时，在 $y$ 方向发生动量传递，导致流体中的速度分布不仅是 $y$ 坐标的函数，也是时间的函数[图 3-6(c)]。

由于平板在 $x$ 方向无限延长，因此在任一垂直于 $x$ 轴平面上的流动情况是一样的，可认为 $\frac{\partial}{\partial x}=0$。又因平板在 $z$ 方向无限宽，且平板沿 $x$ 方向移动，故 $u_y=0$，$u_z=0$，$\frac{\partial}{\partial z}=0$。$x$ 方向上体积力为零，此外，可以认为压强在全场为常数，即 $p=$ 常数(学习边界层理论后对此可以理解)。在此情况下，$x$ 方向上 N-S 方程可简化为

$$\frac{\partial u_x}{\partial t}=\nu\frac{\partial^2 u_x}{\partial y}\qquad(3\text{-}35)$$

式中，$\nu$ 为运动黏度。求解式(3-35)的初始条件和边界条件：

(1) 初始条件为 $t\leqslant 0$、$y\geqslant 0$ 时，$u_x=0$；

(2) 当 $t>0$、$y=0$ 时，$u_x=U$；

(3) 当 $y\to\infty$ 时，$u_x=0$。

在本流动问题中，一共出现五个物理量：$u_x$、$U$、$\nu$、$y$ 和 $t$，从量纲分析的角度，$u_x$ 和

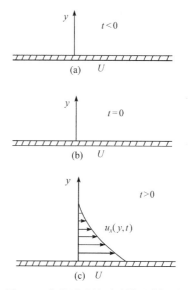

图 3-6　突然运动的平壁附近黏性流

$U$ 有同一量纲，$\nu$ 与 $y$ 和 $t$ 一起很容易组合成一个量纲为一量。取变量 $\eta$ 为描述非定态流动的量纲为一变量，其值为

$$\eta = y/\sqrt{4\nu t} \tag{3-36}$$

不妨假设方程式(3-35)解的形式为

$$u_x/U = \Phi(\eta) \tag{3-37}$$

式中，$u_x/U$ 和 $\eta$ 均为量纲为一量。对式(3-37)求导，有

$$\frac{\partial(u_x/U)}{\partial t} = -\frac{1}{2}\frac{\eta}{t}\Phi' \qquad \frac{\partial^2(u_x/U)}{\partial y^2} = \frac{\eta^2}{y^2}\Phi'' \tag{3-38}$$

式中，用"′"表示 $\Phi$ 对 $\eta$ 的导数。于是，方程式(3-35)中的偏微分可依据式(3-38)置换化为常微分方程

$$\Phi'' + 2\eta\Phi' = 0 \tag{3-39}$$

原边界条件(2)化为：在 $\eta=0$ 时，$\Phi=1$；

原初始条件(1)和边界条件(3)合并为：在 $\eta=\infty$ 时，$\Phi=0$。

求解方程式(3-39)，并利用以上边界条件确定积分常数，得

$$\Phi(\eta) = 1 - \frac{\int_0^\eta e^{-\eta^2}d\eta}{\int_0^\infty e^{-\eta^2}d\eta} = 1 - \frac{2}{\sqrt{\pi}}\int_0^\eta e^{-\eta^2}d\eta = 1 - \text{erf}(\eta) \tag{3-40}$$

式(3-40)中积分的比值称为误差函数，简写为 $\text{erf}(\eta)$，这是一个著名的函数，许多传递现象问题都会引用。它是一个单调递增函数，从 $\text{erf}(0)=0$ 递升到 $\text{erf}(\infty)=1$，注意 $\text{erf}(1)=0.84$，$\text{erf}(2)=0.99$，因此递升的速度迅速衰减。

运动的平壁附近，黏性流速度分布为

$$\frac{u_x}{U} = 1 - \text{erf}\left(\frac{y}{\sqrt{4\nu t}}\right) \tag{3-41}$$

在 $t$ 为不同值时，$u_x$ 与 $y$ 的关系曲线呈相似状态，在物理上称为自模拟解。图3-7给出了式(3-41)的关系曲线，两个量纲为一的特征数的关系符合同一条曲线。

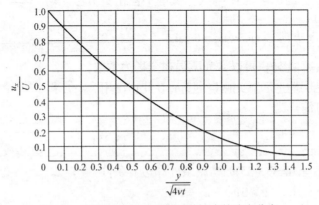

图 3-7　突然运动的平壁附近黏性流的速度分布

定义一个边界层厚度 $\delta$，在 $y=\delta$ 处，$u_x=0.01U$，该厚度反映了动量向流体主体的"**渗透**"程度，是动量扩散当量的长度尺度。利用 $\text{erf}(2.0)=0.99$，得 $\delta = 4\sqrt{\nu t}$，即边界层厚度与时间的

平方根成正比，在边界层以外的动量扩散大致可以忽略不计。

现在来确定平板表面的剪应力 $\tau_s = \mu\left(\dfrac{\partial u_x}{\partial y}\right)\Bigg|_{y=0}$ 。由前述变换得

$$\left(\frac{\partial u_x}{\partial y}\right)\Bigg|_{y=0} = \left(\frac{1}{\sqrt{4\nu t}}\frac{\mathrm{d}u_x}{\mathrm{d}\eta}\right)\Bigg|_{\eta=0} = \left(-\frac{u_0}{\sqrt{\pi\nu t}}\mathrm{e}^{-\eta^2}\right)\Bigg|_{\eta=0} = -\frac{u_0}{\sqrt{\pi\nu t}}$$

因此

$$\tau_s = -\frac{\mu u_0}{\sqrt{\pi\nu t}} = -u_0\sqrt{\frac{\mu\rho}{\pi t}} \tag{3-42}$$

式中，负号表示流体对板面作用的剪应力与板的运动方向相反。

### 3.3　流函数和势函数

应用 N-S 方程对流动过程的解析，前面 3.1 节和 3.2 节两节仅涉及一维流动，方程中仅含有一个非零的速度分量。对于某些密度 $\rho$ 和黏度 $\mu$ 为常数的二维和三维流动，利用流函数和势函数可以一定程度简化微分运动方程的求解。同时，流函数和势函数也具有明确的物理意义，便于人们理解一些流动现象。下面简单介绍这方面的基本情况。

#### 3.3.1　平面流、轴对称流动和流函数

在工程实际中经常遇到这样的流动体系，其一个方向上的速度分量比另外两个方向上小得多，因而可以忽略，流体的物理量在这个方向上也无变化或变化很小。这种流动问题常常可以按二维平面流处理。以直角坐标系的定态不可压缩流体的平面流为例，设流动仅沿 $x$、$y$ 方向，即 $u_z = 0$，$\dfrac{\partial}{\partial z} = 0$，则连续性方程和 N-S 方程可简化为

$$\begin{cases} \dfrac{\partial u_x}{\partial x} + \dfrac{\partial u_y}{\partial y} = 0 \\[2mm] u_x\dfrac{\partial u_x}{\partial x} + u_y\dfrac{\partial u_x}{\partial y} = X - \dfrac{1}{\rho}\dfrac{\partial p}{\partial x} + \nu\left(\dfrac{\partial^2 u_x}{\partial x^2} + \dfrac{\partial^2 u_x}{\partial y^2}\right) \\[2mm] u_x\dfrac{\partial u_y}{\partial x} + u_y\dfrac{\partial u_y}{\partial y} = Y - \dfrac{1}{\rho}\dfrac{\partial p}{\partial y} + \nu\left(\dfrac{\partial^2 u_y}{\partial x^2} + \dfrac{\partial^2 u_y}{\partial y^2}\right) \end{cases} \tag{3-43}$$

此外还有一些轴对称流动，通常有 $u_\theta = 0$，各物理量也不随 $\theta$ 变化，因而 $\dfrac{\partial}{\partial\theta} = 0$。例如，不可压缩流体在圆管内进口端的定态流动，连续性方程和 N-S 方程可简化为

$$\begin{cases} \dfrac{1}{r}\dfrac{\partial(ru_r)}{\partial r} + \dfrac{\partial u_z}{\partial z} = 0 \\[2mm] u_r\dfrac{\partial u_r}{\partial r} + u_z\dfrac{\partial u_r}{\partial z} = X_r - \dfrac{1}{\rho}\dfrac{\partial p}{\partial r} + \nu\left\{\dfrac{\partial}{\partial r}\left[\dfrac{1}{r}\dfrac{\partial}{\partial r}(ru_r)\right] + \dfrac{\partial^2 u_r}{\partial z^2}\right\} \\[2mm] u_r\dfrac{\partial u_z}{\partial r} + u_z\dfrac{\partial u_z}{\partial z} = X_z - \dfrac{1}{\rho}\dfrac{\partial p}{\partial z} + \nu\left[\dfrac{1}{r}\dfrac{\partial}{\partial r}\left(r\dfrac{\partial u_z}{\partial r}\right) + \dfrac{\partial u_z}{\partial z^2}\right] \end{cases} \tag{3-44}$$

上面的二阶偏微分方程组求解仍然很复杂。对某些具体流动情形，将上述方程适当简化后，结合流函数的概念可以进行解析求解。

不同情形下的二维流动，流函数 $\psi$ 按照表 3-1 所示来定义，$\psi$ 的导数表示两个速度分量，并且能够自动满足连续性方程。这样就可以把 N-S 运动方程中两个非零分量方程合并，以消去方程中含有压强 $p$ 的诸项，从而将二阶偏微分方程组转化为一个关于 $\psi$ 的四阶标量方程。

**表 3-1　流函数定义式**

| 流动类型 | 坐标系 | 速度分量 | 公式编号 |
|---|---|---|---|
| 平面流 | 直角坐标，$u_z=0$，$\dfrac{\partial}{\partial z}=0$ | $u_x=-\dfrac{\partial\psi}{\partial y}$，$u_y=\dfrac{\partial\psi}{\partial x}$ | (3-45) |
| | 柱坐标，$u_z=0$，$\dfrac{\partial}{\partial z}=0$ | $u_r=-\dfrac{1}{r}\dfrac{\partial\psi}{\partial\theta}$，$u_\theta=\dfrac{\partial\psi}{\partial r}$ | (3-46) |
| 轴对称流动 | 柱坐标，$u_\theta=0$，$\dfrac{\partial}{\partial\theta}=0$ | $u_z=-\dfrac{1}{r}\dfrac{\partial\psi}{\partial r}$，$u_r=\dfrac{1}{r}\dfrac{\partial\psi}{\partial z}$ | (3-47) |
| | 球坐标，$u_\varphi=0$，$\dfrac{\partial}{\partial\varphi}=0$ | $u_r=-\dfrac{1}{r^2\sin\theta}\dfrac{\partial\psi}{\partial\theta}$ $u_\theta=-\dfrac{1}{r\sin\theta}\dfrac{\partial\psi}{\partial r}$ | (3-48) |

由上述 $\psi$ 的定义，**不可压缩流体的二维平面流或轴对称流动才能满足流函数存在的条件**。这时，不管是定态或非定态流动、理想流体或黏性流体流动，均可以采用流函数简化运动方程。后面所介绍的绕球体的爬流和边界层流动都可以借助流函数解析。

### 3.3.2　流线和迹线

流函数 $\psi$ 的物理意义是：$\psi$ 等于常数的线称为流线。对于定态流动，流线就是流体质点真正所经历的曲线轨迹。

流场中的流线与电场中的电力线、磁场中的磁力线类似，在流线上每一点切线的方向即为该点的速度矢量方向。因为每一点速度方向是唯一的，所以不同流线不会相交，或者说每一点仅有一条流线经过，流场中的流线是互不相交的曲线族。另外，流线是一个瞬时概念，它是许多空间点在同一瞬时所组成的。某一瞬时一条流线上各点处是不同的流体质点。

迹线是与流线相关的另一概念，是流体质点在空间的运动轨迹。某一流体质点在不同时刻处于不同的空间位置，按时间顺序，将这些空间位置(空间点)连接起来，就得到该流体质点的迹线。某一流体质点迹线上的各个点是同一个质点在不同时刻所在的空间位置。

迹线是同一流体质点在不同时刻形成的曲线，它是在拉格朗日方法中流体质点运动规律的几何表示；流线是同一时刻不同流体质点所组成的曲线，它是在欧拉方法中流体质点运动规律的几何表示。一般地，非定态流动在不同瞬时流线的形状是不同的；定态流动的流线形状则保持不变，且流体质点沿流线运动，即在定态流动中，流线与迹线重合。

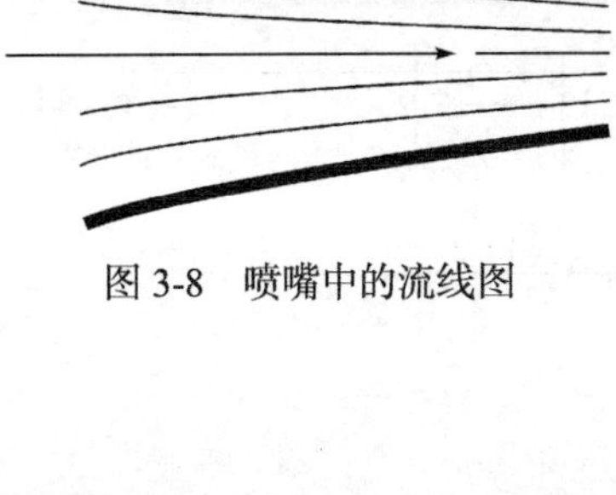

流线和迹线可以直观地表达出一些流动的规律。对于不可压缩流体而言，在特定的图上，流线越密集的地方，流速也越大。对于轴对称的三维流动系统，用二维流动表示已经足够令人满意，如图 3-8 所示，通过喷嘴的流动即属于此种情况。

图 3-8　喷嘴中的流线图

### 3.3.3　理想流体和欧拉方程

前面讲到,理想流体的黏度为零,这时的运动方程可以得到极大简化。当 $\mu=0$,定态流动的 N-S 方程转化为欧拉方程

$$u_x \frac{\partial u_x}{\partial x} + u_y \frac{\partial u_x}{\partial y} + u_z \frac{\partial u_x}{\partial z} + \frac{\partial u_x}{\partial t} = X - \frac{1}{\rho} \frac{\partial p}{\partial x} \tag{3-49a}$$

$$u_x \frac{\partial u_y}{\partial x} + u_y \frac{\partial u_y}{\partial y} + u_z \frac{\partial u_y}{\partial z} + \frac{\partial u_y}{\partial t} = Y - \frac{1}{\rho} \frac{\partial p}{\partial y} \tag{3-49b}$$

$$u_x \frac{\partial u_z}{\partial x} + u_y \frac{\partial u_z}{\partial y} + u_z \frac{\partial u_z}{\partial z} + \frac{\partial u_z}{\partial t} = Z - \frac{1}{\rho} \frac{\partial p}{\partial z} \tag{3-49c}$$

不可压缩的理想流体,连续性方程仍为

$$\frac{\partial u_x}{\partial x} + \frac{\partial u_y}{\partial y} + \frac{\partial u_z}{\partial z} = 0 \tag{2-17}$$

式(2-17)和式(3-49)构成理想流体的偏微分方程组,可以解出 4 个未知量 $u_x$、$u_y$、$u_z$ 和 $p$。

理想流体在现实世界并不存在,但忽略黏性力影响的欧拉方程在航空航天、水利工程等领域应用广泛。事实上,除了贴近固体边界的区域不能忽略黏性力的影响,流动的大部分区域可按理想流体处理。在研究流体流过沉浸物体的课题时,理想流体的理论可以推算出边界外缘的压强分布。

### 3.3.4　势流和势函数

欧拉方程是非线性的,仍难以直接求解。理想流体的无旋流动也称为**势流**,对于势流的情形,可借助势函数进一步简化欧拉方程。

首先介绍无旋流动。流体运动时,流体质点除了沿一定路径平动外,还可能产生应变和旋转运动。表述流体质点旋转特征的物理量称为流体速度矢量的**旋度**(也称为**涡量**),其定义为

$$\mathrm{rot}(\boldsymbol{u}) = \left( \frac{\partial u_z}{\partial y} - \frac{\partial u_y}{\partial z} \right) \boldsymbol{i} + \left( \frac{\partial u_x}{\partial z} - \frac{\partial u_z}{\partial x} \right) \boldsymbol{j} + \left( \frac{\partial u_y}{\partial x} - \frac{\partial u_x}{\partial y} \right) \boldsymbol{k} \tag{3-50}$$

旋度为一向量。流体的旋度等于零,则该流动称为**无旋流动**,反之为有旋流动。

需要注意的是,无旋流动的定义与人们的通常认知可能不吻合。例如,围绕一个中心点的自由涡流流动按定义是无旋的,这时流体微元的运动轨迹是围绕涡流轴心的同心圆,但流体微元自身不旋转。这就好像坐在环行船舱或观览车内,而人们并没有扭转身体一样。相反地,具有速度梯度的一维直线流动,按定义是有旋的。

按照理想流动的定义,可以验证各剪应力项均为零[参见式(2-26)~式(2-28)]。研究表明,对于重力场作用下的理想不可压缩流体而言,如果初始流动是有旋的,则它将一直保持有旋状态;如果初始流动无旋,则将一直保持无旋或势流状态。对黏性或可压缩流体,流体黏性相关的耗散力及温度梯度导致的流体密度不均,可以使得流体的涡量增加。

在直角坐标系的三维流动中,速度势函数 $\varphi$ 定义为

$$u_x = \frac{\partial \varphi}{\partial x}, \quad u_y = \frac{\partial \varphi}{\partial y}, \quad u_z = \frac{\partial \varphi}{\partial z} \tag{3-51}$$

速度势函数自动满足无旋流动，即旋度为零的定义。与流函数 $\psi$ 类似，引入势函数 $\varphi$ 可以将不同速度分量 $u_x$、$u_y$、$u_z$ 用一个变量 $\varphi$ 代替，从而简化欧拉方程求解。

速度势函数的定义代入流体连续性方程式(2-17)，有

$$\frac{\partial^2 \varphi}{\partial x^2} + \frac{\partial^2 \varphi}{\partial y^2} + \frac{\partial^2 \varphi}{\partial z^2} = 0 \tag{3-52}$$

式(3-52)称为拉普拉斯(Laplace)方程。如已知适当的边界条件，则对上述方程求解即可得到势函数，于是由式(3-51)可求得任意一点处的速度，进而可以通过欧拉方程求出流体的压强分布。对于拉普拉斯方程求解势函数，流体动力学的专著中可以找到许多恰当的论述，压强分布计算则需要多元函数的某些理论知识。另外，求解的先决条件是假定势函数存在，速度势函数存在的唯一条件是流体必须是无旋的。

对于定态流动，欧拉方程可以转化为以下向量形式

$$\nabla\left(\frac{u^2}{2}\right) = \boldsymbol{F}_g - \frac{1}{\rho}\nabla p \tag{3-53}$$

如果仅考虑重力场作用下的流动，$\boldsymbol{F}_g = \boldsymbol{g}$。由场论和向量分析方面的知识，式(3-53)可再转化为

$$\frac{u^2}{2} + \frac{p}{\rho} + gh = 常数 \tag{3-54}$$

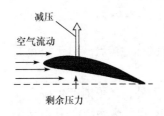

图 3-9　飞机机翼作用的秘密

这就是著名的伯努利(Bernoulli)方程。

在许多场合，重力的影响可以忽略，这时伯努利方程可简单地表述为"流体流速越大，压强越小"，飞机能在空中即利用此原理。飞机向前飞，在机头的空气无论通过背部还是腹部，皆须同时到达机尾。因为飞机背部呈弧形，腹部呈平面状(图 3-9)，所以背部的空气流速快，相对于腹部压强较小。因此压强大的腹部空气可以支撑飞机质量，飞机也就飞起来了。

## 3.4　二　维　绕　流

在实际中经常遇到流体绕过一个物体的流动，如列管换热器壳程的流动、气流绕过电线的流动、河水绕桥墩的流动等。另外，固体颗粒在流体的沉降过程，从相对运动的角度也能够看作流体绕过固体颗粒的流动过程。对于绕流问题，并不能得到 N-S 方程的精确解，下面介绍两种极端情况的近似解：理想流体绕过圆柱的流动，这时忽略黏性力的影响；以及忽略惯性力影响的低雷诺数爬流。

### 3.4.1　绕无限长圆柱体的势流

为阐述流函数的应用，下面考察不可压缩的无旋理想流体绕无限长圆柱体的流动情况。

如图 3-10 所示，在一均匀、平行于 $x$ 方向的流动中，放置一根半径为 $a$ 的静止圆柱体。

鉴于圆柱体的对称性，采用极坐标系。这是一个二维平面势流，式(3-46)，流函数表示的 $r$-$\theta$ 面上的旋度为

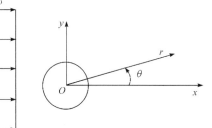

图 3-10　绕圆柱的定态势流

$$\frac{\partial^2 \psi}{\partial r^2} + \frac{1}{r}\frac{\partial \psi}{\partial r} + \frac{1}{r^2}\frac{\partial^2 \psi}{\partial \theta^2} = 0 \qquad (3\text{-}55)$$

式中，速度分量 $u_r$ 和 $u_\theta$ 分别为

$$u_r = \frac{1}{r}\frac{\partial \psi}{\partial \theta} \qquad u_\theta = -\frac{\partial \psi}{\partial r} \qquad (3\text{-}56)$$

为解式(3-55)，需要四个边界条件，即

(1) $r=a$ 的圆为一根流线。垂直于流线方向的速度为零，故 $u_r|_{r=a} = 0$，或 $\partial \psi / \partial \theta|_{r=a} = 0$。

(2) 因为是对称的，所以 $\theta = 0$ 的线也一定是一根流线，即 $u_\theta|_{\theta=0} = 0$ 或 $\partial \psi / \partial r|_{\theta=0} = 0$。

(3) 当 $r\to\infty$ 时，速度必定是个有限值。

(4) 当 $r\to\infty$ 时，速度 $u_0$ 的值是一个恒量。

式(3-55)的解为

$$\psi(r,\theta) = u_0 r \sin\theta \left(1 - \frac{a^2}{r^2}\right) \qquad (3\text{-}57)$$

由式(3-56)可以求出速度的分量 $u_x$ 和 $u_y$

$$u_r = \frac{1}{r}\frac{\partial \psi}{\partial \theta} = u_0 \cos\theta \left(1 - \frac{a^2}{r^2}\right) \qquad (3\text{-}58)$$

$$u_\theta = -\frac{\partial \psi}{\partial r} = -u_0 \sin\theta \left(1 + \frac{a^2}{r^2}\right) \qquad (3\text{-}59)$$

在上面的方程式中，令 $r=a$，即可求出在圆柱体表面处的流动速度，其值为

$$u_r = 0 \quad \text{和} \quad u_\theta = -2u_0 \sin\theta \qquad (3\text{-}60)$$

由于圆柱体表面为一流线，因此其径向速度为零。可以看出，在 $\theta=0°$ 和 $\theta=180°$ 处，沿圆柱体表面的流速为零。零速度所在的这些点被称为驻点。$\theta=180°$ 的点为前驻点，$\theta=0°$ 的点为后驻点。

因为绕圆柱的流动为势流，也可以采用势函数求解。很明显，$\psi$ 和 $\varphi$ 必定是相关联的，其相互关系可以用 $\psi$ 和 $\varphi$ 的等值线来说明。$\psi$ 的一条等值线当然是一根流线，沿此等值线有

$$\mathrm{d}\psi = \frac{\partial \psi}{\partial x}\mathrm{d}x + \frac{\partial \psi}{\partial y}\mathrm{d}y = 0$$

或

$$\frac{\mathrm{d}y}{\mathrm{d}x}\bigg|_{\mathrm{d}\psi=0} = \frac{u_y}{u_x}$$

同时，有

$$\mathrm{d}\varphi = \frac{\partial \varphi}{\partial x}\mathrm{d}x + \frac{\partial \varphi}{\partial y}\mathrm{d}y = 0$$

和

$$\left.\frac{dy}{dx}\right|_{d\varphi=0} = -\frac{u_x}{u_y}$$

因此

$$\left.\frac{dy}{dx}\right|_{\psi=0} = -\frac{1}{dy/dx}\bigg|_{\varphi=0} \tag{3-61}$$

由此可见，$\psi$ 和 $\varphi$ 是正交的。流函数和速度势的这种正交性是一个有用的特性，尤其在用图解法求解 $\psi$ 和 $\varphi$ 时，要用到这个特性。流线和等势线的分布情况见图3-11。

绕圆柱体势流满足伯努利方程，可以由伯努利方程确定压强分布。距圆柱体很远处的压强为 $p_0$，速度为 $u_0$，对于水平流动，伯努利方程变成

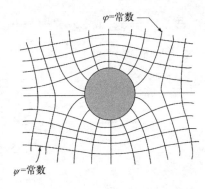

图3-11　绕圆柱体定态势的流线和等势线

$$p + \frac{\rho u^2}{2} = p_0 + \frac{\rho u_0^2}{2} = P_0 \tag{3-62}$$

式中，$P_0$ 称为驻点压强(在此压强下，速度为零)，在无旋流动的整个流场内，驻点压强是常数。在物体表面处的速度是 $u_\theta = -u_0 \sin\theta$，因此，表面处的压强是

$$p = P_0 - 2\rho u_0^2 \sin^2\theta \tag{3-63}$$

由于圆柱体前后的流动完全对称，故压强在柱体前后也完全对称，因此流体对圆柱体没有施加任何曳力。当然这只是理想流体的推论，实际并不存在，因而被称为达朗贝尔(d'Alembert)佯谬。

### 3.4.2　爬流

**爬流**(creeping flow)这一名词是用来描述非常低速的流动，更确切地说，是用来描述雷诺数很小时的流动。例如，水滴、油雾、灰尘颗粒在空气中的运动；固体微粒在水中的运动；一种液滴在另一种液体中的运动；某些润滑问题中，黏性很大的润滑油在细管道或间隙中的低速流动等问题均属于这类流动。此种流动是研究斯托克斯方程的基础，而后者对于求解沉降和沉积问题是十分有用的。

雷诺数 $Re$ 等于流动中惯性力与黏性力的比值。当雷诺数小于1时，流动时的黏性力超过惯性力。例如，当流体通过一个球体流动时，流体微团以复杂的方式不断地调整自己的方向和速度，在此情况下，如果与速度变化相关的惯性影响并不重要，则在N-S方程组三个方程中所有的惯性项可以近似忽略。表示牛顿第二定律的N-S方程中，随体导数与克服微元流体惯性所需要的力成正比。因此，在表述爬流流动的运动方程中，可将这些惯性项略去。同时，重力作为一种惯性力，在爬流中也可以忽略。已经证实，当 $Re<1$ 时，基于上述设想所获得的结果与实验结果相吻合。

对不可压缩流体定态的爬流流动，运动方程可简化成下述形式

$$\frac{\partial p}{\partial x} = \mu\left(\frac{\partial^2 u_x}{\partial x^2} + \frac{\partial^2 u_x}{\partial y^2} + \frac{\partial^2 u_x}{\partial z^2}\right) \tag{3-64a}$$

$$\frac{\partial p}{\partial y} = \mu\left(\frac{\partial^2 u_y}{\partial x^2} + \frac{\partial^2 u_y}{\partial y^2} + \frac{\partial^2 u_y}{\partial z^2}\right) \tag{3-64b}$$

$$\frac{\partial p}{\partial z} = \mu\left(\frac{\partial^2 u_z}{\partial x^2} + \frac{\partial^2 u_z}{\partial y^2} + \frac{\partial^2 u_z}{\partial z^2}\right) \tag{3-64c}$$

式(3-64)和连续性方程式(2-17)构成定态爬流流动的偏微分方程组，可以解出 4 个未知量 $u_x$、$u_y$、$u_z$ 和 $p$。

下面具体研究不可压缩流体以极慢的速度绕过球形颗粒流动或球形颗粒在静止的流体中沉降的规律。如图 3-12 所示，球形粒子半径为 $r_0$，球心为坐标原点，$u_0$ 为远离球形颗粒处未受干扰的流体速度或球形颗粒在静止流体中的沉降速度，$p_0$ 为远离球形颗粒处未受干扰的压强。考虑到定态流动，同时流动具有轴对称性，$\partial/\partial\varphi = 0$。通过流函数式(3-48)，球坐标系的 N-S 方程可最终简单写为

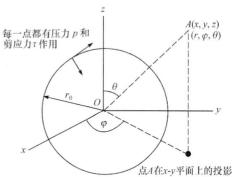

图 3-12 绕过球体的爬流

$$\left[\frac{\partial^2}{\partial r^2} + \frac{\sin\theta}{r^2}\frac{\partial}{\partial\theta}\left(\frac{1}{\sin\theta}\frac{\partial}{\partial\theta}\right)\right]^2 \psi = 0 \tag{3-65}$$

利用下述边界条件求解

(1) 在 $r=r_0$ 时，$u_r = -\dfrac{1}{r^2\sin\theta}\dfrac{\partial\psi}{\partial\theta} = 0$；

(2) 在 $r=r_0$ 时，$u_\theta = -\dfrac{1}{r\sin\theta}\dfrac{\partial\psi}{\partial r} = 0$；

(3) 当 $r \to \infty$ 时，$\psi = -\dfrac{1}{2}u_0 r^2\sin^2\theta$。

前两个边界条件表明流体在固体表面无滑移，第三个边界条件意味着远离球形颗粒处的流体速度为 $u_0$。

求解方程式(3-65)，得流函数

$$\psi(r,\theta) = \left(\frac{u_0 r_0^3}{4r} + \frac{3}{4}u_0 r_0 r - \frac{1}{2}u_0 r^2\right)\sin^2\theta \tag{3-66}$$

由流函数的定义可以得到各速度分量，进而通过 N-S 方程可以得出压强分布。分别为

$$u_r = u_0\cos\theta\left[1 - \frac{3}{2}\left(\frac{r_0}{r}\right) + \frac{1}{2}\left(\frac{r_0}{r}\right)^3\right] \tag{3-67a}$$

$$u_\theta = -u_0\sin\theta\left[1 - \frac{3}{4}\left(\frac{r_0}{r}\right) - \frac{1}{4}\left(\frac{r_0}{r}\right)^3\right] \tag{3-67b}$$

$$p = p_0 - \frac{3}{2}u_0\cos\theta\frac{\mu}{r_0}\left(\frac{r_0}{r}\right)^2 \tag{3-67c}$$

对本流动问题，$u_\varphi = 0$，$\partial/\partial\varphi = 0$，因此 $\tau_{r\varphi} = 0$。非零应力分量可结合上面速度分布

由式(2-35)和式(2-40)简化, 在球体表面 $r=r_0$ 处, 有

$$\tau_{rr} = -p = \frac{3}{2}\mu\frac{u_0}{r_0}\cos\theta - p_0 \tag{3-68}$$

$$\tau_{r\theta} = \mu\left(\frac{\partial u_\theta}{\partial r} - \frac{u_\theta}{r}\right) = -\frac{3}{2}\mu\frac{u_0}{r_0}\sin\theta \tag{3-69}$$

由于整个流动关于 $z$ 轴对称, 故与 $z$ 轴垂直的方向的合力为零, 作用在球体上的合力方向与 $z$ 轴平行。以上述应力表达式为基础, 便可以计算流体对球体所施加的曳力(或球体对流体运动的阻力)。这种曳力是由两部分组成的, 其一是球体表面上剪应力所引起的**摩擦曳力**(viscous drag), 另一个是压强分布在球体表面上所引起的**形体曳力**(form drag)。

在球体表面的每一点上, 如同管道内的流动, 存在与球体表面相切的流体剪应力作用, 相应的剪切力在 $z$ 方向上的分量之和称为摩擦曳力 $F_{df}$

$$F_{df} = -\iint_A \tau_{r\theta}\sin\theta \mathrm{d}A = \int_0^{2\pi}\int_0^\pi\left(\frac{3}{2}\mu\frac{u_0}{r_0}\sin\theta\right)\sin\theta\left(r_0^2\sin\theta\mathrm{d}\theta\mathrm{d}\varphi\right) = 4\pi\mu r_0 u_0$$

在球体表面的每一点上, 除以上剪应力的作用外, 还有法向应力 $\tau_{rr}$ 垂直作用于球体表面, 对流动方向发生改变与固体边界不平行的情形, 法向应力在流动方向($z$ 方向)上的分量之和不为零, 形成摩擦曳力相区别的附加曳力, 称为形体曳力 $F_{ds}$。采用数学式表达为

$$F_{ds} = \iint_A \tau_{rr}\cos\theta \mathrm{d}A = \int_0^{2\pi}\int_0^\pi\left(\frac{3}{2}\mu\frac{u_0}{r_0}\cos\theta - p_0\right)\cos\theta\left(r_0^2\sin\theta\mathrm{d}\theta\mathrm{d}\varphi\right) = 2\pi\mu r_0 u_0$$

于是, 总曳力的表达式为

$$F_d = F_{ds} + F_{df} = 6\pi\mu r_0 u_0 \tag{3-70}$$

式(3-70)称为斯托克斯方程。

根据式(3-70)可计算球体颗粒沉降的阻力系数

$$C_D = \frac{F_d}{\left(\dfrac{1}{2}\rho u_0^2\right)\left(\pi r_0^2\right)} = \frac{12\nu}{u_0 r_0} = \frac{24}{Re} \tag{3-71}$$

注意式中 $Re$ 的特征长度为颗粒的直径($2r_0$)。式(3-71)表明圆球的阻力系数与雷诺数成反比。

从斯托克斯阻力公式可以看出, 密度 $\rho$ 的影响消失, 即密度的大小对流体的运动不起作用, $\rho$ 作用仅仅体现在适用范围的要求之中(通常规定 $Re<1$)。将式(3-71)与实验结果的比较列于表3-2。

**表3-2　$C_D$计算值与实验结果的比较**

| Re | $C_D$ | | |
| --- | --- | --- | --- |
| | 式(3-71) | 式(3-72) | 实验结果 |
| 0.0531 | 451.2 | 456.5 | 475.6 |
| 0.2437 | 98.5 | 103.1 | 109.6 |
| 0.7277 | 32.96 | 38.23 | 38.82 |
| 1.493 | 16.07 | 22.32 | 19.40 |

斯托克斯方程是将运动方程作零级近似，即全部忽略惯性力后求解的结果，误差较大。奥森(Oseen)将运动方程作一级近似即保留部分惯性项后求解，其结果为

$$C_D = \frac{24}{Re}\left(1 + \frac{3}{16}Re\right) \tag{3-72}$$

奥森公式的应用范围略宽，在 $Re<5$ 的范围都可采用(表 3-2)。随 $Re$ 数变大，惯性力的影响明显，爬流的条件不再成立，这时难以从理论上求解。图 3-13 给出实验所得流体绕球体、圆盘、平板等流动时阻力系数与雷诺数的关系，具体可参见 4.1.4 节的分析。

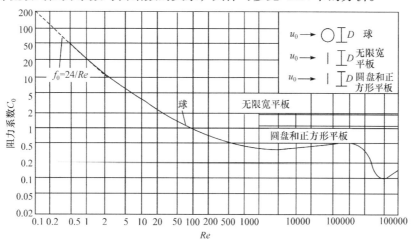

图 3-13　绕球形等物体的阻力系数随 $Re$ 的变化

【例 3-4】　一直径为 2mm 的小球在液体中沉降，小球开始加速，其后达到一恒定的速度，称为沉降速度。测得小球的沉降速度为 $u_0=0.02$m/s，已知小球的密度 $\rho=5000$kg/m³，液体的密度 $\rho_l=1000$kg/m³。试估算液体的黏度和小球所受阻力。

**解**　根据力的衡算可确定液体的黏度。定态下，作用在小球上的重力与浮力之差必等于小球所受阻力，即

$$\frac{\pi}{6}d^3\rho g - \frac{\pi}{6}d^3\rho_l g = 6\pi\mu u_0 \frac{d}{2}$$

解得液体黏度为

$$\mu = \frac{d^2(\rho-\rho_l)g}{18u_0} = \frac{0.002^2\times(5000-1000)\times9.81}{18\times0.02} = 0.436(\text{Pa·s})$$

小球所受阻力为

$$F_d = 6\pi\mu r_0 u_0 = 6\pi\times0.436\times\frac{0.002}{2}\times0.02 = 0.000164(\text{N})$$

经校核，$Re = \frac{du_0\rho_l}{\mu} = 0.0917$，属爬流，计算合理。

## 拓　展　文　献

1. Wang C Y. 1989. Exact solutions of the unsteady Navier-Stokes equations. Appl Mech Rev, 42: 269-282; Wang C Y. 1991. Exact solutions of steady N-S equations. Annu Rev Fluid Mech, 23: 159-175

(作者为美国密西根州立大学数学与机械工程系王昌逸教授,两篇文献对 N-S 方程的各种精确解作了系统总结。作者指出,当时共有 80 多种能够精确解析的理想情形。)

2. Ramkrishna D, Amundson N R. 2004. Mathematics in Chemical Engineering: A 50 Year Introspection. AIChE Journal, 50(1): 7-22

(对于过程的定量表述是化工科学走向成熟的标志,以"三传一反"为标志的化工科学在 20 世纪下半叶得以发展,这与数学的作用密不可分。本文对这一时期各种数学方法在化工领域的作用作了综述。)

3. 袁渭康. 1999. 非定态操作——化学工程面临的挑战与机会. 化工生产与技术, (1): 1-3

(本文是对化工中的非定态操作的综述,介绍了各种不同非定态操作过程,阐明了模型化方法对处理非定态操作的作用。)

4. 夏泰淳. 2006. 工程流体力学. 上海: 上海交通大学出版社(第三～五章)

(这本书是针对非力学类工程专业的教科书,对理想流体动力学的介绍有一定广度和深度,同时照顾到读者的数学基础,简洁明了,深入浅出。在流函数和势函数的学习中,该书的部分章节可以帮助读者更深入地理解、领会相关的概念和原理。)

## 学 习 提 示

1. 本章是 N-S 方程的具体应用案例,内容为抽象的理想情形。读者学习中要习惯数学符号的科学使用,以数学语言进行严密的理论证明。这方面体现了本课程的抽象特征,也是本课程的魅力所在。变化万千的流体流动现象能够用一个 N-S 方程概括,可见严密的数学表述很重要。

2. 读者在重视数学能力培养的同时,要多结合生产实践进行思考。例如,各种理想情形能够对应哪些过程或生活实际现象,作了什么假定以排除次要细节的影响,结果所反映的实际过程规律怎样等。

3. 本课程学习中,要注意恰当掌握数学解析的过程。数学推演之于传递课程学习,宛如旅行者对路线图的掌握。若旅行者始终对路线一无所知,必定经历失败的旅行;同时,旅行者的目的不是认识行车路线,而是领略路线所及的秀丽景色。相对于方程的数学求解过程,读者更应关注具体流动过程的模型简化,以及对方程解的拓展分析所体现的流动过程的工程规律。

4. 对于课程包含的众多数学推演,读者应区别对待:自己动手多做一些 3.1 节的推演,在实践中培养数学思维和数学意识;后面的内容中,对偏微分方程的数学求解过程不妨浅尝辄止,而侧重于理解具体数学模型的建立以及最终方程解的工程分析。恰如庄子所言:"足之于地也践,然恃其所不蹍而后善博也。"人的脚板很小,如果期望去踩踏见到的每寸土地,那么将不可能欣赏到山川壮美、湖泊秀丽的景色。旅游如此,学习中亦然。

5. 3.1 节的几个实例还都可以使用薄层衡算方法解决(当然,第 2 章用薄层衡算分析的问题也可以通过简化 N-S 方程求解),读者可以自己尝试,并比较两种方法的优劣。

## 思 考 题

1. 两平壁之间平行定态层流,动力压强梯度 $dp_d/dx$ 为常数,证明流动方向垂直向下,以及倾斜一定角度的情况下,压强梯度 $dp_d/dx$ 也为常数。

2. 分析降落液膜的定态流动,N-S 方程能否采用动力压强的形式? 为什么?

3. 推导下降液膜的厚度公式时,作了哪些限制性假定?

4. 套管环隙流动过程,当 $R_2$ 趋近于零时,或 $R_2$ 趋近于 $R_1$ 时,最大速度出现的位置在哪里? 平均速度如何计算?

5. 对于绕圆柱体的流动，试求沿着引向驻点的流线上速度的变化。在驻点处的速度偏导数$\partial u_r / \partial r$ 是什么？

6. 圆管中抛物线型牛顿流体流动是否无旋？绕过球体的"爬流"呢？

7. 固体颗粒沉降计算，$Re$ 中密度 $\rho$ 需采用流体密度而非颗粒的密度，为什么？

8. 在电场强度为 $\varepsilon$ 的电场中，具有电荷 e 的球形胶体粒子的沉降速度有多大？(可使用斯托克斯方程)

9. 对于比液体轻的球体，它们在液体中不会下降反而上浮，那么斯托克斯方程需要修正吗？若需要，应如何修正？

10. 有一垒球广播员报告："今天天气湿度很大，在这样的高湿度天气下，垒球不可能像在干燥天气下打得那样远。"请对广播员的逻辑进行评述。

# 习　题

1. 流体在两块无限大平板间做定态一维层流，求截面上等于主体速度 $u_b$ 的点距离壁面的距离。又如流体在圆管内做定态一维层流，该点距离壁面的距离为多少？

2. 温度为 20℃的甘油以 10kg/s 的质量流率流过长度为 1m、宽度为 0.1m 矩形截面管道，流动已充分发展。已知 20℃时甘油的密度 $\rho=1261\text{kg/m}^3$，黏度 $\mu=1.499\text{Pa·s}$。试求
   (1) 甘油在流道中心处的流速以及距离中心 25mm 处的流速；
   (2) 通过单位管长的压强降；
   (3) 管壁面处的剪应力。

3. 有一黏性流体沿一无限宽的垂直壁面下流，其运动黏度 $\nu=2\times10^{-4}\text{m}^2/\text{s}$，密度 $\rho=0.8\times10^3\text{kg/m}^3$，液膜厚度 $\delta=2.5\text{mm}$，假如液膜内流体的流动为匀速定态，且流动仅受重力的影响，流动方向上无压强降，试计算此流体沿壁面垂直下流时，通道单位宽度液膜时的质量流率。

4. 试运用连续性方程和运动方程，推导不可压缩牛顿流体在圆管定态层流流动的速度分布，可以忽略进口端效应。

5. 常压下，温度为 45℃的空气以 10m³/h 的体积流率流过水平套管环隙，套管的内管外径为 50mm、外管内径为 100mm。计算
   (1) 空气最大流速处的径间位置；
   (2) 单位长度的压强降；
   (3) 内外管间中点处空气的流速；
   (4) 空气的最大流速；
   (5) 内管外径和外管内径处的剪应力。

6. 如图 3-14 所示，直径为 100mm、长度为 150mm 的活塞，其质量为 10kg，处于直径为 102mm 的垂直油缸中，其中油的黏度系数为 $\mu=2.5\text{Pa·s}$。计算活塞匀速下落 100mm 所需时间。假定活塞在运动过程中始终与油缸同心。

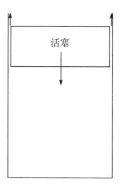

7. 一块大的水平平板浸没在液体中。液体的密度 $\rho=1000\text{kg/m}^3$，黏度 $\mu=0.1\text{Pa·s}$。液层具有足够的深度。初始时平板和液体都处于静止状态。突然使平板以 1.0m/s 的速度沿水平方向(x 方向)移动。试分别计算经过 25s 和 2500s 以后，在平板之上 0.1m($y=0.1$m)处的速度 $u_x$、动量渗透深度及壁面处的剪应力。

8. 一个二维流场的速度势函数为 $\varphi=(5/3)x^3-5xy^2$，证明速度分布满足连续性方程，并求流函数。

9. 由下面列出的速度势，求出流函数并画出流线草图。

图 3-14

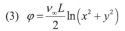

$$(1)\ \varphi = v_\infty L\left[\left(\frac{x}{L}\right)^3 - \frac{3xy^2}{L^3}\right] \qquad (2)\ \varphi = v_\infty \frac{xy}{L} \qquad (3)\ \varphi = \frac{v_\infty L}{2}\ln\left(x^2+y^2\right)$$

10. 对给定速度场：$u_x = 2xy + x$，$u_y = x^2 - y^2 - y$，$u_z = 0$，是否存在不可压缩流体的流函数和势函数？若存在，给出具体形式。

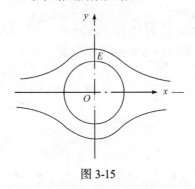

图 3-15

11. 如图 3-15 所示，理想流体绕流圆柱体时的一维流动的流线可表示为

$$\psi = Ay\left(1 - \frac{r_0^2}{x^2 + y^2}\right)$$

式中，$A$=100cm/s，半径 $r_0$=2cm。坐标系原点为圆柱体截面圆心。计算图中 $E$ 点的流速。

12. 20℃的水以雷诺数为 0.1 的流速流过半径为 0.1mm 的球，试求在流场中 $r$=0.3mm、$\theta$=45°处的速度，以及球面上的最大剪应力。

13. 直径为 1.5mm、质量为 13.7mg 的钢珠在一个盛有油的直管中垂直等速下落。测得在 56s 内下落 500mm，油的密度为 950kg/m³，管子直径及长度足够大，可以忽略端部及壁面效应。求油的黏度 $\mu$ 并验算 $Re$，以验证计算过程所作的假定是否合理。

14. 半径为 $a$ 的小球在黏度很大的不可压缩牛顿流体中降落，证明其最终速度为

$$u = 2a^2(\rho_s - \rho)g/9\mu$$

式中，$\rho$ 和 $\mu$ 分别为流体的密度和黏度，$\rho_s$ 是小球的密度。

15. 有一球形固体颗粒，其直径为 0.1mm。在常压和 30℃的静止空气中沉降，已知沉降速度为 0.01mm/s，试求
   (1) 距颗粒中心 $r$=0.3mm、$\theta$=π/4 处空气与球体之间的相对速度；
   (2) 颗粒表面出现最大剪应力处的 $\theta$ 值(弧度)和最大剪应力值；
   (3) 空气对球体施加的形体阻力、摩擦阻力和总阻力。

16. 在一天花板高度为 4m 的房间内，空气中均匀悬浮着直径为 25μm 的球形粉尘颗粒。若房间是密闭的，并保持空气完全静止三天。试问三天后仍然悬浮在空气中的粉尘颗粒的百分数为多少。假设房间内的温度一直维持在 15℃，粉尘颗粒的密度均为 2000kg/m³，颗粒间彼此互不干扰。

# 第4章 边界层流动与相际动量传递

在前面章节，已将纳维-斯托克斯方程用于管内层流、爬流，并求得描述各种流动的具有实用性的关系式。但绝大部分工程问题都是大雷诺数的情形，因为自然界常见的流体是水和空气，它们的黏度都很小，如果流动相关的特征长度和特征速度都不太小，雷诺数通常可以达到很高的数值。

虽然忽略惯性力影响的斯托克斯方程很好地表述了小雷诺数的爬流，但忽略黏性力的欧拉方程所得到的结果，仅适用于远离壁面的流动，或流动横截面发生急剧变化的场合，在此情况下，惯性的影响明显地超过黏性的影响。然而，如果研究接近壁面处的流动以及由此引起的曳力，则发现按势流得到的结果是不正确的。

对于沿平板的流动，如按势流的理论，壁面上将出现滑脱，流动阻力等于零，而且在流体中速度或压强没有变化。这样的结果是不可能出现的。从图4-1所示的绕圆柱体流动时压强分布的实验结果(虚线)与势流流动的理论预测值(实线)的比较，可以看出，理论值与实验结果的差别很大，特别是在后驻点附近的区域。

化工过程的诸多流动现象都在靠近固体壁面的区域。势流对于近壁区域的大雷诺数流动过程的描述存在两方面的问题：首先，忽略黏性力的影响是不当的，由于流体在固体边界无滑移，因而大雷诺数情况下靠近固体边界的一定区域内速度梯度很大，相应地黏性力很可观，与惯性力处于相同量级；另外，由于黏性力的作用，流体质点的运动是有旋的，在大雷诺数下的宏观流动体现为充满大小旋涡的湍流状态。这时，近壁区域流体与壁面间的相际动量传递现象不能用无旋势流的理论描述。

下面，首先介绍大雷诺数下近壁区域上边界层和湍流的基本原理，之后应用相关原理分析化工中常见的圆管内的大雷诺数流动。鉴于边界层理论分析方法应用上的困难，4.4节将介绍一种工程上常用的近似分析方法。最后简要介绍多相流问题及其分析方法。

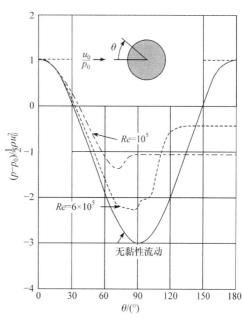

图4-1 不同雷诺数下的圆柱体周围的压强分布

## 4.1 边界层流动

绕圆柱体流动的研究表明，随着雷诺数的增加，黏性力的影响范围逐渐减小。据此，普朗特(Prandtl)在1904年提出了边界层概念。边界层理论不仅很好地解决了物体在流体中运动时所受到摩擦阻力的计算问题，还与传热过程和传质过程有密切关系，至今仍是分析相际传递过程的理论基础。

### 4.1.1　边界层概念

分析实验测得的速度分布发现，在大雷诺数情况下，可将流场分为两个区域，即边界层和外部区(主流区)：在外部区，可以忽略黏性力的作用，将流动化为理想流体运动，N-S 方程化为欧拉方程，而且可将运动视为无旋的；黏性的作用局限于靠近固体壁面的区域，这一区域称为**边界层**。边界层很薄，在边界层内，惯性项与黏性项有着同一数量级[①]。

为了便于说明，下面以流体流经平板上形成的边界层为例，如图 4-2 所示。当流体流经平板壁面，紧贴壁面处的流体微团必然黏附在壁面上，与壁面无相对运动，流速为零。由于流体具有黏性，此停滞不动的流体层与相邻流体层之间有剪应力作用，使相邻流体层的速度减慢。离开壁面越远，黏滞力的作用越小，减速作用也越小，因此离开壁面一定距离之后，流速就接近未受固体壁面干扰的速度。通常用边界层厚度 $\delta$ 来表征边界层区域范围。由于边界层内的流动速度趋于外部流动速度，是渐近的而不是突然的，因此划分边界层和外部流动的边线也是不明显的，具有一定的任意性。为了唯一地定义边界层厚度，通常人为地约定边界层厚度 $\delta$ 是距离平板表面且速度达到主体流动速度 99%处的距离。为了清楚起见，图中边界层的厚度已做了放大。

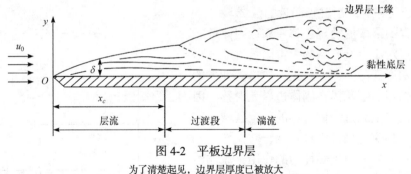

图 4-2　平板边界层
为了清楚起见，边界层厚度已被放大

边界层厚度在平板前缘处为零，图 4-2 示出了边界层厚度是如何随距前沿距离 $x$ 的增大而变厚的。当 $x$ 相当小时，边界层内的流动为层流，称为**层流边界层**区域。当 $x$ 值较大时，在边界层内便出现了层流流动和湍流流动间歇转换的区域，这就是过渡段。最后，当 $x$ 增大到某一个特定值或超过此值时，边界层便总是湍流。如图所示，在**湍流边界层**内，紧邻固体壁面还存在一个非常薄的流体薄层，其内流动具有很大的速度梯度，这就是**黏性底层**。

判断边界层状态的依据是 $Re_x$ 数值的大小。$Re_x$ 是基于距平板前沿的距离 $x$ 所求的局部雷诺数，其定义式为

$$Re_x = \frac{xu\rho}{\mu} \tag{4-1}$$

对于如图 4-2 所示的流过平板的流动，实验数据表明：

---

① 数量级是量度或估计物理量大小时常用的一个概念。当某物理量的数值写成以 10 为底的指数式时，其指数的数目(不考虑 10 前面的系数)就是该物理量的数量级。有些物理量，由于测量技术的限制，只能得到它的大致范围，或者只需要知道它的数量级。通过数量级比较，可以粗略估计相同量纲的不同物理量的大小和各种可能效应的相对重要性，以判断什么是决定现象的主要机制。学习中应练习对各种事物做粗略的数量级估计，留心尺寸大小改变时所产生的影响，可以加深对过程现象的洞察能力。

(1) $Re_x < 2 \times 10^5$，边界层为层流；

(2) $2 \times 10^5 < Re_x < 3 \times 10^6$，边界层可能是层流，也可能是湍流，或者层流与湍流交替出现，具体情况与固体表面粗糙度以及外界扰动等因素有关。增加物面粗糙度，会降低从层流转变为湍流的临界雷诺数。临界雷诺数通常写作 $Re_c$；

(3) $Re_x > 3 \times 10^6$，边界层为湍流。

### 4.1.2　平板层流边界层方程

边界层理论的意义在于，当用分析方法处理黏性流动时，可使问题得到简化。将 N-S 方程应用于边界层中的层流流动时，方程中某些项可以忽略不计。但要注意，边界层概念仅在大雷诺数时才能成立，这时，任意位置的边界层厚度远远小于距前沿距离 $x$。而在小雷诺数时，由于黏性影响的区域可一直延伸到离壁面较远的地方，因而无所谓边界层存在，如爬流流动就是这样。

为便于说明，仍以平板上的边界层为例。不可压缩流体沿平壁呈定态二维层流，建立如图 4-3 所示坐标系，边界层的厚度仍为自壁面到流速比等于 $0.99u_0$ 处的距离，$u_0$ 为按理想流体理论推算的流体的流速。流体沿 $x$ 方向流动，由于边界层的厚度随 $x$ 方向变化，在垂直于壁面的 $y$ 方向上，必然存在流体的运动，即在边界层内 $u_y \neq 0$。假定壁面无限宽，$u_x$ 不沿 $z$ 方向变化。这时平板上的边界层流动为二维定态平面流，重力的影响可以忽略不计，N-S 运动方程简化为

$$u_x \frac{\partial u_x}{\partial x} + u_y \frac{\partial u_x}{\partial y} = -\frac{1}{\rho} \frac{\partial p}{\partial x} + \nu \left( \frac{\partial^2 u_x}{\partial x^2} + \frac{\partial^2 u_x}{\partial y^2} \right) \tag{4-2a}$$

$$u_x \frac{\partial u_y}{\partial x} + u_y \frac{\partial u_y}{\partial y} = -\frac{1}{\rho} \frac{\partial p}{\partial y} + \nu \left( \frac{\partial^2 u_y}{\partial x^2} + \frac{\partial^2 u_y}{\partial y^2} \right) \tag{4-2b}$$

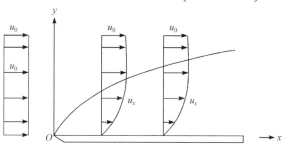

图 4-3　平板层流边界层示意图

由前面叙述可知，大雷诺数下边界层流动具有以下重要性质：任意位置的边界层厚度 $\delta$ 远远小于距前沿距离 $x$；在边界层内，惯性项与黏性项有着同一数量级。依据这两个特征，可以采用数量级分析的方法对式(4-2)进一步简化。

由于边界层很薄且紧贴固体表面，普朗特首先建议 $u_y$ 应较 $u_x$ 小得多，$\partial u_x / \partial y$ 比 $\partial u_x / \partial x$ 大许多，这意味着式(4-2a)中 $\partial^2 u_x / \partial x^2$ 远远小于并列的另一项 $\partial^2 u_x / \partial y^2$，可以忽略不计；同时两个惯性力项 $u_x (\partial u_x / \partial x)$ 和 $u_y (\partial u_x / \partial y)$ 的数量级几乎相等，并与黏性力项 $\rho / \mu \left( \partial^2 u_x / \partial y^2 \right)$ 大致相当。

对式(4-2b)进行类似的分析表明，包含有 $u_y$ 和它的导数的所有项均较小，由此得出结论：$\partial p/\partial y$ 也较小。换言之，由壁面到边界层外缘，压强变化相对较小可以忽略(相应的，圆管内流动可以忽略径向的压强变化)。这一结果很重要，对于定态二维边界层流动，压强 $p$ 仅在 $x$ 方向变化，所以 $\partial p/\partial x = \mathrm{d}p/\mathrm{d}x$；由于压强随 $x$ 的变化可根据势流求出，于是 $\mathrm{d}p/\mathrm{d}x$ 可认为是已知的且在边界层内与 $y$ 无关。

综上所述，式(4-2a)和式(4-2b)最终简化为

$$u_x \frac{\partial u_x}{\partial x} + u_y \frac{\partial u_x}{\partial y} = -\frac{1}{\rho}\frac{\mathrm{d}p}{\mathrm{d}x} + \frac{\mu}{\rho}\frac{\partial^2 u_x}{\partial y^2} \tag{4-3}$$

式(4-3)称为普朗特边界层方程，可与二维的连续性方程联立求解

$$\frac{\partial u_x}{\partial x} + \frac{\partial u_y}{\partial y} = 0 \tag{4-4}$$

两个边界条件为

(1) 壁面处流速为零：$y=0$ 时，$u_x=0$，$u_y=0$；
(2) 边界层的外缘处：$y=\infty$ 时，$u_x= u_0$。

### 4.1.3　平板层流边界层方程的精确解

对于流体沿平板流动，边界层外的流速 $u_0$ 为常数，根据伯努利方程，流动方向上的压强不变，$\mathrm{d}p/\mathrm{d}x$ 等于零。或者说，平板上的定态边界层流动为无压强梯度的流动[①]。式(4-3)进一步简化为

$$u_x \frac{\partial u_x}{\partial x} + u_y \frac{\partial u_x}{\partial y} = \nu \frac{\partial^2 u_x}{\partial y^2} \tag{4-5}$$

应用流函数，可将式(4-4)和式(4-5)两个偏微分方程缩减为一个偏微分方程。如第 3 章所述，对于不可压缩流体，流函数与速度的关系可用下式表达

$$u_x = \frac{\partial \psi}{\partial y}, \quad u_y = -\frac{\partial \psi}{\partial x} \tag{4-6}$$

上述定义的流函数可以满足连续性方程，将式(4-6)代入式(4-5)中即可以证实。如以式(4-6)代替式(4-5)中的 $u_y$ 和 $u_x$，其结果为

$$\frac{\partial \psi}{\partial y}\frac{\partial^2 \psi}{\partial x \partial y} - \frac{\partial \psi}{\partial x}\frac{\partial^2 \psi}{\partial y^2} = \nu \frac{\partial^3 \psi}{\partial y^3} \tag{4-7}$$

求解式(4-7)这种类型的偏微分方程时，不能依靠任何一套数学理论，通常借助大量的数学方法和物理的直觉求解。对于边界层流动，求解的思路基于一个事实，即沿平板不同位置 $x$ 处速度分布侧形相似，这一事实可以认为是根据物理直觉得到的。这里不讨论相似变换的基本原理和求解具体过程，仅扼要说明求解思路并给出解的结果。

通过相似变换，可用一个量纲为一的位置变量 $\eta(x, y)$ 来代替 $x$ 和 $y$ 两个自变量，其关系为

---

[①] 这意味着流体受到壁面的摩擦阻力没有导致机械能的耗散，当然是一种近似的结果。这与管道内流动的知识并不矛盾，如圆管内定态层流有 $\frac{\mathrm{d}p}{\mathrm{d}x} = \frac{\Delta p}{L} = \frac{8\mu u_b}{R^2}$，平板上的流动可看作流体通道的曲率半径 $R$ 趋于无穷大，因此压强梯度的变化趋于零。作为一种理想情形，可认为平板上流体无界，即流体总量无穷大，因而有限的壁面上摩擦阻力的影响可以忽略。

$$\eta(x, y) = y\sqrt{\frac{u_0}{\nu x}} \tag{4-8}$$

$\eta(x, y)$为量纲为一变量，而流函数$\psi$有量纲，为$(m^3/s)\cdot m$。为方便求解，引入量纲为一函数

$$f(\eta) = \frac{\psi}{\sqrt{u_0 \nu x}} \tag{4-9}$$

或者

$$\psi = f(\eta)\sqrt{u_0 \nu x} \tag{4-10}$$

可知$\psi$是$f(\eta)$和$x$的函数，$f(\eta)$又是$x$和$y$的函数。

为将式(4-7)用量纲为一变量$\eta(x, y)$和量纲为一函数$f(\eta)$表达，分别计算$\psi$的各阶导数：

$$\frac{\partial \psi}{\partial y} = \sqrt{u_0 \nu x}\frac{df}{d\eta}\left[\frac{\partial}{\partial y}\left(y\sqrt{\frac{u_0}{\nu x}}\right)\right] = u_0\frac{df}{d\eta} = u_0 f' \tag{4-11}$$

$$\frac{\partial^2 \psi}{\partial y^2} = u_0\frac{d^2 f}{d\eta^2}\frac{d\eta}{dy} = u_0\sqrt{\frac{u_0}{\nu x}}f'' \tag{4-12}$$

$$\frac{\partial^3 \psi}{\partial y^3} = u_0\frac{d^2 f}{d\eta^2}\frac{d\eta}{dy} = \frac{u_0^2}{\nu x}f''' \tag{4-13}$$

$$\frac{\partial \psi}{\partial x} = f(\eta)\frac{\partial}{\partial x}\left(\sqrt{u_0 \nu x}\right) + \sqrt{u_0 \nu x}\frac{df}{d\eta}\frac{\partial \eta}{\partial x} = \frac{1}{2}\sqrt{\frac{u_0 \nu}{x}}\left(f - \eta f'\right) \tag{4-14}$$

$$\frac{\partial^2 \psi}{\partial x \partial y} = u_0 f''\left(-\frac{1}{2}y\sqrt{\frac{u_0}{\nu x^3}}\right) = -\frac{1}{2}\frac{u_0}{x}\eta f'' \tag{4-15}$$

将式(4-11)~式(4-15)代入式(4-7)，经化简得

$$2f''' + ff'' = 0 \tag{4-16}$$

相应的边界条件可由流函数定义确定

$$u_x = \frac{\partial \psi}{\partial y} = u_0 f' \tag{4-17}$$

$$u_y = -\frac{\partial \psi}{\partial x} = \frac{1}{2}\sqrt{\frac{\nu u_0}{x}}\left(\eta f' - f\right) \tag{4-18}$$

于是，$\eta = 0$时，$f = 0$；$\eta = 0$时，$f' = 0$；$\eta = \infty$时，$f' = 1$。

式(4-16)微分方程虽然是常微分方程，但不是线性的。此方程首先由布拉休斯(Blasius)解出。他用级数展开式来表达$f(\eta)$函数，并使用一个渐近解来满足在$\eta = \infty$处的边界条件。表4-1列出了主要的数值结果。

**表 4-1 平行于平板层流的$f$、$f'$、$f''$和$u_x / u_0$值**

| $\eta = y\sqrt{\dfrac{u_0}{\nu x}}$ | $f$ | $f''$ | $f' = u_x / u_0$ |
|:---:|:---:|:---:|:---:|
| 0 | 0 | 0.3321 | 0 |
| 0.4 | 0.0266 | 0.3315 | 0.1328 |
| 0.8 | 0.1061 | 0.3274 | 0.2647 |

| $\eta = y\sqrt{\dfrac{u_0}{\nu x}}$ | $f$ | $f''$ | $f' = u_x / u_0$ |
|---|---|---|---|
| 1.2 | 0.2380 | 0.3066 | 0.3938 |
| 1.6 | 0.4203 | 0.2967 | 0.5168 |
| 2.0 | 0.6500 | 0.2667 | 0.6298 |
| 2.4 | 0.9223 | 0.2281 | 0.7290 |
| 2.8 | 1.2310 | 0.1840 | 0.8115 |
| 3.2 | 1.5691 | 0.1391 | 0.8761 |
| 3.6 | 1.9295 | 0.0981 | 0.9233 |
| 4.0 | 2.3058 | 0.0643 | 0.9555 |
| 4.4 | 2.6924 | 0.0390 | 0.9759 |
| 4.8 | 3.0853 | 0.0219 | 0.9878 |
| 5.0 | 3.2833 | 0.0159 | 0.9912 |
| 5.2 | 3.4819 | 0.0114 | 0.9943 |
| 5.6 | 3.8803 | 0.0054 | 0.9915 |
| 6.0 | 4.2796 | 0.0024 | 0.9990 |
| 6.4 | 4.6794 | 0.0010 | 0.9996 |
| 6.8 | 5.0793 | 0.0004 | 0.9999 |
| 7.2 | 5.4793 | 0.0001 | 1.0000 |
| 7.6 | 5.8792 | 0.00005 | 1.0000 |
| 8.0 | 6.2792 | 0.0000 | 1.0000 |

布拉休斯工作的重大成果为

(1) 从表 4-1 中可求得边界层厚度 $\delta$。当 $\eta = 5.0$ 时，有 $u_x / u_0 = 0.99$，令在此点处的 $y = \delta$，得到

$$\eta = y\sqrt{\frac{u_0}{\nu x}} = \delta\sqrt{\frac{u_0}{\nu x}} = 5.0$$

因此

$$\delta = 5.0\sqrt{\frac{\nu x}{u_0}}$$

或写成

$$\frac{\delta}{x} = 5.0 Re_x^{-\frac{1}{2}} \tag{4-19}$$

(2) 由式(4-12)可以求出平板表面上的速度梯度

$$\left.\frac{\partial u_x}{\partial y}\right|_{y=0} = \sqrt{\frac{u_0}{\nu x}} f''(0) = 0.332 u_0 \sqrt{\frac{u_0}{\nu x}} \tag{4-20}$$

因为对于流过平板的流动，压强不产生阻力，所以全部的阻力都是由黏性引起的。表面上的剪应力可按下式计算：

$$\tau_0 = \mu\left.\frac{\partial u_x}{\partial y}\right|_{y=0} = \mu\, 0.332\, u_0 \sqrt{\frac{u_0}{\nu x}} = 0.332\rho u_0^2 Re_x^{-\frac{1}{2}}$$

进而可求出表面摩擦系数

$$C_{Dx} = \frac{F_d/A}{\rho v_\infty^2/2} = \frac{\tau}{\rho u_0^2/2} = 0.664 Re_x^{-1/2} \tag{4-21}$$

式(4-21)是对于某一特定 $x$ 值表面摩擦系数的简单表达式，因此使用了符号 $C_{Dx}$，下标 $x$ 表示局部系数，各式中使用位置雷诺数 $Re_x = \frac{xu_0\rho}{\mu} = \frac{xu_0}{\nu}$。但是局部系数一般用得很少，更多的是希望求出黏性流动在一个有限尺寸的某表面上的总阻力。依据下述方程，可以由 $C_{Dx}$ 极为简便地求出平均摩擦系数。

摩擦阻力为
$$F_d = A C_D \frac{\rho u_0^2}{2} = \frac{\rho u_0^2}{2} \iint_A C_{Dx} dA$$

或以 $C_D$ 标记的平均摩擦系数同局部系数 $C_{Dx}$ 的关系为

$$C_D = \frac{1}{A} \iint_A C_{Dx} dA$$

对于一块宽为 $W$、长为 $L$ 的平板，由布拉休斯解得到的平均摩擦系数为

$$C_D = \frac{1}{L}\int_0^L C_{Dx} dx = \frac{1}{L}\int_0^L 0.664 \sqrt{\frac{\nu}{u_0}} x^{-1/2} dx = 1.328\sqrt{\frac{\nu}{Lu_0}}$$

或者

$$C_D = 1.328 Re_L^{-1/2} \tag{4-22}$$

同前面导出的其他公式一样，式(4-22)也只适用于层流边界层，此时，$Re_L = \frac{Lu_0\rho}{\mu}$ 小于 $5\times10^5$。同时这些结果的成立，也要求距平板前缘足够远的地方，即 $L$(或 $x$)远大于 $\delta$。这与简化 N-S 方程以求得式(4-3)时所作的假设相同。以上得到的有关速度分布和曳力的结果，已被许多实验所证实。

层流边界层的布拉休斯解说明了用数学方法解决工程问题的重要意义。具有较强分析知识的数学家，目前还无法得到一般形式 N-S 方程用于大多数情况下的解，甚至连流体绕过平板这样一个简单问题的解，也需要有关物理状况和物理原理方面的知识，再加上某些运气或直觉，以便找出哪些项可恰当地省略或替换，才能对微分方程进行简化以便得到它的解。这也要求工程师必须具备足够的数学能力去分析问题。

【例 4-1】 有一牛顿流体定态地流过一水平平板壁面。流体的密度 $\rho$ 为 1000kg/m³，黏度 $\mu$ 为 0.01Pa·s，流速为 1.0m/s。试求算距平板壁面前缘 0.1m 处的雷诺数边界层厚度 $\delta$。

**解** 由题设条件，知

$$Re_x = \frac{\rho u_0 x}{\mu} = \frac{1000\times1.0\times0.1}{0.01} = 1\times10^4 < 2\times10^5$$

因此，距平板壁面前缘 $x=0.1$m 处的边界层为层流边界层，其厚度 $\delta$ 可由式(4-19)求算，即

$$\delta = 5.0 x Re^{-\frac{1}{2}} = 5.0\times0.1\times(1\times10^4)^{-\frac{1}{2}} = 5.0\times10^{-3}(\text{m}) = 5.0(\text{mm})$$

由计算结果可以看出，$\delta \ll x$，普朗特采用的数量级分析方法是合理的。

### 4.1.4 边界层的分离和尾流

前面讨论的无限空间中光滑平板边界层流动中没有压强梯度。对于流体通过许多其他形状物体的边界层流动，也曾利用分析平板上边界层流动的一般方法分析过。诸如化学工程师所感兴趣的问题，如热交换器中壳程流体绕流流过圆柱体，流体绕过球体或其他颗粒物等。这时壁面外缘的压强不是均匀的，不同位置处边界层速度分布侧形相似性就被破坏了。

在圆柱体表面上或任何其他表面上，显然也存在着边界层。如图 4-4 所示，当流体质点进入前驻点附近的边界层，其速度将随流入物体侧面的低压区而增加，$A$ 点表示边界层中加速区域中一点，$B$ 点代表边界层外部速度达到最大的点。下游 $C$、$D$、$E$ 点处，边界层外界速度减小，相应压强增大。在壁面临近处，式(4-3)可简化为 $\dfrac{\mathrm{d}p}{\mathrm{d}x}=\mu\dfrac{\mathrm{d}^2u}{\mathrm{d}y^2}$，因此逆压梯度 $\left(\dfrac{\mathrm{d}p}{\mathrm{d}x}>0\right)$ 下壁面临近处速度梯度趋于减小。不仅壁面流速为零，临近壁面的边界层内流体质点受到逆压和黏性摩擦力双重阻力而逐渐减速，至 $D$ 点时壁面附近垂直于壁面的速度梯度减小为零 $\left(\dfrac{\mathrm{d}u}{\mathrm{d}y}=0\right)$，$D$ 点称为分离点，该点的壁面剪应力变为零。$D$ 点后压强继续增大的趋势不变，下游靠近壁面的流体被迫反向逆流，就像一个楔子一样把边界层和固体分开。

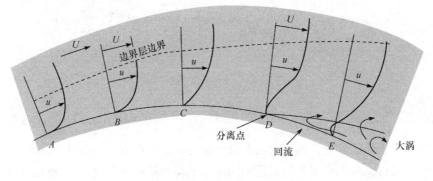

图 4-4　边界层分离示意图

当边界层与固体脱离后，边界层中的流体像自由射流[①]一样注入主流区，这样与固体附近流动区出现一个分界线；界限内区域便是尾流的开始。在尾流区，分离点下游出现的旋涡聚集呈现为紊乱的旋涡流动，这种状况可以向下游延伸很远，直到旋涡在黏性阻力作用下耗尽。

尾流区形态主要取决于流动雷诺数 $Re$，图 4-5 显示流体绕圆柱体流动时，在圆柱体后半部，存在不同形态的尾流。当 $Re<1$ 时，呈现爬流状态，如图 4-5(a)所示；随雷诺数增大，$Re>4$ 时将产生边界层分离，圆柱后部出现一对驻涡，如图 4-5(b)所示；当 $Re>60$ 时，从圆柱后部交替释放出涡旋且带向下游，这些涡旋排成两列呈有规则的交错组合，称为**卡门涡街**，如图 4-5(c)所示。此时阻力中既有摩擦阻力又有形体阻力，大致与速度的 1.5 次方成比例。卡门涡街会引起物体振动造成声响，如电线的"风鸣声"，以及在管式热交换器中使管束振动，并发出强烈的振动噪声。

---

① 射流指流体从管口、孔口、狭缝射出，或靠机械推动，并同周围流体掺混的一股流体流动。经常遇到的大雷诺数射流一般是无固壁约束的自由流流。这种湍性射流通过边界上活跃的湍流混合将周围流体卷吸进来而不断扩大，并流向下游。

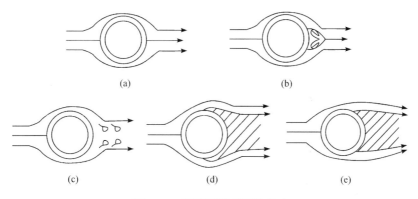

图 4-5　不同雷诺数的圆柱绕流

当 $Re > 10^3$ 时，边界层甚至从圆柱的前部就开始分离，如图 4-5(d)所示，形成相当宽的分离区。此时阻力以形体阻力为主，且与速度的平方成正比，$C_D$ 曲线趋于平缓；当雷诺数在 $5 \times 10^5 \sim 5 \times 10^6$ 时，由于分离点前的层流边界层变为湍流边界层，使得分离点向后推移，从而分离区大大缩小[图 4-5(e)]。在 $Re = 5 \times 10^5$ 时分离区为最小，阻力系数也达到最小，$C_D = 0.3$。

**边界层分离**现象是流体力学中的一个重要问题，因为它直接与物体所受到的阻力有关。由于尾流中旋涡耗能，尾流区物体表面的压强下降，造成物体表面非对称压强分布，即物体前部是高压区，后部是低压区，前后部的压强差就导致形体阻力的产生。要减小形体阻力，一般应尽量避免或延缓边界层分离现象，以减小尾流的范围。工程中经常将物体设计成**流线形**物体，它的形状相对于钝性物体如圆柱、圆球等可大大减缓边界层分离现象，在同样的迎流面积下，流线形物体的形体阻力要比钝性物体小得多。此外还有些控制边界层分离的其他措施：令垂直于流向的被绕流柱体旋转，或柱体表面设置螺旋翘片引导流体绕柱体旋转；在回流区通过物体表面的小缝(孔)将边界层流体抽吸到物体内部，避免减速流体的堆积；开缝机翼通过外形上平行于主要流动方向上的缝隙将一股壁面射流切向喷吹到机翼边界层中，也可为机翼边界层提供足够动能而避免分离现象。

## 4.2　湍　流　流　动

常温的水在内径为 25mm 的管中流动时，层流的临界速度不足 0.1m/s。这样小的流速在工程实际中很少遇到，工程管路中多数是湍流流动。此外，在工程传热和传质过程中，湍流流动状况的传热或传质速率远大于层流状态。

湍流流动时 N-S 方程不存在精确解，各种湍流理论研究仍不能在广泛意义下对具体流体力学问题提供有效参考。但采用理论推导与经验相结合的方法，已经得到许多非常有用的定量关系。这些近似方程与许多假设相关，因此很难说出这些方程与实验结果一致是由于合理简化的结果，还是由这些假设引起的误差偶然相互抵消所致。下面对湍流的基本特征进行初步讨论，之后将着手推导某些较为重要的关系。

### 4.2.1　湍流与湍流边界层　

1. 湍流的特点

湍流是由大小不同尺度的旋涡所组成，在时间和空间上呈现为随机运动。湍流流体中充满了大小不等的旋涡，有的大旋涡套小旋涡。旋涡在顺流向运动的同时，还做横向、垂向和局部逆向运动，也与它周围的流体发生混掺。通常小旋涡靠近边界，大旋涡距边壁较远。

由于复杂的旋涡运动，湍流中流体质点的轨迹杂乱无章、互相交错，而且迅速地变化。流体质点的这种不规则运动，使得流体质点在主流方向运动之外，还有各方向的附加脉动。质点的脉动可以通过主体流动与局域涡旋的叠加来解释。涡旋中心与旋涡边沿的压强差异也导致湍流中存在压强脉动，这是压强计与流体流动管道连接时出现脉动的原因。即在流场中，流体质点的流速与压强都随时间呈不规则的高频脉动。经典的湍流理论认为湍流脉动是一种不规则运动。近几十年发展起来的**拟序结构**是湍流研究中的重大发现，它表明湍流并非完全不规则的运动，而在表面上看来不规则的运动中具有可检测的有序运动，如形态相似的湍流斑和猝发等流动结构反复出现，这种拟序运动在湍流的脉动生成和发展中起着主宰作用[①]。

### 2. 湍流的发生

层流向湍流的过渡称为**转捩**，层流到湍流的转捩被认为是流动稳定性问题。当受到外界干扰时，层流流动起主要影响的黏性力具有使流动回复到原有状态的作用；另外，与扰动同样引起速度变化的惯性力起着相反作用，惯性力能放大局部扰动。雷诺数代表惯性力与黏性力的比值，因此层流的稳定性在很大程度上与雷诺数有关。

实验发现在低雷诺数情形，如平板边界层 $Re_x < 10^5$ 时，即使存在扰动的层流也具有充分的稳定性。层流向湍流转捩的临界雷诺数通常在 $2 \times 10^5 < Re_x < 3 \times 10^6$，如果流动没有丝毫扰动，且壁面非常光滑，临界雷诺数范围可以更大。转捩研究中的稳定性理论发现，绕流中逆压梯度将导致较低的临界雷诺数；相反，顺压梯度(加速流)将导致较高的临界雷诺数。

同一平板上层流边界层的破坏也并非发生在临界 $Re_x$ 对应的相同距离 $x$ 处流道截面[图 4-6(a)中白线]的每个地点，而是发生在某些特定的有利"点"上。局部扰动可以直接产生局部湍流运动区域(湍流斑)，如相关研究中用一根细棒短时间插入边界层产生出湍流斑；无人工扰动的自然转捩情况下，产生湍流斑的时间更为随机，可能会发生本质上相同的过程。层流向湍流转捩的过程本质上是按上述途径产生的湍流斑在向下游移动的同时发生蔓延的过程，靠近湍流斑的非湍流流体不断被带入湍流运动，湍流斑有着特有的形状，在不同方向的蔓延生长中保持这一形状。之后，生长的湍流斑相互合并，直到所有的非湍流区被吞并，边界层全部变为湍流。

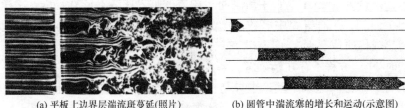

(a) 平板上边界层湍流斑蔓延(照片)　　　　(b) 圆管中湍流塞的增长和运动(示意图)

图 4-6　层流到湍流的转捩

圆管流动中存在类似现象。雷诺数小于 2000 的流动必为层流，但层流注定转换为湍流的雷诺数很不确定，会跨越一个较大的取值范围，可能从几千到几万不等，随实验环境、流动的起始状态不同而变化。在所跨越的雷诺数范围内层流状态极不稳定。雷诺数大于 2000 开始

---

① 参见 Dennis D J C. 2015 Coherent structures in wall-bounded turbulence. An Acad Bras Cienc, 87(2):1161-1192.

在壁面附近的很小区域内形成湍流斑，然后迅速蔓延到整个管截面，形成小段湍流区，称为湍流塞，其上、下游仍为层流区，如图 4-6(b)所示，黑色区是湍流，白色区为层流，从左向右流动中的湍流塞不断扩大。实验表明：雷诺数大于 2300，湍流塞开始生长，两端向相邻的非湍流区传播，此传播的速度随雷诺数增大而增加；雷诺数大于 4000 时，湍流塞通常迅速扩展，并与邻近的湍流塞合并充满整个管道。

3. 湍流边界层

湍流可以分为两类。固体边壁对流体的湍流结构不发生直接影响的湍流，称为**自由湍流**(如两种流体直接接触形成的射流，高速绕流物体后的尾流也可归为此类)；湍流结构直接受固体边壁影响的湍流称为壁湍流，如明槽流和管流。**壁湍流**的流动结构与固体边界的性质和外形有关，一般在近壁区域的流动产生剪切应变，湍动加激，从而形成湍流边界层的流动结构，流体与相邻壁面之间发生相际动量传递。在化工过程常见的搅拌容器内的湍流现象也可归为壁湍流，这里的相际动量传递不仅出现在静止器壁附近，更主要发生于旋转的搅拌桨叶表面。

从前面对边界层的描述可知，当流体流经平板时首先形成层流边界层。随着边界层厚度的逐渐增加，流速梯度相应减小，黏性作用相对降低，惯性作用相对加强，边界层由层流经过渡发展成湍流边界层。大量试验证明，湍流边界层可大致分为以下三个区域：

(1) 黏性底层：紧靠壁面有一极薄的区域，其流动受流体黏性所支配。黏性底层基本类似在发展的层流边界层，发展到厚度超过一定临界值变得局部不稳定并遭受局部破坏，这种破坏可以看作来自壁面区湍流的猝发。猝发在时间和空间上具有足够高的频率，使得黏性底层维持在较恒定的厚度。

(2) 过渡层(缓冲层)：过渡层仍很接近壁面，黏性作用和惯性作用在这一层内同时存在，随着距壁面距离的增加，惯性作用加强。

黏性底层和过渡层之和称为内区，在内区的流动受壁面的作用，而与边界层以外的自由流动条件(如流速、压强等)无关。内区的厚度占边界层厚度的 10%~20%。

(3) 湍流主体：内区外缘到边界层外缘的整个区域为湍流主体区，这里的流动可忽略黏性作用，与自由流动条件和来流条件有关。

湍流边界层的各区分布如图 4-7(a)所示。边界层外缘以外区域的流动不受壁面影响，称为自由流区(也称非湍流区)。如图 4-7(b)所示，湍流主体与自由流区间也存在过渡区，这里湍流与非湍流区间有明显的边界，边界位置在空间和时间上具有不确定性。需注意，对于化工过程的圆管内等受限区域的湍流流动情形，并不存在自由流区。

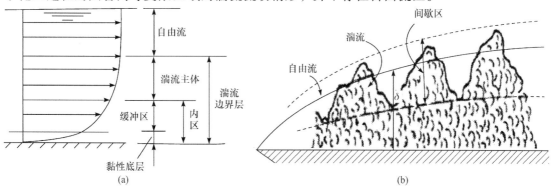

图 4-7 (a) 湍流边界层的各区分布；(b) 湍流区与非湍流自由流区
为表示清楚，边界层厚度及内区比例已放大

### 4.2.2　湍流的表征

如上所述，湍流中的流体质点，除了在主流方向上运动，各方向上还有附加的极不规则的脉动，且随时间变化。脉动的频率可能是每秒几百次或几千次。图 4-8 所示为用热线测速仪测得的点速度变化情况。压强、温度等物理量也会出现类似的不规则的变化。

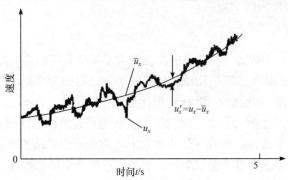

图 4-8　在平均值附近速度的脉动

脉动具有随机性，这给计算带来极大的困难。为便于计算，引进时均量的概念。观察流场中 $t$ 时刻的某个点，其某个速度分量 $u_x$ 如图 4-8 所示。取一时间间隔 $t_0$，使之比湍流质点一次脉动的时间要长得多，比宏观特征时间又要短得多，就该时间间隔对 $u_x$ 作时间平均

$$\bar{u}_x = \frac{1}{t_0} \int_t^{t+t_0} u_x \mathrm{d}t \tag{4-23}$$

其他速度分量与压强也可以写出类似的定义式。如所有的这些平均量在一系列的时间间隔内是恒定的，则这样的湍流可以认为是定态的湍流，或严格地说，是平均流动而言的定态湍流。

瞬时速度 $u_x$ 可以写成**时均速度** $\bar{u}_x$ 与**脉动速度** $u_x'$ 之和：

$$u_x = \bar{u}_x + u_x' \tag{4-24}$$

显然有

$$\overline{u_x'} = 0 \tag{4-25}$$

湍流脉动大小的度量称为**湍流强度**，它用脉动速度与主流方向上时均速度的比值表示，写成公式为

$$I = \frac{\sqrt{\left(\overline{u_x'^2} + \overline{u_y'^2} + \overline{u_z'^2}\right)\Big/3}}{\bar{u}_x} \tag{4-26}$$

湍流强度是表征湍流特性的一个重要参数，其值在圆管中的范围为 0.01～0.1，与旋涡的旋转速度和所包含的机械能有关。在流动方向上的脉动比与流动方向相垂直方向上的脉动要大得多，但在通道中心，两者几乎趋近一致，这时 $x$、$y$、$z$ 三个方向趋近湍流同性，即 $u_x'^2 = u_y'^2 = u_z'^2$，湍流强度为

$$I_x = \sqrt{\overline{u_x'^2}}\Big/\bar{u}_x \tag{4-27}$$

**湍流尺度**是另一个常用的物理概念，用以描述构成湍流的旋涡大小和运动特征，包括旋

涡的长度尺度、时间尺度(寿命)和速度尺度。湍流尺度是混合传质过程数值计算中的重要参数，在湍流平均量计算式(4-23)中，所取的时间间隔 $t_0$ 至少应大于大尺度旋涡的时间尺度。对于大雷诺数流动，大尺度旋涡的时间尺度大(寿命长)，而旋涡的速度随着旋涡长度的增大而减小。

旋涡大小理论上可以相邻两点的脉动速度是否有相关性为基础来度量。例如，流场中相距一小段距离 $dy$ 的 1、2 两点，在流动方向 $x$ 的脉动速度分别为 $u'_{x1}$ 和 $u'_{x2}$。当两点间距足够小而处于同一旋涡之中，则此两脉动速度之间必存在一定联系；反之，当 1、2 两点相距甚远，两点的脉动速度各自独立。两点脉动速度的相关程度可用如下的相关系数表示。

$$R = \overline{u'_{x1}u'_{x2}} \Big/ \sqrt{\overline{u'^2_{x1}u'^2_{x2}}} \tag{4-28}$$

$R$ 介于 0 和 1 之间，与两点相距有关。旋涡大小相关的湍流尺度可定义为

$$l = \int_0^\infty R\,dy \tag{4-28a}$$

当空气以 12m/s 的流速在大直径管内流过时，式(4-28a)定义的值经计算约为 10mm，这是对管内旋涡平均尺度的大致度量。同设备中的湍流，随着 $Re$ 的增加，旋涡大小降低。

### 4.2.3　雷诺方程和雷诺应力

无论是层流还是湍流，针对极其微小的流体微元而言，并没有什么不同之处，由于这两种流型都必须遵循质量守恒和牛顿运动定律。因此，第 2 章中的连续性方程和 N-S 方程对于湍流同样能够准确表述。由于湍流运动极不规则，流体微元的速度随时间和空间随机变化，下面将注意力集中在平均流动上。进一步讲，是各种尺度旋涡影响下的平均流动。

雷诺曾利用式(4-24)，以时均量和脉动量之和来代替连续性方程和流体运动方程中原来的瞬时量，而后对方程两侧各项取时均值的方法来导出可用于湍流的新的流体运动方程。这个方法称为雷诺转换，所导出的流体运动方程称为**雷诺方程**。

进行雷诺转换之前，先列出时均运算的有关法则。设 $f_1$ 和 $f_2$ 代表湍流中的两个物理量，且 $f_1 = \overline{f_1} + f_1'$，$f_2 = \overline{f_2} + f_2'$，那么

(1) $\overline{\overline{f_1}} = \overline{f_1}$；

(2) $\overline{f_1 + f_2} = \overline{f_1} + \overline{f_2}$；

(3) $\overline{f_1 \cdot f_2} = \overline{f_1} \cdot \overline{f_2} + \overline{f_1' \cdot f_2'}$；

(4) $\overline{\overline{f_1} \cdot f_2} = \overline{f_1} \cdot \overline{f_2}$；

(5) $\overline{f_1'} = 0$；

(6) $\overline{\dfrac{\partial f_1}{\partial x}} = \dfrac{\partial \overline{f_1}}{\partial x}$，$\overline{\dfrac{\partial f_1}{\partial y}} = \dfrac{\partial \overline{f_1}}{\partial y}$，$\overline{\dfrac{\partial f_1}{\partial z}} = \dfrac{\partial \overline{f_1}}{\partial z}$。

下面首先对连续性方程作时均值转换。为方便起见，考察不可压缩流体的定态流动。这时，对连续性方程各项取时均值，即得

$$\overline{\frac{\partial u_x}{\partial x}} + \overline{\frac{\partial u_y}{\partial y}} + \overline{\frac{\partial u_z}{\partial z}} = 0$$

再由时均运算法则(6)，得

$$\frac{\partial \overline{u}_x}{\partial x}+\frac{\partial \overline{u}_y}{\partial y}+\frac{\partial \overline{u}_z}{\partial z}=0$$

上式表明，湍流的时均速度仍满足连续性方程。

其次，考察不可压缩流体定态流动的运动方程。为明确方程各项物理意义，采用应力表示的运动方程。在 $x$ 方向

$$\rho\left(u_x\frac{\partial u_x}{\partial x}+u_y\frac{\partial u_x}{\partial y}+u_z\frac{\partial u_x}{\partial z}\right)=\rho X+\frac{\partial \tau_{xx}}{\partial x}+\frac{\partial \tau_{yx}}{\partial y}+\frac{\partial \tau_{zx}}{\partial z} \tag{4-29}$$

依据时均运算法则，并结合流体连续性方程，式(4-29)可以转换为

$$\rho\left(\overline{u}_x\frac{\partial \overline{u}_x}{\partial x}+\overline{u}_y\frac{\partial \overline{u}_x}{\partial y}+\overline{u}_z\frac{\partial \overline{u}_x}{\partial z}\right)=\rho X+\frac{\partial}{\partial x}\left(\overline{\tau}_{xx}-\rho\overline{u_x'^2}\right)+\frac{\partial}{\partial y}\left(\overline{\tau}_{yx}-\rho\overline{u_x'u_y'}\right)+\frac{\partial}{\partial z}\left(\overline{\tau}_{zx}-\rho\overline{u_x'u_z'}\right)$$

$$\tag{4-30a}$$

在 $y$、$z$ 方向上不可压缩流体定态流动的运动方程也可以转换为相同形式

$$\rho\left(\overline{u}_x\frac{\partial \overline{u}_y}{\partial x}+\overline{u}_y\frac{\partial \overline{u}_y}{\partial y}+\overline{u}_z\frac{\partial \overline{u}_y}{\partial z}\right)$$
$$=\rho Y+\frac{\partial}{\partial x}\left(\overline{\tau}_{xy}-\rho\overline{u_x'u_y'}\right)+\frac{\partial}{\partial y}\left(\overline{\tau}_{yy}-\rho\overline{u_y'^2}\right)+\frac{\partial}{\partial z}\left(\overline{\tau}_{zy}-\rho\overline{u_y'u_z'}\right) \tag{4-30b}$$

$$\rho\left(\overline{u}_x\frac{\partial \overline{u}_z}{\partial x}+\overline{u}_y\frac{\partial \overline{u}_z}{\partial y}+\overline{u}_z\frac{\partial \overline{u}_z}{\partial z}\right)$$
$$=\rho Z+\frac{\partial}{\partial x}\left(\overline{\tau}_{xz}-\rho\overline{u_x'u_z'}\right)+\frac{\partial}{\partial y}\left(\overline{\tau}_{yz}-\rho\overline{u_y'u_z'}\right)+\frac{\partial}{\partial z}\left(\overline{\tau}_{zz}-\rho\overline{u_z'^2}\right) \tag{4-30c}$$

式(4-30)即为雷诺方程，比较式(4-29)和 $x$ 方向上雷诺方程式(4-30a)可以发现，两个方程左侧的形式相同，不过经转换后式(4-30a)中的速度以时均值代替了瞬时值。但方程右侧的应力，除用时均值代替了瞬时值外，还多出以下三项：$-\rho\overline{u_x'^2}$、$-\rho\overline{u_x'u_y'}$、$-\rho\overline{u_x'u_z'}$。这三项为湍流所特有，均与脉动速度的大小有关，其单位[(kg/m³)·(m²/s²)]=[N/m²]与应力相同。这表明湍流时产生的应力，除了与层流中相同的一部分(即由于速度梯度引起的黏性应力)之外，还存在附加的一部分应力，即法向附加应力 $-\rho\overline{u_x'^2}$ 和两个剪切附加应力 $-\rho\overline{u_x'u_y'}$、$-\rho\overline{u_x'u_z'}$。这三个附加应力均由流体质点脉动引起，称为**雷诺应力**或**湍流应力**。以 $\overline{\tau}^r$ 表示雷诺应力，与黏性应力一样，雷诺应力也有九个分量。可用如下矩阵表示

$$\begin{bmatrix} \overline{\tau_{xx}^r} & \overline{\tau_{yx}^r} & \overline{\tau_{zx}^r} \\ \overline{\tau_{xy}^r} & \overline{\tau_{yy}^r} & \overline{\tau_{zy}^r} \\ \overline{\tau_{xz}^r} & \overline{\tau_{yz}^r} & \overline{\tau_{zz}^r} \end{bmatrix}=\begin{bmatrix} -\rho\overline{u_x'^2} & -\rho\overline{u_x'u_y'} & -\rho\overline{u_x'u_z'} \\ -\rho\overline{u_x'u_y'} & -\rho\overline{u_y'^2} & -\rho\overline{u_y'u_z'} \\ -\rho\overline{u_x'u_z'} & -\rho\overline{u_y'u_z'} & -\rho\overline{u_z'^2} \end{bmatrix} \tag{4-31}$$

在湍流中的总应力为黏性应力与雷诺应力之和。湍流边界层的黏性底层，可以忽略雷诺应力，仅考虑黏性应力；湍流主体区域的雷诺应力比黏性应力大得多，可以仅考虑雷诺应力。

### 4.2.4 湍流的半经验模型

在 N-S 方程组时均化之后，多出了雷诺应力项，未知数多于方程个数。雷诺应力项与湍

流的脉动量有关，为使方程组封闭，必须寻找出雷诺应力与时均量之间的关系，但至今这方面的问题仍未彻底解决。在历史上曾出现过许多半经验半理论的关联式，现以普朗特混合长模型为主进行简单介绍。

### 1. 涡流黏度的概念

早在 1877 年，波希尼斯克(Boussinesq)提出了一个类似牛顿黏性定律的表达式，表示雷诺应力与时均速度之间的关系。对于 $x$ 方向的一维流动，表达式为

$$\overline{\tau_{yx}^{r}} = -\overline{\rho u_{x}' u_{y}'} = \rho \nu^{r} \frac{\mathrm{d}\overline{u}}{\mathrm{d}y} \tag{4-32}$$

式中，$\nu^{r}$ 为表观湍流黏度或涡流黏度，与层流中的运动黏度 $\nu$ 量纲相同，其单位均为 $\mathrm{m^2/s}$，但两者有本质的区别。$\nu^{r}$ 不是流体性质的函数，而在很大程度上与流体所处的空间位置有关，在黏性底层 $\nu^{r} \ll \nu$，在湍流中心区域 $\nu^{r} \gg \nu$，中间的过渡区域两者都不容忽略。虽然还无法从理论上求解涡流黏度 $\nu^{r}$ 的规律，但式(4-32) 可以提供分析湍流的合理模型。

### 2. 普朗特混合长模型

追溯湍流理论发展的历史可知，混合长模型是最早的湍流数学模型中的一种，也有一定的应用价值。下面以这种简单的模型为例，介绍湍流边界层的理论分析方法。

由于雷诺应力是流体微团的随机脉动引起的，而运动黏度则是分子的微观运动所致。普朗特认为两者在机理上相似，于 1925 年提出了如下表达式

$$\nu^{r} = l^{2} \left| \frac{\mathrm{d}\overline{u}_{x}}{\mathrm{d}y} \right| \tag{4-33}$$

这一公式基于两个假设导出，第一假设为

$$\nu^{r} = lu' \tag{4-34}$$

式中，$l$ 和 $u'$ 分别代表流体微团的**混合长**和**脉动速度**，用于比拟分子运动学说中的分子平均自由程和分子运动速度。按照由刚性球体分子组成的低密度气体分子运动理论，麦克斯韦(Maxwell)在 1860 年就推导得出气体黏度为

$$\mu = \frac{1}{3} \rho \overline{u} \lambda \tag{4-34a}$$

式中，$\overline{u}$ 为分子速度的平均值；$\lambda$ 为分子平均自由程。

表达式第二个假设，认为脉动速度正比于湍流微团的移动距离和时均速度的梯度

$$u' = l \left| \frac{\mathrm{d}\overline{u}_{x}}{\mathrm{d}y} \right| \tag{4-35}$$

式(4-35)可以解释为，混合长 $l$ 是一个湍流微团由原来速度层转移到另一速度层时移动的距离，转移后湍流微团的速度正好等于新速度层的时均速度，而脉动速度为两个速度层的时均速度之差。

这样，只要决定一个 $l$ 量，就可以通过混合长模型解决湍流流动的求解问题。后来的历史证明，混合长模型为湍流计算开辟了一条成功之路，但决定 $l$ 量并不那么简单。

普朗特当初在他的论文中，假设 $l$ 与离壁距离 $y$ 呈线性关系，即

$$l = 0.4y \tag{4-36}$$

这个表达式简单方便。但测量结果表明，式(4-36)过高地估计了雷诺应力在壁面附近的作用。当需要对壁面附近做更精确地估计时，推荐使用另一个表达式

$$l = 0.435y\left[1 - \exp\left(-\frac{y \cdot \tau_s^{\frac{1}{2}}\rho^{\frac{1}{2}}}{26\mu}\right)\right] \tag{4-37}$$

式中，$\tau_s$ 为壁面上的剪应力；$\rho$、$\mu$ 分别为流体的密度和黏度。

简单的混合长模型是很有用的，后面将应用本模型导出圆管内湍流的一个速度分布方程。但普朗特混合长模型有如下根本性缺陷：对许多人们感兴趣的流动，可能得不到所需的混合长表达式；在速度梯度为零处(如在圆管中心处)意味着零湍流黏度，这与经验相矛盾；不能用来计算复杂流场，如搅拌釜中的流场。在自由湍流中混合长 $l$ 一般随位置变化，至今尚无其一般理论，雷诺数足够大的情况下，可以假设忽略黏性对 $l$ 的影响，如此只要处理无黏性理想流体的湍流。

除了普朗特的混合长模型，还有许多研究者基于对湍流结构的分析，提出了若干相应的半经验模型。例如，泰勒(Taylor)的涡量扩散理论，冯·卡门(von Karman)的相似理论等，在此不作详细讨论。

### 4.2.5　壁湍流的通用速度分布

现在应用普朗特混合长模型导出湍流的一个速度分布方程。首先将湍流简单分为主体核心部分与靠近壁面的薄的黏性底层。在核心部分中，剪应力近似地等于雷诺应力；在黏性底层中，雷诺应力的影响可以忽略，剪应力由黏性应力产生。同时，较完整的分析还必须包含一个缓冲区，这里的黏性应力与雷诺应力均起作用。

下面针对黏性底层与湍流核心分别进行考察。总应力 $\tau$ 或等于雷诺应力(在流体湍流核心部分)，或等于黏性应力(在黏性底层)。对于沿壁面的一维定态湍流，$y$ 定义为某点到壁面的距离，推导中将省略应力和速度符号上的各种上下标。速度 $u$ 为某点速度在流动方向($x$ 方向)上的时均值。

#### 1. 黏性底层区域

首先考虑壁面附近薄的黏性底层，这里的速度可以认为呈线性变化，或者说速度梯度是定值。同时，这里的雷诺应力影响可以忽略，因而壁面上的黏性剪应力等于总应力

$$\tau = \tau_s = \mu\frac{\mathrm{d}u}{\mathrm{d}y} \tag{4-38}$$

积分式(4-38)，并考虑 $y=0$ 时 $u=0$，得

$$u = \frac{\tau_s}{\mu}y \tag{4-39}$$

为方便起见，以上速度分布可以写成量纲为一形式。为此引入摩擦速度 $u^*$ 和摩擦距离 $y^*$，令

$$u^* = \sqrt{\frac{\tau_s}{\rho}} \qquad y^* = \frac{\nu}{u^*} = \frac{\nu}{\sqrt{\tau_s/\rho}} \tag{4-40}$$

之所以将 $u^*$ 和 $y^*$ 称为摩擦速度和摩擦距离，是因为两者分别具有[m/s]和[m]的量纲。依据上面

的定义，式(4-39)可以写成

$$\frac{u}{u^*} = \frac{y}{y^*} \tag{4-41}$$

式(4-41)左侧可以定义为量纲为一速度 $u^+$，右侧可以定义为量纲为一距离 $y^+$，即

$$u^+ = u\sqrt{\frac{\rho}{\tau_s}} \tag{4-41a}$$

$$y^+ = \frac{y}{y^*} = \frac{\sqrt{\tau_s \rho}}{\mu} y \tag{4-41b}$$

于是，黏性底层区域的速度分布可以写成

$$u^+ = y^+ \tag{4-41c}$$

### 2. 湍流主体

在湍流核心部分中，剪应力近似地等于雷诺应力。这时

$$\tau = \rho l^2 \left( \frac{\mathrm{d}u}{\mathrm{d}y} \right)^2 \tag{4-42}$$

为了继续进行推导，又提出粗略的近似假设，$\tau = \tau_s$=常数，这点假设被证明是合理的[①]，因为用它们简化数学运算后，导出的最后方程能够与实验数据相吻合。并利用式(4-36)$l=0.4y$，式(4-42)转化为

$$\tau_s = 0.16\rho y^2 \left( \frac{\mathrm{d}u}{\mathrm{d}y} \right)^2$$

结合式(4-40)，上式可转化为

$$u^* = 0.4y\frac{\mathrm{d}u}{\mathrm{d}y} \tag{4-43}$$

积分上式得到

$$\frac{u}{u^*} = u^+ = 2.5\ln y + C \tag{4-44}$$

式(4-44)也可写成量纲为一形式

$$u^+ = 2.5\ln y^+ + C' \tag{4-45}$$

式中，$C'$ 为若干未知参数的组合，如摩擦速度、湍流区域边界到壁面的距离等，并与壁面的情况有关，需要实验确定。

应指出，上面讨论的无界固体壁面上的湍流流动是一种理想情形，只是壁面附近流动的一种近似表示。尽管如此，由它揭示的湍流区域中对数速度分布有一定的普遍意义。大量实验研究表明，不仅流体在管内、槽内湍流流动的速度分布满足这一规律，而且二维湍流边界

---

[①] 需注意，该假设虽合理但并不正确。实际上，湍流中应力大小随着距表面距离 $y$ 增大而减小，圆管中湍流的应力变化规律参见本章思考题 17。在半径 $R$ 的圆管内，可认为湍流区的雷诺应力随位置变化：$\tau_r = \frac{\Delta p}{2L} r = \tau_s \left( 1 - \frac{y}{R} \right)$，这时可调整式(4-36)为 $l = 0.4y\sqrt{(1-y/R)}$，可以得到与式(4-44)相同的结论。

层的速度分布也大致具有这种形式。

### 4.2.6　湍动能及其耗散

除湍流的结构尺度以外，认识湍流的另一个重要视角是湍流流动中机械能的耗散。2.6.2 节中采用应力表示的黏性流体的运动矢量方程与局部速度点积，可描述流体流动中机械能的耗散及各种形式机械能的相互转换

$$\frac{\partial}{\partial t}\left(\frac{1}{2}\rho u^2\right)=-\left[\nabla\cdot\left(\frac{1}{2}\rho u^2 \boldsymbol{u}\right)\right]-(\nabla\cdot p\boldsymbol{u})-p(-\nabla\cdot\boldsymbol{u})-[\nabla\cdot(\boldsymbol{\tau}\cdot\boldsymbol{u})]-(-\boldsymbol{\tau}:\nabla\boldsymbol{u})+\rho(\boldsymbol{u}\cdot\boldsymbol{g}) \quad (2\text{-}55)$$

也适用于湍流。其中倒数第二项 $(-\boldsymbol{\tau}:\nabla\boldsymbol{u})$ 表示机械能不可逆转变为热力学能的速率，在湍流情形下总应力可以分为黏性应力和雷诺应力两部分，这时流体机械能不可逆损耗表示为

$$\boldsymbol{\tau}:\nabla\boldsymbol{u}+\boldsymbol{\tau}^r:\nabla\boldsymbol{u}$$

前部分 $\boldsymbol{\tau}:\nabla\boldsymbol{u}$ 为黏性应力产生的流体形变功，损耗流体机械能直接变为热力学能；而雷诺应力引起的流体机械能损耗 $\boldsymbol{\tau}^r:\nabla\boldsymbol{u}$ 则转变为维持湍流流场脉动形态的能量，或者说提供湍流流场不同尺度的涡旋动能。这种能量形式通常称为**湍动能**或湍流动能，以 $k$ 表示，定义为单位质量流体在各方向脉动动能的平均值

$$k=\frac{1}{2}\left(\frac{u_x'^2+u_y'^2+u_z'^2}{3}\right)$$

湍动能来自流体的机械能，但不同于流体宏观流动相关的流体动能，是一种较低形态的能量形式，流体机械能不可逆损耗转换为湍动能。湍动能属于涡旋流动的质点或微团，因而也不同于流体分子运动相关的热力学能。湍动能可以看作流体在湍流形态下机械能损耗并最终转换为热力学能的中间能量形式。流体输送管路中，相较层流形态下黏性力耗散，湍流形态的湍动能损耗可以导致更多的流体机械能损失。容器内流体维持湍流形态，则需要搅拌等方式源源不断地为流体补充机械能。

湍动能将不断耗散并转换为热力学能，表征此过程快慢的特征量是**耗散率** $\varepsilon$，定义为单位时间内湍动能的耗散分率。它与湍动能 $k$ 的比值 $k/\varepsilon$ 表示完全耗散数量为 $k$ 的湍动能所需要的时间。

湍流的理论研究首先针对均匀各向同性湍流，这是一种最简单的数学构想形式湍流。湍流作为不同尺度旋涡同时并存而又互相叠加的旋涡运动，不同尺度趋于统计意义上的各向同性(虽然单个结构偏离各向同性)。这时

$$u'=u_x'=u_y'=u_z' \qquad k=\frac{1}{2}u'^2$$

统计意义上，湍动能将在惯性作用下从大尺度向小尺度传递；同时，湍动能在黏性作用下耗散衰减，而且小尺度衰减得最快，于是大尺度湍动能占更多份额。在惯性和黏性的联合作用下，形成了**湍动能的能量传输链(能谱)**：流体机械能首先转换为大尺度旋涡的湍动能，依次向相邻较小尺度传递，并在最小尺度时完全耗散为热力学能。湍动能谱因此常划分为包含大部分湍动能的大尺度含能区、小尺度的耗散区以及中间尺度的惯性区。

当流动雷诺数足够高，各向同性湍流的湍动能谱研究结果表明：含能区的大尺度旋涡与

耗散大部分湍动能的小尺度旋涡在湍动能上相差很大; 湍动能的耗散速率和注入速率相等; 惯性区中通过能量传输过程自身调整, 使得湍动能分布近似有如下形式:

$$E(k) = C_k \varepsilon^{\frac{2}{3}} k^{-\frac{5}{3}} \tag{4-46}$$

注意这里的 $k$ 并非湍动能, 而是用以区别湍流尺度的波数, 小 $k$ 值对应大尺度[①]; $\varepsilon$ 为湍动能耗散率; 常数 $C_k$ 从理论上无法推出, 高雷诺数时实验值约为 0.5。

在离壁面足够远处平均速度梯度很小, 湍流常近似各向同性。苏联科学家科尔莫戈罗夫(Kolmogorov)提出局部各向同性湍流概念, 从而将湍动能及其耗散率与湍流尺度相关联。湍动能 $k$、耗散率 $\varepsilon$ 与脉动速度 $u'$、混合长 $l$ 存在如下比值关系:

(1) 流体微团的脉动时间决定湍动能的耗散时间: $l / u' \propto k / \varepsilon$;

(2) 流体微团的脉动速度决定湍动能: $u' \propto k^{\frac{1}{2}}$。

采用量纲分析方法, 结合式(4-34)进一步可以关联得到涡流黏度 $\nu^r$

$$\nu^r = C_\mu \frac{k^2}{\varepsilon} \tag{4-47}$$

式中, 比例系数 $C_\mu$ 为常数, 根据数值法最佳化近似有 $C_\mu = 0.09$。

通过量纲分析, 科尔莫戈罗夫进一步导出湍动能耗散起到关键作用的最小旋涡对应的湍流尺度, 即分子黏性起作用的尺度, 称为**科尔莫戈罗夫尺度**:

长度尺度 $\qquad\qquad\qquad l_0 = \left( \nu^3 / \varepsilon \right)^{\frac{1}{4}}$

速度尺度 $\qquad\qquad\qquad u' = \left( \nu \varepsilon \right)^{\frac{1}{4}}$

时间尺度 $\qquad\qquad\qquad \tau = \left( \nu / \varepsilon \right)^{\frac{1}{2}}$

科尔莫戈罗夫长度、速度尺度与运动黏度形成小尺度耗散区雷诺数 $(l_0 u' / \nu)$ 等于 1, 说明在此小尺度情形下运动黏度 $\nu$ 表征的流体黏性起支配作用。

小涡主要通过黏性耗散大尺度传输过来的能量, 因此可通过宏观速度及特征长度估算耗散率 $\varepsilon \approx U^2 / t = U^2 / (L/U) = U^3 / L$。同时, 采用宏观的速度、几何尺度与运动黏度可以估算大尺度含能区雷诺数。因而

$$l_0 = \left( \nu^3 / \varepsilon \right)^{\frac{1}{4}} = \left[ \nu^3 / \left( U^3 / L \right) \right]^{\frac{1}{4}} = L / Re^{\frac{3}{4}}$$

即随着大尺度雷诺数 $Re$ 增大, 耗散区尺度不断减小。

实际湍流中湍动能的耗散速率和注入速率未必相等, 但在同数量级, 与搅拌设备的输入功率(2.7.2 节有简单讨论)也在同数量级。因此, 合理增大搅拌设备的输入功率, 可以强化容器内流体湍动(增大了大尺度含能区的湍动能), 有助于微观混合(耗散区尺度不断减小)。湍流的科尔莫戈罗夫尺度决定了低黏性流体微观混合的均匀性和微观混合所需时间, 对认识流体混合效果、混合搅拌设备类型及其能耗的设计具有指导意义。

---

① 波数是湍流演化动力学的能谱方程求解时作积分变换引入, 诸多有关湍流的书籍资料中习惯以 $k$ 表示。其具体意义详见本章拓展文献 4 第 5 讲。

由于湍流存在间歇性和拟序结构等原因，基于局部各向同性湍流获取的诸多结论仍不免存在一定局限性。尽管如此，科尔莫戈罗夫基于湍动能 $k$ 及其耗散率 $\varepsilon$ 获取的湍流微观结构信息对湍流计算起到巨大的推动作用，迄今仍是湍流相关工程问题 CFD 计算方法的重要基石。

### 4.2.7　$k$-$\varepsilon$ 模式方程

为了使时均化雷诺方程闭合，需要雷诺应力的求解式。波希尼斯克提出的表达式(4-32)可用于近似平行的二维剪切流，将涡流黏度推广到三维流动，雷诺应力与平均流场之间有如下关系

$$-\overline{u_i' u_j'} = \nu^r \left( \frac{\partial \overline{u_i}}{\partial x_j} + \frac{\partial \overline{u_j}}{\partial x_i} \right) - \frac{2}{3} k \delta_{ij} \tag{4-32a}$$

式中，包含湍动能 $k = \dfrac{1}{2} u'^2$，$\delta_{ij}$ 值为 $0(i \neq j)$ 或 $1(i = j)$，$i$ 和 $j$ 可以是任意方向坐标的下标。最后一项加进去可以保证该式在不可压缩流动中总可以成立。

式(4-47)和式(4-32a)联立时均化雷诺方程求解，还需要补充两个方程，即关于湍动能 $k$ 和关于耗散率 $\varepsilon$ 的方程，由此得到闭合方程组。由于增加两个辅助方程，因此也称**两方程模式**或 $k$-$\varepsilon$ **模式**。还存在**一方程模式**，即保留关于 $k$ 的方程而舍弃关于 $\varepsilon$ 的方程，依靠 $k$ 和混合长 $l$ 推算耗散率 $\varepsilon$ 的变化，鉴于混合长 $l$ 随流动变化没有普遍有效的表达形式，一方程模式的通用性受到了限制。

$k$ 和 $\varepsilon$ 控制方程的数学推导过程复杂(参见本章拓展文献 4 中第 3、4 讲)，推导中还引入了一些新的未知量，需基于现象分析并采用经验方法模拟。这里直接给出原始 $k$-$\varepsilon$ 模式方程的形式：

$$\frac{\partial k}{\partial t} + \overline{u}_j \frac{\partial k}{\partial x_j} = 2\nu^r S_{ij}^2 + \frac{\partial}{\partial x_j} \left[ \left( \nu + \frac{\nu^r}{\sigma_k} \right) \frac{\partial k}{\partial x_j} \right] - \varepsilon \tag{4-48}$$

$$\frac{\partial \varepsilon}{\partial t} + \overline{u}_j \frac{\partial \varepsilon}{\partial x_j} = \left( C_{\varepsilon 1} \frac{\varepsilon}{k} \right) 2\nu^r S_{ij}^2 + \frac{\partial}{\partial x_j} \left[ \left( \nu + \frac{\nu^r}{\sigma_\varepsilon} \right) \frac{\partial \varepsilon}{\partial x_j} \right] - \left( C_{\varepsilon 2} \frac{\varepsilon}{k} \right) \varepsilon \tag{4-48a}$$

在式(4-48)左侧为湍动能 $k$ 的拉格朗日导数展开形式；右侧第一项表示流体质点湍动能的生成速率，其中应变率 $S_{ij} = \dfrac{1}{2} \left( \dfrac{\partial \overline{u_i}}{\partial x_j} + \dfrac{\partial \overline{u_j}}{\partial x_i} \right)$，$S_{ij}^2 > 0$ 意味着湍动能的生成总为正值，从而为湍流维持提供能量；右侧第二项表示流体质点与周围的湍动能相互扩散速率，包含黏性、速度脉动及压强梯度三方面的作用，这里引入常数 $\sigma_k$ 将速度脉动及压强梯度对湍动能扩散的作用合取平均，实验拟合 $\sigma_k = 1.0$；方程最后一项 $\varepsilon$ 表示湍动能在黏性作用下的耗散速率。

湍动能的产生与耗散共处一体，理应具有相似的形式，因而式(4-48a)$\varepsilon$ 方程与式(4-48)大同小异。但湍动能的产生与耗散发生在不同尺度的流体旋涡中，考虑尺度效应增加了黏性校正因子，实验拟合得 $C_{\varepsilon 1} = 1.44$，$C_{\varepsilon 2} = 1.92$；常数 $\sigma_\varepsilon$ 与 $\sigma_k$ 作用类似，模拟值 $\sigma_\varepsilon = 1.3$。

$k$-$\varepsilon$ 湍流模式简单方便，多年来被广泛应用于工程问题计算，特别适用于射流、管流等湍流流动。为扩大其应用范围，许多学者对它进行了多种修正，也提出了其他形式的两方程模式，其中湍动能 $k$ 与涡量(速度矢量的旋度，见 3.3.4 节)$\omega$ 传输相结合，即 $k$-$\omega$ 湍流模式最受关注，特别针对一些具有很强旋涡和边界层分离的流动计算。

## 4.3　圆管入口段流动和湍流流动

第 2、3 章曾讨论了圆管内的定态层流流动，并强调忽略了端效应。因此，所得结论的成立需要一定前提，即离开管子进口端一定距离，速度边界层在管中心汇合后的层流流动。

下面，分别讨论速度边界层在圆管入口段的发展情况以及圆管内的湍流流动。

### 4.3.1　圆管入口段流动

当流体以均匀速度流进管口，一旦进入管内，在壁面处的速度立即为零，由于流体的黏性，沿管径方向形成速度梯度，因此边界层厚度从管子进口处由零开始，沿着流体流动的方向逐渐加厚，同时由于边界层内流速减小，而管内总的流量维持不变，因此圆管中心部分的速度必逐渐加大，当圆管四周的边界层在管子中心汇合时，管中心速度即增大到最大速度，此时的流动称为**充分发展的流动**。从管道入口开始到流动充分展开处为止的一段管道称为进口端，其长度以 $L_e$ 表示。对充分发展的流动，边界层便占据着整个圆管的截面，流动情况不再改变，图 4-9 中示出圆管内边界层形成、发展和汇合的过程。

图 4-9　圆管中的速度边界层

若边界层在管中心汇合时是层流，则其后的流动将保持层流不变，速度分布呈抛物线状；若边界层在管中心汇合时是湍流，则此后的流动将保持湍流不变。与平板上流动类似，圆管内的湍流边界层也可分为黏性底层、过渡层和湍流主体三部分。

与平板壁面上的边界层的形成过程类似，管道入口段的边界层也是二维流动。对于不可压缩流体的定态流动情况，当忽略重力影响，柱坐标下 N-S 方程可简化为

$$u_r \frac{\partial u_r}{\partial r} + u_z \frac{\partial u_r}{\partial z} = -\frac{1}{\rho} \frac{\partial p}{\partial r} + v \left\{ \frac{\partial}{\partial r} \left[ \frac{1}{r} \frac{\partial}{\partial r} (r u_r) \right] + \frac{\partial^2 u_r}{\partial z^2} \right\} \tag{4-49a}$$

$$u_r \frac{\partial u_z}{\partial r} + u_z \frac{\partial u_z}{\partial z} = -\frac{1}{\rho} \frac{\partial p}{\partial z} + v \left[ \frac{1}{r} \frac{\partial}{\partial r} \left( r \frac{\partial u_z}{\partial r} \right) + \frac{\partial^2 u_z}{\partial z^2} \right] \tag{4-49b}$$

这个偏微分方程组采用分析方法难以求解。郎海尔(Langhaar)详细分析圆管入口段边界层流动的特点并结合实验数据，将二维流动近似为 $z$ 方向一维流动，并将式(4-49a)左侧的惯性力项近似为 $z$ 的线性函数，并得到了圆管入口段的近似解。

与平板上的流动不同，圆管内流动的边界层厚度仅在入口段发生变化。因为范宁摩擦因数是管道表面速度梯度的函数，所以工程上对入口段长度很感兴趣。郎海尔给出的层流入口段的长度为

$$\frac{L_e}{D} = 0.0575 Re \tag{4-50}$$

式中，$D$ 为管道的内径。上述公式是用分析方法导出的，它与实验结果非常一致。

对于形成充分发展的湍流速度分布的入口段长度，目前还没有适当的计算公式。这是因为湍流本身的特性是影响入口段长度数值的一个附加因素。许多研究人员就此所得的普遍结论是，在距入口处至少管长为 50 倍管径的地方，方可形成充分发展的湍流速度分布。

有两个原因使进口端内的范宁摩擦因数大于充分发展流动区域的范宁摩擦因数。其一是，壁面的速度梯度在入口处刚好处于极大值。这个梯度沿流动方向减小，而在充分发展的流动以后变为一个常值。其二是，入口段在边界层外存在流体"核心"。由于流动的连续性而核心处的流速增大，于是核心处的流体是加速的，从而会产生一个附加阻力，其效应也包含在范宁摩擦因数中。

### 4.3.2 圆管湍流的速度分布

#### 1. 圆管中湍流的通用速度分布

对充分发展的圆管内湍流流动，尼库拉泽(Nikuradse)和其他人积累了大量实验数据，包含的雷诺数范围为 $4000\sim3.2\times10^6$。大量实验结果表明，当 $y^+$ 大于 30 时，式(4-45)中 $C'$ 的值为常数。$y^+$ 在 $5\sim30$ 可以看作一个过渡区域，可以通过实验数据重新拟合系数的值。

图 4-10 是应用尼库拉泽和赖夏特(Reichardt)的实验数据绘制的 $u^+$ 和 $y^+$ 的关系曲线。图中的数据可以分为三个区域，即黏性底层、过渡层和湍流主体，各流体层拟合的公式分别为

黏性底层($y^+<5$)　　　　　　　$u^+ = y^+$　　　　　　　　　　　(4-51a)

过渡层($5<y^+<30$)　　　　$u^+ = 5.0\ln y^+ - 3.05$　　　　　　(4-51b)

湍流主体($y^+>30$)　　　　$u^+ = 2.5\ln y^+ + 5.5$　　　　　　(4-51c)

式(4-51)即为圆管中湍流的通用速度分布方程。这是一个半经验型公式，存在着明显的局限性。例如，式(4-51c)计算管中心的速度梯度并不为零，与实际情况不符。尽管如此，式(4-51)完全可以满足工程计算的要求。

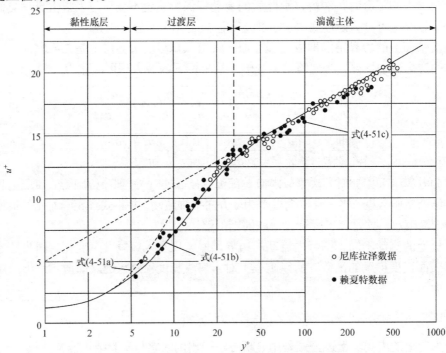

图 4-10　圆管中湍流的通用速度分布

通用速度分布方程还给出了湍流边界层的黏性底层厚度 $\delta_v$ 满足 $y^+=5$，即

$$\delta_v = 5\frac{\nu}{u^*} = \frac{14.14D}{Re\sqrt{f}} \tag{4-51d}$$

可以计算出直径 100mm 光滑管内，当流动雷诺数为 10000 时，黏性底层厚度 1.95mm；当流动雷诺数增大到 100000 时，黏性底层厚度减小为 0.26mm。

### 2. $1/n$ 次方律

对光滑圆管内的湍流，可以发现绝大部分横截面的速度分布皆可用以下公式表示：

$$\frac{\overline{u_x}}{u_{x\,max}} = \left(\frac{y}{R}\right)^{\frac{1}{n}} \tag{4-52a}$$

式中，$R$ 为管道半径；$y$ 为距管壁的距离；$n$ 随雷诺数而发生变化，具体参见表 4-2。与层流时的 $u_b/u_{max}=0.5$ 相比较，由表可见，湍流时由于流体质点的脉动，速度分布较为均匀，且雷诺数越大，速度分布越均匀。

**表 4-2　不同雷诺数的 $n$ 值以及 $u_b/u_{max}$**

| $Re_c$ | $n$ | $u_b/u_{max}$ |
| --- | --- | --- |
| $4\times10^3$ | 6 | 0.791 |
| $2.3\times10^4$ | 6.6 | 0.807 |
| $1.1\times10^5$ | 7 | 0.817 |
| $1.1\times10^6$ | 8.8 | 0.850 |
| $2.0\times10^6\sim3.2\times10^6$ | 10 | 0.866 |

当 $Re=10^5$ 左右时，$n=7$，由此导出了经常使用的布拉休斯的 1/7 次方律湍流速度分布公式，即 $\overline{u_x}/\overline{u_{x\,max}} = (y/R)^{\frac{1}{7}}$。这个指数律还能用来表示边界层内的速度分布。对于边界层，指数律可以写成

$$\frac{\overline{u_x}}{u_{x\,max}} = \left(\frac{y}{\delta}\right)^{\frac{1}{n}} \tag{4-52b}$$

上述公式指示的速度分布也有明显的不足，即在壁面上的速度梯度，以及边界层外缘 $y=\delta$ 处的速度梯度都是不正确的。这是因为，按照这一公式壁面处的速度梯度为无限大，而在 $\delta$ 处的速度梯度则不等于零。尽管有上述不足之处，在下面的 4.4 节中将会看到，这个指数律同卡门积分关系式结合使用，还是极为有用的。

### 4.3.3　光滑圆管湍流的范宁摩擦因数

对于管道内的湍流流动，范宁摩擦因数 $f$ 的关系式不如层流那么容易推导或表示。这时，前面推导出的湍流通用速度分布可作为基础，还必须区别管道壁面是光滑还是粗糙的。先讨

论光滑管的情况。

湍流核心的速度分布可表达为

$$u^+ = 5.5 + 2.5\ln y^+ \tag{4-51c}$$

在半径为 $R$ 的圆管内，可以根据方程式(4-51c)计算湍流核心的平均速度：

$$u_{平均} = \frac{\iint_A u\mathrm{d}A}{A} = \frac{\sqrt{\tau_s/\rho}\int_0^R \left[2.5\ln\left(\frac{\sqrt{\tau_0/\rho}\,y}{\nu}\right) + 5.5\right]2\pi r\mathrm{d}r}{\pi R^2} \tag{4-53}$$

因为 $y = R - r$，最终得到

$$u_{平均} = 2.5\sqrt{\tau_s/\rho}\ln\left(\frac{\sqrt{\tau_s/\rho}\,R}{\nu}\right) + 1.75\sqrt{\tau_s/\rho} \tag{4-54}$$

由于黏性底层和过渡层很薄，可近似认为 $u_{平均} = u_b$，进而可结合范宁摩擦因数 $f$ 的定义式(2-6c)求得函数 $\sqrt{\tau_s/\rho}$ 和范宁摩擦因数 $f$ 的关系，有

$$\frac{u_b}{u^*} = \frac{u_b}{\sqrt{\tau_s/\rho}} = \frac{1}{\sqrt{f/2}} \tag{4-55}$$

将式(4-55)代入式(4-54)，即可得出

$$\frac{1}{\sqrt{f/2}} = 2.5\ln\left(\frac{R}{\nu}u_b\sqrt{f/2}\right) + 1.75 \tag{4-56}$$

将对数的自变量重新整理成雷诺数的形式，则方程式(4-56)可以简化为

$$\frac{1}{\sqrt{f}} = 1.768\ln\left(Re\sqrt{f}\right) - 0.601 \tag{4-57}$$

式(4-57)给出了圆形光滑管道中湍流的范宁摩擦因数 $f$ 同雷诺数的函数关系。这一项研究是冯·卡门首先完成的。之后，尼库拉泽根据实验数据又得出下述方程式：

$$\frac{1}{\sqrt{f}} = 1.738\ln\left(Re\sqrt{f}\right) - 0.40 \tag{4-58}$$

以上两式的形式非常相似。

### 4.3.4　粗糙圆管湍流的范宁摩擦因数

为了用定量方法表述粗糙度对速度分布或压强降的影响，必须首先定义一个描述粗糙度的参数。通常用突起的有效高度 $e$ 表征粗糙度，**相对粗糙度**为 $e/D$。虽然可以用 $e$ 这个量表征给定的粗糙度，但更准确的方法则要求同时描述突出部分的间隔与方位。

相对粗糙度对流动的影响有几种不同情况。工业管道中，$e/D$ 通常略小于 0.01，在这样的管道中流体做层流流动时，壁面粗糙度的影响可以忽略不计，流体充满各突起部分之间的间隙，而内部各流层则平滑地流过有效直径为 $D-2e$ 的管道。在湍流情况，如果突起的高度小于黏性底层的厚度，则管壁粗糙度对流动也没有影响。此种情况下的管道称为**水力光滑管**。但若突起的不规则部分伸入湍流主体中，它们将增强湍动，改变速度分布侧形，增加流动阻力。$e$ 超过一定值后，粗糙度的影响会变得很大，以致流体绕突起部分流动而引起的惯性力远超过

黏性力，此种情况下的管道称为完全粗糙管。黏性底层的厚度为雷诺数的函数，因此同一管道在低速流动可以是水力光滑的，而在高流速流动又可以是完全粗糙的。

按照与光滑管道同样的分析方法，冯·卡门对于湍流粗糙管道导出了下述公式

$$\frac{1}{\sqrt{f}} = 1.768 \ln \frac{D}{e} + 2.16 \tag{4-59}$$

此式与尼库拉泽根据实验数据所得出的公式非常接近，后者为

$$\frac{1}{\sqrt{f}} = 1.738 \ln \frac{D}{e} + 2.28 \tag{4-60}$$

尼库拉泽对于管内充分发展流动的实验结果表明，一旦雷诺数变大到足以把流动看成是充分发展的湍流，那么就可以用式(4-58)或式(4-60)计算出正确的 $f$ 值。而这两个方程式又十分不同。方程式(4-58)表明 $f$ 只是 $Re$ 的函数，而方程式(4-60)则表明 $f$ 仅仅是相对粗糙度的函数。当然，不同的是前一个公式用于光滑管道，后一个公式用于粗糙管道。

根据实验观察可知，当 $Re$ 在某一范围内，方程式(4-58)可描述 $f$ 随 $Re$ 的变化，即使粗糙管道也是如此，可看作水力光滑的。而当 $Re$ 超过某一值以后，$f$ 的数值便与光滑管道方程所预计的数值不同，其值将变成一个由管壁粗糙度决定的常值。此时，流动被称为完全粗糙。中间有一个区域，$f$ 既随 $Re$ 变化又随 $e/D$ 变化，称之为过渡区[①]。一个表示 $f$ 在过渡区域内变化的经验方程式是由科尔布鲁克(Colebrook)提出的，其表达式为

$$\frac{1}{\sqrt{f}} = 4 \lg \frac{D}{e} + 2.28 - 4 \lg \left( 4.67 \frac{D/e}{Re\sqrt{f}} - 1 \right) \tag{4-61}$$

方程式(4-61)适用于 $(D/e)/\left(Re\sqrt{f}\right) > 0.01$ 的过渡区。低于这个数值时，范宁摩擦因数便不受雷诺数影响，此时，管道是完全粗糙的，或流动处于完全湍流区。

综合前面的讨论，对不同类型的管道表面和流动条件，范宁摩擦因数由下面这些方程式表达：

(1) 对层流($Re < 2100$)

$$f = \frac{2\tau_s}{\rho u_b^2} = \frac{8\mu}{\rho u_b R} = \frac{16}{Re} \tag{2-48}$$

(2) 对湍流(光滑管道，$Re > 3000$)

$$\frac{1}{\sqrt{f}} = 1.738 \ln \left( Re\sqrt{f} \right) - 0.40 \tag{4-58}$$

(3) 对湍流[完全粗糙，$(D/e)/\left(Re\sqrt{f}\right) < 0.01$]

$$\frac{1}{\sqrt{f}} = 1.738 \ln \frac{D}{e} + 2.28 \tag{4-60}$$

(4) 对光滑管和完全粗糙之间的过渡区湍流流动

---

[①] 该过渡区为水力光滑管和完全粗糙之间的过渡区，也称半粗糙区，反映湍流流动受管道粗糙度的影响。注意区别于层流与湍流之间的过渡区($Re$ 为 2100~3000)。对于后者，流动状态有不确定性，不能用理论分析方法求解速度分布和流体阻力。

$$\frac{1}{\sqrt{f}} = 4\lg\frac{D}{e} + 2.28 - 4\lg\left(4.67\frac{D/e}{Re\sqrt{f}} - 1\right)$$ (4-61)

**【例 4-2】** 温度为 293K、压强为 $101.3kN/m^2$ 的空气，以 15m/s 的流速流经内径为 0.0508m 的光滑管，摩擦因子可按 $f = 0.046Re^{-\frac{1}{5}}$ 计算。对于充分发展了的流动，试估算黏性底层、过渡层及湍流中心的厚度各为多少。

**解** 空气的密度 $\rho = 1.205kg/m^3$，运动黏度 $\nu = 1.506\times10^{-5}m^2/s$

$$Re = \frac{du_b}{\nu} = \frac{0.0508\times15}{1.506\times10^{-5}} = 5.06\times10^4，\text{为湍流}$$

$$f = 0.046Re^{-\frac{1}{5}} = 0.046\times50600^{-\frac{1}{5}} = 0.00527$$

由式(4-55)

$$u^* = u_b\sqrt{\frac{f}{2}} = 15\times\sqrt{\frac{0.00527}{2}} = 0.77 \text{ (m/s)}$$

黏性底层厚度 $\delta_L$
$$\delta_L = 5\frac{\nu}{u^*} = 5\times\frac{1.506\times10^{-5}}{0.77} = 9.78\times10^{-5} \text{ (m)}$$

过渡层厚度 $\delta_B$
$$y_B = 30\frac{\nu}{u^*} = 30\times\frac{1.506\times10^{-5}}{0.77} = 5.87\times10^{-4} \text{ (m)}$$

$$\delta_B = y_B - \delta_L = 4.89\times10^{-4} \text{ (m)}$$

湍流中心的厚度
$$\delta_T = \frac{d}{2} - \delta_B - \delta_L = 0.0248 \text{ (m)}$$

## 4.4 卡门动量积分方程

普朗特边界层方程虽然比 N-S 方程简单，但仍然是非线性的。只有在少数简单流动情形，如平板、楔形物体等，才能找到相似性的精确解。但是在工程上遇到的许多实际问题，如任意形状物体绕流问题，都不存在相似性解。这时，直接求解普朗特边界层方程一般说来仍相当困难。为此，人们开发了多种近似方法。这里介绍一种计算量较小、工程中广泛应用的动量积分关系式方法。这种方法是冯·卡门于 1921 年首先提出的，而后由波尔豪森(Pohlhausen)具体加以实现。其基本思想是：避开 N-S 方程，而根据边界层的概念直接对边界层进行动量衡算，导出边界层的动量积分方程，然后将已知的(或假定的)边界层的速度分布代入积分，可求得若干有意义的物理量，如边界层厚度、曳力系数的表达式。

为方便理解，下面仍以平板上的边界层为例阐释这种方法。

### 4.4.1 平板上边界层的动量衡算

如图 4-11 所示，一密度为 $\rho$、黏度为 $\mu$ 的流体稳定地流过某平板壁面，令边界层厚度为 $\delta$，边界层外流体的流速为 $u_0$。在距平板壁面 $y$ 处的流体沿 $x$ 方向的流速为 $u_x$，$\rho$、$\mu$ 均为常数。现选取两个截面 $A_1$、$A_2$ 之间宽度为 $b$ 的边界层区域作为控制体，如图 4-11 所示，进行动量衡算。

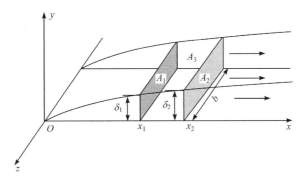

图 4-11　边界层流动的控制体

这是一个宏观衡算(总衡算)问题，动量衡算的依据与前面的微观衡算并无不同，即

$$\begin{pmatrix}动量累积\\速率\end{pmatrix}=\begin{pmatrix}动量输入\\流率\end{pmatrix}-\begin{pmatrix}动量输出\\流率\end{pmatrix}+\begin{pmatrix}作用于控制体\\的合外力\end{pmatrix} \tag{2-41}$$

计算控制面上动量流率时，需要首先通过质量衡算确定各控制面的质量流率。质量衡算的依据仍为

$$\begin{pmatrix}输出的\\质量流率\end{pmatrix}-\begin{pmatrix}输入的\\质量流率\end{pmatrix}+\begin{pmatrix}累积的\\质量速率\end{pmatrix}=0 \tag{2-9}$$

对于定态边界层流动，控制体内的动量、质量保持稳定，以上衡算依据式(2-41)可以简化为

$$\begin{pmatrix}动量输入\\流率\end{pmatrix}-\begin{pmatrix}动量输出\\流率\end{pmatrix}+\begin{pmatrix}作用于控制体\\的合外力\end{pmatrix}=0 \tag{4-62}$$

$$\begin{pmatrix}输出的\\质量流率\end{pmatrix}-\begin{pmatrix}输入的\\质量流率\end{pmatrix}=0 \tag{4-63}$$

如前所述，平板上的边界层为二维流动，所以控制体的前、后两面没有质量或动量的流入和流出。因此，对控制体进行衡算时，需要考虑的控制面包括：截面 $A_1$、截面 $A_2$、边界层外缘和壁面四部分。

首先，计算控制面各部分的质量和动量流率。

截面 $A_1$ 上有流体流入，输入的质量流率可作如下计算：在距壁面法向距离 $y$ 处，取一微分高度 $dy$，则通过微元截面 $dy\cdot b$ 流入的质量流率为$(\rho u_x dy)b$，流入的动量流率为 $(\rho u_x^2 dy)b$。因此，通过整个截面 $A_1$ 的质量流率和动量流率为

$$m_1=b\int_0^{\delta_1}\rho u_x dy\bigg|_{x=x_1} \qquad 和 \qquad J_1=b\int_0^{\delta_1}\rho u_x^2 dy\bigg|_{x=x_1}$$

同理，截面 $A_2$ 上有流体流出，通过整个截面 $A_2$ 的质量流率和动量流率为

$$m_2=b\int_0^{\delta_2}\rho u_x dy\bigg|_{x=x_2} \qquad 和 \qquad J_2=b\int_0^{\delta_2}\rho u_x^2 dy\bigg|_{x=x_2}$$

壁面处没有质量的流入和流出，也没有动量的流入和流出。根据质量守恒式(4-63)，边界层外缘流入的质量流率为

$$m_3 = m_2 - m_1 = b\left( \int_0^{\delta_2} \rho u_x \mathrm{d}y \bigg|_{x=x_2} - \int_0^{\delta_1} \rho u_x \mathrm{d}y \bigg|_{x=x_1} \right)$$

边界层外缘截面 $A_3$ 进入控制体的流体速度均为 $u_0$，所以流入的动量流率为

$$J_3 = m_3 u_0 = b\left( \int_0^{\delta_2} \rho u_x \mathrm{d}y \bigg|_{x=x_2} - \int_0^{\delta_1} \rho u_x \mathrm{d}y \bigg|_{x=x_1} \right) u_0$$

对于整个控制体

$$\left( \begin{array}{c} 动量输出 \\ 流率 \end{array} \right) - \left( \begin{array}{c} 动量输入 \\ 流率 \end{array} \right) = J_2 - J_1 - J_3$$

$$= b\left( \int_0^{\delta_2} \rho u_x (u_0 - u_x) \mathrm{d}y \bigg|_{x=x_2} - \int_0^{\delta_1} \rho u_x (u_0 - u_x) \mathrm{d}y \bigg|_{x=x_1} \right)$$

控制体的受力为体积力、法向应力和剪应力的总和，下面对流动方向($x$ 方向)上的受力情况进行考察：

(1) 如果 $x$ 轴为水平方向，则控制体受到的体积力为零。

(2) 控制体受到的法向应力可考虑成一个整体，作用在整个控制体上。截面 $A_1$、截面 $A_2$ 的面积不等。同时边界层外缘切割流体划定时，控制体受到的法向应力方向应取垂直于该表面的向内方向，所以必须考虑其 $x$ 方向的分量。如前所述，平板上的边界层流动为无压强梯度的定态流动，因此各处的压强相同。这时可以推算出，作用于整个控制体表面上的总压强在 $x$ 方向的分量为零。

边界层外缘的速度梯度为零，故无剪应力。因此，壁面上剪应力引起的摩擦曳力即为控制体受到的合力，为

$$\tau_s b(x_2 - x_1)$$

由式(4-62)得动量衡算关系为

$$\int_0^{\delta_2} \rho u_x (u_0 - u_x) \mathrm{d}y \bigg|_{x=x_2} - \int_0^{\delta_1} \rho u_x (u_0 - u_x) \mathrm{d}y \bigg|_{x=x_1} = \tau_s (x_2 - x_1) \tag{4-64}$$

如给定速度分布，式(4-64)中的积分值即可求出，于是也可求得剪应力值壁面处 $\tau_s$。但是所求出的值为在长度 $x_2 - x_1$ 范围内的平均剪应力，下面推导某一点处的局部剪应力值 $\tau_s$。对于某一 $x$ 处，注意到每一定积分项仅为 $x$ 的函数，因此利用导数的定义，将式(4-64)改写成以下的形式：

$$\tau_s = \lim_{x_2 - x_1 \to 0} \frac{\displaystyle\int_0^{\delta_2} \rho u_x (u_0 - u_x) \mathrm{d}y \bigg|_{x=x_2} - \int_0^{\delta_1} \rho u_x (u_0 - u_x) \mathrm{d}y \bigg|_{x=x_1}}{x_2 - x_1}$$

于是

$$\tau_s = \frac{\mathrm{d}}{\mathrm{d}x} \int_0^{\delta} \rho u_x (u_0 - u_x) \mathrm{d}y \tag{4-65}$$

式(4-65)称为平板边界层**积分动量方程**，适用于沿平板的距离为 $x$ 的任一点，$\delta$ 与 $\tau_s$ 均为 $x$ 的函数。该方程推导中并没有限制边界层内的流动形态，故无论对层流边界层还是湍流边界层均可适用，但求解时要分别代入与流动形态相对应的速度分布关系式。下面分别对层流和湍

流的情况进行讨论。

### 4.4.2　平板上层流边界层的近似解

将式(4-65)应用于层流边界层是令人感兴趣的，其原因是所获得的结果与精确解(4.1 节)进行比较可发现，采用一个随意选定的速度分布所得出的 $\delta$ 和 $C_D$ 随 $L$ 变化关系与布拉休斯精确解非常接近。

通常可以根据相似性假设得到 $u_x$ 与 $y$ 的函数关系式，即 $u_x/u_0$ 与 $y/\delta$ 的函数关系到处相同。已知在边界层外缘 $y=\delta$ 处，$u_x=u_0$，且速度梯度为零，$\mathrm{d}u_x/\mathrm{d}y=0$；利用壁面流体无滑移条件，即 $y=0$ 时，$u_x=u_y=0$，结合式(4-5)可知这时还有 $\dfrac{\partial^2 u_x}{\partial y^2}=0$。很容易证明，下面的简单代数多项式关系可以完全满足上述这些边界条件[①]：

$$\frac{u_x}{u_0}=\frac{3}{2}\left(\frac{y}{\delta}\right)-\frac{1}{2}\left(\frac{y}{\delta}\right)^3 \tag{4-66}$$

将式(4-66)代入式(4-65)中，得

$$\tau_s=\frac{\mathrm{d}}{\mathrm{d}x}\int_0^\delta \rho u_x(u_0-u_x)\mathrm{d}y=\rho u_0^2\cdot\frac{\mathrm{d}}{\mathrm{d}x}\int_0^\delta\left[\frac{u_x}{u_0}\left(1-\frac{u_x}{u_0}\right)\right]\mathrm{d}y$$

$$=\rho u_0^2\cdot\frac{\mathrm{d}}{\mathrm{d}x}\int_0^\delta\left[\frac{3}{2}\left(\frac{y}{\delta}\right)-\frac{1}{2}\left(\frac{y}{\delta}\right)^3\right]\left[1-\frac{3}{2}\left(\frac{y}{\delta}\right)+\frac{1}{2}\left(\frac{y}{\delta}\right)^3\right]\mathrm{d}y$$

积分，得

$$\tau_s=\frac{39}{280}\rho u_0^2\frac{\mathrm{d}\delta}{\mathrm{d}x} \tag{4-67}$$

根据速度分布式(4-66)，壁面上剪应力 $\tau_s$ 可以通过壁面上的速度梯度计算，即

$$\tau_s=\mu\frac{\mathrm{d}u_x}{\mathrm{d}y}\bigg|_{y=0}=\mu\left[\frac{3}{2}\left(\frac{u_0}{\delta}\right)-\frac{3}{2}\left(\frac{u_0}{\delta}\right)y^2\right]_{y=0}=\frac{3}{2}\frac{\mu u_0}{\delta} \tag{4-68}$$

式(4-67)和式(4-68)联立，约掉剪应力 $\tau_s$，得到

$$\int_0^\delta \delta\mathrm{d}\delta=\frac{280}{39}\cdot\frac{3}{2}\frac{\nu}{u_0}\int_0^x\mathrm{d}x$$

于是，得边界层厚度为

$$\delta=4.64\sqrt{\frac{\mu x}{\rho u_0}}=4.64\sqrt{\frac{\nu x}{u_0}}=4.64xRe_x^{-\frac{1}{2}} \tag{4-69}$$

与前面相同，式中，$Re_x=\dfrac{xu_0\rho}{\mu}=\dfrac{xu_0}{\nu}$。

由式(4-68)可以计算壁面上的局部剪应力 $\tau_{sx}$

$$\tau_{sx}=\frac{3}{2}\frac{\mu u_0}{4.64\sqrt{\nu x/u_0}}=0.323\rho u_0^2 Re_x^{-\frac{1}{2}} \tag{4-70}$$

---

[①] 速度分布的确定可以一般地假设为 $u_x=a+by+cy^2+dy^3$，再根据上述边界条件确定系数 $a$、$b$、$c$、$d$，所得到的结果可以整理成式(4-66)的形式。

由此可以计算，当流体流过一块宽为 $W$、长为 $L$ 的平板，平均摩擦系数为

$$C_D = 1.292 Re_L^{-\frac{1}{2}} \tag{4-71}$$

式(4-71)仍只适用于层流边界层，要求 $Re_L = \dfrac{Lu_0\rho}{\mu} < 5 \times 10^5$，同时要求远离平板前缘，即 $x$(或 $L$)远大于边界层厚度 $\delta$ 的位置。

上面的推导过程还可以采用其他多种速度分布，各计算结果一并列入表 4-3。由表 4-3 的数据可以看出，与精确解比较，动量积分方程一般可以给出令人满意的结果，除线性分布和二次函数外，其他速度分布推算的曳力和曳力系数的结果相当准确。

表 4-3　平板层流边界层近似解与精确解的比较

| $\dfrac{u_x}{u_0}$ | $\dfrac{\delta}{x} Re_x^{\frac{1}{2}}$ | $\dfrac{\tau_{sx}}{\rho u_0^2} Re_x^{\frac{1}{2}}$ | $C_D Re_L^{\frac{1}{2}}$ |
|---|---|---|---|
| $\dfrac{y}{\delta}$ | 3.46 | 0.289 | 1.155 |
| $2\left(\dfrac{y}{\delta}\right) - \left(\dfrac{y}{\delta}\right)^2$ | 5.48 | 0.365 | 1.460 |
| $\dfrac{3}{2}\left(\dfrac{y}{\delta}\right) - \dfrac{1}{2}\left(\dfrac{y}{\delta}\right)^3$ | 4.64 | 0.323 | 1.292 |
| $2\left(\dfrac{y}{\delta}\right) - 2\left(\dfrac{y}{\delta}\right)^3 + \left(\dfrac{y}{\delta}\right)^4$ | 5.83 | 0.343 | 1.372 |
| $\sin\left(\dfrac{\pi}{2}\dfrac{y}{\delta}\right)$ | 4.79 | 0.327 | 1.310 |
| 精确解 | 5.0 | 0.332 | 1.328 |

### 4.4.3　平板上湍流边界层的近似解

对流过光滑平板的湍流，仍可用上面的动量积分方程确定边界层厚度的变化，但在湍流分析中所用的近似方法与层流有所不同。在层流中，曾经假定过用一个简单的多项式来表示速度分布。但是，在湍流中不能通过一个简单的函数就适当地表示整个流场内的速度分布。可以采用对数型通用速度分布方程[式(4-52)]，但推导过程以及所得方程冗长而且复杂。因此，这里拟采用一种较为简单的经验速度分布方程，即布拉休斯的 1/7 次方律。对于平板上的流动，其形式为

$$\frac{u_x}{u_0} = \left(\frac{y}{\delta}\right)^{\frac{1}{7}} \tag{4-72}$$

式(4-72)不适用于黏性底层的壁面附近。与该式相对应的有布拉休斯剪应力关系式，对于雷诺数直到 $10^5$ 的管内流动和雷诺数直到 $10^7$ 的平板流动，湍流壁面剪应力可由此计算

$$\frac{\tau_s}{\rho u_0^2} = 0.0225 \left(\frac{\nu}{\delta u_0}\right)^{\frac{1}{4}} \tag{4-73}$$

将式(4-72)代入平板边界层积分动量方程式(4-65)中，积分得

$$\frac{\mathrm{d}\delta}{\mathrm{d}x} = \frac{72}{7}\frac{\tau_s}{\rho u_0^2}$$

再将式(4-73)代入上式，得

$$\frac{\mathrm{d}\delta}{\mathrm{d}x} = \frac{72}{7} \times 0.0225 \left(\frac{\nu}{\delta u_0}\right)^{\frac{1}{4}} \tag{4-74}$$

如果假设边界层从平板前沿 $x=0$ 开始就是湍流(当然，是不准确的假设)，那么利用边界条件 $x=0$ 时，$\delta=0$，对上式积分求解得

$$\frac{\delta}{x} = 0.376 Re_x^{-\frac{1}{5}} \tag{4-75}$$

从布拉休斯剪应力关系式，即式(4-73)可以求出局部曳力系数，其表达式为

$$C_{fx} = \frac{0.0576}{Re_x^{\frac{1}{5}}} \tag{4-76}$$

相应地，可推算出平均曳力系数为

$$C_D = 0.072 Re_L^{-\frac{1}{5}} \tag{4-77}$$

对于上述表达式，需要注意以下几个问题。首先，按布拉休斯关系式的要求，它们应限定在 $Re_x < 10^7$ 的状态下使用。正如流体在管道中流动时的情况，如果在推导时采用对数速度分布方程，将可得到能在很高雷诺数下应用的结果。对于平板，经如上分析而获得的结果可表示为

$$C_D = \frac{0.455}{(\lg Re_L)^{2.58}} \tag{4-78}$$

其次，它们只能用于光滑平板的流动。最后，还应记住这里所作的最主要的假设是，边界层内的流动从前沿处开始便是湍流。已知，边界层开始时是层流，而后在临界雷诺数($Re_c$ 约为 $2\times10^5$)处过渡为湍流。为了将平板前缘部分的层流边界层考虑在内，可对上式进行修正而得以下公式

$$C_D = \frac{0.455}{(\lg Re_L)^{2.58}} - \frac{A}{Re_L} \tag{4-79}$$

式中，$A$ 为临界雷诺数 $Re_c$ 的函数，计算时可由表 4-4 查得。

表 4-4　式(4-79)中的 A 值

| $Re_c$ | $A$ | $Re_c$ | $A$ |
|---|---|---|---|
| $3\times10^5$ | 1050 | $1\times10^6$ | 3700 |
| $5\times10^5$ | 1700 | $5\times10^6$ | 8700 |

【例 4-3】　温度为 293K 的水以 0.20m/s 的速度流过一块长度为 8m 的平板，已知临界雷诺数 $Re_c=5\times10^5$。试分别求算距平板前缘 1m 及 5m 处边界层的厚度，并求其在该两点处距板面垂直距离为 10mm 处的 $x$ 方向上流体的速度。

　　**解**　查得 293K 水密度 $\rho = 998\text{kg/m}^3$，运动黏度 $\mu = 1 \times 10^{-3}\text{Pa} \cdot \text{s}$，已知 $Re_c=5\times10^5$，故层流边界层与湍流边界层分界处的 $x_c$ 为

$$x_c = \frac{Re_c\mu}{u_0\rho} = \frac{(5\times10^5)\times(1\times10^{-3})}{0.2\times998} = 2.5\,(\text{m})$$

故 $x=1\text{m}$ 处为层流边界层，其厚度 $\delta$ 可由式(4-69)计算

$$\delta = 4.64\sqrt{\frac{\mu x}{\rho u_0}} = 4.64\sqrt{\frac{(1\times10^{-3})\times1}{998\times0.20}} = 0.0104\,(\text{m})$$

在 $x=1\text{m}$ 处距板面 10mm 处 $x$ 方向流体的速度由式(4-66)计算

$$u_x = u_0\left[\frac{3}{2}\left(\frac{y}{\delta}\right) - \frac{1}{2}\left(\frac{y}{\delta}\right)^3\right] = 0.2\times\left[\frac{3}{2}\left(\frac{0.01}{0.0104}\right) - \frac{1}{2}\left(\frac{0.01}{0.0104}\right)^3\right]$$
$$= 0.1196(\text{m}/\text{s})$$

在 $x=5\text{m}$ 处为湍流边界层，其厚度 $\delta$ 可由式(4-72)计算

$$\delta = 0.376x\left(\frac{xu_0\rho}{\mu}\right)^{-\frac{1}{5}} = 0.376\times5\times\left(\frac{5\times0.20\times998}{1\times10^{-3}}\right)^{-\frac{1}{5}} = 0.119\,(\text{m})$$

这里距板面 10mm 处 $x$ 方向流体的速度由式(4-72)计算

$$u_x = u_0\left(\frac{y}{\delta}\right)^{\frac{1}{7}} = 0.20\times\left(\frac{0.01}{0.119}\right)^{\frac{1}{7}} = 0.140\,(\text{m}/\text{s})$$

## 4.5　多相流问题简介

多相流是自然界和工程技术中常见流动形式(纯粹的单相流极为少见)，这时气、液、固不同相态同时出现在一种组分或多种组分的体系中。尤以两相流最为常见，如气体和液体一起流动的气液两相流、气固两相流和液固两相流，此外还有三相流、四相流等。例如，带雨滴或冰雹的乌云、带气泡的溪流是自然界的多相流例子，多相流也经常作为传热、传质的重要方式，广泛应用于塔器、反应器等各类化工过程中。

多相流系统至少有一个连续相和若干不连续的分散相(颗粒、气泡、液滴)。各相的体积分数及分散相的大小可以在很宽的范围内变化，这导致多相流的流动结构多种多样，而且变化带有随机性。多相流的流动结构也称为流型，不同的流型具有不同的流体动力学和传热特性，因此流型的识别具有重要的工业应用和学术价值。目前研究较多的流型有以下两类。

一类是固体颗粒被上升气体或液体悬浮的**流态化**现象。虽然固体颗粒外形固定，但流态化存在固体颗粒密集的乳化相(浓相)和夹带少量固体颗粒的气泡相(稀相)，不同类型颗粒物料在两相的分布以及相界面形状不断变化，形态万千。流态化的反应与分离设备已成为化工过程装置的主流之一，读者可以参见相关课程教材中的介绍。

另一类研究较多的流型是气液两相流。由于流体分散相(气泡、液滴)具有柔性界面并容易聚并和破裂，每相的流量、密度、黏度、表面张力、管道形式、倾角、流向、是否被加热等因素都会影响流型。因此，气液两相流的流型较固体颗粒流态化更为复杂，在此也不作系统阐释，图 4-12 和图 4-13 分别为垂直管上升流动及水平管内的流型和流型图，气液两相流的复杂性由此可见一斑。概括而言，气液两相流可以分为三类：**分相流型**即两相分离的流型，如分层流、波纹状流和环状流；**均相流型**指分散相较均匀的多泡流、搅拌状流、雾状流和其他形式的弥散流；以及拉长的气泡流、子弹状流和塞状流等间歇过渡形式。

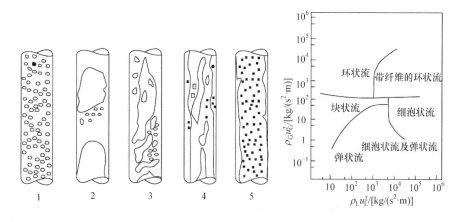

图 4-12　垂直管上升流动的流型和流型图
1. 细泡状流；2. 弹状流；3. 块状流；4. 带纤维的环状流；5. 环状流

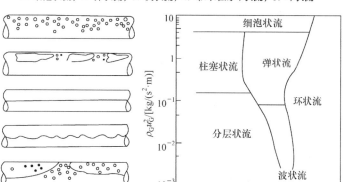

图 4-13　水平管内的流型和流型图
1. 细泡状流；2. 柱塞状流；3. 分层状流；4. 波状流；5. 弹状流；6. 环状流

多相流是一类重要的工程科学问题。多数情况下，各相必须采用独立的数学方程描述，同时要增加相交界面的动量控制方程和热量、质量传递方程，以实现模型方程组闭合。流体相际的动量传递对多相流的整体流动和传热传质特性具有决定性作用，是求解多相流问题的关键和难点。目前，在多相流研究中多基于物理现象的理解，采取简化的唯象模式。

计算流体力学的发展为深入了解多相流动提供了基础。基于流体连续性的角度，目前主要有两种处理多相流的 CFD 计算方法。

分散颗粒群轨迹模型，也称**离散相模型**或拉格朗日模型。将流体相视为连续相直接求解 N-S 方程，而分散相(也称离散相)通过独立地计算流场中每个颗粒、气泡或液滴的运动得到。离散相与流体相之间可以有动量、热量和质量交换。该模型假设离散相的体积分率很低(<10%)，因而可以忽略分散颗粒之间的相互作用。计算处理能较好地符合喷雾干燥、旋风除尘等，但不适用于分散相体积分率较大的情形。

**双流体模型**也称双欧拉模型，对两个流体相分别列出各自的守恒方程。为了方程组闭合，需要界面及壁面的剪应力和质量、能量传递项等相际关系。不同的相被处理为相互贯穿的连续介质，多相流则看成是各相之间互相渗透的运动连续体，由此每相在一定程度出现在每一点。由于一种相所占体积无法被其他相占有，故引入作为时间和位置函数的相体积分率。对两相流的这种描述称为双流体模型，也可推广此方法用于具有 $N$ 种流体的流动描述，并称之为 $N$ 流体模型。双流体模型存在着以下简化形式。

对于分相流型的气液两相流，两个流体相不再相互贯穿，可以采用固定的欧拉网格下的表面追踪方法确定互不相融流体间的分界面，在分界面两侧分别计算两个流体相的流动(如FLUENT 软件的 VOF 模型)。

如果只对总体状态量如总的质量流量、总压降等感兴趣，可以将各相的同类平衡方程相加，把多相流视为单一混合物的连续介质。这时双流体模型简化为**单流体模型**，也称均相模型。单流体模型尤其适用于均相流型的气液两相流，以及颗粒分布均匀的散式流态化过程。确定合适的混合物平均特性是单流体模型的关键。

双流体模型的另一种简化是针对较为普遍的两相的流速不等情况，建立在两相平均速度场基础上的**漂移流模型**(如 FLUENT 软件的混合模型)。随着两相流以某混合速度流动，气相相对于混合速度有一个向前(向上流动时)或向后(向下流动时)的漂移速度。为了保持流动的连续性，液体则有一个反向的漂移速度。漂移流模型成功应用的关键在于确定合适的漂移速度关系。

对于气固颗粒流态化系统的计算模拟，上述**离散相模型**可用于颗粒的体积分率很低的情形；颗粒的体积分率很高时也看作连续拟流体相，**双流体模型**能够很好地模拟空间内流态化颗粒相的宏观行为。最小能量多尺度理论(EMMS)基于悬浮输送能量最小的合理假设对颗粒相进行修正，补充了颗粒相流动稳定性条件，相应的双流体模型可考虑到颗粒-流体系统在不同尺度的相互作用[①]，模拟精度高，已能够指导许多过程单元的设计优化。近年出现的计算流体力学和离散单元法耦合模型(**CFD-DEM**)，除关注颗粒与流体宏观运动规律外，还在小尺度内关注系统中颗粒本身的动力学描述以及颗粒相结构，采用硬球模型或软球模型可以体现颗粒间的碰撞细节[②]，但目前的模拟适用规模仍较小。

## 拓 展 文 献

1. 赵凯华. 1991. 定性与半定量物理学. 北京：高等教育出版社
   (经过定量计算或精密测量之后，对所得的某些结果人们未必就知道其所以然，从整体上做了定性思考之后才有可能抓住问题的本质。因此当一位成熟的物理学家进行探索性的科学研究时，常常从定性的或半定量的方法入手。这本书介绍了一些定性的或半定量的方法，如对称性的考虑和守恒量的利用、量纲分析、数量级估计、极限情形和特例的讨论、简化模型的选取，以至概念和方法的类比等。)

2. 伊恩·斯图尔特. 1995. 上帝掷骰子吗——混沌之数学. 潘涛，译. 上海：上海远东出版社
   (对于多数的实际流动问题，并不能采用 N-S 方程求解。更一般地，数学解析的方法面对真实世界中的问题经常很无奈，尽管人们一直在为此而努力。这本科普译作能够帮助读者更深入地理解相关方面的数学思想。)

3. 欧特尔 H. 2008. 普朗特流体力学基础. 朱自强，等译. 北京：科学出版社
   [普朗特于 1942 年出版了其名著《流体力学概论》，以其深思熟虑的论述引导读者进入流体力学的不同领域，此后他和他的学生不断增补修订，迄今出版了第十一版。作者尽可能避免复杂的数学分析而直观进入物理问题核心，特别强调流体力学基本概念和问题的力学本质，培养读者的独立思考能力。这本书(第十一版中译本)内容包括流体与流体力学的基本理论，特别对湍流及其产生有深入浅出的论述，同时该书对多相流、

---

① 李静海. 2005. 颗粒流体复杂系统的多尺度模拟. 北京：科学出版社.
② 苏军伟，顾兆林. 2016. 气固颗粒系统模拟的研究进展. 化学反应工程与工艺, 32(3): 261-276.

反应体系、血液循环、涡轮机械等诸多应用领域有简要清晰的阐释。这本书语言明快，图注恰当，翻译具有信达雅水准，读此书在学习知识的同时也是一种文化的享受。]

4. 赵松年, 于允贤. 2016. 湍流问题十讲——理解和研究湍流的基础. 北京: 科学出版社
(这本书简明扼要地论述了湍流问题的主要内容，物理解释详细，数学表述难度适中，各讲之间既紧密联系又相对独立。此外，书中对湍流有关的主要流体力学著作进行了注释，提出了阅读次序建议。)

## 学 习 提 示

1. 内容上，本章介绍大雷诺数下流体流动的动量传递情况。4.1 节和 4.2 节介绍边界层和湍流流动的基本原理；4.3 节分析圆管流动的相关情况，这是化工科学的一个基本问题；最后 4.4 节，介绍工程中广泛应用的动量积分关系式，这是处理大雷诺数下动量传递问题的近似计算方法。

2. 本章的学习中，要注意跳出传统的学习方式，不仅要理解教材内容，还要领会其中的研究方法。在惯性力和黏性力的双重影响之下，精确的数学分析方法在本章变得步履维艰。即使面对最简单的平板层流边界层，数学分析也显露出独木难支的困境。相对于层流，一些近似的、半经验性的方法在湍流研究中发挥了更大的作用。在化工实践中，往往需要通过定性的思考或半定量的试验，力求先对问题的性质、解的概貌取得一个总体的估计和理解。以此避免直接陷入细枝末节的探讨，那样往往会一叶障目，只见树木，不识森林。近似或半经验的分析方法，往往借助于现象或者直接从现象中来的理论，因此这些方法具有很强的实践特征。对初学者来说，这些方法是最难的，因为这要靠一定的物理直觉和相当的经验。对于这些"只可意会，不可言传"的方法，读者在学习中应注意体会，以便日后在工作中运用。

3. 课程中对雷诺应力的分析，采用一种半经验性的唯象分析方法，学习中不应过于追究其数学和物理上的严谨性。杨振宁把物理学分为实验、唯象理论和理论架构三个路径，唯象理论是实验现象概括的总结和提炼，但不能用现有的科学理论体系做出准确解释，所以钱学森说唯象理论就是"知其然不知其所以然"。唯象理论也称为前科学，因为它们也能被实践所证实。而理论架构是比唯象理论更基础的，它可以用数学和已有的科学体系进行准确解析。

4. 本章学习中，要注意领会上述半经验性方法，这些方法体现了大雷诺数下流体动量传递规律的"所以然"；同时，更要认真理解通过这些方法所获取的结论，这是本章学习的主要目的所在。要理解大雷诺数下流体动量传递的基本规律，主要包括各种边界层中压强和速度分布规律、边界层厚度以及曳力的计算方法。

## 思 考 题

1. 爬流中是否存在边界层？
2. 通常定义的边界层的外缘线是否流线？
3. 边界层厚度是如何定义的？用数量级分析方法，简化边界层的微分方程式时作了哪些基本假定？
4. 边界层厚度粗略的估计与哪些因素有关？雷诺数增大，边界层厚度如何变化？
5. 平板层流边界层与湍流边界层的速度分布与剪应力分布有何不同？两者的曳力系数与哪些因素有关？
6. 当流体沿长度为 $L$、宽度为 $b$ 的平壁流动时，若 $L=2b$，试问流体沿平壁长度方向流动时的摩擦阻力和沿宽度方向流动时的摩擦阻力是否相同。为什么？
7. 边界层分离现象是怎样产生的？
8. 普朗特混合长理论是怎样提出的？解决了什么问题？
9. 流动阻力产生的原因是什么？在层流和湍流时有何区别？
10. 流体在圆管中流动，"流动已经充分发展"的含义是什么？在什么条件下会发生充分发展的层流？而在什么条件下会发生充分发展的湍流？
11. 圆形直管内层流向湍流过渡的临界雷诺数是否总是 2100？
12. 在湍流条件下是否可以利用哈根-泊肃叶公式确定流体黏度？
13. 无论层流还是湍流流动，管壁粗糙度对速度分布和摩擦阻力都会有影响吗？为什么？
14. 对于圆管内充分发展的流动，动量积分的关系式是什么形式？

15. 有人说："壁面附近区域总是层流边界层，这里的速度等于或接近于零，速度梯度可以认为是常数，黏性剪应力也相应是常数。"试结合普朗特边界层方程对此进行分析。

16. 试从湍动能 $k$、耗散率 $\varepsilon$ 与脉动速度 $u'$、混合长 $l$ 存在的比例关系($u' \propto k^{1/2}$ 及 $l/u' \propto k/\varepsilon$)，推导 $k$ 和 $\varepsilon$ 表示的涡流黏度 $v'$ 的表达式。

17. 圆管中的定态层流流动，剪应力随壁面距离呈线性变化，式(2-43)可转化为

$$\tau = \tau_s \left( 1 - \frac{y}{R} \right)$$

式中，$y$ 为到壁面距离。通过动量衡算证明，定态湍流中的总应力 $\tau$ 仍满足这种变化规律。

18. 什么是两相流？什么是双流体模型？双流体模型适用于什么形式的两相流？

# 习　题

1. 常压下，20℃的水以 5m/s 的均匀流速流过一光滑的平面，试确定由层流边界层转变为湍流边界层区域的临界距离 $x_c$ 的范围。

2. 常压下，20℃的空气以 5m/s 的速度流过一光滑的平面，试判断距离平板前缘 0.1m 和 0.2m 处的边界层是层流还是湍流。在符合精确解的条件下，求出相应点处边界层的厚度以及 $u_x/u_0$=0.5 处的 $y$ 值。

3. 黏度 $\mu$=0.731Pa·s、密度 $\rho$=925kg/m³ 的油，以 0.6m/s 的速度流过一块长 0.6m、宽 0.1m 的平板。计算边界层的最大厚度以及平板所受的曳力。

4. 常压下，温度为 30℃的空气以 10m/s 的流速流过一光滑平板表面，设临界雷诺数 $Re_c$=3.2×10⁵，试判断距离平板前沿 0.4m 及 0.8m 两处的边界层是层流边界层，还是湍流边界层，并求出层流边界层相应点处的边界层厚度。

5. 温度为 20℃的水以 1m/s 的流速流过宽度为 1m 的光滑平板表面，设临界雷诺数 $Re_c$=5×10⁵，试求算

   (1) 距离平板前沿 $x$=0.15m 及 $x$=0.3m 两点处的边界层的厚度；

   (2) $x$=0~0.3m 一段平板表面上的总阻力。

6. 常压下，温度为 20℃的空气以 6m/s 的流速流过平板表面。设临界雷诺数 $Re_c$=3.2×10⁵，试计算临界点处的边界层厚度、局部阻力系数以及该点处通过边界层截面的质量流率。

7. 常压下，温度为 40℃的空气以 12m/s 的均匀流速流过长度为 0.15m、宽度为 1m 的光滑平板，试求算平板上、下两面总共承受的曳力。

8. 温度为 20℃的水在内径 50.8mm 的水平光滑圆管内流动，设每 1m 长的流体压降为 1.57kPa，试求黏性底层与缓冲层交界面处的流速，缓冲层与湍流核心交界处的流速，管中心处的流速，以及 $y^+$=30 处的混合长和涡流运动黏度。

9. 压强为 20kPa、温度为 278K 的空气以 1.5m/s 的流速流入内径为 25mm 的圆管。试利用平板边界层厚度的计算式和圆管入口段长度经验公式估算入口段长度，并对计算结果加以比较，分析其不同的原因。

10. 直径 50mm 的铜管内水流的平均速度为 1.7m/s，测得壁面剪应力为 6.724N/m²，已知水的运动黏度 $v$=1.006×10⁻⁶m²/s。计算黏性底层、过渡层和湍流核心区的厚度，以及黏性底层外沿和管中心处的流速及剪应力。

11. 运动黏度为 $v$=10⁻⁶m²/s 的水，通过直径 $D$=10cm 的水平粗糙管，在下列情况下分别计算 $r$=3.7cm 处的速度和剪应力。

    (1) 平均速度 $u_b$ 为 6m/s，$D/\varepsilon$=200；

    (2) 平均速度 $u_b$ 为 0.6m/s，$D/\varepsilon$=200；

    (3) 平均速度 $u_b$ 为 0.06m/s，$D/\varepsilon$=200。

12. 在 20℃和 1.0132×10⁵Pa 下的空气，以 3.5m/s 的速度平行流过平板，试从布拉休斯的精确解和假定速度分布为 $\dfrac{u_x}{u_0} = \dfrac{3}{2}\left(\dfrac{y}{\delta}\right) - \dfrac{1}{2}\left(\dfrac{y}{\delta}\right)^3$ 的卡门积分近似解中，比较 $x$=1m 处的边界层厚度和局部阻力系数。

13. 某黏性流体以速度 $u_0$ 定态流过平面壁面形成层流边界层，已知边界层的速度分布可用 $u_x = a + b\sin cy$ 描述，试采用适当的边界条件，确定待定系数 $a$、$b$、$c$ 的值。

14. 利用上题所确定的层流边界层的速度分布式，试根据边界层积分动量方程导出下列结果

(1) 边界层的厚度 $\delta$ 的表达式；

(2) 由平板前缘到 $x$ 处的总摩擦阻力 $F_D$ 的表达式；

(3) 由平板前缘到 $x$ 处的总阻力系数 $C_D$ 的表达式。

15. 假设平板湍流边界层内统计平均速度分布满足 1/10 次方律，并设全平板为湍流，如用动量积分关系式求解，试证明结果为

$$\delta/x = 0.239 Re_x^{-0.154} \qquad C_D = 0.0362 Re_L^{-0.154}$$

16. 空气温度为 40℃，沿着长 6m、宽 2m 的光滑平板，以 60m/s 的速度流动。设平板边界层由层流转变为湍流的条件为 $Re_c=5\times10^5$，求平板两侧所受的摩擦阻力。

17. 光滑平板宽 1.2m、长 3m，潜没在静水中以速度 $u=1.2$m/s 沿水平方向拖曳，水温为 10℃。试求：层流平板上边界层的长度；平板末端的边界层厚度；所需的水平牵引力。

18. 在 $Re<10^6$ 的条件下，若已知光滑圆管中湍流的平均流动速度分布为

$$\bar{u} = \bar{u}_{max}\left(\frac{y}{R}\right)^{\frac{1}{7}} = \bar{u}_{max}\left(\frac{R-r}{R}\right)^{\frac{1}{7}}$$

式中，$r$ 为距轴心的距离；$y$ 为距管壁的距离。试证管流的平均速度为

$$u_b = \frac{49}{60}\bar{u}_{max}$$

混合长为

$$l = 7R\frac{\sqrt{u^*}}{\bar{u}_{max}}\left(\frac{R-r}{R}\right)^{\frac{6}{7}}\left(\frac{r}{R}\right)^{\frac{1}{2}}$$

19. 在 $Re<10^6$ 的条件下，若已知光滑圆管中的速度分布为

$$\frac{\bar{u}}{u^*} = 8.74\left(\frac{u^* y \rho}{\mu}\right)^{\frac{1}{7}}$$

证明：壁面剪应力为

$$\tau_s = \frac{0.03955\rho u_b^2}{(u_b D\rho/\mu)^{\frac{1}{4}}}$$

摩擦阻力系数为

$$f = \frac{0.3164}{(u_b D\rho/\mu)^{\frac{1}{4}}}$$

式中，$u_b$ 为管流平均速度；$D$ 为圆管直径。

# 第5章　热量传递及其微分方程

前几章讨论了流体在热平衡状态下的动量传递现象，从本章开始讨论热量传递。在化工领域中几乎每个反应和分离过程都涉及热量传递，如精馏分离中汽、液两相之间的热量传递，化学反应中温度的控制(自身的反应热及加热或散热)等。

热量传递与动量传递有着密切联系，在研究方法上，热量传递在某些方面又与质量传递有许多类似之处，并且有关动量传递的概念、机理描述和分析方法仍都将用到。前面所推导的许多方程式，下面将直接引用，不再作附带说明。在这种情况下，时常去查阅前面相关的章节是有益的。

热量是由温差的存在而导致的能量转化过程中所转化的能量，该转化过程称为热交换或热量传递。按照热力学第二定律，热量总是自发地从高温物体传向低温物体，或从物体的高温部分传向低温部分，凡有温差的地方，就有热量的传递。因此，热量传递是自然界和工程技术中常见的现象。

任何物质都有一定数量的热力学能，这与组成物质的原子、分子的无序运动有关。当两不同温度的物质相互接触时，它们便交换热力学能，直至双方温度一致，也就是达到热平衡。这里，所传递的能量等同于所交换的热量。许多人把热量跟热力学能混淆，其实热量是热力学能变化的结果。热量用于描述能量的传递或转移，而热力学能本身即能量。充分了解热量与热力学能的区别是明白热力学第一定律的关键。热传递过程中物体之间传递的能量或热量，即吸热或放热必在某一过程中进行，物体处于某一状态时不能说它含有多少热量。

在化工过程发生的热量传递中，有时还会有其他形式的能量①同时出现，故要全面理解各种能量之间的转换关系，需应用能量守恒定律即热力学第一定律。而最常应用于表述热力学第一定律的方程为微分能量衡算方程或称能量方程，它是描述能量衡算普遍规律的微分方程。

传热研究中也需引入一些对现象进行科学简化的假设。这些假设一般分为两类。第一类属于普遍性的假设，已经应用于前面介绍的流体流动研究。例如，假设所研究的物体为连续的，即物体内各点的温度等参数为时间和空间坐标的连续函数。若不考虑物质的微观结构，所研究的物体的尺寸与分子间相互作用的有效距离相比足够大，这一假设总是成立的。又如，假定所研究的物体是各向同性的，即在同样的温度、压强下，物体内各点的物性与方向无关。另一类假设是针对某一类特定问题引入的。例如，反映物体导热能力的导热系数总是随温度而变的，但为了简化计算而又不致出现明显的误差，而取为定值或适当的平均值。为了能在实际计算中作出恰当的简化和假设，必须对各种物理现象作详细的观察和分析，这就要求具有丰富的理论知识和实践经验。

在处理工程传热问题时，需要熟悉和掌握传热机理、有关定律和分析计算方法。这是接下来三章将要讨论的主要内容。

---

① 热力学能（内能）一般指示分子势能，与物质温度和相态有关；与物质分子种类及浓度变化相关的化学能及物质原子核反应相关的核能，均可转化为热力学能。化学能与核能有时也被归入热力学能。此外，与物质所处外场相关的光辐射能、电能、磁能及物质的机械能，均可耗散并不可逆转化为物质的热力学能。

热量传递的微分方程也称为能量方程，与动量传递的 N-S 方程地位相似。推导能量方程之前，首先讨论热量的传递方式。

## 5.1　热量传递方式

热量传递有三种基本方式：热传导、对流传热和热辐射。实际的热量传递过程都是这三种基本方式的不同组合。

### 5.1.1　热传导

当物体内有温度差或两个不同温度的物体接触时，依靠分子、原子及自由电子等微观粒子的热运动而产生的热量传递现象称为热传导，简称导热。

导热可以在固体、液体和气体中发生。从微观角度来看，气体、液体、导电固体和绝缘固体的导热机理有所不同。气体导热是气体分子相互碰撞时的能量传递，温度高低表征分子动能的大小，分子不停地无规则运动，使得不同能量水平的分子碰撞并交换能量和动量，热量就由高温处传到低温处；固体导热有两种形式：自由电子的迁移和晶格结构的振动(即原子、分子在其平衡位置附近的振动)，导电固体的导热主要靠自由电子运动，良好的导电固体往往都是良好的导热体，而不导电绝缘固体的导热则是通过晶格结构的振动来实现的；液体导热机理相当复杂，可认为介于气体与固体之间，有待进一步研究。

单纯热传导过程中，温度不同的各部分之间不发生宏观的相对位移，也无不同形式能量的转换。这时，导热的速率方程可用**傅里叶定律**(Fourier's law)来描述，对于均匀的各向同性材料内的一维温度场，通过导热方式传导的热量通量为

$$q = \frac{Q}{A} = -k\frac{\partial T}{\partial \boldsymbol{n}} \tag{5-1}$$

式中，$Q$ 为导热速率；$A$ 为导热方向垂直的传热面面积；单位面积上的导热速率 $q$ 也称为**热通量**或**热流密度**。式中负号表示热量传递的方向与温度梯度 $\partial T/\partial \boldsymbol{n}$ 方向相反，即热量朝着温度下降的方向传递。

式(5-1)中比例系数 $k$ 称为**导热系数**，类似于牛顿黏性定律中的黏度 $\mu$。导热系数在数值上等于单位温度梯度下的热通量，表征了物质导热能力的大小，是物质的物理性质之一。不同材料的导热系数差异很大。同种物质的导热系数，一般固态时最大，气态时最小。图 5-1 示出各类材料导热系数的大致范围，可见该系数的数量级一般介于 $10^{-3} \sim 10^{3}$ W/(m·K)。

各种材料的导热系数值又都是温度的函数。通常，随着温度的升高，气体导热系数增大；液体的导热系数减小(甘油及水例外)；非金属导热系数增大；金属的导热系数减小；大部分合金的导热系数增大。在许多情况下，导热系数在相当大的范围内都是温度的线性函数。这样一个直线函数方程可以表示成

$$k = k_0\left(1 + \beta T\right)$$

式中，$k_0$ 和 $\beta$ 对某一种材料来说是常数。材料的导热系数如果按此关系变化，那么一般来说：导热性能好的材料，$\beta$ 是负值；隔热性能好的材料，$\beta$ 是正值。

化工过程经常使用导热系数很小的保温材料，也称隔热材料。保温材料通常呈纤维状或多孔性结构，为孔隙小而多的轻质材料，如石棉、硅藻土、微孔硅酸钙和泡沫塑料等。保

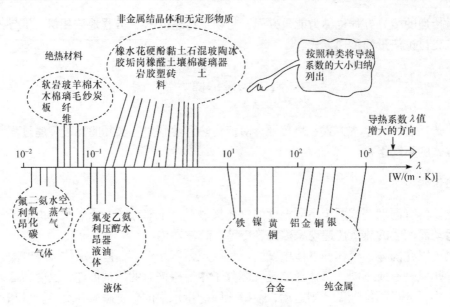

图 5-1　各类材料的导热系数 [单位为 W/(m·K)]

温材料的热量传递，一部分靠固体骨架的导热，另一部分靠孔隙中介质的传热，由于孔隙中通常充满导热系数很小的空气，导热很弱；同时，空气很少流动或不流动，基本无对流传热；此外，骨架也削弱了辐射传热。因此，保温材料的导热系数较小，能有效地隔热保温。

### 5.1.2　对流传热

从基本的物理过程来看，对流传热并非基本传热方式，实际上是热传导与流体流动过程的组合。这种传热方式的前提是流体的流动，即流体微团由某区域移向另一温度不同的区域(这称为热对流)，在热对流的同时，温度不同的部分之间必然存在着热量的传导，这种综合的热量传递过程称为**对流传热**。

在工程上，对流传热通常指流体流过物体表面时与后者之间进行的热交换。对流传热的基本计算式是牛顿冷却定律，即

$$q = \frac{Q}{A} = h \cdot \Delta T \tag{5-2}$$

式中，$\Delta T$ 为物体表面与流体主体的温度差；比例系数 $h$ 称为**对流传热系数**，是表征对流传热强弱的非物性参数，单位为 W/(m²·K)。对流传热机理与紧靠壁面的薄流层的热传递有关，根据先前的学习，即便流体以湍流状态流过一个表面的时候，在贴近表面之处仍然存在一个层流的流体层，有时这个层流流体层很薄，而且紧贴着固体边界的流体质点是静止的。对于对流传热过程，流体和固体表面之间的传热，必然要涉及通过层流薄层的热传导。这个流体"薄膜"常常体现着对流传热的控制阻力，因此系数 $h$ 也常常被称为**膜系数**。

应用式(5-2)计算对流传热速率，对流传热面积 $A$ 和温差 $\Delta T$ 都易确定。诸多复杂的影响因素都集中在对流传热膜系数 $h$ 上。不同情况的 $h$ 数值相差很大，因此，研究对流传热、计算热通量(热流密度)的关键就在于分析对流传热系数 $h$ 的影响因素、确定 $h$ 值，详细介绍见第8章。

### 5.1.3　热辐射

热传导和对流传热都依赖于某种介质的存在，而热辐射是一种电磁现象，是由于一定波长范围内的电磁辐射或光子所引起的能量传递。凡温度高于 0K 的物体都会向外界以电磁波的方式发射具有一定能量的粒子(光子)，这个过程称为**辐射**。物体会因不同的原因发出辐射能，其中波长 0.1~1000μm 的电磁波的辐射能系由物体的热力学能转化而来，也称热辐射。物体发射出去的辐射能，当投射到其他物体上时可以被吸收，从而又转化为热力学能。这种物体间相互以辐射和吸收的能量传递的过程称为**辐射传热**。

辐射传热时，物体并不需要直接接触，也不需要中间媒质，太阳向地球的辐射就是一例。

大多数固体和液体中，内部分子发出的辐射被邻近分子强烈吸收，辐射是由离暴露表面数微米之内的分子发出的。因此，由固体和液体向邻近气体或真空发出的辐射可以看成**表面现象**。而气体和(半)透明性固体发出的辐射是整个容积的整体效果，辐射的吸收和发射为**容积现象**。

相比热传导和对流传热，高温情形下热辐射对传热的影响更为明显。传统化工传热设计计算中通常将辐射并入对流传热中做近似考虑。随着工程技术的进步，化工过程也更多涉及高温热源，因此在这里概述热辐射的相关概念和基本规律。热辐射具体计算方法可参见本章拓展文献 2 和其他相关专著。

#### 1. 黑体表面及其热辐射

物体的温度越高，热辐射能力越强，并且以任何波长发射的辐射能量值都随温度增高而增大。温度相同的物体，其种类和表面状况不同时，热辐射能力也不同。热辐射能力最强的理想化辐射体，称为**黑体**。

普朗克首先根据量子假说，推导出了黑体辐射能的光谱分布公式，并与实验结果符合。此辐射能的公式在全波长范围积分，可得工程所感兴趣的量：单位表面积、单位时间内，黑体所发射出去的能量，也称为黑体的发射能力，可以用斯特藩-玻尔兹曼(Stefan-Boltzmann)定律描述为

$$q = \frac{Q}{A} = \sigma_0 T^4 \tag{5-3}$$

式中，$\sigma_0$ 为黑体辐射常数，也称斯特藩-玻尔兹曼常量，其值为 $5.67 \times 10^{-8} \text{W}/(\text{m}^2 \cdot \text{K}^4)$；$T$ 为黑体表面的热力学温度。

普朗克黑体辐射能的光谱分布公式还证实了维恩提出的黑体**辐射能量的波长分布规律**：黑体温度增高，更多辐射出现在较短的波长，辐射能量的波长高峰值与其温度乘积为定值(2898μm·K)。图 5-2 以虚线连接了不同温度黑体的辐射能量的波长高峰位置。因此，太阳近似看作 5800K 的黑体，阳光能量主要份额在波长 0.5μm 左右的可见光及其附近波长区域；温度低于 1000K 的工业热源，以波长 1μm 以上的红外辐射为主；而常温 300K 环境物体的辐射波长在 2μm 以上，不含可见光。

黑体辐射的吸收和发射可以视为表面现象。对于两无限大黑体表面间的辐射传热，当两

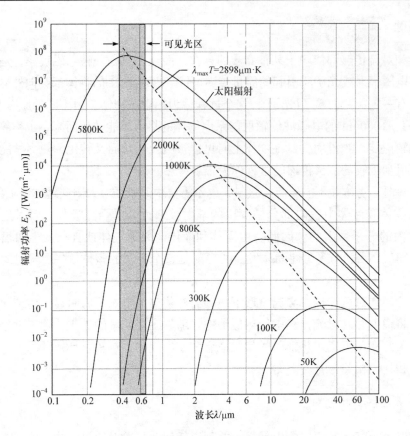

图 5-2　不同温度黑体辐射的能量分布

黑体表面间距离很小时，任一表面辐射的能量可认为全部落在另一黑体表面上，并被全部吸收，此时两无限大黑体间的辐射传热速率为

$$Q = \sigma_0 A\left(T_1^4 - T_2^4\right) \tag{5-4}$$

式中，$T_1$、$T_2$ 为两个黑体表面的热力学温度。

　　虽然黑体发射的辐射是波长的函数，但与方向无关，即黑体辐射是各向同性的漫辐射，这是表面足够粗糙的物体特征。同时，黑体表面能够吸收来自任何方向的任何波长的全部辐射。作为理想的吸收体和发射体，黑体可用作比较真实物体表面的辐射性质的基准。

### 2. 实际物体表面及其热辐射

　　实际物体(大部分固体和液体)表面的辐射能力较黑体弱,通常定义表面辐射与同温度黑体表面辐射的能量之比为**发射率**(也称黑度)。要注意实际物体表面发射的光谱分布与普朗克分布是不同的[图 5-3(a)]，即发射率随波长变化。此外，黑体表面辐射是各向同性的漫辐射，实际物体表面形态介于漫发射表面与反射镜面之间，辐射具有一定的方向分布[图 5-3(b)]。

　　当辐射能投射到物体表面时，辐射能一部分被物体吸收，一部分在表面被反射，具有透明性的物体则有一部分可透过，分别定义吸收率 $A$、反射率 $R$ 和穿透率 $D$ 表示各部分的分率，根据能量守恒原则

$$A+R+D=1 \tag{5-5}$$

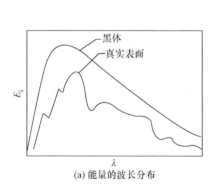
(a) 能量的波长分布

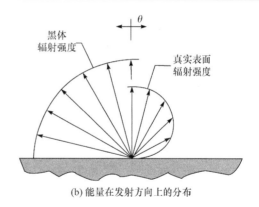
(b) 能量在发射方向上的分布

图 5-3　黑体与实际表面的辐射能量比较

工程应用相关的多数物体是辐射不能透过的介质，这时 $A+R=1$。特别地，黑体的吸收率 $A=1$，而反射率 $R=1$ 或吸收率 $A=0$ 的不透明物体也称为**白体**或**镜体**。与发射率一样，实际表面的吸收率也与投射到表面的辐射波长相关，具有选择性。例如，白雪表面对可见光具有很高的反射能力，但强烈吸收红外辐射；玻璃对可见光基本是透明体，对红外辐射却接近于白体；"红"衬衫则具有倾向性吸收可见光中蓝、绿和黄的色素。

基尔霍夫基于"物体与环境处于热平衡"条件得到：物体的吸收率等于发射率，这一结论理论上可以推广到吸收率不随波长变化并具有漫辐射特征表面的非热平衡态物体。吸收率不随波长变化的理想化物体称为**灰体**。严格意义上灰体并不存在，对工程计算而言，只要在所研究的波长范围内吸收率基本上与波长无关，灰体的假定即可成立。在工程常见的温度范围(小于 2000K)内，多数工程材料都具有这一特点。

灰体的漫发射形态表面特征也称**漫灰表面**。实际物体表面并不符合，因而光的反射具有发射一样的方向性[图 5-2(b)]。实际物体表面具有的镜面因素，对辐射的吸收和发射产生影响，具体可以通过传统电磁学理论相关研究结果进行计算。

实际物体表面之间辐射传热速率的计算不能直接应用式(5-4)，需对该式进行校正。首先，灰体表面的发射率和吸收率均小于 1，故需要加入一个校正系数(通常为发射率和吸收率的乘积)；其次，由于两物体的表面并非无穷大，一个物体表面发射出的热辐射不可能全部到达另一物体的表面，如地球表面仅获取太阳辐射能量的很小一部分，故还需加入一个考虑几何形状和相对位置影响的因数。考虑到上述两项修正因数后，即可得两灰体表面之间辐射传热速率的表达式如下：

$$Q = F_\varepsilon F_G \sigma_0 A \left( T_1^4 - T_2^4 \right) \tag{5-6}$$

式中，$F_\varepsilon$ 为表征灰体黑度的校正因子，表示物体辐射能力接近黑体的程度；$F_G$ 为几何因数或角系数。

### 3. 气体辐射

气体与某个换热表面之间的辐射传热较物体表面的辐射要复杂得多。例如，$O_2$、$N_2$、$H_2$ 等对称型分子，气体层较薄时可以忽略其辐射和吸收，但化工过程的多数气相物料如烃类、$CO_2$、$CO$、$H_2O$ 等分子可以吸收、发射热辐射。气体辐射作为容积现象，气体层越厚，吸收率越高，需要联立整个气体容积中的温度分布方可确定各处的辐射特性。另外，吸收、发射光谱是不连续的，具有明显的波长选择性，因此把它们当作灰体经常是不合适的。

此外，热辐射通过气体时存在**散射**，这是气体分子、悬浮微粒与热辐射(光子)发生碰撞的结果，热辐射(光子)的运动轨迹由一定方向的直线运动转为各方向的漫射。热辐射被散射的过程主要取决于粒子与辐射波长的相对大小，辐射波长与粒子大小接近时受到散射的影响最大。工程上相关热辐射一般以红外为主，基本不受气体分子散射的影响，气体中尘、烟、雾对辐射的散射影响则需要关注。

热辐射通过气体介质时，由于吸收、散射而减弱，又因气体发射和外来热辐射而增强，为了得到热辐射强度沿途的变化规律，需要辐射能量的衡算，建立**辐射传递方程**，与之前的连续性方程、运动方程及下一节讨论的能量方程联立求解。

化工过程经常使用燃料燃烧产生的火焰作为热源。一类纯净无灰分燃料充分燃烧时火焰浅蓝接近无色透明，如本生灯的火焰，也称不发光火焰，其辐射的发射和吸收可以当作气体处理；另一类发光火焰，含有大量燃料不充分燃烧的热分解产物、炽热的固体微粒，微粒大小随燃烧温度、燃料种类而变化，从几纳米到几百微米不等。发光火焰的热辐射计算中不仅要考虑气体辐射，发光固体微粒的存在使火焰辐射能力大为增强。发光火焰的辐射要偏离气体辐射，而更接近固体一样呈连续光谱。工程计算中，常把火炬看作灰体。

### 5.1.4　实例说明

在自然界和工程实践中，包含许多以单独或联合的机理进行热量传递的实例。例如，根据实验观测，地壳的温度随深度的增加梯度，通常在 $0.02\sim0.04℃/m$ 之间。这就表明热量不断地由地球内部向地球表面进行传导。由于导热速率很小[粗略为 $150J/(m^2 \cdot h)$]，对地球表面的状况几乎不存在影响；由于地壳的吸收和阻隔，热辐射不可能将热量从地球内部带到地面；因此，人类可利用的地热能源基本以热对流形式传递到地面，如温泉、火山岩浆等。

由太阳向地球传递热量是以辐射机理传递热量的典型例子。对投射到地面上的太阳辐射能的测量表明，它随时间和地点而变，这反映了几何因数或角系数的影响。太阳辐射能量随时间的变化是四季气候循环的根本原因，而寒流、洋流等对流传热现象则带来风、雨和气温的快速变化。

石油加热炉的操作是工业上以辐射为主的热量传递过程的实例。加热炉实质上是由耐火材料建造的燃烧室，向其中喷入可燃性气液混合物并令其在室内燃烧，燃烧生成的温度高达 $1500℃$ 的燃烧气体流过悬挂在炉壁与炉顶附近的管网，以对流方式向管子的外壁面传递部分热量，管壁接收的更多热量是以热辐射方式进行，包括燃烧气体的热辐射、火焰的热辐射，以及高温炉壁发射的透过气体的热辐射。

热量的传递过程很少以单一机理进行，而通常是以几种机理的串联或并联组合方式进行，如上面所讨论的实例那样。因此，在传热过程中，引入热阻概念将对问题的研究带来很大的方便，温差与热阻的关系类似于直流电路中的欧姆定律，传热速率则对应着电流强度，这种类比催生的电热模拟方法也已成为传热工程设计的重要手段。分析求解许多热量传递问题，并不要求对于三种传热方式给予同等的重视。工程师需要根据经验能够判明主要传热方式，有时可以此作为计算的依据，而忽略其他次要的影响。例如，上述石油加热炉膛内管网接收的热量主要来自热辐射，与之并联的对流传热方式传递的热量则相对影响较小；化工过程常见的冷、热流体通过间壁换热的传热机理为"对流-传导-对流"的串联过程，对流传热往往是传热阻力较大的环节，无垢情况下中间热传导环节的阻力通常可以忽略。

## 5.2 能 量 方 程

能量方程对于传热过程计算的意义，恰如动方程对流体流动过程的作用。在第 3 章中，依动量守恒定律得到了运动方程组，下面依能量守恒定律(热力学第一定律)推导出微分能量衡算方程。

### 5.2.1 能量方程的推导

微分能量衡算方程简称能量方程，是以热力学第一定律为基础导出的。热力学第一定律指出，系统总能量的变化等于系统所吸收的热与对环境所做的功之差，即

$$\Delta\left(\frac{u^2}{2}+gz+U\right)=\dot{Q}-\dot{W} \tag{5-7}$$

式中，$U$ 为单位质量流体的热力学能；$\frac{u^2}{2}$ 为单位质量流体的动能；$gz$ 为单位质量流体的位能；$\dot{Q}$ 为单位质量流体所吸收的热；$\dot{W}$ 为单位质量流体对环境所做的功。

以式(5-7)为基础，按照拉格朗日方法，选定一个固定质量的流体微元做能量衡算。在传热过程中，此微元在流体中随波逐流，观察者追随微元运动并考察该流体微元的能量转换情况。在此情况下，应用热力学第一定律时，可观察到流体微元的总能量(热力学能、动能及位能)中，只有热力学能发生变化。其原因如下：根据拉格朗日方法，流体微元运动时与所经过位置的流体之间无相对速度，故无动能的变化，同时也无位能的变化。

微元与环境流体之间的热交换只有以分子运动形式进行的导热。当然热辐射也可能存在，但在一般温度下相对很小，可以忽略不计。流体微元对环境所做功一项表现为表面应力对流体微元做功，而表面应力又是由于受与其毗邻流体的压强和黏性应力的作用产生的。于是将热力学第一定律应用于此流体微元，可有

$$\binom{\text{流体微元的热力学能}}{\text{增长速率}}=\binom{\text{加入流体微元的}}{\text{热速率}}+\binom{\text{表面应力对流体微元}}{\text{所做的功}}$$

由于采用了拉格朗日观点，故上述文字方程可用如下随体导数的形式表述：

$$\rho\frac{\mathrm{D}U}{\mathrm{D}t}\mathrm{d}x\mathrm{d}y\mathrm{d}z=\rho\frac{\mathrm{D}\dot{Q}}{\mathrm{D}t}\mathrm{d}x\mathrm{d}y\mathrm{d}z+\rho\frac{\mathrm{D}\dot{W}}{\mathrm{D}t}\mathrm{d}x\mathrm{d}y\mathrm{d}z \tag{5-7a}$$

式中，$\rho$ 为流体微元的密度；$\mathrm{d}x\mathrm{d}y\mathrm{d}z$ 为流体微元的体积。等式右侧第一项表示对流体微元加入的热流速率，第二项则为表面应力对流体微元所做的功率，也可表达成流体微元对环境流所做的负功率。各项单位均为 J/s 或 W。

下面对各项能量速率进行分析。

1. 向流体微元加入的热速率

加入流体微元的热能有两种，一种为前面所述的由周围流体热传导进入流体微元的热能；另一种为流体微元内部所释放的热能，如化学反应会有反应热释放。后者又称为**内热源**，可采用符号 $\dot{q}$ 表示，其单位为 J/(m³·s)，即单位体积流体释放的热速率。对于气体和其他透明性物体，流体微元可以吸收或发射热辐射(光子)，获取的辐射能量净值也应包含其中，数值需

要联立辐射传递方程求解。由周围流体热传导进入流体微元的热流速率，可依下法确定。

参见图 5-4，沿 $x$ 方向由流体微元左侧平面热传导进入的热通量设为 $(Q/A)_x$，则由右侧平面输出的热通量为

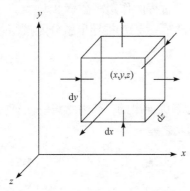

$$\left(\frac{Q}{A}\right)_x + \frac{\partial(Q/A)_x}{\partial x}dx$$

则沿 $x$ 方向净输入流体微元的热流速率为

$$\left\{\left(\frac{Q}{A}\right)_x - \left[\left(\frac{Q}{A}\right)_x + \frac{\partial(Q/A)_x}{\partial x}dx\right]\right\}dydz = -\frac{\partial(Q/A)_x}{\partial x}dxdydz$$

同样可得，沿 $y$ 方向和 $z$ 方向净输入流体微元的热流速率

$$y\ 方向：-\frac{\partial(Q/A)_y}{\partial y}dxdydz；\quad z\ 方向：-\frac{\partial(Q/A)_z}{\partial z}dxdydz$$

图 5-4　热传导进入流体微元的热能

将上述三个方向热流速率相加，便得以导热方式净输入流体微元的热流速率为

$$-\left[\frac{\partial(Q/A)_x}{\partial x} + \frac{\partial(Q/A)_y}{\partial y} + \frac{\partial(Q/A)_z}{\partial z}\right]dxdydz \tag{5-8}$$

式(5-8)中各方向上热通量可用傅里叶定律式(5-1)表述如下

$$\left(\frac{Q}{A}\right)_x = -k\frac{\partial T}{\partial x}, \quad \left(\frac{Q}{A}\right)_y = -k\frac{\partial T}{\partial y}, \quad \left(\frac{Q}{A}\right)_z = -k\frac{\partial T}{\partial z} \tag{5-9}$$

在式(5-8)中，假定流体是各向同性的，即 $k$ 为常数。将上三式代入式(5-8)中即得以导热方式输入流体微元的热流速率为

$$k\left(\frac{\partial^2 T}{\partial x^2} + \frac{\partial^2 T}{\partial y^2} + \frac{\partial^2 T}{\partial z^2}\right)dxdydz$$

由于向流体微元加入的热速率为导热速率与流体微元内部释放热能速率两者之和，于是式(5-7)中右侧的第一项可写成：

$$\rho\frac{DQ}{Dt}dxdydz = k\left(\frac{\partial^2 T}{\partial x^2} + \frac{\partial^2 T}{\partial y^2} + \frac{\partial^2 T}{\partial z^2}\right)dxdydz + \dot{q}dxdydz$$

或

$$\rho\frac{DQ}{Dt} = k\left(\frac{\partial^2 T}{\partial x^2} + \frac{\partial^2 T}{\partial y^2} + \frac{\partial^2 T}{\partial z^2}\right) + \dot{q} \tag{5-10}$$

### 2. 表面应力对流体微元所做的功率

作用在流体微元表面上的应力已在第 2 章讨论过，这些应力是由于流体微元表面受到与其毗邻流体的压强和黏性应力的作用产生的，一共有九项之多。在这些应力的作用下，流体微元将发生体积变化(膨胀或压缩)和形状变化(扭变)。应力与应变速率之间的关系十分复杂，故表面应力所做的功也十分复杂，此处只作简化处理。

由于压强的作用，微元流体可以膨胀或压缩。对连续性方程的分析可知，流体微元的体

积应变速率或膨胀速率为 $\dfrac{1}{\nu}\dfrac{\mathrm{D}\nu}{\mathrm{D}t}$，故 $p\dfrac{1}{\nu}\dfrac{\mathrm{D}\nu}{\mathrm{D}t}$ 即可表示单位体积流体微元的膨胀功率 [J/(m³·s)]。由式(2-15)，$\dfrac{1}{\nu}\dfrac{\mathrm{D}\nu}{\mathrm{D}t}=\nabla\cdot\boldsymbol{u}$，故膨胀功率为 $-p(\nabla\cdot\boldsymbol{u})$，这里的负号表示压强方向与微元表面的法线方向相反。

另外，由于黏性应力作用，流体机械能耗散产生摩擦热，可令单位体积流体微元产生的摩擦热为 $\phi$，单位仍为 J/(m³·s)。由式(2-55)得

$$\phi=-(-\boldsymbol{\tau}:\nabla\cdot\boldsymbol{u})$$

于是，表面应力对流体微元所做的功率一项可表示为 $-p(\nabla\cdot\boldsymbol{u})$ 与 $\phi$ 之和，即

$$\rho\frac{\mathrm{D}W}{\mathrm{D}t}=-p\left(\frac{\partial u_x}{\partial x}+\frac{\partial u_y}{\partial y}+\frac{\partial u_z}{\partial z}\right)+\phi \tag{5-11}$$

式中，$-p(\nabla\cdot\boldsymbol{u})$ 与 $\phi$ 已经在式(2-55)出现过，读者可结合第 2 章相关讨论理解其意义。

将式(5-10)和式(5-11)的结果代入式(5-7)，整理得

$$\rho\frac{\mathrm{D}U}{\mathrm{D}t}=k\left(\frac{\partial^2 T}{\partial x^2}+\frac{\partial^2 T}{\partial y^2}+\frac{\partial^2 T}{\partial z^2}\right)+\dot{q}-p\left(\frac{\partial u_x}{\partial x}+\frac{\partial u_y}{\partial y}+\frac{\partial u_z}{\partial z}\right)+\phi \tag{5-12}$$

式(5-12)即为能量方程的一般形式[①]，式中各项均表示单位体积流体的能量速率，单位均为 J/(m³·s)。

### 5.2.2　能量方程的特定形式

式(5-12)所示的能量方程可描述流体流动时有内热源、有摩擦热生成的普遍情况。在实际问题中，方程中的某些项不存在或相对来说很小，可以略去。

式(5-12)中的 $\phi$ 为单位体积流体所产生的摩擦热速率，它与流体的黏度及速度梯度有关。对高速流动或黏度很大的流体流动问题，如超音速的边界层流动中，$\phi$ 值很大，而必须加以考虑。但在一般工程问题中，流体的流速和黏度均不是很大，$\phi$ 项与其他项比较则很小，可以忽略不计。下面将讨论能量方程中可以忽略 $\phi$ 项的情况。

#### 1. 不可压缩流体的对流传热

一般在无内热源情况下进行对流传热时，式(5-12)中的 $\dot{q}=0$，同时假设 $\phi=0$，不可压缩流体满足 $\nabla\cdot\boldsymbol{u}=0$，故式(5-12)变为

$$\rho\frac{\mathrm{D}U}{\mathrm{D}t}=k\left(\frac{\partial^2 T}{\partial x^2}+\frac{\partial^2 T}{\partial y^2}+\frac{\partial^2 T}{\partial z^2}\right)$$

同时，热力学能的变化可以用温度的变化来表示，即 $\dfrac{\mathrm{D}U}{\mathrm{D}t}=c_V\dfrac{\mathrm{D}T}{\mathrm{D}t}$，其中 $c_V$ 为物质的定容比热容。对于不可压缩流体或固体，$c_V$ 与定压比热容 $c_p$ 大致相等。因此，上式变为

---

① 式(5-12)右侧各项表示流体微团热力学能变化的种种原因：右侧第一项为扩散项，体现微团表面上以分子传递进入的能量；$\dot{q}$ 和 $\phi$ 为源项，体现微团内部其他形式能量转化为热力学能，流体内热辐射吸收、电磁能耗散可以作为热源归入 $\dot{q}$，也可以作为非体积功归入 $\phi$；与流速相关的项(含随体导数中局部偏导数以外的各项)为对流项，体现流动对控制体的热力学能变化的影响。数值计算中，将离散单元内各种变量(质量、动量、湍动能及其耗散、温度、热辐射、组分浓度等)的变化原因归为对流项、扩散项和源项，构成数学相似的各种传递方程，参见 8.4.1 节组分浓度的传递方程。

$$\rho c_p \frac{\mathrm{D}T}{\mathrm{D}t} = k\left(\frac{\partial^2 T}{\partial x^2} + \frac{\partial^2 T}{\partial y^2} + \frac{\partial^2 T}{\partial z^2}\right)$$

或写为

$$\frac{\mathrm{D}T}{\mathrm{D}t} = \alpha \nabla^2 T \tag{5-13}$$

式中，$\alpha = \dfrac{k}{\rho c_p}$，称为热扩散系数或导温系数。对直角坐标系，式(5-13)展开为

$$\frac{\partial T}{\partial t} + u_x \frac{\partial T}{\partial x} + u_y \frac{\partial T}{\partial y} + u_z \frac{\partial T}{\partial z} = \alpha \left(\frac{\partial^2 T}{\partial x^2} + \frac{\partial^2 T}{\partial y^2} + \frac{\partial^2 T}{\partial z^2}\right) \tag{5-13a}$$

化工过程常常遇到运动流体与固体壁面之间的传热，这体现在方程的边界条件中。这种传热过程同时发生动量传递和热量传递现象。要全面描述流体与壁面之间传递过程的规律，除了上面的能量方程，还需要连续性方程和运动方程组求解流体的速度分布。

2. **固体中的热传导**

在固体内部，由于没有宏观运动，因此能量方程中各速度分量为零，$\nabla \cdot \boldsymbol{u} = 0$，$\phi = 0$，同时随体导数可转化为偏导数。因此式(5-12)变为

$$\rho \frac{\partial U}{\partial t} = k\left(\frac{\partial^2 T}{\partial x^2} + \frac{\partial^2 T}{\partial y^2} + \frac{\partial^2 T}{\partial z^2}\right) + \dot{q}$$

热力学能的变化同样可以用温度的变化来表示，$\dfrac{\mathrm{D}U}{\mathrm{D}t} = c_V \dfrac{\mathrm{D}T}{\mathrm{D}t} \approx c_p \dfrac{\mathrm{D}T}{\mathrm{D}t}$，因此

$$\frac{\partial T}{\partial t} = \frac{k}{\rho c_p}\left(\frac{\partial^2 T}{\partial x^2} + \frac{\partial^2 T}{\partial y^2} + \frac{\partial^2 T}{\partial z^2}\right) + \frac{\dot{q}}{\rho c_p} \tag{5-14}$$

或者

$$\frac{1}{\alpha}\frac{\partial T}{\partial t} - \frac{\dot{q}}{k} = \frac{\partial^2 T}{\partial x^2} + \frac{\partial^2 T}{\partial y^2} + \frac{\partial^2 T}{\partial z^2} \tag{5-14a}$$

在无内热源情况下，热传导方程式(5-14)变为

$$\frac{1}{\alpha}\frac{\partial T}{\partial t} = \nabla^2 T \tag{5-15}$$

式(5-15)表述固体中无内热源的非定态热传导方程，通常称为傅里叶场方程，或傅里叶第二导热定律。

假如一个系统内有热源，但不随时间变化，方程式(5-14)就可以简化成泊松(Poisson)方程

$$\nabla^2 T + \frac{\dot{q}}{k} = 0 \tag{5-16}$$

下面的导热方程形式适用于没有热源的稳定状态。这时温度分布满足拉普拉斯方程：

$$\nabla^2 T = 0 \tag{5-17}$$

### 5.2.3　柱坐标系和球坐标系的能量方程

在某些场合，应用柱坐标系或球坐标系来表达能量方程更为方便。例如，研究管内的传热问题时应用柱坐标系的能量方程较为方便；而研究球形催化剂颗粒的导热问题，则用球坐标系的能量方程较为便利。

柱坐标系或球坐标系下能量方程的推导，原则上与直角坐标系类似，其详细推导过程可参阅有关专著。下面分别写出不可压缩流体且 $\dot{q}=0$、$\phi=0$ 时，与式(5-13a)相对应的能量方程，即对流传热微分方程的表达式。

### 1. 柱坐标系的能量方程

$$\frac{\partial T}{\partial t}+u_r\frac{\partial T}{\partial r}+\frac{u_\theta}{r}\frac{\partial T}{\partial \theta}+u_z\frac{\partial T}{\partial z}=\alpha\left[\frac{1}{r}\frac{\partial}{\partial r}\left(r\frac{\partial T}{\partial r}\right)+\frac{1}{r^2}\frac{\partial^2 T}{\partial \theta^2}+\frac{\partial^2 T}{\partial z^2}\right] \tag{5-18}$$

式中，$t$ 为时间变量；$r$ 为径向坐标；$\theta$ 为方位角坐标；$z$ 为轴向坐标。

### 2. 球坐标系的能量方程

$$\frac{\partial T}{\partial t}+u_r\frac{\partial T}{\partial r}+\frac{u_\theta}{r}\frac{\partial T}{\partial \theta}+\frac{u_\varphi}{r\sin\theta}\frac{\partial T}{\partial \varphi}=\alpha\left[\frac{1}{r^2}\frac{\partial}{\partial r}\left(r^2\frac{\partial T}{\partial r}\right)+\frac{1}{r^2\sin\theta}\left(\sin\theta\frac{\partial^2 T}{\partial \theta^2}\right)+\frac{1}{r^2\sin^2\theta}\frac{\partial^2 T}{\partial \varphi^2}\right] \tag{5-19}$$

式中，$t$ 为时间变量；$r$ 为矢径坐标；$\theta$ 为余纬度坐标；$\varphi$ 为方位角坐标。

## 5.2.4　能量方程的定解条件

能量方程的求解通常将固体壁面处的温度作为定解条件。传热过程的固体如果是多孔介质，固体内部与相邻流体之间将可能存在质量传递。如果流体通过壁面向固体内部扩散，此时流体温度与壁面温度相等，如果流体是从固体内部通过壁面扩散至流体主体(如发汗冷却)，则流体温度与固体壁面温度不一定相等。

常见的传热过程，固体内部与相邻流体之间不存在质量传递。常见的边界条件有下列三种：

(1) 第一类边界条件，给出固体表面温度随时间的变化，即传热时间内固体表面的温度函数 $T(t)\big|_{x=0}=f(t)$ 是已知的。最简单的特例，固体壁面是等温的，则在固体表面处 $T(t)\big|_{x=0}=T_w$。

(2) 第二类边界条件，给出任意时刻固体表面的热通量。热传导是固体表面的唯一传热方式，因而传热时间内固体表面的温度梯度函数已知

$$k\frac{\partial T}{\partial x}\bigg|_{x=0}=\phi(t)$$

作为特例，若固体表面是绝热的，则在固体表面处 $k\frac{\partial T}{\partial x}\bigg|_{x=0}=0$。

(3) 第三类边界条件，固体表面与周围流体进行对流传热，且任意时刻固体表面的导热速率等于表面与流体之间的对流传热速率，即

$$k\frac{\partial T}{\partial x}\bigg|_{x=0}=h(T_w-T_0)=q\big|_{x=0} \quad \text{或} \quad k\frac{\partial T}{\partial x}\bigg|_{x=0}=h(T_0-T_w)=q\big|_{x=0}$$

式中，系数 $h$ 为对流传热系数；$T_0$ 和 $T_w$ 分别为环境流体和固体表面的温度。

对于非定态传热过程，除了以上边界条件，还需要初始温度条件，即开始传热瞬间时刻的温度分布情况。

对于对流传热问题，能量方程式(5-13a)中含有流动速度，因此在分析解法中需要联立求解连续性方程和 N-S 方程。至此，共有 5 个方程来描述对流传热，5 个方程中共出现了 5 个未知量：温度 $T$、压强 $p$ 和三个速度分量。分析解法的最终结果为流体中的速度分布和温度分布。

# 拓 展 文 献

1. 北山直方. 1990. 图解传热学. 翟贵立, 译. 天津: 天津大学出版社
   (这本书为传热学的科普译著, 用通俗的语言和图文并茂的形式翔实地介绍了不同传热形式的机理, 并从传热学的角度分析了许多日常生活现象。)
2. 王补宣. 2015. 工程传热传质学. 2 版. 北京: 科学出版社
   (年逾九旬的王补宣院士是中国工程热物理学科的开拓者与传热学带头人。这本书系统深入地阐明导热理论、辐射传热理论和对流传热理论基础。注重明确的物理概念, 并且严格地由过程的物理模型建立起相应的数学模型, 着重启示工程应用和分析研究的基本观点和方法。新版文字精练, 内容更体现了近年的学科发展动向与进展, 具有科学启示和前瞻性。)

# 学 习 提 示

1. 读者可结合下面的思考题理解不同传热形式的机理, 这是对传热过程进行定量计算的基础, 也是领会各种传热强化措施的前提。实际的热量传递过程都是导热、对流和热辐射三种基本方式的不同组合, 要会分析各种传热现象中不同传热方式的并串联关系, 并能分清主次。
2. 热辐射包括不透明物体的表面现象和透明体的容积现象。表面热辐射原理可以从发射和吸收两方面理解, 黑体是具有最大的发射和吸收能力的理想表面, 实际物体表面通过发射率和吸收率校正, 此外要注意非各向同性表面形态及几何形状系数的影响; 透明体如气体中, 除了发射和吸收热辐射, 另有散射和透过现象, 需要辐射传递方程进行描述。
3. 能量方程对于传热过程计算的意义, 恰如 N-S 运动方程对流体流动过程的作用。要理解方程每一项所反映的物理意义。后面的两章将用这些微分方程去分析热量传递过程中的一些问题。
4. 导热系数和热扩散率是导热现象涉及的两个重要物性参数, 要分别掌握其定义(式)、物理含义及主要影响因素, 并结合动量传递中流体黏度与运动黏度的关系, 理解两者的区别与联系。

# 思 考 题

1. 人对冷暖感觉的衡量指标是散热量的大小而不是温度的高低, 即当人体散热量低时感到热, 散热量高时感到冷。从传热速率的大小分析:
   (1) 冬天, 在相同的室外温度条件下, 为什么有风比无风时感到更冷些?
   (2) 夏季在维持 20℃ 的空调室内工作, 穿单衣感到舒适, 而冬季在保持 20℃ 的室内工作时, 却必须穿绒衣才觉得舒服。
2. 有人将一碗热稀饭置于一盆凉水中进行冷却。为使稀饭凉得更快一些, 你认为他应该搅拌碗中的稀饭还是盆中的凉水? 为什么?
3. 利用同一冰箱储存相同的物质时, 结霜的冰箱耗电量大还是未结霜的冰箱耗电量大?
4. 试分析室内暖气片的散热过程, 各环节有哪些热量传递方式? 以暖气片管内走热水为例。
5. 冬季晴朗的夜晚, 测得室外空气温度高于 0℃, 有人却发现地面上结有一层薄冰, 试解释原因。提示: 蒸发和热辐射两种作用的结果。
6. 试分析热水瓶胆的保温作用(一般瓶胆是镀银的真空玻璃夹层), 并说明哪些因素会影响其保温效果, 同时指出从瓶内热水到周围环境存在哪些热量传递方式。
7. 新建居民楼冬天刚住进时比久住的旧楼房感觉更冷, 试从传热学的观点解释原因。
8. 根据热力学第二定律: 热量总是从高温物体传向低温物体。但辐射传热中, 低温物体也向高温物体辐射热量。这是否违反热力学第二定律?
9. 维恩定律和斯特藩-玻尔兹曼定律如何与普朗克黑体辐射能分布定律相关联?

10. 黑体是否存在？黑体概念的意义是什么？

11. 压强一定的情况下，发生相变时流体温度不变。这是否意味着流体的沸腾相变传热过程的流体各处无温差存在？

12. 理解"发汗冷却"：设火箭头由多孔材料制成，在返回大气层时有挥发性液体缓慢地通过这些小孔强制流出，则火箭头部的表面温度会受到怎样的影响？为什么？

## 习　题

1. 某不可压缩的黏性流体层流流过与其温度不同的无限宽度的平板壁面。设流动为定态,壁温及流体的密度、黏度等物理性质恒定。试由方程式(5-13a)出发，简化上述情况的能量方程，并说明简化过程的依据。

2. 由柱坐标系的能量方程式(5-16)出发，导出流体在圆管中进行定态的轴对称对流传热时的能量方程，并说明简化过程的依据。设 $z \gg r$。

3. 一球形固体内部进行沿球心对称的定态传热，已知在两径向距离 $r_1$ 和 $r_2$ 处的温度分布为 $T_1$ 和 $T_2$，将能量方程式(5-17)简化，并通过相应边界条件推导出固体内部的温度分布。

4. 假定人对冷热的感觉是以皮肤表面的热损失作为衡量依据。设人体脂肪层的厚度为 3mm，其内表面温度为 36℃且保持不变。在冬天的某一天气温为–15℃。无风条件下裸露皮肤表面与空气的对流传热系数为 25W/(m²·K)；有风时，表面对流传热系数为 65W/(m²·K)，人体脂肪层的导热系数 $k$=0.2W/(m·K)，试确定：

(1) 要使无风天的感觉与有风天气温–15℃时的感觉一样，无风天气温是多少？

(2) 在同样是–15℃的气温下，无风和刮风天，人皮肤单位面积上的热损失之比是多少？

5. 傅里叶场方程在柱坐标系的表达式是

$$\frac{\partial T}{\partial t} = \alpha \left[ \frac{\partial^2 T}{\partial r^2} + \frac{1}{r}\frac{\partial T}{\partial r} + \frac{1}{r^2}\frac{\partial^2 T}{\partial \theta^2} + \frac{\partial^2 T}{\partial z^2} \right]$$

(1) 对于定态下的径向传热，这个方程可简化成什么形式？

(2) 对边界条件：在 $r=r_i$ 时，$T = T_i$；在 $r=r_o$ 时，$T = T_0$。从(1)所得的结果方程出发，求温度分布曲线的方程式。

(3) 根据(2)的结果求出传热速率表达式。

# 第6章 热传导

热传导(导热)是介质内无宏观运动的传热现象。导热过程在固体、液体和气体中均能发生，但严格地讲，只有在固体内部才完全不存在质点的宏观运动，而流体即使处于"静止"状态，其中也会由于温度梯度所造成的密度梯度而引起自然对流，因此在流体中对流与导热通常同时发生。本章将针对固体的导热问题进行讨论。

导热问题的数学处理方法分为两类，即分析解法和近似解法。分析解法的优点是整个求解过程中的物理概念与逻辑推理比较清晰，求解过程所依据的数学基础有严格的证明，求解的结果能比较清楚地表示出各种因素对物体内部温度分布的影响。描述热传导的基本微分方程已在第 5 章导出，求解微分方程，可以获得温度随时间和空间的函数关系。

但分析解法只能用于求解比较简单的问题，对于稍复杂的问题，如几何形状不规则的物体，分析求解就无能为力，这时需要用到其他的求解方法，如数值计算法、图解法、电热模拟或水热模拟法等。本章将讨论数值计算法和图解法，其他方法可参考有关传热学的专著。数值计算求解的方法是以离散数学为基础，以计算机为工具的一种求解方法。它的理论远不如分析解那么严谨，但是它在工程实际中具有很好的适用性。

本章将导热问题分为定态导热和非定态导热两类。对一维定态导热问题，可采用数学分析方法求解，而对多维导热问题则采用数值法或其他方法处理。

## 6.1 定态热传导

### 6.1.1 无内热源的一维定态热传导

对于无内热源的定态导热，由于温度与时间无关，$\partial T/\partial t = 0$，且无内热源，$\dot{q} = 0$，因此，热传导方程式(5-14)可简化为拉普拉斯方程

$$\nabla^2 T = 0 \tag{6-1}$$

对于一维导热，式(6-1)即可化为二阶常微分方程。直角坐标系沿 $x$ 方向以及在柱坐标系或球坐标系 $r$ 方向的导热的拉普拉斯方程的形式为

直角坐标
$$\frac{\mathrm{d}^2 T}{\mathrm{d}x^2} = 0 \tag{6-1a}$$

柱坐标系
$$\frac{\mathrm{d}}{\mathrm{d}r}\left( r\frac{\mathrm{d}T}{\mathrm{d}r} \right) = 0 \tag{6-1b}$$

球坐标系
$$\frac{\mathrm{d}}{\mathrm{d}r}\left( r^2\frac{\mathrm{d}T}{\mathrm{d}r} \right) = 0 \tag{6-1c}$$

工程上作为一维定态热传导，平壁的例子有方形燃烧炉的炉壁，筒壁的例子有蒸汽管的管壁；球壁的例子有核反应的压强容器壁等。下面将以式(6-1)为基础讨论平壁及筒壁中定态导热的温度分布及导热速率等问题。

1. 平壁定态一维热传导

单层平壁的一维定态导热是最简单的导热问题，其导热微分方程可采用直角坐标系下式(6-1a)来描述

$$\frac{d^2 T}{dx^2} = 0 \tag{6-1a}$$

设边界条件为

(1) $x = 0$，$T = T_1$；

(2) $x = L$，$T = T_2$。

解方程式(6-1a)并使其满足边界条件(1)、(2)，即可得到此情况下的温度分布方程。为此，将式(6-1a)积分两次得

$$T = C_1 x + C_2 \tag{6-2}$$

式中，$C_1$ 和 $C_2$ 为积分常数，代入边界条件(1)，即可求出 $C_2 = T_1$；再代入边界条件(2)，求得 $C_1 = (T_1 - T_2)/L$。将 $C_1$ 和 $C_2$ 的值代入式(6-2)，便获得如下温度分布方程：

$$T = T_1 - \frac{T_1 - T_2}{L} x \tag{6-3}$$

由式(6-3)可知，平壁定态导热的温度分布为一直线。式(6-3)也可由傅里叶定律导出。

求出温度分布方程之后，便可求得沿 $x$ 方向通过平壁的导热速率。根据傅里叶定律，通过某处的导热通量可表示为

$$\frac{Q}{A} = -k \frac{dT}{dx} \tag{6-4}$$

式(6-3)对 $x$ 求导后代入式(6-4)，得

$$Q = \frac{kA}{L}(T_1 - T_2) \tag{6-5}$$

2. 筒壁定态一维热传导

求解筒壁沿径向导热问题时，应用柱坐标系比较方便。此情况下，在描述一维定态热传导的通式为式(6-1b)

$$\frac{d}{dr}\left(r \frac{dT}{dr}\right) = 0 \tag{6-1b}$$

设边界条件为

(1) $r = r_1$，$T = T_1$；

(2) $r = r_2$，$T = T_2$。

同样将式(6-1b)积分两次，并利用边界条件(1)、(2)确定积分常数，即可获得下列筒壁内一维定态导热时的温度分布方程

$$T = T_1 + \frac{T_1 - T_2}{\ln \frac{r_2}{r_1}} \ln \frac{r}{r_1} \tag{6-6}$$

由式(6-6)看出，通过筒壁进行径向定态导热时，温度分布是半径 $r$ 的对数函数，这与平壁定态导热时，$T$ 与 $x$ 的关系为线性关系不同。

求出温度分布方程之后，同样可根据傅里叶定律，求得沿 $r$ 方向通过圆筒壁的导热速率。

长度为 $L$ 的圆筒壁的导热速率为

$$Q = \frac{2\pi Lk}{\ln(r_2/r_1)}(T_1 - T_2) \tag{6-7}$$

将式(6-7)中的分子和分母同乘以 $r_2 - r_1$，得

$$Q = \frac{2\pi Lk(r_2 - r_1)}{\ln(r_2/r_1)}\frac{T_1 - T_2}{r_2 - r_1} = \frac{k(A_2 - A_1)}{\ln(A_2/A_1)}\frac{T_1 - T_2}{r_2 - r_1} \tag{6-8}$$

或写成

$$Q = kA_m\frac{\Delta T}{\Delta r} \tag{6-9}$$

式(6-9)和式(6-5)在形式上相似，均反映出导热速率与温差和导热系数成正比，与传热方向上固体的厚度成反比。两式的差异为面积项。筒壁进行径向导热时，传热面积随径向发生变化，式(6-9)中 $A_m$ 为对数平均面积

$$A_m = \frac{A_2 - A_1}{\ln(A_2/A_1)} = 2\pi L\frac{r_2 - r_1}{\ln(r_2/r_1)} = 2\pi Lr_m \tag{6-10}$$

在大多数的工程应用中(如管子)，$r_2/r_1 < 2$。在此情况下，上面的对数平均面积可采用算术平均值计算，引起的导热速率计算误差小于 4%。

【**例 6-1**】 一根半径为 $r_2$ 的长蒸汽导管，包敷隔热层之后的外径是 $r_3$，管的外表面温度是 $T_2$，隔热层的外表面上温度是 $T_3$，周围环境空气的温室是 $T_b$，它们都是不变的，隔热层的外表面上单位面积的热量损失用牛顿冷却定律表示

$$Q/A = h(T_3 - T_b) \tag{A}$$

热损失能否随着隔热层的加厚而增大？如果可能的话，在什么样的条件下才会出现这种情况？

**解** 从传热角度分析，热量散失的过程包含串联的两个步骤：通过隔热层的热传导，以及隔热层外表面的对流传热过程，两个步骤的传热速率相等。通过隔热层的热传导速率可用式(6-7)表示

$$Q = \frac{2\pi Lk}{\ln(r_3/r_2)}(T_2 - T_3) \tag{B}$$

同时，由式(A)有

$$Q = hA(T_3 - T_b) = h(2\pi Lr_3)(T_3 - T_b) \tag{C}$$

用式(B)和式(C)约除隔热层的外表面上温度 $T_3$，得

$$Q = \frac{2\pi L(T_2 - T_b)}{\left[\ln(r_3/r_2)\right]/k + 1/hr_3} \tag{D}$$

随着 $r_3$ 的增大，导热热阻增加，同时隔热层的外表面面积也增加，这种双重效果意味着，对于某一给定尺寸的管子，就会有一个特定的隔热层外径，在这个直径上热损失最大。因为方程式(D)中，对数值 $\ln(r_3/r_2)$ 随着 $r_3$ 的增大而增大。但是 $1/r_3$ 随着 $r_3$ 的增大而减小。当隔热层的厚度变化时，两项热阻的相对重要性发生变化。本例题中，假设 $L$、$T_2$、$T_3$、$k$、$h$、$r_2$ 都是常数，若将方程式(D)对 $r_3$ 微分，可以得到

$$\frac{dQ}{dr_3} = \frac{2\pi L(T_2 - T_b)\left(\frac{1}{kr_3} - \frac{1}{hr_3^2}\right)}{\left[\frac{1}{k}\ln(r_3/r_2) + \frac{1}{hr_3}\right]^2} \tag{E}$$

热量传递最快的隔热层半径称为临界半径，在 $dQ/dr_3 = 0$ 的情况下得出。这时由方程式(E)解得

$$(r_3)_c = \frac{k_2}{h} \tag{F}$$

用 85%的镁土作隔热层[$k = 0.0692$W/(m·K)]，自然对流传热系数取典型值[$h = 34$W/(m²·K)]，这样计算出的

临界半径是

$$r_C = \frac{k}{h} = \frac{0.0692\,W/(m \cdot K)}{34\,W/(m^2 \cdot K)} = 0.0020\,m = 0.20\,cm$$

  计算出的临界半径数值非常小，这意味着在实际应用问题中，临界半径总是会被超过的。由方程式(F)给出的临界半径，表示传热速率 $Q$ 值为最大或最小时的条件。当 $r_3 = k/h$ 时，二次微分 $d^2Q/dr_3^2$ 的解为一负值，因此 $r_C$ 是最大值。也就是说，只要隔热层半径 $r_3 > 0.20\,cm$，增加隔热层厚度，$Q$ 将会减少。

### 6.1.2　有内热源的一维定态热传导

  某些系统，如电阻加热器、核燃料棒等，在传热介质中有热量产生。这种在传导介质中伴有热量产生的传导可以预料其温度分布曲线一定和简单的热传导不同。这里仅研究一种比较简单的情况，具有均匀内热源的圆柱体内部的稳定热传导。

  假设一个实心圆柱形固体有均匀的内热源。假定圆柱体很长，足以认为只有径向热传导发生，假定圆柱体的密度 $\rho$、比热容 $c_p$ 和材料的导热系数 $k$ 皆为常数。此时，柱坐标系下的能量方程为

$$\dot{q} + \frac{k}{r}\frac{\partial}{\partial r}\left(r\frac{\partial T}{\partial r}\right) = \rho c_p \frac{\partial T}{\partial t} \tag{6-11}$$

在稳定状态下，温度分布不随时间变化。右侧一项为零，据此得出具有均匀内热源的圆柱体的微分方程式

$$\dot{q} + \frac{k}{r}\frac{d}{dr}\left(r\frac{dT}{dr}\right) = 0 \tag{6-12}$$

将此方程分离变量，积分得出

$$rk\frac{dT}{dr} + \dot{q}\frac{r^2}{2} = C_1 \qquad \text{或} \qquad k\frac{dT}{dr} + \dot{q}\frac{r}{2} = \frac{C_1}{r}$$

由于圆柱体的对称性，依据上式必须满足的边界条件是：在圆柱体中心 $r=0$ 处，其温度梯度一定是个有限值。这只有在 $C_1 = 0$ 时才成立。因此，上述关系可以简化成

$$k\frac{dT}{dr} + \dot{q}\frac{r}{2} = 0 \tag{6-13}$$

第二次积分，得出

$$T = -\frac{\dot{q}r^2}{4k} + C_2 \tag{6-14}$$

  如果已知任意半径位置，如表面上的温度值，那么就可以计算第二常数 $C_2$。自然，这也就提供了完整的温度分布表达式。径向的传热通量可以从下式求出

$$\frac{Q}{A} = -k\frac{dT}{dr}$$

将方程式(6-13)代入上式，可得出

$$\frac{Q}{A} = \dot{q}\frac{r}{2}$$

或

$$Q = 2(\pi r L)\dot{q}\frac{r}{2} = \pi r^2 L \dot{q} \tag{6-15}$$

  式(6-15)表明的意义显而易见：均匀内热源的定态散热速率与内部产生热量的速率相等。

### 6.1.3　肋的定态热传导

**1. 肋**

为强化传热，可采用增大换热面积的方法，其中主要的方法是在表面上敷设肋片、翘片、肋柱等。肋也称为延伸体。采用肋的目的是在设备的总尺寸、制造费用以及流动阻力等增加相对较少的情况下，增大传热速率。肋片的型式很多，图 6-1 示出了几种典型形状的肋片，其中，图(a)、(b)、(c)为等截面肋片，其他为变截面肋片。

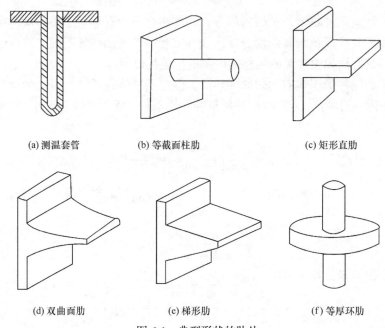

(a) 测温套管　　　　　(b) 等截面柱肋　　　　　(c) 矩形直肋

(d) 双曲面肋　　　　　(e) 梯形肋　　　　　(f) 等厚环肋

图 6-1　典型形状的肋片

肋片导热的过程中，既有肋根(肋片与基础壁面交接处)向肋端的导热，又有肋片表面与周围流体之间的对流传热及辐射传热。因而，肋片中沿导热传递方向上传热速率是不断变化的。与通过平壁、圆筒壁、球壁等导热问题一样，分析求解肋片导热的主要目的也是获得肋片内的温度分布及通过肋片的散热或吸热速率，而不是考虑如何设计肋片。

**2. 矩形直肋一维热传导**

现以矩形直肋为例，介绍用导热微分方程求解等截面肋片高度方向上的温度分布和散热速率。如图 6-2 所示，从温度为 $T_0$ 的基础壁面上伸出的矩形直肋，其横截面积为 $A$，周长为 $P$，厚度为 $\delta$，高为 $H$，宽为 $b$，导热系数为 $k$，周围流体温度为 $T_b$，不失一般性，设 $T_0 > T_b$，肋片与周围流体之间的对流传热系数为 $h$。

为简化分析，作以下假定：①肋片的热传导系数 $k$ 及对流传热系数 $h$ 均为常数，实际上表面传热膜系数 $h$ 是变化的，为简单起见，可取其在肋片表面平均值作为 $h$ 的恒定值；②沿肋高方向的横截面积 $A$ 保持不变，肋片宽度方向很长 $(b \gg \delta)$，因此可以不考虑温度沿该方向的变化，可取单位长度来分析；③工程上，肋片一般为金属薄片 $(H \gg \delta)$，$k$ 较大而 $\delta$ 较小，而且肋片大多用在对流传热系数 $h$ 较小的场合，因而肋片厚度方向的导热热阻 $\dfrac{\delta}{k}$ 远远小于肋片表面传热热阻 $1/h$，可以忽略厚度方向的导热热阻，认为沿肋高方向的任一截面上温度均匀一致，温度只沿肋高方向有显著变化；④肋端视为绝热，即 $x=H$ 时，$\dfrac{\mathrm{d}T}{\mathrm{d}x}=0$。

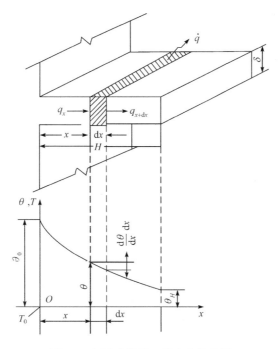

图 6-2　矩形直肋的一维定态热传导

经过上述简化，所研究的问题就变成一维定态导热问题，见图 6-2，导热微分方程式和边界条件为

$$\begin{cases} \dfrac{\mathrm{d}^2T}{\mathrm{d}x^2}+\dfrac{\dot q}{k}=0 \\ x=0, \quad T=T_0 \\ x=H, \quad \dfrac{\mathrm{d}T}{\mathrm{d}x}=0 \end{cases} \tag{6-16}$$

由于肋片内部导热热阻可以忽略，因此，肋片表面向环境的散热热流量等效于均匀物体内部的负的热源产生的热量。顺便说明一下，这里的热源可称为广义内热源。如果物体内有内热源，则广义内热源包括物体本身已有的内热源和外面加热(或冷却)折算的等效内热源。如图 6-2 所示，对于微元段 $\mathrm{d}x$ 有

$$h(P\mathrm{d}x)(T_\mathrm{b}-T)=\dot qA\mathrm{d}x$$

则内热源强度为

$$\dot q=-\dfrac{hP(T-T_\mathrm{b})}{A}$$

此时，导热微分方程变为

$$\dfrac{\mathrm{d}^2T}{\mathrm{d}x^2}-\dfrac{hP(T-T_\mathrm{b})}{kA}=0 \tag{6-17}$$

为使式(6-17)转换为齐次方程，引入过余温度 $\theta=T-T_\mathrm{b}$，并令 $m^2=\dfrac{hP}{kA}$，则式(6-16)变为

$$\begin{cases} \dfrac{\mathrm{d}^2\theta}{\mathrm{d}x^2} - m^2\theta = 0 \\ x = 0, \quad \theta = \theta_0 = T_0 - T_b \\ x = H, \quad \dfrac{\mathrm{d}\theta}{\mathrm{d}x} = 0 \end{cases} \tag{6-18}$$

式(6-18)中二阶线性齐次常微分方程的通解为

$$\theta = c_1 e^{mx} + c_2 e^{-mx} \tag{6-19}$$

积分常数 $c_1$、$c_2$ 可由式(6-18)中边界条件确定，解得

$$c_1 = \frac{1}{1 + e^{2mH}}\theta_0 \qquad c_2 = \frac{e^{2mH}}{1 + e^{2mH}}\theta_0$$

积分常数 $c_1$、$c_2$ 代入式(6-19)，得肋片端部绝热时的温度分布

$$\theta = \theta_0 \frac{e^{mx} + e^{2mH}e^{-mx}}{1 + e^{2mH}} \tag{6-20}$$

将 $x=H$ 代入式(6-20)，可得肋片端部绝热时的端部温度 $T_H$ 满足

$$\theta_H = \theta_0 \frac{2e^{mH}}{1 + e^{2mH}} \quad \text{或} \quad T_H - T_b = \frac{2e^{mH}}{1 + e^{2mH}}\left(T_0 - T_b\right)$$

由于肋片散发到外界的全部热流量都必须通过 $x=0$ 的肋根截面，因此总的散热速率就等于肋根处热传导进入肋片的热量速率，将式(6-20)代入傅里叶定律表达式，并令 $x=0$，即可得到肋片端部绝热时的散热速率为

$$\dot{q} = kA\left(\frac{\mathrm{d}T}{\mathrm{d}x}\right)_{x=0} = kAT_0 m \frac{e^{mH} - e^{-mH}}{e^{mH} + e^{-mH}} \tag{6-21}$$

上述肋端绝热的计算公式可用于大量实际肋片，特别是薄而长的结构，可以获得工程上足够精确的结果。对于必须考虑肋端散热的少数场合，工程上常采用如下简化处理方法：把肋端散热面积折算到侧面上去，将肋片侧面延长，端部仍设定绝热，即用假想的肋高

$$H' = H + \frac{A}{P} \tag{6-22}$$

代替实际肋高 $H$，仍可用肋片端部绝热时的散热速率计算式(6-21)。值得注意的是，这种简化处理方法只能用于计算散热量，而不能用于求肋片内的温度分布。

### 3. 肋效率

需指出，上面讨论的等截面直肋一维定态导热是肋片求解中最为简单的情形。对于梯形肋等变截面肋片，其导热微分方程的求解及求得的计算公式要复杂得多。工程上，为避免烦琐的理论计算，常常利用肋片效率的概念，将理论解的结果绘成肋效率曲线，以方便计算各种变截面肋片的散热速率。

如图 6-2 所示，肋片表面温度随肋高方向逐渐降低，肋片与流体间的温度差也随之降低，因此表面传热通量沿肋高将逐渐降低，散热量与肋高不成正比。通常，肋效率 $\eta$ 作为衡量肋片实际散热能力的指标，其定义为

$$\eta = \frac{\text{肋片实际散热速率}\dot{q}}{\text{肋片理想散热速率}\dot{q}_0} \tag{6-23}$$

所谓肋片理想散热速率是指整个肋片表面均处于肋根温度 $T_0$ 时的散热速率，即

$$\dot{q}_0 = HA_f\left(T_0 - T_b\right) = HA_f T_0 \tag{6-24}$$

式中，$A_f$ 为肋片的散热面积。

对于上面介绍的等截面矩形直肋，读者可以自己推导出肋效率。结果为

$$\eta = \frac{\dot{q}}{\dot{q}_0} = \frac{\mathrm{e}^{mH} - \mathrm{e}^{-mH}}{mH\left(\mathrm{e}^{mH} + \mathrm{e}^{-mH}\right)} \tag{6-25}$$

实践中发现，并不是在任何情况下加肋片都能使传热速率增加，有时反而会使传热速率减少，这是因为加肋片后由于表面积增大，表面对流传热热阻减小，同时由于增添肋而内部导热热阻有所增大，因此总的传热热阻既可能减小也可能增加。当导热热阻的增加小于表面传热热阻的减小，总热阻减小，增强传热；反之会削弱传热。

肋片何时能增强传热？对于不同的肋片有各自不同的定量判据。例如，对于普通端部有散热的等截面矩形直肋，定量判据为(推导略)

$$Bi = \frac{hl_c}{k} = \frac{l_c/k}{1/h} = \frac{内部导热热阻}{表面对流传热热阻} < 0.2 \tag{6-26}$$

式中，$l_c$ 为肋片的特征长度，对矩形直肋 $l_c = \dfrac{A}{P} = \dfrac{b\delta}{2(b+\delta)} \approx \dfrac{\delta}{2}$；$Bi$ 为**毕渥(Biot)数**，是内部导热热阻和表面对流传热热阻组成的量纲为一准数。

式(6-26)表明，只有当所加肋片的内部导热热阻远小于外部表面对流传热热阻时，加肋片才能增强传热。因此，必须用导热系数 $k$ 大的材料作肋片，加薄肋胜过加厚肋，而且肋片应装在对流传热系数较小的一侧表面。

### 6.1.4　多维定态热传导

以上讨论的平壁、圆筒壁和肋片导热都属于一维定态导热，温度仅在一个 $x$ 或 $r$ 方向上发生变化。化工实际过程中还存在大量的多维定态导热问题，如方形反应器角部的传热、地下埋管的热损失以及短而厚的肋片导热等，物体内的温度分布将是二维的甚至是三维的。

求解多维定态导热问题的方法主要有分析解法和数值解法。由于数学上的困难，到目前为止，分析解法只能求解一些几何形状规则且边界条件比较简单的导热问题。对于几何形状或边界条件比较复杂的导热问题主要采用数值解法。

数值解法的实质是对物理问题进行离散求解，计算机技术和计算方法的不断发展，大大推动了用数值解法求解传热问题的研究，并形成了传热学的一个分支——数值传热学。数值解法包括有限差分法、有限元法、有限体积方法及边界元法等。下面以二维定态导热为例来阐述有限差分法的基本思想和计算步骤，对流传热等其他传热问题的数值解法，有兴趣的读者可参阅相关文献。

#### 1. 离散化

分析解法将连续区域划分成无限多个连续的微元体，由微分、微商组成微分方程，积分求解可得物理量的连续函数。而有限差分法则是将连续区域离散化，划分为有限多个互不重叠的单元体，每个单元体的物理量(如温度、密度等)用某一点的值来代替，该点称为节点；此时，差分、差商组成各节点的差分方程(为代数方程)，求解可得各节点独立的物理量值，这些离散节点上被求物理量的集合称为该物理量的数值解。由此可见，方程离散或建立节点的代数方程是问题的关键所在。

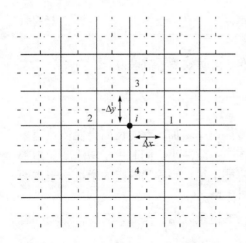

图 6-3　二维物体中的节点网络

以无内热源、常物性二维定态导热问题为例。可分别以 $\Delta x$ 和 $\Delta y$ 为步长,沿 $x$ 坐标和 $y$ 坐标将导热物体分割成矩形网格(图 6-3 中虚线),每一网格的中心点作为节点。沿两个坐标方向将相邻节点连接起来即组成节点网格(图 6-3 中实线)。节点网格与物体边界的交点称为边界节点。

2. 内部节点温度方程

在温度场[①]内部,任取节点 $i$,设点 $i$ 的温度为 $T_i$,以点 $i$ 为基准,考察它与相邻各点,即点 1、2、3、4 的温度 $T_1$、$T_2$、$T_3$、$T_4$ 之间的关系(图 6-3)。将二维温度场 $T=f(x, y)$ 在 $i$ 点附近沿 $x$ 方向展开成泰勒级数的形式,即

$$T_1 = T_i + \left(\frac{\partial T}{\partial x}\right)_{x=i} \Delta x + \left(\frac{\partial^2 T}{\partial x^2}\right)_{x=i} \frac{(\Delta x)^2}{2!} + \left(\frac{\partial^3 T}{\partial x^3}\right)_{x=i} \frac{(\Delta x)^3}{3!} + \cdots$$

及
$$T_2 = T_i - \left(\frac{\partial T}{\partial x}\right)_{x=i} \Delta x + \left(\frac{\partial^2 T}{\partial x^2}\right)_{x=i} \frac{(\Delta x)^2}{2!} - \left(\frac{\partial^3 T}{\partial x^3}\right)_{x=i} \frac{(\Delta x)^3}{3!} + \cdots$$

将以上两式相加,得

$$T_1 + T_2 = 2T_i + \left(\frac{\partial^2 T}{\partial x^2}\right)_{x=i} (\Delta x)^2 + 0(\Delta x)^4 \tag{6-27}$$

式中,$0(\Delta x)^4$ 表示余项的数量级为 $(\Delta x)^4$,可以忽略不计。

由式(6-27)可得

$$\left(\frac{\partial^2 T}{\partial x^2}\right)_{x=i} = \frac{T_1 + T_2 - 2T_i}{(\Delta x)^2} + 0(\Delta x)^4$$

同理,将二维温度场 $T=f(x, y)$ 在 $i$ 点附近沿 $y$ 方向展开成泰勒级数并经过加和可得

$$\left(\frac{\partial^2 T}{\partial y^2}\right)_{y=i} = \frac{T_3 + T_4 - 2T_i}{(\Delta y)^2} + 0(\Delta y)^4$$

令 $\Delta x = \Delta y$,将上面两个导数相加,并忽略数量级为 $(\Delta x)^4$ 所引起的误差,可得

$$\left(\frac{\partial^2 T}{\partial x^2}\right)_{y=i} + \left(\frac{\partial^2 T}{\partial y^2}\right)_{y=i} = \frac{T_1 + T_2 + T_3 + T_4 - 4T_i}{(\Delta y)^2} \tag{6-28}$$

对于没有热源的二维定态热传导过程,式(6-11)可以写成

$$\frac{\partial^2 T}{\partial x^2} + \frac{\partial^2 T}{\partial y^2} = 0 \tag{6-11b}$$

① 指物体内的温度分布。

对比式(6-28)与式(6-11b)，可知在结点 $i$ 附近有如下关系

$$T_1 + T_2 + T_3 + T_4 - 4T_i = 0 \qquad (6\text{-}29)$$

或

$$T_i = \frac{T_1 + T_2 + T_3 + T_4}{4} \qquad (6\text{-}29a)$$

式(6-29)称为物体内部的结点温度方程，它表达了任一结点 $i$ 的温度 $T_i$ 与邻近四个结点温度之间的关系。式(6-29)表明，无内热源的二维定态温度场中，其内部某结点的温度可用邻近四个结点温度的算术平均值表示。在温度场中，若将所有结点的温度均分别与其相邻的四个结点的温度按照式(6-29)的形式联系起来，便可建立物体内部的结点温度方程组。

三维热传导的问题也可以用类似方法进行分析。一个三维的方块在每一个内结点周围可给出六个节点。此情况下的结点温度方程(无内热源时)为

$$T_1 + T_2 + T_3 + T_4 + T_5 + T_6 - 6T_i = 0 \qquad (6\text{-}30)$$

**3. 物体边界上的节点温度方程**

若结点位于物体的边界上，由于外界的影响，这些边界上结点的温度就不能应用式(6-29)来表达。对于恒温的边界且其温度值为已知时，则问题颇为简单；若边界绝热或与外界介质进行对流传热时，则结点温度方程要视具体问题通过热量衡算建立。

简单的边界情况如图 6-4(a)～(d)所示。图 6-4(a)为绝热边界；其余三种为对流边界，但结点 $i$ 所在的位置有区别。下面分别讨论建立此四种边界情况下节点温度方程的方法。

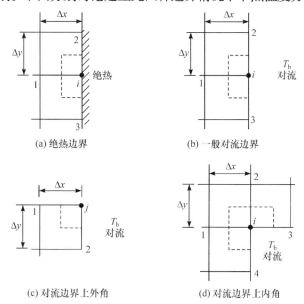

(a) 绝热边界　　　　　(b) 一般对流边界

(c) 对流边界上外角　　　(d) 对流边界上内角

图 6-4　物体边界上的节点

**1) 绝热边界**

如图 6-4(a)所示，令 $\Delta x = \Delta y$，对虚线包围的微元体($y$ 方向上长度为 $\Delta y = \Delta x$，$x$ 方向上宽度为 $\Delta x/2$)作热量衡算，设垂直于纸面的距离为 1 个单位长度，得

$$k\frac{T_1 - T_i}{\Delta x}\Delta y \times 1 + k\frac{T_2 - T_i}{\Delta y}\frac{\Delta x}{2} \times 1 + k\frac{T_3 - T_i}{\Delta y}\frac{\Delta x}{2} \times 1 = 0$$

上式左侧表示以导热方式由左、上、下三个面向微元体输入的热流率；右侧表示由其右平面输出的热流率，因为是绝热壁，故为零。该式经整理后得

$$2T_1 + T_2 + T_3 - 4T_i = 0 \tag{6-31}$$

式(6-31)表示节点 $i$ 位于绝热边界时的节点温度方程。

2) 对流边界

对于对流边界，先考虑图 6-4(b)的情况。取虚线所包围的微元体(同样 $y$ 方向上长度为 $\Delta y = \Delta x$，$x$ 方向上宽度为 $\Delta x/2$)，并设周围流体主体温度为 $T_b$，且维持不变。微元体表面与流体之间的膜系数为 $h$，也维持不变。作此微元体的热量衡算，即以导热方式由左、上、下三个面向微元体输入的热流率等于右侧平面与环境流体对流传热所输出的热流率，即

$$k\frac{T_1 - T_i}{\Delta x}\Delta y \times 1 + k\frac{T_2 - T_i}{\Delta y}\frac{\Delta x}{2} \times 1 + k\frac{T_3 - T_i}{\Delta y}\frac{\Delta x}{2} \times 1 = h(T_i - T_b)\Delta y \times 1$$

上式经整理后，得

$$\frac{1}{2}(2T_1 + T_2 + T_3) - \left(\frac{h\Delta x}{k} + 2\right)T_i = -\frac{h\Delta x}{k}T_b \tag{6-32}$$

式(6-32)表示图 6-4(b)节点 $i$ 的节点温度方程。

图 6-4(c)中对流边界上的外角结点 $i$ 的结点温度方程也可根据对虚线范围的微元体作热量衡算求出，结果为

$$T_1 + T_2 - 2\left(\frac{h\Delta x}{k} + 1\right)T_i = -2\frac{h\Delta x}{k}T_b \tag{6-33}$$

同理，图 6-4(d)中对流边界上的内角结点 $i$ 的结点温度方程为

$$2T_1 + 2T_2 + T_3 + T_4 - 2\left(\frac{h\Delta x}{k} + 3\right)T_i = -2\frac{h\Delta x}{k}T_b \tag{6-34}$$

#### 4. 节点温度方程组得求解

如上所述，只要有 $n$ 个未知温度的节点，就可以列出 $n$ 个节点方程。联解 $n$ 个节点方程，可得到各节点温度。因此有限差分法的实质是用易于求解的节点代数方程组近似地替代难以求解的微分方程式，这样求得的节点温度分布就近似地表达了连续的温度场。根据实际需要，网格的划分可以是不均匀的，这里为简便起见采用均分网格，即 $\Delta x = \Delta y$。$\Delta x$ 或 $\Delta y$ 的长度视计算精度的要求选取，精度要求越高，$\Delta x$ 或 $\Delta y$ 应选得越小，随网格数目增加，计算工作量加大。如系统的边界为弯曲的，则实际上有必要采用较小的网格。但是采用较大的网格所求得的温度，对于较小网格的温度分布进行推测时是一个很好的依据。

节点温度方程组是线性代数方程组，求解方法较多。当节点较少时，可用简单消元法手算；但节点较多时，以用高斯-赛德尔(Gauss-Seidel)迭代法为宜。如果运算复杂，可借助计算机。有关高斯-赛德尔迭代法，读者可以参阅数值分析的相关专著。

## 6.2　非定态热传导

### 6.2.1　非定态热传导过程概述

随时间发生变化的导热过程为非定态导热。在自然界和工程中有许多非定态导热问题，例如，加热炉、高温反应器和锅炉等机械在启动、停机和变工况运行时的导热，再有大地和

房屋等白天被太阳加热、夜晚被冷却时的导热等，都属于非定态导热。由此可见，研究非定态导热具有很大的实际意义。

与定态导热相比，非定态导热的基本特征是：①温度分布是时间的函数；②导热速率也是时间的函数。现以两个一维非定态导热为例加以说明。

设有一大平壁，如图 6-5 所示，初始温度为 $T_0$。现在突然使其左侧表面的温度升高到 $T_b$ 并保持不变，而右侧仍与温度为 $T_0$ 的空气相接触。在这种条件下，物体的温度分布要经历以下的变化过程，如图 6-5(a)所示。首先，紧挨高温表面部分的温度很快上升；而其余部分仍保持原来的温度 $T_0$，如图中曲线 $FBC$ 所示；随着时间的推移，温度变化波及的范围[①]不断扩大；在一定时间以后，右侧表面的温度也逐渐升高，如图中曲线 $FC$、$FD$ 所示；最后，达到一个新的定态导热时，温度分布保持恒定，如图中曲线 $FE$ 所示(热导系数 $k$ 为常数时，$FE$ 为直线)。

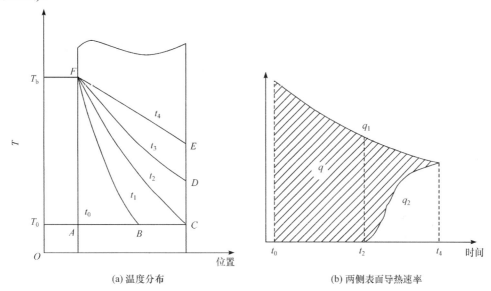

(a) 温度分布　　　　　　　　　　(b) 两侧表面导热速率

图 6-5　大平壁非定态导热过程

本例中两侧表面上导热速率随时间的变化如图 6-5(b)所示，$q_1$ 为从右侧面导入的热流速率，$q_2$ 为从左侧而导出的热流速率。在整个非定态导热过程中，这两个截面上的热流速率是不相等的，但随着过程的进行，其差别逐渐缩小，当 $q_1=q_2$ 时，平壁进入一个新的定态导热，图中阴影部分面积即为升温过程中积聚的热量，这些热量储存在平壁内部。

再如，一大平壁厚 $2\delta$，导热系数为 $k$，初始温度为 $T_0$，现在突然将它置于温度为 $T_b$ 的流体中进行加热($T_b > T_0$)，对流传热系数为 $h$，图 6-6 示出了平壁中的温度分布、表面温度 $T_w$ 和中心面温度 $T_m$ 的变化、表面传热速率的变化等。平壁表面首先被加热，表面温度 $T_w$ 很快上升；稍后，物体内部也被加热，经过一定的时间，中心面温度 $T_m$ 也开始上升；最后，平壁内部各部分温度趋向于均匀一致，等于周围流体温度 $T_b$，达到了温度平衡后，热传递停止，如图 6-6(a)、(b)所示。在整个加热过程中，不断有热量导入平壁，如图 6-6(c)所示，$Q$ 为从表面

[①] 这里温度变化波及的范围，或 $AB$ 长度也称为热渗透厚度 $\delta_T$，其值与时间 $t$ 的平方根成正比，数学表达式与 3.2 节中边界层厚度 $\delta$ 在数学上相似，分别为 $\delta_T = 4\sqrt{\alpha t}$ 和 $\delta = 4\sqrt{\nu t}$，前者用热扩散系数 $\alpha$ 代替了后式中的运动黏度 $\nu$。

导入的热流量，由于平壁温度 $T_w$ 随时间不断上升，温差$(T_b-T_w)$不断减小，因此 $Q$ 开始时最大，然后随时间不断减小，当 $T_b=T_w$ 时，$Q=0$，图中阴影部分面积即为整个过程的加热量。

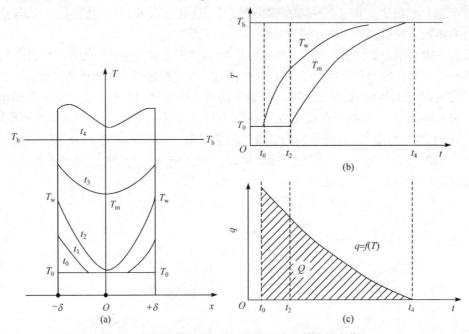

图 6-6　大平壁非定态加热过程的温度和热流量变化

以上说明了非定态导热过程的温度变化。非定态导热过程的速率与平板的内部热阻有关，也受对流传热系数 $h$ 的影响。在前面已经接触到毕渥数 $Bi$，并了解到它反映了内部导热热阻与表面对流传热热阻的比值。下面仍以无限大平壁为例进行分析，说明毕渥数 $Bi$ 对第三类边界条件下非定态导热时物体中温度变化特性的影响。如图 6-5 所示，对厚度为 $2\delta$ 的大平壁，毕渥数 $Bi$ 为

$$Bi = \frac{h\delta}{k} = \frac{\delta/k}{1/h} = \frac{\text{内部导热热阻} r_i}{\text{表面对流传热热阻} r_0} \tag{6-35}$$

由于内部导热热阻与表面对流传热热阻的相对大小不同，大平壁中温度分布的变化会出现以下三种情形(图 6-7)：

(1) $Bi \rightarrow 0$ 时，意味着 $r_i \ll r_0$，内部导热热阻可以忽略，因而任一时刻平壁内的温度都均匀一致，并随着时间的推移整体下降，逐渐趋近于 $T_b$，如图 6-7(a)所示。此时温度分布与空间坐标无关，仅为时间的函数。

(2) $Bi \rightarrow \infty$时，意味着 $r_i \gg r_0$，外部(表面)传热热阻可以忽略，因而表面温度 $T_w$ 一开始就被冷却到 $T_b$，随着时间的推移，平壁内部各点的温度逐渐下降而趋近于 $T_b$，如图 6-7(b)所示。此时相当于第一类边界条件，即壁面温度等于流体温度 $T_w = T_b$。

(3) $Bi$ 为有限值时，意味着内部导热热阻 $r_i$ 与表面传热热阻 $r_0$ 均不能忽略，此时大平壁内温度分布随时间的变化介于上述两种极端情况之间，如图 6-7(c)所示。

从以上分析可以看出，在非定态导热过程中，由于物体各处本身温度发生变化，不同位置的热流量也不尽相同。相应地，求解过程以及所得分析解的形式均较复杂。本章仅简要地介绍分析解法的两种情形：①导热体内部导热热阻可以忽略时[图 6-7(a)]，采用的集总热容

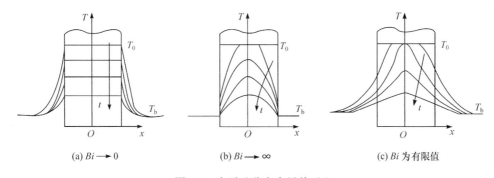

(a) $Bi \longrightarrow 0$        (b) $Bi \longrightarrow \infty$        (c) $Bi$ 为有限值

图 6-7 大平壁非定态导热过程

分析法；②第三类边界条件下，对于内部导热热阻不可忽略的一维非定态导热[图 6-7(c)]，介绍分析解形式以及由此绘制而成的算图。另外，借助纽曼(Newman)法则，一维非定态导热算图可以求解二维和三维热传导问题，对此也予以介绍。

### 6.2.2 忽略内部热阻的非定态导热与集总热容法

首先对一种简单的情况进行分析。若固体的导热系数很大，内热阻很小，而环绕流体与该固体表面之间的对流传热热阻又比较大时，便可以忽略固体内部的热阻，认为固体的温度仅与时间有关而与位置无关，即在某一时刻固体各处的温度都是均匀的。数学表达即物体的导热系数为无限大，而内部温度梯度为零。这当然是一种极限状况。

例如，有一个体积较小的高温纯金属小球，被浸泡在冷的油类或其他流体中(图 6-8)。由于金属的导热性好，任一时刻小球本身的温度均可认为是均匀一致的。小球内部热量很易传导至表面，然后表面的热量再以对流传热的方式传至流体主体，而对流传热的热阻较大。

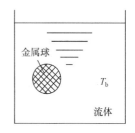

图 6-8 流体中小金属球的散热

设金属球的密度为 $\rho$、比热容为 $c_V$、体积为 $V$、表面积为 $A$、初始温度均匀为 $T_0$。环境流体的主体温度恒定，为 $T_b$，流体与金属球表面的对流传热系数为 $h$，且不随时间而变。又设在 $\mathrm{d}t$ 时间内金属球的温度变化为 $\mathrm{d}T$。根据热量衡算，整个金属球所放出的热流率等于表面对流体的对流传热速率，即

$$\rho V c_V \frac{\mathrm{d}T}{\mathrm{d}t} = hA(T - T_b) \tag{6-36}$$

式中，$T$ 为任一瞬间金属球表面的温度，由于金属球内热阻可以忽略，内部无温度梯度，故金属球内各点的温度同一瞬间均为 $T$。

式(6-36)的初始条件为：$t=0$ 时，$T=T_0$。由于物体的温度只随时间改变而与位置无关，因此无边界条件。令 $\tau = T - T_b$，则式(6-36)化为

$$\frac{\mathrm{d}\tau}{\tau} = -\frac{hA}{\rho V c_V} \mathrm{d}t \tag{6-37}$$

式(6-37)所对应的初始条件为：$t=0$ 时，$\tau = \tau_0$。积分式(6-37)

$$\int_{\tau_0}^{\tau} \frac{\mathrm{d}\tau}{\tau} = -\frac{hA}{\rho V c_V} \int_0^t \mathrm{d}t \qquad (6\text{-}38)$$

得

$$\ln \frac{\tau}{\tau_0} = -\frac{hA}{\rho V c_V} t$$

或

$$\frac{\tau}{\tau_0} = \frac{T - T_b}{T_0 - T_b} = \mathrm{e}^{-\frac{hAt}{\rho V c_V}} \qquad (6\text{-}39)$$

式(6-39)可以描述忽略物体内部热阻的情况下温度与时间之间的关系。这种处理问题的方法称为集总热容法。集总热容法要求物体内部热阻忽略不计，即任一时刻物体内温度相同。而在实际应用时，一般要求物体中各点温度的最大偏差不大于 5%，此时对应的 $Bi$ 小于或等于 0.1。因此，集总热容法的适用条件为

$$Bi = \frac{h l_e}{k} \leqslant 0.1 \qquad (6\text{-}40)$$

式中，$l_e$ 为特征长度，对于无限大平壁(厚度为 $2\delta$)，$l_e = \delta$(半厚)；对于无限长圆柱体(直径为 $d$)，$l_e = d/2 = R$(半径)；对于球体(直径为 $d$)，$l_e = d/2 = R$(半径)。

体积 $V$ 与表面积 $A$ 的比例为 $V/A = R/3$，式(6-39)右侧指数中的量还可写成如下形式

$$\frac{hAt}{\rho V c_V} = 3\frac{ht}{\rho R c_V} = 3\frac{hR}{k}\frac{k}{\rho c_V}\frac{t}{R^2} = 3\frac{hR}{k}\frac{\alpha t}{R^2} \qquad (6\text{-}41)$$

式(6-41)右侧两个数群都是量纲为一的。第一个数群 $\frac{hR}{k}$ 为毕渥数 $Bi$，第二个数群 $\frac{\alpha t}{R^2}$ 称为傅里叶数，记为 $Fo$，即

$$Fo = \frac{\alpha t}{R^2} \qquad (6\text{-}42)$$

傅里叶数 $Fo$ 的物理意义表示量纲为一时间。

根据两个量纲为一数群的定义，式(6-39)可以写为

$$\frac{T - T_b}{T_0 - T_b} = \mathrm{e}^{-BiFo} \qquad (6\text{-}39a)$$

【例 6-2】 一直径为 12.5mm 的钢球(含碳 1%)，初始温度为 500℃，将其置于 25℃空气流中冷却。设钢球表面与周围环境间的对流传热系数为 110W/(m² · K)，钢球的导热系数 $k$=4W/(m · K)，密度 $\rho$ 为 7800kg/m³，比热容 $c_V$=470J/(kg · K)。试计算：(1)钢球冷却到 100℃所需的时间；(2)开始冷却后 2min 时的瞬态散热速率；(3)开始冷却后 2min 内钢球的总散热量。

**解** 由题意，$R$=0.00625m，$T_0$=500℃，$T_b$=25℃。首先计算 $Bi$，判断是否可采用集总热容法。

$$Bi = \frac{hR}{k} = \frac{110 \times 0.00625}{41} = 0.01677 < 0.1$$

因此本题可以来用集总热容法简化分析

$$\frac{hA}{\rho V c_V} = \frac{3h}{\rho c_V R} = \frac{3 \times 110}{7800 \times 470 \times 0.00625} = 0.0144(\mathrm{s}^{-1})$$

(1) 钢球冷却到 100℃所需时间可按式(6-39)计算，代入数据

$$\frac{T - T_b}{T_0 - T_b} = \frac{100 - 25}{500 - 25} = \mathrm{e}^{-0.0144t}$$

求解得

$$t = 128.2(\mathrm{s})$$

(2) 开始冷却后 2min 时的钢球温度 $T$ 满足式(6-39)，代入数据

$$\frac{T-25}{500-25}=e^{-0.0144\times120}$$

解得
$$T=109.38\ ℃$$

瞬态散热速率
$$Q=hA(T-T_b)=110\times4\pi\times0.00625^2\times(109.38-25)=4.56\ (W)$$

(3) 开始冷却后 2min 内钢球的总散热量

$$Q'=V\rho c_v(T_0-T)=\frac{4}{3}\pi\times0.00625^3\times7800\times470\times(500-109.38)=1464\ (J)$$

### 6.2.3 内部和表面热阻均不可忽略的一维非定态导热

工程上常遇到内部导热热阻不可忽略的非定态导热问题，这时一般有 $Bi>0.1$，前面的集总热容简化分析法计算的误差将超过 5% 而不予采用。对于几何形状和边界条件都比较简单的情况仍可用导热微分方程和定解条件分析求解，并可将分析解结果绘成相应的算图供工程使用。下面以第三类边界条件下无限大平壁非定态导热为例，简单介绍一维非定态导热问题求解的分析方法和步骤，以及由分析解到工程应用的算图的转变过程。

设有一无内热源、常物性的无限大平壁，厚度为 $2\delta$，初始温度均匀且为 $T_0$，在初始瞬间将它置于温度为 $T_b$ (恒定)的流体中加热或冷却，流体与壁面间的对流传热系数 $h$ 为常数。下面确定在非定态导热过程中平壁内的温度分布。

平壁两侧表面对称受热，壁内温度分布必以中心截面为对称面，因此采用如图 6-9 所示的坐标系统，只要研究厚度为 $\delta$ 的半块平壁即可。对 $x>0$ 的半块大平壁，完整的数学描述如下：

导热微分方程

$$\frac{\partial T}{\partial t}=\alpha\frac{\partial^2 T}{\partial x^2}$$

初始条件：
$$t=0 \quad T=T_0$$

边界条件：
$$x=0 \quad \frac{\partial T(t)}{\partial x}=0 \text{(对称性)}$$

$$x=\delta \quad h\left[T(T)-T_b\right]=k\frac{\partial T(T)}{\partial x}$$

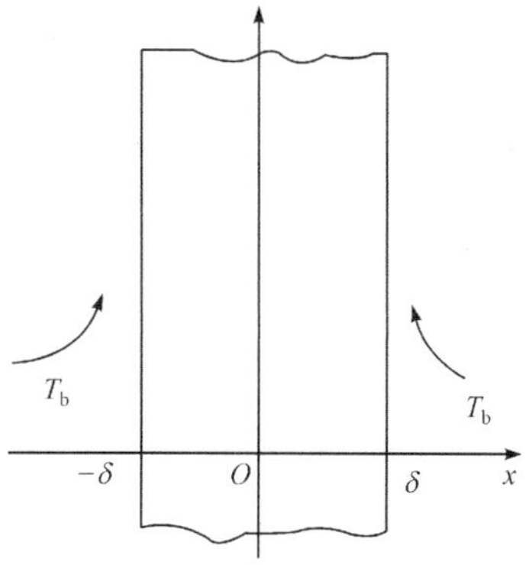

采用分离变量法对上述热传导方程求解，并使其满足以上初始和边界条件，可得其解为(数学过程从略)

图 6-9 大平壁对称受热时坐标的选取

$$\frac{T-T_b}{T_0-T_b}=2\sum_{i=1}^{\infty}\frac{\sin\mu_i\cos\left(\mu_i\dfrac{x}{\delta}\right)}{\mu_i+\sin\mu_i\cos\mu_i}e^{-\mu_i^2\frac{\alpha t}{\delta^2}} \tag{6-43}$$

式(6-43)是一个无穷级数，计算工作量较大。但对比计算表明，当 $Fo=\dfrac{\alpha t}{\delta^2}\geqslant0.2$ 时，仅取第一项而略去级数的所有其他各项，仍将足够精确，此时式(6-43)可简化为

$$\frac{T-T_b}{T_0-T_b}=2\frac{\sin\mu_1\cos\left(\mu_1\dfrac{x}{\delta}\right)}{\mu_1+\sin\mu_1\cos\mu_1}e^{-\mu_1^2\frac{\alpha t}{\delta^2}} \tag{6-43a}$$

式中，$\mu_1$ 为特征方程

$$\tan \mu_1 = Bi/\mu_1 \tag{6-44}$$

的解。考虑式(6-43b)和式(6-44)，可得式(6-43)量纲为一函数形式

$$\frac{T-T_b}{T_0-T_b} = f\left(Fo, Bi, \frac{x}{\delta}\right) \tag{6-43b}$$

式中，$Bi = \dfrac{h\delta}{k}$，$\dfrac{x}{\delta}$ 为量纲为一位置。

工程实际中，一般采用简易算图法，算图见附录 1，其中附图 1-1 是将式(6-43)量纲为一化后绘制成。图中采用四个量纲为一数群描述非定态热传导过程的温度变化，包括

量纲为一温度　　　　$T_b^* = \dfrac{T-T_b}{T_0-T_b}$

相对热阻　　　　$m = \dfrac{k}{h\delta} = \dfrac{1}{Bi}$

量纲为一时间　　　　$Fo = \dfrac{\alpha t}{\delta^2}$

量纲为一位置　　　　$n = \dfrac{x}{\delta}$

式(6-43)还可用于平板一个端面绝热、另一端面骤然升温或降温至 $T_b$ 的情况下的导热计算。显然，此种情况下的导热正是附录 1 的附图 1-1 对称大平板中的一半平板的导热问题，由于中心面处的温度梯度为零，也是绝热情况下边界条件，因此一端面绝热平板的非定态导热问题完全可用式(6-43)对应的算图计算，求算此情况下任一瞬间、任一位置处的温度值。

这种简易算图法也可以推广到圆柱体和球体。圆柱体(假定轴向为无限长)和球体中沿径向进行一维非定态导热时，由分析求解结果也可确定出 $T_b^*$ 与 $m$、$Fo$、$n$ 的函数关系，它们的非定态导热算图也示于附录 1 的附图 1-2 及附图 1-3 中。此两图中的 $\delta$ 为圆柱体或球体的半径，$x$ 为由中心到某定点的径向距离。

上述这些算图的应用条件是物体内部无热源、一维非定态导热、物体的初始温度均匀为 $T_0$，物体的导热系数 $k$ 为常数。当 $t>0$ 时，物体界面的温度虽随时间而变，但环境流体的主体温度 $T_b$ 则为定值。

【例 6-3】　一厚度为 46.2mm、温度为 278K 的奶油饼由冷藏室移至 298K 的环境中。奶油饼盛于容器中，除顶面与环境接触外，各侧面和底面均为容器所包裹。设容器为绝热体，试求算 5h 后奶油顶面、中心面及底面处的温度。

已知奶油的导热系数 $k$=0.197W/(m·K)，密度 $\rho$=998kg/m³，热容 $c_V$=2300J/(kg·K)。奶油表面与周围环境间的对流传热系数为 8.52W/(m²·K)。

**解**　可认为本题属于平板一维非定态导热问题，故可应用简易图算法求解。由于底面为绝热，故 $\delta$ 为奶油的厚度，即

$$\delta = 0.0462m \qquad \alpha = \frac{k}{\rho \cdot c_v} = \frac{0.197}{998 \times 2300} = 8.58 \times 10^{-8} \ (m^2/s)$$

(1) 对于顶面：

$$x = \delta = 0.0462m \qquad n = \frac{x}{\delta} = 1$$

$$m = \frac{k}{h\delta} = \frac{0.197}{8.52 \times 0.0462} = 0.50$$

$$Fo = \frac{\alpha t}{\delta^2} = \frac{\left(8.58 \times 10^{-8}\right) \times \left(5 \times 3600\right)}{0.0462^2} = 0.726$$

由 $Fo$、$n$、$m$ 值查附录 1 的附图 1-1，得量纲为一温度 $T_b^* = 0.25$，即

$$\frac{T - T_b}{T_0 - T_b} = \frac{T - 298}{278 - 298} = 0.25$$

故得
$$T = 293\text{K}$$

(2) 对于中心面：

$$x = \delta / 2 = 0.0231\text{m} \quad n = \frac{x}{\delta} = 0.5$$

$$m = 0.50 \quad Fo = 0.726 \text{(保持不变)}$$

同样由 $Fo$、$n$、$m$ 值查附录 1 的附图 1-1，得量纲为一温度 $T_b^* = 0.47$，解得

$$T = 288.6\text{K}$$

(3) 对于底面：

$$x = 0\text{m} \quad n = \frac{x}{\delta} = 0$$

$$m = 0.50 \quad Fo = 0.726 \text{(保持不变)}$$

同样由 $Fo$、$n$、$m$ 值查附录 1 的附图 1-1，得量纲为一温度 $T_b^* = 0.5$，得

$$T = 288\text{K}$$

### 6.2.4 多维非定态导热

上面所讨论非定态导热只局限于一维问题。但在许多工程实际问题中，常遇到的是二维或三维非定态导热问题。多维非定态导热的分析解是非常复杂的，在这里不准备详细讨论。很多情况下工程上某些常见的多维系统往往可以看成几个简单的一维系统正交而成。例如，无限长的长方柱体可由两个无限大平壁垂直相交而成[图 6-10(a)]；短圆柱可由一个无限大平壁与一个无限长圆柱体垂直相交而成[图 6-10(b)]；长方体可由三个大平壁垂直相交而成[图 6-10(c)]。理论上已经证明，可以看成几个一维导热物体正交而成的多维导热物体，其非定态导热时任一点温度可通过垂直相交的一维非定态导热物体在该点的量纲为一温度求取。这种处理问题的方法称为**纽曼(Newman)法则**。

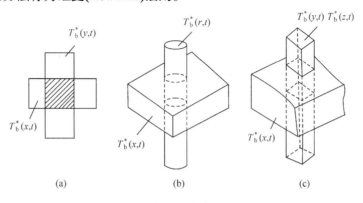

图 6-10 多维非定态导热过程

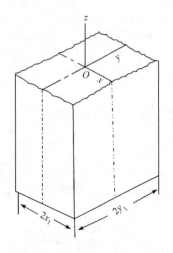

图 6-11　二维非定态导热过程

图 6-11 示意了一个无限长的长方柱体，其 $z$ 方向为无限长，$x$ 和 $y$ 方向上的宽度分别为 $2x_1$、$2y_1$。物体的导热系数为 $k$，初始温度均匀为 $T_0$，并骤然置于主体温度为 $T_b$ 的流体环境中，流体与物体表面间的对流传热系数 $h$ 为常数。这时将发生 $x$ 和 $y$ 方向上的二维非定态导热，具有第三类边界条件。该物体在时间 $t$、位置 $(x,y)$ 处的量纲为一温度 $T_b^*(x,y,t)$，经分析和推导，可以用下式表示

$$T_b^*(x,y,t) = T_b^*(x,t) \cdot T_b^*(y,t) \tag{6-45}$$

或

$$\frac{T(x,y,t) - T_b}{T_0 - T_b} = \frac{T(x,t) - T_b}{T_0 - T_b} \cdot \frac{T(y,t) - T_b}{T_0 - T_b} \tag{6-45a}$$

式(6-45)中 $T_b^*(x,t)$、$T_b^*(y,t)$ 分别为沿 $x$ 和 $y$ 方向上进行一维非定态导热时的量纲为一温度，其中 $x$ 方向上特征长度 $\delta = x_1$，$y$ 方向上 $\delta = y_1$。这表明，二维非定态导热问题可化为两个一维非定态导热问题处理，二维非定态导热时的量纲为一温度可以用两个一维非定态导热的量纲为一温度的乘积表示。而 $T_b^*(x,t)$ 和 $T_b^*(y,t)$ 则可由式(6-43)或附录 1 的附图 1-1 计算。

上述原理也可推广到三维非定态导热问题，对于边长 $2x_1$、$2y_1$、$2z_1$ 的长方物体，当其沿 $x$、$y$、$z$ 三个方向进行非定态导热时，某时刻 $t$、某位置 $(x,y,z)$ 处的温度可用下式表示：

$$T_b^*(x,y,z,t) = T_b^*(x,t) \cdot T_b^*(y,t) \cdot T_b^*(z,t) \tag{6-46}$$

其他形状的简单物体，可视为由无限大平板和无限长圆柱体等适当组合而成，然后将物体的二维或三维导热问题化为两个或三个一维导热问题来解，而这些解的乘积即为该物体多维导热问题的解。例如，图 6-10(b)所示的半径为 $r_1$、高度为 $2x_1$ 的短圆柱体，可视为由无限长圆柱与无限大平板垂直相割而成，在时刻 $t$，某位置 $(x,r)$ 处的温度可采用下式求算

$$T_b^*(x,r,t) = T_b^*(x,t) \cdot T_b^*(r,t) \tag{6-47}$$

式(6-45)～式(6-47)中各一维非定态导热的量纲为一温度 $T_b^*(x,t)$、$T_b^*(y,t)$、$T_b^*(z,t)$、$T_b^*(r,t)$，可利用前述附录 1 的算图查算。

【例 6-4】　一段短圆柱形铝棒，直径为 40cm、高也为 40cm，初始温度均匀为 200℃，然后将其置于温度为 70℃ 的环境中。若圆柱体表面与环境流体间的对流传热系数为 $h = 525\text{W}/(\text{m}^2 \cdot \text{K})$。求算 10min 后距一端 4cm 远、半径为 10cm 处的温度值。已知铝的导热系数 $k = 215\text{W}/(\text{m} \cdot \text{K})$，导温系数 $\alpha = 8.4 \times 10^{-5}\text{m}^2/\text{s}$。

**解**　此题为沿 $x$ 和 $r$ 方向的二维非定态导热问题，短圆柱体内某点的温度可由式(6-47)求解

$$T_b^*(x,r,t) = T_b^*(x,t) \cdot T_b^*(r,t)$$

(1) $x$ 方向上

$$\delta = x_1 = 0.2\ (\text{m}) \qquad x = 0.2 - 0.04 = 0.16\ (\text{m})$$

$$n = \frac{x}{\delta} = \frac{0.16}{0.2} = 0.8 \qquad m = \frac{k}{h\delta} = \frac{215}{525 \times 0.2} = 2.05$$

$$Fo = \frac{\alpha t}{\delta^2} = \frac{(8.40 \times 10^{-5}) \times (10 \times 60)}{0.2^2} = 1.26$$

查附录 1 的附图 1-1，得　　　　　　　　　　$T_b^*(x,t) = 0.56$

(2) $r$ 方向上

$$\delta = r = 0.2\,(\text{m}) \qquad x = 0.1\,(\text{m})$$

$$n = \frac{x}{\delta} = \frac{0.1}{0.2} = 0.5 \qquad m = \frac{k}{h\delta} = \frac{215}{525 \times 0.2} = 2.05$$

$$Fo = \frac{\alpha t}{\delta^2} = \frac{(8.40 \times 10^{-5}) \times (10 \times 60)}{0.2^2} = 1.26$$

查附录 1 的附图 1-2，得 $T_b^*(r,t) = 0.35$

于是，有

$$T_b^*(x,r,t) = T_b^*(x,t) \cdot T_b^*(r,t) = 0.56 \times 0.35 = 0.196$$

即

$$\frac{T(x,r,t) - T_b}{T_0 - T_b} = \frac{T(1.6,0.1,600) - 70}{200 - 70} = 0.196$$

因此，10min 后距一端 4cm 远、半径为 10cm 处的温度值为

$$T(1.6,0.1,600) = 95.5\,\text{℃}$$

## 拓 展 文 献

1. 奥齐西克. 1983. 热传导. 俞昌铭, 主译. 北京：高等教育出版社
   (不同于一般的传热学教科书，这本书详细论述了固体热传导理论。书中用传统的方法阐明了求解一般热传导问题的基本分析过程，介绍了热传导问题的各种数学求解方法，并系统地叙述了线性与非线性问题、复合介质、相变及各向异性介质等有实际意义的各种类型的热传导问题。)
2. 蒋方明, 刘登瀛. 2002. 非傅里叶导热的最新研究进展. 力学进展, 32 (1): 128-140
   (牛顿黏性定律不能表征所有的流体流动行为，傅里叶定律也不能表征所有的热传导行为。这篇文章对迄今有关非傅里叶导热的研究成果进行了全面综述。)

## 学 习 提 示

1. 本章主要介绍了导热的基本理论，从导热微分方程和定解条件出发，讨论了定态和非定态导热问题的完整数学描述。对于多维和非定态热传导过程，数学解析法较复杂，可以采用数值分析或图解法求算工程热传导问题。
2. 本章在内容特征和研究方法上与第 3 章很相似，都阐述分子传递的相关规律，也都侧重数学分析的作用。正确认识本课程的学习目的，要避免两种极端。课程并非介绍实用性设计计算方法，也不单纯是严谨的数理分析。介乎两者之间，课程通过"三传"过程的数理分析，以帮助读者理解实用性工程设计计算的方法。
3. 学会应用导热微分方程或傅里叶定律及边界条件推导常物性、无内热源一维定态导热物体内的温度分布和导热速率计算式，掌握单层平壁、圆筒壁、球壁一维定态导热的分析计算方法，同时关注导热系数发生变化时一维定态导热问题的常规处理方法。
4. 求解较复杂的多维导热问题不能用数学分析解法，更常用的是数值解法。学习中通过有限差分法，了解多维定态导热问题的数值分析的基本思想和计算步骤。
5. 导热体内部热传导是与表面对流传热的联动过程，毕渥数 $Bi$ 表征了内部热传导与表面对流传热两个环节的阻力相对大小，是表述传热过程的重要的量纲为一准数之一。

6. 对非定态热传导过程，能够定性理解不同 $Bi$ 情况下导热体内部的温度变化规律之所以然。学习采用算图求算内部导热热阻不可忽略的一维非定态导热，并借助纽曼法则求解某些多维热传导问题。

## 思 考 题

1. 在直角坐标系中，常物性、无内热源、三维定态导热的导热微分方程为

$$\frac{\partial^2 T}{\partial x^2} + \frac{\partial^2 T}{\partial y^2} + \frac{\partial^2 T}{\partial z^2} = 0$$

式中不含导热系数，因此有人认为无内热源定态导热物体的温度分布与导热系数无关。你同意这种看法吗？为什么？

2. 导热微分方程是否适用于流动的流体？为什么？

3. 两种几何尺寸完全相同的等截面直肋，在完全相同的对流环境(即对流传热系数和流体温度均相同)下，沿肋高方向温度分布曲线如图 6-12 所示。判断两种材料导热系数的大小和肋效率的高低。

4. 两根直径不同的蒸汽管道，外表面敷设厚度相同、材料相同的绝热层，若管子外表面和绝热层外表面温度分别相等，两根管子每米长的热损失是否相同？

5. 对导热问题进行有限差分计算的基本思想与步骤是什么？

6. 等截面延伸体定态导热和一维定态导热有什么区别？

7. 壁面敷设肋片的目的何在？敷设时应如何考虑？

8. 如图 6-13 所示，圆台上、下表面积分别为 $A_1$、$A_2$，温度分别为 $T_1$、$T_2$，侧面绝热，温度沿 $x$ 方向发生变化。材料导热系数与温度的变化关系 $k = k_0 + dT$，其中 $d>0$，已知 $T_1 < T_2$，$A_1 < A_2$。确定 $\dfrac{\mathrm{d}T}{\mathrm{d}x}$ 随 $x$ 增大还是减小。导热速率和热通量随 $x$ 如何变化？

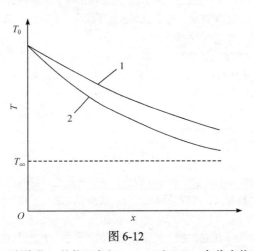

图 6-12

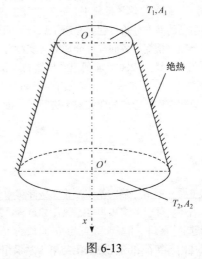

图 6-13

9. 试说明 $Bi$ 的物理意义。$Bi \to 0$ 和 $Bi \to \infty$ 各代表什么样的传热条件？

10. 试述集总热容法的物理概念及数学处理上的特点。

11. 材质相同、初温相同且内部导热热阻可以忽略的金属薄板、细圆柱体和小球置于同一介质中加热。若薄板厚度、细圆柱体直径、小球直径相等，表面对流传热系数相同。试求把它们加热到相同温度所需时间之比。

## 习 题

1. 一球形高压液化气钢储罐，其内径为 6m，壁厚为 10cm，导热系数为 43W/(m·K)，内壁面温度为 0℃，外壁面温度为 20℃，求壁内的温度分布与传热量。

2. 用平底锅烧开水，与水相接触的锅底温度为111℃，热流通量为42400W/m²。使用一段时间后，锅底结了一层平均厚度为3mm的水垢，假设此时与水相接触的水垢的表面温度及热流通量分别等于原来的值，试计算水垢与金属锅底接触面的温度。水垢的导热系数取为1W/(m·K)。

3. 有一管道外径为150mm，外表面温度为180℃，包覆矿渣棉保温层后外径为250mm。已知矿渣棉的导热系数 $k = 0.064 + 0.000144T$ [W/(m·K)]，$T$ 的单位为℃。保温层外表面温度为30℃。试求包有保温层后管道的热损失。

4. 有一具有均匀内热源的平板，其发热速率 $\dot{q} = 1.2 \times 10^6$ J/(m³·s)，平板厚度($x$ 方向)为0.4m。已知平板内只进行 $x$ 方向上的一维定态导热，两端面温度维持70℃，平均温度下的导热系数 $k = 377$ W/(m·K)。求距离平板中心面0.1m处的温度值。

5. 有一自然冷却的金属圆筒形导体，其外径100mm，壁厚20mm。导体内有均匀内热源，发热速率 $\dot{q} = 1.0 \times 10^7$ J/(m³·s)。已知导体只存在一维径向导热，达定态后外表面温度恒定为100℃，平均温度下的导热系数 $k = 50$ W/(m·K)。计算定态后圆筒内表面的温度值。

6. 放射性废水[$k = 20$ W/(m·K)]存放在不锈钢[$k = 15$ W/(m·K)]圆筒储罐，储罐的内、外径分别为1.0m和1.2m。废水内部产热速率为 $2 \times 10^5$ W/m³，储罐外侧与25℃水接触，表面对流传热系数为1000W/(m²·K)。圆筒两端面绝热，因此只有径向传热。对这种情况确定不锈钢筒面的内、外稳定温度以及废水中心的稳定温度。

7. 试计算下列两种尺寸相同的等厚度直肋的肋片效率，肋高 $H = 15.24$ mm，肋厚为2.54mm，计算过程中肋宽取单位长度，即 $b = 1$ m。
   (1) 铝肋：导热系数取为208W/(m·K)，对流传热系数 $h = 284$ W/(m²·K)；
   (2) 钢肋：导热系数取为41.5W/(m·K)，对流传热系数 $h = 511$ W/(m²·K)。

8. 某物体如图6-14所示，其四个侧面的温度均为已知：上侧面的温度为400℃，下侧面的温度为800℃，左侧面的温度为200℃，右侧面的温度为600℃。试导出内部结点1、2、3和4的结点温度方程，并算出各点的温度值。

9. 某建筑物的几何尺寸为 $L_1 = 2.2$ m，$L_2 = 3.0$ m，$L_3 = 2.0$ m，$L_4 = 1.2$ m，如图6-15所示。建筑材料的导热系数为0.5 W/(m·K)。试用数值法计算下列两种情况下建筑物内的温度分布。
   (1) 建筑物外表面温度 $T_1 = 75$ ℃，内表面温度 $T_2 = 0$ ℃；
   (2) 建筑物外表面与周围流体之间的对流换热系数 $h_1 = 10$ W/(m²·K)，流体温度 $T_{1b} = 30$ ℃，外表面与周围流体之间的对流换热系数 $h_2 = 4$ W/(m²·K)，流体温度 $T_{2b} = 0$ ℃。

   数值计算要求：步长 $\Delta x = \Delta y = 0.1$ m。

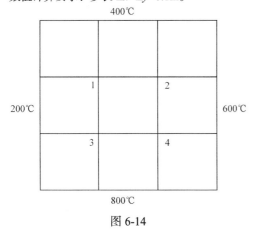

图6-14

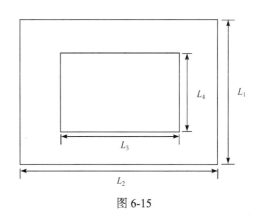

图6-15

10. 一个外径32.4cm、长145cm的圆管埋于地下，圆管轴心距地表面1.2m，地表温度280K，土的平均导热系数为0.66W/(m·K)，如果圆管表面温度为370K，计算圆管每天损失的热量。

11. 有一半径为 25mm 的钢球，其导热系数为 433W/(m·K)，密度为 7849kg/m³，比热容为 0.461kJ/(kg·K)，钢球的初始温度均匀为 700K。现将其置于温度 300K 的环境中，钢球与环境之间的对流换热系数 $h=11.4W/(m^2·K)$。计算 1h 后钢球表面的温度。

12. 盛有冰冻食物的容器堆置在一起并被储藏于零下 20℃ 的仓库中，冰冻食物的物性参数近似为 $k=0.5 W/(m·K)$，导温系数 $\alpha=4.6×10^{-4}m^2/s$。压缩机突然损坏以致制冷系统失去功能，且在调查故障时期，仓库中的冰冻食物顶表面暴露于 21℃ 的空气中，空气与冰冻食物表面之间的对流换热系数为 6.8W/(m²·K)，完成制冷系统的修理任务需要 12.5h。假设在仓库内堆置的冰冻食物可视为无限大的平板。试判断是否必须把食物转移到其他仓库以防止损坏(假设在修理时间内冰冻食物的表面温度不升高到 0℃，则食物可以继续留在仓库中)。

13. 一个橘子可理想化为半径 35mm 的球，其初始温度为 7℃，橘子的物性参数 $k=0.5W/(m·K)$，导温系数 $\alpha=4.6×10^{-4}m^2/h$。寒流使橘子周围的空气温度突然下降到-5℃。若 0℃ 时，橘子外表面有霜形成，且外表面与空气之间的对流换热系数 $h=5.7W/(m^2·K)$。试计算在橘子周围有霜形成前所需要的时间。

14. 一根长 0.1m、直径为 0.04m 的不锈钢锭，其导温系数 $\alpha=0.0156m^2/h$，导热系数 $k=20W/(m·K)$，初始温度为 90℃。现将其置入一温度为 1200℃ 的炉中加热。钢锭表面与周围环境的对流传热系数(包括对流和辐射)为 $h=100W/(m^2·K)$。要使钢锭温度升高到 800℃ 需要多少时间？

15. 一个支持烟囱的铁棒裸露在温度为 625K 的热气体中，其对流传热系数是 740W/(m²·K)。铁棒连着两个相对的烟囱壁，壁温为 480K。铁棒的直径为 1.9cm，长度为 45cm。试计算铁棒的最高温度。

16. 一家保险公司雇佣你作为顾问以提高他们对火灾损失的了解程度。他们尤其关注一名工人由于身体的一部分与温度为 50～100℃ 的机器相接触所引起的伤害。他们的医疗顾问告知他们任何活性组织在 $T\geq48℃$ 的温度下维持 10s 就会造成无法恢复的损伤(细胞坏死)。他们想要关于无法恢复的组织损伤程度(从皮肤表向的距离计算)对机器温度及皮肤与机器接触时间的函数关系，你可以帮助他们吗？假定活性组织正常温度为 37℃，各向同性，物性与液体水相同。

# 第7章  对流传热

为计算不同情况的对流传热过程，经常要借助各种半经验关联式计算对流传热系数 $h$。牛顿冷却定律只是对流传热系数 $h$ 的一个定义式，并没有揭示出对流传热系数与影响它的有关物理量之间的内在联系，揭示这种内在的联系正是本章研究对流传热的主要任务。

第 5 章指出，对流传热是热传导与流体流动过程的组合。因此，在对流传热过程中，除了热量的传递外，还涉及流体的流动。温度场与速度场之间存在着相互关联，因此求解对流传热问题，必须具备动量传递的基本知识。本章将以前面讨论过的运动方程、连续性方程和能量方程为基础，并运用边界层理论和湍流知识，探讨对流传热的基本规律，分析对流传热系数的影响因素。

## 7.1  对流传热与对流传热系数

### 7.1.1  对流传热的种类与研究方法

影响对流传热的因素包括影响流动的因素及影响流体中传热的因素，归纳起来包括：

(1) 流体有无相变：流体无相变时，对流传热中的热量传递依靠流体温度的变化而实现，在有相变的传热过程中(如沸腾或冷凝)，流体相变潜热的释放或吸收常常起主要作用，因而传热规律与无相变时不同。

(2) 流体流动的起因：依照流动起因不同，对流传热可以区别为强制对流传热与自然对流传热两类。前者是由各种外力(如泵或搅拌器)所造成的，后者通常是由流体内部的密度差所引起的。成因不同，形成的流体中速度场也有差别，因而传热规律不一样。

(3) 传热表面的几何因素：这里指的是传热表面的形状、大小、传热表面与流体运动方向的相对位置以及传热表面的粗糙情况。例如，圆管内强制对流流动与圆管外部的强制对流流动是截然不同的，这两种不同流动条件下的传热规律必然也不相同。

(4) 流体的流动状态：层流时流体微团沿着主流方向做有规则流动，而湍流时流体各部分之间发生剧烈的混合，因而在其他条件相同时湍流传热的强度较层流更为强烈。

(5) 流体的物理性质：以无相变的强制对流传热为例，流体的密度 $\rho$、黏度 $\mu$、导热系数 $k$、定压比热容 $c_p$ 等都会影响流体中的速度分布及热量的传递，因而影响对流传热。

从以上分析可知，对流传热是一类复杂的物理现象。为了获得适用于工程计算的对流传热系数的计算公式，需要按其主要的影响因素分门别类地加以研究。图 7-1 勾画出了目前化工过程常见的对流传热的类型，这种分类方式也体现出了影响对流传热的种种因素。本章介绍了无相变的强制对流传热和自然对流传热。具有相变的对流传热现象在化工过程中也很普遍，但其理论分析更为复杂，需要更多地借助实验研究方法，有兴趣的读者可参阅本章的拓展文献 2。

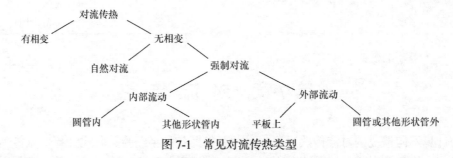

图 7-1　常见对流传热类型

获取对流传热系数的方法与前面流动摩擦系数的研究方法类似。本章主要探讨数学分析方法，这种方法能够准确揭示各种因素对传热过程的影响，帮助读者理解对流传热过程的物理本质。这里主要采用数学分析方法讨论两种情况的强制对流传热过程：7.2 节平板壁面的对流传热是简单的外部流动的对流传热类型，7.3 节圆管内对流传热则是常见于化工过程的内部流动的对流传热形式。7.4 节对自然对流传热过程做了简单分析。

数学分析方法不可能对每个问题都能提供一个实用的解。在许多情况下没有现成的数学模型可应用，即便有也可能得不到分析解。另一种方法是应用量纲分析法，将众多的影响因素归结为几个量纲为一的准数，再通过实验确定 $h$ 的半经验关联式，它是在理论指导下的实验研究方法。本章的学习中，读者应注意理解这些关联式的各种限制条件的根源，以及确定特征温度和特征长度的依据。

此外，随着计算机技术的迅速发展，计算流体力学与计算传热学的方法获得了越来越广泛的应用。实验研究与数值模拟相结合已经成为当今国际学术界研究传热问题的有效手段。

### 7.1.2　温度边界层、流体温度分布与对流传热系数

如图 7-2 所示，当均匀温度 $T_0$ 的流体沿平壁流动时，若壁温 $T_w$ 与之不同，将发生对流传

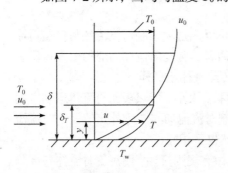

图 7-2　平板速度边界层与热边界层

热。这时，可以同时形成速度边界层与温度边界层。对流传热所对应的流体流动多为大 $Re$ 情形，这时壁面附近的一个薄层内，流体温度在壁面的法线方向上发生剧烈的变化，而在此薄层之外，流体的温度梯度几乎等于零。把这种壁面附近流体温度变化剧烈的薄层称为温度边界层或热边界层。热边界层的厚度 $\delta_T$ 在平板前缘处为零，然后逐渐增厚并延伸到无穷远处。如果温度边界层定义为存在温度分布区域，则在数学上，其厚度将趋于无穷；为研究方便，通常规定流体与壁面间的温度差 $(T_w-T)$ 达到最大温度差 $(T_w-T_0)$ 的 99% 时的 $y$ 向距离为热边界层的厚度。显然，热边界层厚度的定义与速度边界层厚度的定义是类似的。同样，以温度边界层外缘为界，对流传热问题的温度场也可划分为两个区域；沿壁面法线方向有温度变化的温度边界层和温度几乎不变的等温流动区。除液态金属及高黏性流体外，温度边界层厚度 $\delta_T$ 在数量级上是个与速度边界层厚度 $\delta$ 相当的量。

温度边界层厚度 $\delta_T$ 也是流动距离 $x$ 的函数。对于简单情形，分析解法可以得到边界层的速度分布和温度边界层的温度分布。7.2 节将通过数学解析说明如何从平板上流体的速度分布、温度分布推导出温度边界层厚度 $\delta_T$，进而计算对流传热系数。下面定性地说明它们之间的关系。

如图 7-3 所示，当黏性流体在壁面上流动时，由于界面无滑移现象，贴壁处极薄的流体层相对于壁面是不流动的，壁面与流体间的热量传递必须穿过这个流体层，而穿过不流动的流体层的热量传递只能以分子传递，即热传导的形式进行。因此，对流换热量就等于贴壁流体层的导热量[①]。按照傅里叶定律，贴壁处的热流通量可表示为

$$q = -k \frac{\partial T}{\partial y}\bigg|_{y=0} \tag{7-1}$$

式中，$\dfrac{\partial T}{\partial y}\bigg|_{y=0}$ 为贴壁处壁面法线上的流体温度梯度。

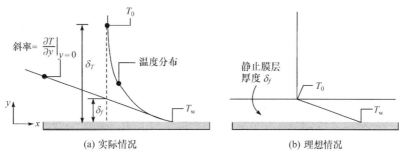

图 7-3　静止液膜模型及其温度分布

将牛顿冷却定律式(5-2)与式(7-1)联立，这里对流传热的温差 $\Delta T = T_w - T_0$，其中 $T_w$ 为壁面温度，$T_0$ 为流体主体的温度，即得关系式

$$h_x = -\frac{k}{T_w - T_0} \frac{\partial T}{\partial y}\bigg|_{y=0} \tag{7-2}$$

需要注意，由于温度梯度是流动距离 $x$ 的函数，因此式(7-2)计算得到的 $h_x$ 为局部对流传热系数。当采用数学分析解法得到温度边界层的温度分布，那么对流传热的温差和贴壁处流体温度梯度均为已知。结合流体导热系数 $k$，可以通过式(7-2)计算某个位置处的对流传热系数 $h_x$，进而计算一个区域的平均对流传热系数，这正是下面数学分析方法所采用的路径。

壁面附近的温度变化是平滑曲线，如图 7-3(a)所示。在传热研究中，温度变化常常被理想化为图 7-3(b)的情形，即认为对流传热的阻力全部集中于壁面附近的一个静止流体膜层，流体膜层内的温度梯度恒定，为

$$\frac{\partial T}{\partial y}\bigg|_{y=0} = \frac{T_w - T_0}{\delta_f} \tag{7-3}$$

将式(7-3)代入式(7-2)，得

$$h = \frac{k}{\delta_f} \tag{7-4}$$

式(7-4)表明，静止流体膜层的厚度 $\delta_f$ 决定了对流传热系数 $h$ 的值，因此对流传热系数也常称为膜系数。但需要注意，静止流体膜层的厚度 $\delta_f$ 是一个假想的理想量，与温度边界层厚度 $\delta_T$

---

① 穿过流体层的传热可能还有辐射，本章研究对流传热时没有考虑。

并不相等，图 7-3(a)表示出它们之间的差别。

正如湍流在壁面附近黏性底层形成大的速度梯度，也在壁面附近形成大的温度梯度。湍流导致混合，削弱了热传导在黏性底层之外的重要性，当流体的湍动程度增强，温度边界层与速度边界层厚度之间的差别比层流情形小得多，这时 $\delta_T$ 会接近黏性底层厚度 $\delta_v$ [参见式(4-51d)]，可近似用 $\delta_v$ 作为假想的静止液膜的厚度 $\delta_f$。

## 7.2　平板壁面对流传热

平板壁面上的对流传热是各种几何形状壁面对流传热中最易于分析求解的问题，在日常生活与工程实际中也经常遇到，如建筑物表面与空气的传热、大型设备与周围环境的热交换等。通过此过程的分析研究，对其他几何形状壁面上对流传热的过程实质也会有所启示。

### 7.2.1　平板壁面上层流传热的精确解

当恒温流体以层流方式流过一个 $h = \dfrac{k}{\delta_f}$ 的平板，对于图 7-2 所示的温度边界层，流向平板的流体温度为 $T_0$，壁面温度为 $T_w$，能量方程式(5-13a)可以反映流体的温度变化

$$\frac{\partial T}{\partial t} + u_x \frac{\partial T}{\partial x} + u_y \frac{\partial T}{\partial y} + u_z \frac{\partial T}{\partial z} = \alpha \left( \frac{\partial^2 T}{\partial x^2} + \frac{\partial^2 T}{\partial y^2} + \frac{\partial^2 T}{\partial z^2} \right) \tag{5-13a}$$

若流动为 $x$ 和 $y$ 方向上的平面流，即 $u_z = 0$，$\dfrac{\partial^2 T}{\partial z^2} = 0$。在定态条件下，$\dfrac{\partial T}{\partial t} = 0$。温度边界层厚度 $\delta_T$ 在数量级上与速度边界层厚度 $\delta$ 相当，也远小于流动距离 $x$，借助数量级分析，有 $\dfrac{\partial^2 T}{\partial x^2} \ll \dfrac{\partial^2 T}{\partial y^2}$，因此式(5-13a)右侧括号内 $\dfrac{\partial^2 T}{\partial x^2}$ 与 $\dfrac{\partial^2 T}{\partial y^2}$ 相比可以略去。因此，得到平板壁面上层流边界层的能量方程为

$$u_x \frac{\partial T}{\partial x} + u_y \frac{\partial T}{\partial y} = \frac{k}{\rho c_p} \frac{\partial^2 T}{\partial y^2} \tag{7-5}$$

可以发现，普朗特边界层方程式(4-3)与式(7-5)非常相似。根据相似理论，如果 $\dfrac{k}{\rho c_p} = \dfrac{\mu}{\rho}$，式(7-5)的温度甚至也可以用布拉休斯解出的 $f(\eta)$ 表示。这意味着，$Pr = \dfrac{c_p \mu}{k} = 1$。为了使解的形式一致，所使用的边界条件也必须相同，因此温度函数 $T$ 要采用量纲为一温度 $T^*$ 代替，$T^*$ 定义为

$$T^* = \frac{T - T_w}{T_0 - T_w} \tag{7-6}$$

由式(7-6)可以看出，温度边界层与速度边界层的数学表述如此相似(表 7-1)。在 4.1 节已经求出了速度边界层准确的速度分布的解，所得的布拉休斯解也可以应用到这里，同样为平板上层流流动，但包含了对流传热时的情况。

**表 7-1　*Pr*=1 时温度边界层与速度边界层的数学相似性**

| | 速度边界层 | 温度边界层 |
|---|---|---|
| 方程 | $u_x\dfrac{\partial u_x}{\partial x}+u_y\dfrac{\partial u_x}{\partial y}=\dfrac{\mu}{\rho}\dfrac{\partial^2 u_x}{\partial y^2}$ | $u_x\dfrac{\partial T}{\partial x}+u_y\dfrac{\partial T}{\partial y}=\dfrac{k}{\rho c_p}\dfrac{\partial^2 T}{\partial y^2}$ |
| 边界条件 | $y=0$ 时，$\dfrac{u_x}{u_0}=0$<br><br>$y=\delta$ 时，$\dfrac{u_x}{u_0}=1$<br><br>$x=0$ 时，$\dfrac{u_x}{u_0}=1$ | $y=0$ 时，$T^*=\dfrac{T-T_w}{T_0-T_w}=0$<br><br>$y=\delta_T$ 时，$T^*=\dfrac{T-T_w}{T_0-T_w}=1$<br><br>$x=0$ 时，$T^*=\dfrac{T-T_w}{T_0-T_w}=1$ |
| 系数 | $\dfrac{k}{\rho c_p}=\dfrac{\mu}{\rho}$　　$(Pr=1)$ | |

因此，这时两种边界层的解的形式是一致的，速度分布的解与温度分布的解相等。或者说，对流动系统的任意点$(x,y)$，量纲为一速度 $u_x/u_0$ 与量纲为一温度 $T^*$相等

$$\frac{u_x}{u_0}=T^*=\frac{T-T_w}{T_0-T_w} \tag{7-7}$$

这意味着动量和热量传递是完全类似的，因此温度边界层厚度$\delta_T$等于速度边界层厚度$\delta$。

将式(4-20) $\dfrac{\partial u_x}{\partial y}\Big|_{y=0}=0.332\dfrac{u_0}{x}Re_x^{\frac12}$ 转换为

$$\frac{\partial(u_x/u_0)}{\partial y}\Big|_{y=0}=0.332\frac{Re_x^{\frac12}}{x} \tag{7-8}$$

由式(7-7)和式(7-8)，得

$$\frac{\partial\left[(T-T_w)/(T_0-T_w)\right]}{\partial y}\Big|_{y=0}=0.332\frac{Re_x^{\frac12}}{x} \tag{7-9}$$

或者

$$\frac{\partial T}{\partial y}\Big|_{y=0}=0.332(T_0-T_w)\frac{Re_x^{\frac12}}{x} \tag{7-10}$$

联立式(7-2)和式(7-10)，得

$$\frac{h_x x}{k}=Nu_x=0.332Re_x^{\frac12} \tag{7-11}$$

式中，$Nu$ 为量纲为一努塞特(Nusselt)准数。结合式(7-4)可知，$Nu$ 表示特征长度(这里为流动距离 $x$)与假想的贴壁静止膜层厚度$\delta_f$的比值。并且

$$\delta_f=\frac{k}{h_x}=\frac{x}{0.332Re_x^{\frac12}} \tag{7-12}$$

根据式(4-19)，$\delta_T = \delta = 5.0xRe_x^{-\frac{1}{2}}$，得

$$\frac{\delta_f}{\delta_T} = \frac{1}{0.332 \times 5} = 0.602 \tag{7-13}$$

因此，假想的静止膜层厚度 $\delta_f$ 小于温度边界层厚度 $\delta_T$，从图 7-3(a)也可以看出这一点。

上述结论是基于 $Pr=1$ 的前提条件。对于气体 $Pr$ 接近于 1，这样的结论很有实用意义。波尔豪森通过对理论解的数值分析，进一步证明了 $Pr$ 大于 0.6 的流体，温度边界层厚度 $\delta_T$ 与速度边界层厚度 $\delta$ 的关系近似为

$$\frac{\delta}{\delta_T} = Pr^{\frac{1}{3}} \tag{7-14}$$

式(7-14)可用于 $Pr$ 值为 0.6～160 的常用流体，这时速度边界层厚度 $\delta$ 与温度边界层厚度 $\delta_T$ 的差别不大。其中，普朗特数 $Pr$ 反映了流体中动量扩散与热扩散能力的对比。流体的运动黏度 $\nu$ 越大，黏性的影响传递得越远，因而速度边界层越厚，热扩散系数 $\alpha = \dfrac{k}{\rho c_p}$ 也可以做出类似的讨论。因此 $\nu$ 与 $\alpha$ 的比值即 $Pr$，反映了速度边界层厚度 $\delta$ 与温度边界层厚度 $\delta_T$ 的相对大小。对于 $Pr$ 值很小或很大的流体，式(7-14)误差变大，但反映的变化趋势依然存在。例如，液态金属的 $Pr$ 值在 0.01 的数量级，速度边界层厚度远小于温度边界层厚度，而对高黏度的油类($Pr$ 在 $10^3$ 量级)，则速度边界层的厚度远大于温度边界层的厚度(图 7-4)。

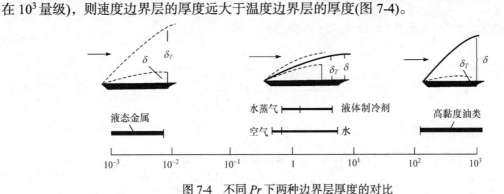

图 7-4　不同 $Pr$ 下两种边界层厚度的对比

式(7-14)成立时，可导出平板层流的局部对流传热的方程为

$$h_x = 0.332\frac{k}{x}Re_x^{\frac{1}{2}}Pr^{\frac{1}{3}} \tag{7-15}$$

或写成

$$Nu_x = 0.332Re_x^{\frac{1}{2}}Pr^{\frac{1}{3}} \tag{7-15a}$$

式(7-15)和式(7-15a)是层流边界层定态传热时求距离平板前缘 $x$ 处局部对流传热系数的计算式。一般情况下，取流体流过整个平板壁面的平均对流传热系数 $h_m$ 更为方便。对于长度为 $L$ 的平板，其平均对流传热系数 $h_m$ 与局部对流传热系数 $h_x$ 的关系为

$$h_m = \frac{1}{L}\int_0^L h_x\mathrm{d}x$$

将式(7-15a)代入上式，经积分整理后，得

$$h_m = 0.664 \frac{k}{L} Re_L^{\frac{1}{2}} Pr^{\frac{1}{3}} \tag{7-16}$$

式(7-15)和式(7-16)适用于壁温恒定条件下,光滑平板壁面上层流边界层的定态传热计算。式(7-15)中物性值的特征温度采用局部的静止膜层温度,取壁面温度 $T_w$ 与流体主体温度 $T_0$ 的平均值 $T_m = (T_w + T_0)/2$。式(7-16)中物性值的特征温度则采用平均膜温,即加热段两端静止膜层温度的算术平均值。

**【例 7-1】** 常压下 20℃的空气,以 15m/s 的速度流过一温度 100℃的光滑平板壁面,求临界长度处速度边界层的厚度、温度边界层厚度及对流传热系数。设传热从平板前缘开始,计算层流区的平均对流传热系数。已知 $Re_{x_c} = 5 \times 10^5$。

**解** 特征温度为 $\frac{T_w + T_0}{2} = \frac{100 + 20}{2} = 60$ (℃),查得该温度下空气的物性值为:密度 $\rho = 1.060 \text{kg/m}^3$,比热容 $c_p = 1.004 \text{kJ/(kg·℃)}$,导热系数 $k = 2.896 \times 10^{-2} \text{W/(m·℃)}$,黏度 $\mu = 2.01 \times 10^{-5} \text{Pa·s}$,计算得 $Pr = 0.696$。

层流区的临界长度 $x_c = (Re_{x_c} \mu)/(\rho u_0) = (5 \times 10^5 \times 2.01 \times 10^{-5})/(1.060 \times 15) = 0.63 \text{(m)}$;速度边界层厚度根据式(4-19)计算

$$\delta = 5.0 \sqrt{\frac{\mu x_c}{\rho u_0}} = 5.0 \times \sqrt{\frac{2.01 \times 10^{-5} \times 0.63}{1.060 \times 15}} = 4.46 \times 10^{-3} \text{ (m)} = 4.46 \text{(mm)}$$

温度边界层厚度根据式(7-14)计算,得

$$\delta_T = \frac{\delta}{Pr^{\frac{1}{3}}} = \frac{4.46 \times 10^{-3}}{0.696^{\frac{1}{3}}} = 5.02 \times 10^{-3} \text{ (m)} = 5.02 \text{(mm)}$$

临界长度 $x_c$ 处的对流传热系数 $h_{x_c}$ 为

$$h_x = 0.332 \frac{k}{x_c} Re_{x_c}^{\frac{1}{2}} Pr^{\frac{1}{3}} = 0.332 \times \frac{2.896 \times 10^{-2}}{0.63} \times 5 \times 10^5 \times 0.696^{\frac{1}{3}} = 9.56 \left[ \text{W/(m}^2 \cdot \text{℃)} \right]$$

层流区的平均对流传热系数

$$h_m = 2h_{x_c} = 2 \times 9.56 = 19.12 \left[ \text{W/(m}^2 \cdot \text{℃)} \right]$$

请读者考虑:为什么这里 $h_m = 2h_{x_c}$。

### 7.2.2 平板壁面上层流传热的近似解

讨论速度边界层时,布拉休斯解只在平板壁面的层流下才是准确的,其他更复杂的体系则不能用这种方法求解。在 4.4 节介绍了冯·卡门用近似积分法来计算速度边界层,这种方法也可用于分析温度边界层。下面对这种方法作简要介绍。

首先,如图 4-11 所示取一个控制体,与积分动量方程的推导相似,通过能量衡算与质量衡算可以推导出温度边界层的热流方程

$$\frac{k}{\rho c_p} \frac{\partial T}{\partial y} \bigg|_{y=0} = \frac{d}{dx} \int_0^{\delta_T} u_x (T_0 - T) dy \tag{7-17}$$

该方程的推导过程中,没有考虑流动的内摩擦热 $\phi$,这意味着该方程适用于流速不高、黏性也不大的流体。此外,与积分动量方程一样,该式既适用于层流边界层的传热计算,也可用于湍流边界层计算。

对于不可压缩流体,平板速度边界层的积分动量方程式(4-65)可以改写为

$$\frac{\mu}{\rho} \frac{\partial u_x}{\partial y} \bigg|_{y=0} = \frac{d}{dx} \int_0^{\delta} \rho u_x (u_0 - u_x) dy \tag{7-18}$$

可以发现式(7-17)与式(7-18)在形式上非常相似。

如果速度分布与温度分布均已知，式(7-17)可以求解。其中速度分布仍可采用式(4-66)

$$\frac{u_x}{u_0} = \frac{3}{2}\left(\frac{y}{\delta}\right) - \frac{1}{2}\left(\frac{y}{\delta}\right)^3 \tag{4-66}$$

采用形式上类似的边界条件，也可以得到相同形式的量纲为一温度分布

$$\frac{T - T_w}{T_0 - T_w} = \frac{3}{2}\left(\frac{y}{\delta_T}\right) - \frac{1}{2}\left(\frac{y}{\delta_T}\right)^3 \tag{7-19}$$

由式(7-19)可得

$$\left.\frac{\partial T}{\partial y}\right|_{y=0} = \frac{3}{2\delta_T}(T_0 - T_w) \tag{7-20}$$

将式(7-19)与式(4-66)代入式(7-17)中积分项，得

$$\int_0^{\delta_T} \rho u_x (T_0 - T)\mathrm{d}y = (T_0 - T_w)u_0\delta\left[\frac{3}{20}\left(\frac{\delta_T}{\delta}\right)^2 - \frac{3}{280}\left(\frac{\delta_T}{\delta}\right)^4\right]$$

一般情况下 $\delta$ 大于或约等于 $\delta_T$，因此近似有

$$\int_0^{\delta_T} \rho u_x (T_0 - T)\mathrm{d}y \approx \frac{3}{20}\left(\frac{\delta_T}{\delta}\right)^2 (T_0 - T_w)u_0\delta \tag{7-21}$$

将式(7-20)代入式(7-17)，得

$$\frac{k}{\rho c_p}\left.\frac{\partial T}{\partial y}\right|_{y=0} = \frac{3}{20}(T_0 - T_w)u_0\frac{\mathrm{d}}{\mathrm{d}x}\left[\left(\frac{\delta_T}{\delta}\right)^2\delta\right] \tag{7-22}$$

联立方程式(7-20)与式(7-22)可以推导出：当加热从平板前缘开始时，两种边界层的厚度之间满足如下关系：

$$\frac{\delta}{\delta_T} = 1.026 Pr^{\frac{1}{3}} \tag{7-23}$$

这与式(7-14)基本是一致的。

将式(7-20)代入式(7-2)，得到距平板前缘 $x$ 处的局部对流传热系数

$$h_x = \frac{3}{2}\frac{k}{\delta_T} \tag{7-24}$$

结合式(7-4)，静止膜层厚度 $\delta_f$ 与 $\delta_T$ 的关系为

$$\delta_f = \frac{2}{3}\delta_T \tag{7-25}$$

这与式(7-13)也是基本相符合的。

速度边界层厚度为

$$\delta = 4.64\sqrt{\frac{\mu x}{\rho u_0}} = 4.64 x Re_x^{-\frac{1}{2}} \tag{4-69}$$

联立式(7-24)、式(7-23)和式(4-69)，可以得到局部对流传热系数

$$h_x = 0.332 \frac{k}{x} Re_x^{\frac{1}{2}} Pr^{\frac{1}{3}} \tag{7-26}$$

对于长度为 $L$ 的平板，同样可导出其平均对流传热系数 $h_{\mathrm{m}}$ 为

$$h_{\mathrm{m}} = 0.664 \frac{k}{L} Re_L^{\frac{1}{2}} Pr^{\frac{1}{3}} \tag{7-27}$$

比较这里的近似解与前述精确解的结果，表明两种方法是完全一致的。一些研究者对平板壁面上的层流传热进行了实验研究，实验结果也证实了上述理论分析的正确性。

### 7.2.3　平板壁面上湍流传热的近似解

热流方程式(7-17)也可用于湍流边界层的传热计算，这是要采用湍流时的速度分布与温度分布关系。式(7-17)可改写为以下形式

$$\rho c_p \frac{\mathrm{d}}{\mathrm{d}x} \int_0^{\delta_T} u_x (T_0 - T) \mathrm{d}y = k \frac{\partial T}{\partial y} \bigg|_{y=0} = h_x (T_0 - T_{\mathrm{w}})$$

因此，局部对流传热系数为

$$h_x = \rho c_p \frac{\mathrm{d}}{\mathrm{d}x} \int_0^{\delta_T} u_x \frac{T_0 - T}{T_0 - T_{\mathrm{w}}} \mathrm{d}y \tag{7-28}$$

假定湍流边界层的速度分布与温度分布均满足 1/7 次方律，即

$$\frac{u_x}{u_0} = \left(\frac{y}{\delta}\right)^{\frac{1}{7}} \tag{4-72}$$

及

$$\frac{T - T_{\mathrm{w}}}{T_0 - T_{\mathrm{w}}} = \left(\frac{y}{\delta_T}\right)^{\frac{1}{7}}$$

或

$$\frac{T - T_0}{T_{\mathrm{w}} - T_0} = 1 - \frac{T - T_{\mathrm{w}}}{T_0 - T_{\mathrm{w}}} = 1 - \left(\frac{y}{\delta_T}\right)^{\frac{1}{7}} \tag{7-29}$$

湍流下两种边界层的厚度仍不等，可以假设两者之比为

$$\frac{\delta}{\delta_T} = Pr^n \tag{7-30}$$

因此

$$\frac{u_x}{u_0} = \left(\frac{y}{Pr\delta_T}\right)^{\frac{1}{7}} \tag{7-31}$$

将式(7-29)与式(7-31)代入式(7-28)中，积分可得到

$$h_x = \frac{7}{72} \rho c_p Pr^{-\frac{n}{7}} u_0 \frac{\mathrm{d}\delta_T}{\mathrm{d}x} \tag{7-32}$$

根据式(7-30)，得

$$\frac{\mathrm{d}\delta_T}{\mathrm{d}x} = Pr^{-n} \frac{\mathrm{d}\delta}{\mathrm{d}x} \tag{7-33}$$

结合式(4-75) $\delta = 0.376 x Re_x^{-\frac{1}{5}}$，可以推算出

$$\frac{\mathrm{d}\delta_T}{\mathrm{d}x} = 0.301 Re_x^{-0.2} Pr^{-n} \tag{7-34}$$

将上式代入式(7-32)，得

$$h_x = 0.029 \rho c_p u_0 Re_x^{-0.2} Pr^{-\frac{8n}{7}} \tag{7-35}$$

或

$$Nu_x = 0.029 Re_x^{0.8} Pr^{\frac{7-8n}{7}} \tag{7-36}$$

柯尔伯恩(Colburn)依据湍流下的传递类似律(详见 11.4.2 节)，关联了对流传热系数与范宁摩擦因数的关系，依据他的意见，在湍流边界层传热时上式中 $Pr$ 的指数与层流情形相同，仍取 1/3，相当于 $n = 0.585$，于是

$$\frac{\delta}{\delta_T} = Pr^{0.585} \tag{7-30a}$$

$$Nu_x = 0.029 Re_x^{0.8} Pr^{\frac{1}{3}} \tag{7-36a}$$

对于长度为 $L$ 的平板，也可导出其平均对流传热系数 $h_m$ 为

$$h_m = 0.0365 \frac{k}{L} Re_L^{0.8} Pr^{\frac{1}{3}} \tag{7-37}$$

以上对流传热系数 $h_m$ 的计算式是假定湍流边界层从平板前缘开始。实际上，边界层开始时是层流，而后在临界雷诺数($Re_{x_c}$ 约为 $5\times10^5$)处过渡为湍流。为此，应考虑 $x < x_c$ 的平板前缘层流边界层部分的影响。这时，平均对流传热系数 $h_m$ 可按下式计算

$$h_m = \frac{1}{L}\left[\int_0^{x_c} h_{x(\text{层流})}\mathrm{d}x + \int_{x_c}^L h_{x(\text{湍流})}\mathrm{d}x\right]$$

式中，$h_{x(\text{层流})}$ 为层流边界层的局部对流传热系数，可由式(7-26)表示；$h_{x(\text{湍流})}$ 为湍流边界层的局部对流传热系数，可由式(7-35)表示。将式(7-26)与式(7-35)代入，积分得到平均对流传热系数计算式

$$h_m = 0.0365 \frac{k}{L} Pr^{\frac{1}{3}}\left(Re_L^{0.8} - A\right) \tag{7-38}$$

式中，$A = Re_{x_c}^{0.8} - 18.19 Re_{x_c}^{0.5}$，当 $Re_{x_c}$ 取 $5\times10^5$ 时，$A=23370$。物性值的特征温度仍采用静止膜层温度，即壁面温度 $T_w$ 与流体主体温度 $T_0$ 的算术平均值。

应指出，上述温度分布 1/7 次方律形式仅为流动的黏性底层以外区域的理想近似情形，因流体的密度和黏度与不同位置的温度变化相关，湍流流动传热中速度场与温度场的关系比这里所阐释的要复杂得多。读者可进一步阅读本章拓展文献 1。

## 7.3  圆管内对流传热

管道内的对流传热与上述外部流动传热情况有很大不同。在外部流动中，换热壁面上的边界层可以自由地发展，不会受到流道壁面的阻碍或限制。因此，在外部流动中往往存在着一个边界层外的区域，在那里无论速度梯度还是温度梯度都可以忽略。而在管道内部流动中，换热壁面上边界层的发展受到流道的限制，因此其换热规律就与外部流动有明显的区别。

## 7.3.1 圆管内对流传热系数

当一定温度的流体进入光滑圆管并沿轴向($z$ 方向)流动时,若壁温 $T_w$ 与流体温度不同,将发生对流传热。第 4 章提到,流体在圆管内流动达到充分发展段后,其速度分布沿管道轴向保持不变,即 $\partial u_z/\partial z = 0$。而传热充分发展段则与之不同,原因在于流体即使进入充分发展段,沿途仍不断地被加热或冷却,因此流体温度沿管道轴向不能保持不变,即 $\partial T/\partial z \neq 0$。另外,管壁的温度实际上往往也沿管道轴向发生变化。

在考虑各种具体的管内对流传热情况之前,首先定义对流传热系数。与平板壁面的对流传热类似,管内局部对流传热系数与壁面温度梯度的关系为

$$h_z = -\frac{k}{T_w - T_b}\frac{\partial T}{\partial y}\bigg|_{y=0} \tag{7-39}$$

在式(7-39)中,流体的主体温度采用管道截面上流体主体的平均温度 $T_b$,也称为**混合杯温度**,其定义为

$$T_b = \frac{\int_0^R u_z \rho c_p T 2\pi r dr}{\int_0^R u_z \rho c_p 2\pi r dr} = \frac{\int_0^R u_z T r dr}{\int_0^R u_z r dr} \tag{7-40}$$

将管道内流体的主体平均温度称为混合杯温度,也就是假想把流体置于一个良好混合的混合室,使其达到平衡状态后的流体温度。由于流体主体与管壁之间存在热交换,故 $T_b$ 随轴向距离 $z$ 而变。相应地,圆管内对流传热的牛顿冷却定律形式为

$$dQ = h_z dA(T_w - T_b) \tag{7-41}$$

式(7-39)中,$y$ 为由管壁指向中心的垂直距离,$y$ 与径向坐标 $r$ 的关系为 $y=R-r$,将此变量关系代入式(7-39)中,得

$$h_z = \frac{k}{T_w - T_b}\frac{\partial T}{\partial r}\bigg|_{r=R} \tag{7-42}$$

$Nu$ 中的特征长度采用管径 $d=2R$,因此

$$Nu = \frac{h_z d}{k} \tag{7-43}$$

与平板类似,圆管对流传热计算也经常用到平均对流传热系数。如果一个圆管加热(冷却)段进口处壁面温度、流体主体温度分别为 $T_{w0}$ 和 $T_{b0}$,进口处变为 $T_{w\infty}$ 和 $T_{b\infty}$,根据不同情况,平均对流传热系数有三种不同的定义,即

$$Q = h_1 A(T_{w0} - T_{b0}) \tag{7-44a}$$

$$Q = h_a A \frac{(T_{w0} - T_{b0}) + (T_{w\infty} - T_{b\infty})}{2} \tag{7-44b}$$

$$Q = h_{ln} A \frac{(T_{w0} - T_{b0}) - (T_{w\infty} - T_{b\infty})}{\ln\left[(T_{w0} - T_{b0})/(T_{w\infty} - T_{b\infty})\right]} \tag{7-44c}$$

上式中,$h_1$ 基于初始温差定义;$h_a$ 基于加热段两端温差的算术平均值定义;$h_{ln}$ 是基于加热段两端温差的对数平均值定义。计算中,最常用的是 $h_{ln}$,因为与 $h_1$ 或 $h_a$ 相比,它随 $L/d$ 的变化最小。

### 7.3.2 圆管入口段的对流传热

当流体流过圆管并进行传热时，管内温度边界层的形成和发展与在进口附近速度边界层的形成及发展过程很相似，如图 7-5 所示。设进口截面上的流体温度均匀，进入管内后流体被加热(或冷却)，并形成温度边界层，此时温度边界层内的流体温度高于(或低于)进口截面流体温度 $T_0$，而在温度边界层以外到管中心的区域内，流体尚未被加热(或冷却)。随着流过的管长增加，流体受到加热(或冷却)的区域增大，温度边界层厚度增加，直到厚度等于管半径。

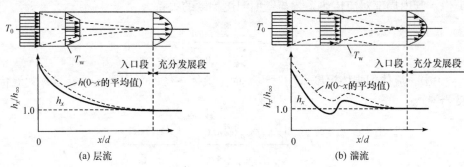

图 7-5　圆管内的局部对流传热系数在入口段的变化

从流体被加热(或冷却)出现温度边界层，到温度边界层厚度等于半径时，流体所经过的路途称为**热入口段**。然后进入充分发展段。流体的流动状态不同，其热入口段长度也不一样。即使层流情况下，入口段的数学分析也比较复杂，下面仅介绍一些主要的结论。

管壁与流体间进行强制对流传热可能有两种情况。其一是流体由管的进口即开始被加热或冷却，此时管内速度边界层与温度边界层同时发展。其二是流体进管后，传热先不开始，而是等待速度边界层充分发展后才开始。对于后一种情况，在层流条件下热入口段长度 $L_T$ 为

$$L_T = 0.05 d Re Pr \tag{7-45}$$

管内绝对的层流传热并不存在。因为只有流体的流速很慢或黏性很大时，才可能出现层流流动。此外，即使流动呈现层流状态，但由于在非等温情况下有密度差存在，传热方式也会变为自然对流传热。上述所谓层流传热只能是指理想情况。

湍流流动的热入口段长度为

$$L_T = 50d \tag{7-46}$$

式中，$d$ 为圆管直径。

热入口段的对流传热系数是逐渐减小的，定态层流时的管内入口段传热的局部与平均 $Nu$ 可以采用下式计算，即

$$Nu = Nu_\infty + \frac{k_1 \left( Re_d \cdot Pr \cdot d/L \right)}{1 + k_2 \left( Re_d \cdot Pr \cdot d/L \right)^n} \tag{7-47}$$

式中，$Nu$ 可以是不同条件下的局部与平均 $Nu$；$Nu_\infty$ 为温度边界层充分发展后的 $Nu$ 数值，下面将做进一步讨论；$k_1$、$k_2$、$n$ 为常数，其值由表 7-2 查出。

表 7-2　式(7-47)中的常数值

| $Nu$ | 壁面情况 | $Pr$ | 速度分布 | $Nu_\infty$ | $k_1$ | $k_2$ | $n$ |
|---|---|---|---|---|---|---|---|
| 平均 | 恒定壁温 | 任意 | 抛物线 | 3.66 | 0.0668 | 0.04 | 2/3 |
| 平均 | 恒定壁温 | 0.7 | 正在发展 | 3.66 | 0.104 | 0.016 | 0.8 |
| 局部 | 恒定热通量 | 任意 | 抛物线 | 4.36 | 0.023 | 0.0012 | 1.0 |
| 局部 | 恒定热通量 | 0.7 | 正在发展 | 4.36 | 0.036 | 0.0011 | 1.0 |

实验证明，如果流体边界层在管中心处是层流，则对流传热系数 $h_x$ 从进口处开始降低到某个极限值后保持恒定[图 7-5(a)]。若汇合前已达到湍流边界层，则从层流到湍流转变的过程中，$h_x$ 将有一个回升，然后趋于一个极限值，并保持稳定[图 7-5(b)]。当湍流十分激烈时，热入口段的作用消失。

### 7.3.3　圆管内强制层流传热的理论分析

在光滑圆管内，设流体沿轴向做一维定态层流，进行定态的轴对称传热且忽略轴向热传导，则柱坐标下的能量方程式(5-18)可以简化为

$$\frac{1}{\alpha}\frac{\partial T}{\partial z} = \frac{1}{u_z r}\frac{\partial}{\partial r}\left(r\frac{\partial T}{\partial r}\right) \tag{7-48}$$

式中，$\alpha$ 为流体的热扩散系数，可假定为常量；对于充分发展的流动，轴向速度为抛物线分布

$$u_z = 2u_b\left[1 - \left(\frac{r}{R}\right)^2\right] \tag{7-49}$$

将式(7-49)代入式(7-48)后，可采用分离变量法求解，此处对求解过程不做讨论，读者可查阅有关专著。下面讨论速度边界层与温度边界层均充分发展后的层流传热问题。

温度边界层的充分发展意味着量纲为一温度 $T^* = \dfrac{T - T_w}{T_b - T_w}$ 不随轴向位置 $z$ 改变，而只是径向位置 $r$ 的函数，即

$$\frac{\partial}{\partial z}\left(\frac{T - T_w}{T_b - T_w}\right) = 0 \qquad \text{和} \qquad \frac{T - T_w}{T_b - T_w} = f\left(\frac{r}{R}\right) \tag{7-50}$$

管内层流传热有两种重要情形：壁面热通量($q = Q/A$)恒定以及壁面温度恒定。它们代表了多种复杂情况中抽象出的两类典型的条件，图 7-6 示意性地给出了这两种热边界条件下沿主流方向流体截面平均温度 $T_b$ 及管壁温度 $T_w$ 的变化情况。

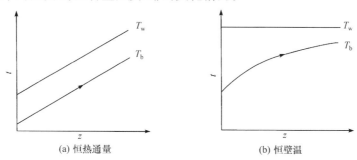

图 7-6　恒热通量与恒壁温下流体主体温度与壁温的轴向变化

1. 恒热通量

这相当于在管壁上均匀缠绕电热丝进行加热的情形。这时，通过微分段管长 dz 的传热速率等于流体温度变化吸收(或释放)热量的速率。由热量衡算得

$$(Q/A)\pi d\,\mathrm{d}z = \frac{\pi}{4}d^2 u_{\mathrm{b}}\rho c_p \mathrm{d}T_{\mathrm{b}}$$

整理上式，得

$$\frac{\partial T_{\mathrm{b}}}{\partial z} = 4\frac{(Q/A)}{d u_{\mathrm{b}}\rho c_p} \tag{7-51}$$

在恒热通量情形下，式(7-51)右侧为常量，故

$$\frac{\partial T_{\mathrm{b}}}{\partial z} = 常数 \tag{7-52}$$

根据式(7-42)，可知恒热通量情形下 $T_{\mathrm{w}} - T_{\mathrm{b}} = 常数$，所以

$$\frac{\partial T_{\mathrm{w}}}{\partial z} = \frac{\partial T_{\mathrm{b}}}{\partial z} = 常数 \tag{7-52a}$$

结合式(7-50)，可以得到

$$\frac{\partial T}{\partial z} = \frac{\partial T_{\mathrm{w}}}{\partial z} = \frac{\partial T_{\mathrm{b}}}{\partial z} = 常数 \tag{7-53}$$

这表明，恒热通量情形下流场中各点温度均随 $z$ 呈线性增加。这时，将式(7-49)和式(7-51)代入式(7-48)中，可写成如下常微分方程，即

$$\frac{\mathrm{d}}{\mathrm{d}r}\left(r\frac{\mathrm{d}T}{\mathrm{d}r}\right) = \frac{2u_{\mathrm{b}}}{\alpha}\left[1-\left(\frac{r}{R}\right)^2\right]r\frac{\partial T_{\mathrm{b}}}{\partial z} \tag{7-54}$$

经两次积分，得温度分布

$$T = \frac{2u_{\mathrm{b}}}{\alpha}\frac{\partial T_{\mathrm{b}}}{\partial z}\left[\frac{r^2}{4}-\frac{r^4}{16R^2}\right] + f_1(z)r + f_2(z) \tag{7-55}$$

式中，$f_1(z)$、$f_2(z)$ 分别为坐标 $z$ 的函数。由边界条件 $r=0$ 时，$\dfrac{\partial T}{\partial r}=0$，可知 $f_1(z)=0$。$f_2(z)$ 则为管中心温度($r=0$ 处的温度)，这里用 $T_{\mathrm{c}}$ 表示。所以

$$T = \frac{u_{\mathrm{b}}}{2\alpha}\frac{\partial T_{\mathrm{b}}}{\partial z}R^2\left[\left(\frac{r}{R}\right)^2-\frac{1}{4}\left(\frac{r}{R}\right)^4\right] + T_{\mathrm{c}} \tag{7-55a}$$

为了通过式(7-42)计算 $h_z$，可先从上述温度分布分别计算 $T_{\mathrm{b}}$、$T_{\mathrm{w}}$ 和 $\dfrac{\mathrm{d}T}{\mathrm{d}r}\Big|_{r=R}$。将式(7-55a)代入式(7-40)，经积分后得

$$T_{\mathrm{b}} = \frac{7}{48}\frac{u_{\mathrm{b}}R^2}{\alpha}\frac{\partial T_{\mathrm{b}}}{\partial z} + T_{\mathrm{c}} \tag{7-56}$$

另外，从式(7-55a)可得到

$$T_{\mathrm{w}} = T\big|_{r=R} = \frac{3}{8}\frac{u_{\mathrm{b}}R^2}{\alpha}\frac{\partial T_{\mathrm{b}}}{\partial z} + T_{\mathrm{c}} \tag{7-57}$$

及
$$\frac{dT}{dr}\bigg|_{r=R} = \frac{u_b R}{2\alpha}\frac{\partial T_b}{\partial z} \tag{7-58}$$

将式(7-56)~式(7-58)代入式(7-42)，整理得

$$h_z = \frac{24}{11}\frac{k}{R} = \frac{48}{11}\frac{k}{d} \tag{7-59}$$

或者
$$Nu = \frac{h_z d}{k} = \frac{48}{11} \approx 4.36 \tag{7-60}$$

由此可见，在充分发展的速度分布和温度分布条件下，恒定热通量的管内层流传热的膜系数或 $Nu$ 为常数。

### 2. 恒壁温

当采用蒸汽凝结来加热或者采用液体沸腾来冷却时，壁面温度可以认为是均匀的。这时，虽然 $\frac{\partial T_w}{\partial z} = 0$，但是 $\frac{\partial T}{\partial z}$ 不再是常数。当速度边界层与温度边界层均充分发展后，由式(7-50)得

$$\frac{\partial T}{\partial z} = \frac{T - T_w}{T_b - T_w}\frac{dT_b}{dz} \tag{7-61}$$

这时，流体截面平均温度 $T_b$ 随着轴向位置 $z$ 逐渐增大(流体被加热)或减小(流体被冷却)，图 7-6(b)定性地表示了前一种情况。

式(7-48)不再可以转换为常微分方程，通常要用迭代法求解。最后得到的 $Nu$ 为

$$Nu = \frac{h_z d}{k} = 3.658 \tag{7-62}$$

它也是一个常数，但较恒热通量情况的 $Nu$ 低 16%左右。这是由二者的量纲为一温度分布曲线(图 7-7)不同造成的。恒热通量时壁面温度梯度较大，相应地静止膜层 $\delta$ 厚度较小，因而 $h_z$ 值较高。在换热器设计时应注意这一点，尽可能按恒热通量条件进行设计。如果换热器必须在恒壁温条件下工作，可以考虑把壁温设计成阶梯形，使得壁温随着流体温度的上升而提高，以接近恒壁温条件，有利于传热系数的提高。

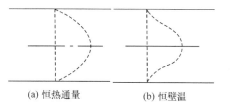

(a) 恒热通量  (b) 恒壁温

图 7-7 量纲为一温度 $T^* = \dfrac{T - T_w}{T_b - T_w}$ 的径向分布

以上诸式可以计算局部对流传热系数，也可以计算一个加热段的平均对流传热系数。后一种情况，物性值的特征温度仍采用流体主体温度的平均值，即加热段始、末位置主体温度的算术平均值。同时，计算传热通量应采用算术平均温差，如果一个加热段进口处壁面温度、流体主体温度分别为 $T_{w0}$ 和 $T_{b0}$，进口处变为 $T_{w\infty}$ 和 $T_{b\infty}$，那么整个加热段的平均热通量为

$$\frac{Q}{A} = q = h_z\frac{(T_{w0} - T_{b0}) + (T_{w\infty} - T_{b\infty})}{2} \tag{7-63}$$

【例 7-2】 利用太阳能加热管中之水，管径为 $\phi 60mm$，在阳光照射时，平均热量通量为 2000W/m²，已知水的流量为 0.01kg/s，进口温度 $T_0$ 为 20℃，欲使出口主体平均水温 $T_\infty$ 达到 80℃，试求所需管长及出口端的管壁温度。

**解** 所需管长根据热量衡算计算

$$wc_p(T_\infty - T_0) = \pi d L q$$

平均温度 $(80+20)/2=50(℃)$ 时，$c_p$ 为 4181J/(kg·℃)，代入整理得

$$L = \frac{wc_p\left(T_\infty - T_0\right)}{\pi d q} = \frac{0.01 \times 4181}{3.1416 \times 0.06 \times 2000}(80-20) = 6.65(m)$$

根据牛顿冷却定律，出口端的水温 $T_\infty$ 与壁温 $T_w$ 之间满足

$$T_w = \frac{q}{h_z} + T_\infty$$

为计算出口端的局部对流传热系数 $h_z$，首先需确定流动类型。出口水温 80℃下，导热系数 $k$=0.67W/(m·℃)，黏度 $\mu$=352×10⁻⁶N·s/m²，$Pr$=2.2。因此

$$Re = \frac{du\rho}{\mu} = \frac{4w}{\pi d \mu} = \frac{4 \times 0.01}{3.1416 \times 0.06 \times 352 \times 10^{-6}} = 603$$

由计算知：流动为层流；$L/d$=6.65/0.06≈110，热入口段长度 $L_T = 0.05dRePr = 0.05 \times 2.2 \times 603 = 66.3$，因此出口端的速度边界层与温度边界层均已发展。由式(7-59)

$$h_z = 4.36\frac{k}{d} = 4.36 \times \frac{0.67}{0.06} = 48.7\left[W/(m^2 \cdot ℃)\right]$$

得出，出口端壁温 $T_w$ 为

$$T_w = \frac{2000}{48.7} + 80 = 121(℃)$$

### 7.3.4 圆管内强制对流传热的经验关联式

上面对圆管内强制层流下的对流传热进行了分析，读者可借此领会影响对流传热的各种因素。实际上，因为温度差引起的自然对流可促进传热，以及物性随温度的变化也影响传热，所以充分发展了层流传热，$Nu$ 并不恰好等于常数。而对于湍流下对流传热过程，在理论分析方面则存在诸多困难。因此，对圆管内强制对流传热计算，工程上更多地采用量纲分析或类似律的方法，并借助实验结果确定对流传热系数的经验关联式。

下面分别对层流和湍流传热提供几个比较实用的经验关联式。

(1) 西德尔(Sieder)和泰特(Tate)提出的圆管内强制层流传热的经验关联式为

$$Nu = 1.86Re^{\frac{1}{3}}Pr^{\frac{1}{3}}\left(\frac{d}{L}\right)^{\frac{1}{3}}\left(\frac{\mu}{\mu_w}\right)^{0.14} \tag{7-64}$$

式(7-64)中的特征温度，除 $\mu_w$ 取壁温，其余仍采用流体主体温度的平均值。显然式(7-64)不能用于极长的管子，否则 $Nu$=0，此式的有效范围为 $RePr\frac{d}{L}>10$；此外，大管径的情况、流体主体温差 $(T_w - T_b)$ 很大的情况，自然对流会使得强制对流膜系数 $h_z$ 增加；而在垂直管的层流情况，自然对流可能增强强制对流，也可能减弱强制对流。对于自然对流影响明显的这些情况，需采用其他相应的关联式。

值得注意的是，式(7-64)中隐含了对 $Re$ 与 $Pr$ 乘积[①]的限制。这是因为在流动方向上流体温度逐渐变化，那么在轴向上流体中也有热传导。但是相对于流体宏观运动携带的热量来说，轴向上的导热通常可以不予考虑。对于管内传热，当 $Re$ 与 $Pr$ 的乘积大于 100 时完全可以不予考虑。

(2) 光滑管内充分发展的强制湍流传热可应用迪图斯-贝尔特(Dittus-Boelter)关联式，即

$$Nu = 0.023Re^{0.8}Pr^n \tag{7-65}$$

---

① 称为传热佩克莱(Peclet)数，定义为 $Pe = RePr$。

式中，指数 $n$ 视传热方向而定：当流体被加热时，$n=0.4$；当流体被冷却时，$n=0.3$。

式(7-65)适用于以下条件：①水力光滑的圆形直管；②管子长径比 $L/d>60$；③$Re$ 在 $10^4\sim$ $1.2\times10^5$ 之间；④$Pr$ 在 0.6～120 之间；⑤流体和壁面的温度差不大，或者温差对流体黏度的影响不大。一般气体与壁面的温差不超过 50℃，水与壁面的温差不大于 30℃ 均可应用上式，而对于黏度随温度变化而变化较为显著的各种油类，则温差不宜超过 10℃。

如果流体与壁面间存在较大的温差，壁面附近和管子中心处流体的物性可能出现显著的差别，从而影响速度分布和温度分布。当主要考虑黏度的影响，文献推荐用下式计算：

$$Nu = 0.027Re^{0.8}Pr^{\frac{1}{3}}\left(\frac{\mu}{\mu_\mathrm{w}}\right)^{0.14} \tag{7-66}$$

式(7-65)、式(7-66)适用于充分发展了的湍流。如果传热尚未充分发展，则必须考虑入口段的影响，在此情况下：

$$Nu = 0.036Re^{0.8}Pr^{\frac{1}{3}}\left(\frac{d}{L}\right)^{0.055} \tag{7-67}$$

式(7-67)适用于 $60<L/d<400$。

以上各式中的特征温度，除 $\mu_\mathrm{w}$ 按壁温计算，其余物性仍采用流体主体温度的平均值。

式(7-66)和式(7-67)使用方便，但可能产生大至 25% 的误差。葛列林斯基(Gnielinski)给出了较为复杂的关系式，可降低误差，同时适用于包括过渡区在内的很大雷诺数范围：

$$Nu = \frac{(f/2)(Re-1000)Pr}{1+12.7(f/2)^{\frac{1}{2}}(Pr^{\frac{2}{3}}-1)} \tag{7-68}$$

其中，光滑管范宁摩擦因数 $f$ 可由 4.3.4 节公式求取。这个关系式适用于 $Re$ 在 $3000\sim5\times10^6$ 和 $Pr$ 在 0.5～2000，物性仍采用流体主体温度的平均值。此关系式可以估算圆管内对流传热因数随壁面粗糙度的增加而增大的情况，这时范宁摩擦因数 $f$ 可由式(4-60)或穆迪图求取。需要指出，当范宁摩擦因数 $f$ 增加的比例较大，当 $f$ 达到相应光滑表面的值 4 倍左右时，对流传热系数不再随 $f$ 的增加而增大。

【例 7-3】 油以 113.4kg/h 的流量在直径为 12.7mm 的管内流动，油温从 93℃ 被冷却到 67℃，管子内壁温度为 20℃。试求所需管长。

已知油的物性参数为：主体温度下黏度 $\mu=114.7\mathrm{kg/(m \cdot h)}$，膜温下黏度 $\mu_\mathrm{w}=2879\mathrm{kg/(m \cdot h)}$，导热系数 $k=0.138\mathrm{W/(m \cdot ℃)}$，$c_p=2131\mathrm{J/(kg \cdot ℃)}$，$Pr=490$。

**解**

$$Re = \frac{\rho u d}{\mu} = \frac{\left[w\Big/\left(\frac{\pi}{4}d^2\right)\right]d}{\mu} = \frac{113.4\Big/\left(\frac{\pi}{4}\times0.0127\right)}{114.7} = 99\,(层流)$$

由式(7-64)，得

$$\begin{aligned}
h_z &= 1.86\frac{k}{d}Re^{\frac{1}{3}}Pr^{\frac{1}{3}}\left(\frac{d}{L}\right)^{\frac{1}{3}}\left(\frac{\mu}{\mu_\mathrm{w}}\right)^{0.14} \\
&= 1.86\times\frac{0.138}{0.0127}\times(99\times490)^{\frac{1}{3}}\left(\frac{0.0127}{L}\right)^{\frac{1}{3}}\left(\frac{114.7}{2879}\right)^{\frac{1}{4}} \tag{A}\\
&= 109.5L^{-\frac{1}{3}}
\end{aligned}$$

根据油冷却过程的热量衡算，有 $wc_p\left(T_{b0}-T_{b\infty}\right)=h_z\pi dL\left(T_b-T_w\right)$，即

$$\frac{113.4}{3600}\times2131\times(93-67)=h_z\pi\times0.0127L\left[\frac{1}{2}(67+93)-20\right]$$

整理得

$$h_z=729.0/L \tag{B}$$

联立式(A)、式(B)，解得　　　　　　　　　　$L=17.2\text{m}$

校核：$RePr\dfrac{d}{L}=99\times490\times\dfrac{0.0127}{17.2}=35.8>10$，因此计算可行。

## 7.4　自然对流传热简介

　　由于浮力的存在，当物体的密度小于周围流体的密度时，物体就上升。浮力与重力的差异形成了升浮力，升浮力为自然对流的驱动力。考虑到温度对流体密度的影响，被加热部分流体密度变小，将相对于平衡位置向上运动，而温度较低部分流体则向下运动，从而形成**自然对流**传热现象。

　　最常见的自然对流传热源于重力有关的浮力。例如，暖气散热器使房间加热、烟筒中通风引力的产生，以及处在静止空气中的人体和动物身体的散热，都可见到这种升浮力在起作用；从宏观角度，影响地表天气状况的大气环流也属此类。自然对流传热还有其他驱动力，如与离心力或惯性力有关的浮力，前者给透平叶片提供冷却，后者则影响着加速飞行的火箭中的深冷液体。

　　自然对流中的密度变化幅度一般较小，因而假设流体不可压缩是合理的。故自然对流的运动方程仍可用式(2-56)表示，即

$$\rho\frac{\mathrm{D}\boldsymbol{u}}{\mathrm{D}t}=\rho\boldsymbol{F}_g-\nabla p+\mu\nabla^2\boldsymbol{u} \tag{7-69}$$

　　如果温度趋近一个均匀的定值 $T_0$，则流体的自然对流将停止，此时方程式(7-69)简化为

$$\nabla p_0=\bar{\rho}\boldsymbol{F}_g \tag{7-69a}$$

式中，$\bar{\rho}$ 就是温度 $T_0$、静压强 $p_0$ 下的流体密度。

　　式(7-69)减去式(7-69a)，得

$$\rho\frac{\mathrm{D}\boldsymbol{u}}{\mathrm{D}t}=(\rho-\bar{\rho})\boldsymbol{F}_g-\nabla(p-p_0)+\mu\nabla^2\boldsymbol{u} \tag{7-70}$$

完全依靠浮力驱动的自然对流，$p-p_0$ 小得可以忽略，但对于强制对流与自然对流叠加的混合对流，这个压强项可能很可观。

　　对于自然对流传热问题，密度的变化主要是流体的热膨胀引起的。这样，密度可表示为

$$\rho=\bar{\rho}\left[1-\beta\left(T-T_0\right)\right] \tag{7-71}$$

式中，$\beta$ 称为热膨胀系数，对于大多数流体，它是正值，对于 $0\sim4℃$ 的水，它是负值。进一步讲，大多数流体的 $\beta$ 在 $10^{-3}\sim10^{-4}℃^{-1}$ 之间，当温度变化不大(如 $10℃$)时，密度的变化至多 $1\%$，因此可以把自然对流方程式(7-70)中除了升浮力项 $(\rho-\bar{\rho})\boldsymbol{F}_g$ 外所有项中的密度当作定值，还可忽略其他物性的变化。

　　理论上，联立式(7-70)、式(7-71)与能量方程，可以解析自然对流传热过程。但联立求解在数学上难度很大，密度的变化也增加了这种难度。自然对流传热系数以及有关的方程式，

不仅取决于固体边界附近的自然流动情况，也将随着给定系统几何形状的变化而变化。对于特定的几何形状(如垂直或水平平板)和特定流动状态(层流)，虽然可以近似地分析，但获取的对流传热系数的关系式往往仍需要根据实验结果做适当调整，使得计算结果更加符合实际。一般情况下，自然对流传热系数都通过量纲分析并结合实验方法获取。

经量纲分析，可得自然对流传热时 $Nu$ 的函数关系为

$$Nu = \frac{hL}{k} = \psi(Gr, Pr) \tag{7-72}$$

式中，$h$ 仍为基于流体接触壁面面积的对流传热系数；$L$ 为特征长度。$Gr = \dfrac{L^3 \rho^2 g \beta \Delta T}{\mu^2}$ 称为

**格拉斯霍夫(Grashof)准数**，表示温差引起的升浮力与黏性力之比。

理论分析和实验研究均表明，对于纯粹的自然对流，式(7-72)可进一步写为

$$Nu = \psi(Gr \cdot Pr) \tag{7-73}$$

$Gr$ 与 $Pr$ 的乘积称为**瑞利(Rayleigh)数**，记作 $Ra$，它相当于强制对流中的雷诺数。对于给定的几何形体，瑞利数的大小决定了自然流动是层流还是湍流。

表示惯性力与温差引起的升浮力之比的准数称为内弗劳德数(为了区别，2.7 节定义的弗劳德数也称为外弗劳德数)，定义为

$$Fr^2 = \frac{U^2}{\beta \Delta T g L} = Re^2 / Gr \tag{7-74}$$

较大的流速需要外力(泵、风机、搅拌等)作用于流体，当内弗劳德数远大于 1 时，浮力项影响很小，可以忽略，即为强制对流。

流体在传热壁面附近，由于流体温度不同必引起密度差异，从而产生自然对流，所以实际上没有纯粹的强制对流。当流速大、雷诺数大时，强制对流占优势，自然对流的影响很小，以致可以忽略不计；但是在层流区、过渡区，甚至在雷诺数较低的湍流区，内弗劳德数可以接近1，自然对流的影响都不能忽略。自然对流的出现，不仅改变了流速分布，也改变了传热的机理，壁面附近除了导热之外，又增加了升浮力引起的自然对流作用，从而使对流传热变得更为复杂。强制对流和自然对流的影响都不能忽略时的对流传热称为混合对流传热。研究表明：当升浮力引起的自然对流与强制对流处于相同或垂直流动方向，升浮力可以提高强制对流的传热速率；当自然对流与强制对流处于相反流动方向，升浮力则降低强制对流的传热速率。

对工程设计计算中遇到的自然对流和混合对流传热，具体可参阅拓展文献1。

## 拓 展 文 献

1. 凯斯 W M, 克拉福德 M E, 威甘德 B. 2007. 对流传热与传质. 4 版. 赵镇南, 译. 北京: 高等教育出版社
(这本书是对流传热传质领域的经典教材。工程实际中几乎不存在纯粹的层流对流传热情形，许多工程问题的准确分析需要面对湍流流动传热中速度场与温度场的复杂关系，本书对此有严谨的叙述推导和透彻分析。此外，本书可以帮助读者深入理解自然对流，以及黏性耗散不容忽略的高速流动等对流传热的规律和物理本质。)
2. 科利尔 J G. 1982. 对流沸腾与凝结. 魏先英, 等译. 北京: 科学出版社
(这本书系统介绍了具有对流沸腾和冷凝的理论、计算以及实验研究。读者要理解相变传热的类型及其影响因素，首要在于相关流动机理的认识。概括而言，冷凝传热的膜系数大小主要取决于壁面上凝液膜的厚

度，努塞特推算的凝液膜流动与 3.1.2 节中所述降膜流动有类似之处，也存在重大差异，滴状冷凝可看作凝液膜厚度趋于零的特例；容积沸腾可以视为一种密度变化很大的自然对流，而化工中常见的管内流动沸腾情形则属于流型不断变化的气液两相流。读者还应关注与无相变对流传热过程相比的独有特征：液体表面张力大小对液滴和气泡的形成与存在至关重要，因而对沸腾和滴状冷凝过程的流动与传热均有显著影响；此外，汽化潜热的大小影响发生相变流体的量，进而影响流动状况，因此沸腾和冷凝传热速率与汽化潜热的关系密切。沸腾和冷凝过程的影响因素复杂，迄今仍为实验性强的研究领域。这本书用严密的逻辑方式说明一些相关工程参数测量及其估算技巧，这对于更好地理解和运用日趋有力的 CFD 方法研究对流沸腾和冷凝也非常有益。)

3. Branan C. 2005. 化学工程师用的经验法则. 3 版. 北京: 世界图书出版公司

(经过本章学习，读者会感觉到对流传热系数在理论计算上的复杂性。实际上，工程设计中通常可以直接从手册查取对流传热的数据。这本书是一本当代著名的化工手册的影印本，其中多个章节涉及对流传热系数。读者学习本章内容后翻阅该书，可以感受到抽象的理论课程学习与具体的设计计算工作之间存在的差异，也能体会到两者之间的知识关联。)

# 学 习 提 示

1. 与第 4 章的标题对应，对流传热本质上是温度边界层内流体与固体壁面的相际热量传递。读者应从温度边界层内热量传递与流动边界层中动量传递的类似性和关联，认识 $Pr$ 准数的物理意义和表征对流传热的作用。

2. 学习中注意领会流动边界层与温度边界层的相互关联：流动速度分布影响温度分布，同时温度变化影响流体黏度进而影响着流动。本章主要从层流情形阐释这种相互关联，湍流情形下亦然。鉴于壁面附近的边界层分离和流体湍动现象，导致动量传递通量增大(流动阻力增大)，虽不利于流动，却有利于对流传热，所以工程上强化对流传热的许多举措都着力于破坏壁面附近的层流结构稳定性，强化流体的湍动。因此，对流传热的工程计算中通常需要联立计算湍动能及其耗散率(参见 4.2 节)，以充分考虑流动状况对传热的影响。

3. 对流传热的影响因素众多(层流或湍流、强制或自然对流、流道几何因素、流体物性等)，理论分析旨在揭示出对流传热系数与影响它的有关物理量之间的内在联系，以帮助读者完整地理解对流传热系数 $h$ 的关联式。$h$ 的关联式通常采用量纲分析方法获取，学习中注意对流传热系数表达式中的各量纲为一数群的指数大小及其不同情况下的差异。

4. 对流传热的工程计算中通常采用特定的关联式，在本章内容学习后可以更完整地理解这些关联式。例如，关联式中量纲为一准数中的特征长度、特征速度和确定物性的特征温度是如何选取的，所对应牛顿冷却定律中温差如何定义，限制关联式适用范围的各种条件是如何形成的，关联式得出的是整个表面的平均对流传热系数还是局部的对流传热系数等。

# 思 考 题

1. 影响对流传热系数的主要因素有哪些？
2. 简述速度边界层和温度边界层的定义及特点。
3. 在式(7-2)、式(7-3)中，没有出现流体流速，能否认为 $h_x$ 与流体速度场无关？为什么？
4. 在温度边界层中，何处温度梯度的绝对值最大？对于对流传热温差恒定的同一流体，为何能用 $\left.\dfrac{\partial T}{\partial y}\right|_{y=0}$ 的绝对值大小来判断对流传热系数 $h_x$ 的大小？
5. 黏性油的 $Pr$ 很大，液态金属的 $Pr$ 很小。图 7-8 为这两种流体的边界层温度分布和速度分布，试确定(a)和(b)哪一幅是黏性油的，哪一幅是液态金属的。为什么？(图中 $\theta = T_0 - T_w$，为传热温差)

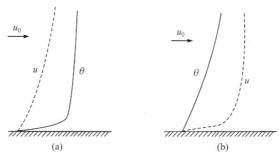

图 7-8

6. 对流传热问题完整的数学描述应包括什么内容？既然对大多数实际对流传热问题尚无法求得其精确解，那么对流传热问题的数学分析有什么意义？

7. 对于新遇到的一种对流传热现象，在从参考资料中寻找传热的关联式方程时要注意什么？

8. 在地球表面某实验室内设计的自然对流传热实验，到太空中是否仍然有效？为什么？

## 习　题

1. 流体在垂直壁面附近呈自然对流，已知局部传热系数 $h_x = cx^{-\frac{1}{4}}$，式中 $x$ 为离平壁前缘的距离，$c$ 为取决于流体物性的常量。试求局部传热系数与平均传热系数之比。

2. 20℃的空气以均匀流速 $u$=15m/s 平行流过温度为 100℃ 的壁面。已知临界雷诺数 $Re_{x_c}=5\times10^5$，求平板上层流段的长度、临界长度处速度边界层和温度边界层的厚度、局部对流传热系数和层流段的平均对流传热系数。

3. 物性恒定的流体在两块无限宽的平行平板间的定态层流流动，板间距离为 $2\delta$，恒热流通量 $q_w$ 通过上下平板输入流体内，轴向导热可以忽略。试求流动和传热已充分发展段内流体与平板间的对流传热系数，并用 $Nu$ 表示。若板间距为 $\delta$，上平板完全被绝热，下平板有恒热流密度 $q_w$ 通过而输入流体，论证对流传热系数与前面结果有无区别。

4. 空气以 1.0m/s 的流速在宽 1m、长 1.5m 的薄平板上流动，主体温度是 4℃。试计算为了使平板保持在 50℃的恒温必须供给平板的热量。

5. 21℃的水以 0.152m/s 的流速纵向绕流平板，平板在流动方向长为 1m、宽为 0.3m。设计要求从平板传递给水的热量为 3517W，试求平板所需的表面温度。

6. 常压和 394K 的空气由光滑平板壁面流过。平面壁温 $T_s$=373K，空气流速 $u_0$=15m/s，临界雷诺数 $Re_{x_c}=5\times10^5$。试求临界长度 $x_c$、该处的速度边界层厚度 $\delta$ 和温度边界层厚度 $\delta_T$、局部对流传热系数 $h_x$、层流段的平均对流传热系数 $h_m$ 及该段的对流传热速率。

7. 某油类液体以 1m/s 的均匀流速沿一热平板壁面流过。油类液体的均匀温度为 293K，平板壁面维持 353K。设临界雷诺数 $Re_{x_c}=5\times10^5$。已知在边界层的膜温度下，液体密度 $\rho$=750kg/m³、动力黏度 $\mu$=3×10⁻³N·s/m²、导热系数 $k$=0.15W/(m·K)、比热容 $c_p$=200J/(kg·K)。试求：

(1) 临界点处的局部对流传热系数 $h_x$ 及壁面处的温度梯度；

(2) 由平板前缘至临界点这段平板壁面的对流传热通量。

8. 静止流体膜层的厚度 $\delta_f$ 是一个假想的理想量，认为对流传热阻力集中于此。当 20℃的水以 3m/s 流速呈湍流状态经过一个长 3m 的平板，根据式(7-4)和式(7-37)，推导这种特定场合下的静止膜层厚度 $\delta_f$ 的变化规律，并比较它与速度边界层厚度 $\delta$、温度边界层厚度 $\delta_T$ 的大小。

9. 温度为 20℃的乙二醇在内径为 19.1mm 的管内以 1.72m/s 的平均速度流动。若其壁面得到 500W/m² 的恒热流密度。已知乙二醇的物性 $\nu$=19.18×10⁻⁶m²/s；$k$=0.249W/(m·K)，$c_p$=2.382J/(kg·K)，$\rho$=1116.65kg/m³。试确定：

(1) 壁面与中心温度之差；

　　(2) 截面平均温度与中心温度之差；

　　(3) 轴向温度变化；

　　(4) 局部对流传热系数。

10. 27℃的水在圆管以 450kg/h 的速度流动，在管壁处以 $q=20x(W/m^2)$ 热流量给水加热。$x$ 为轴向距离(从圆管的入口处开始计算)。试给出圆管任一截面位置处主体平均温度的表达式，若管长为 30m，水的出口温度为多少？

11. 水以 2kg/s 的流速流过直径 40mm 的薄壁圆管时被加热，水的温度由 25℃升至 75℃，管壁温度维持在 100℃。试计算管长。

12. 进口温度为 65.6℃的烃类油在内径 9.24mm、长 4.572m 的管内流动，质量流率为 36.3kg/h，管内壁温度维持在 176.7℃不变。油的比热容和导热系数分别为 $c_p=2093J/(kg·℃)$和 $k=0.144 W/(m·℃)$，黏度随温度的变化如下：

| 温度/℃ | 65.5 | 93.3 | 121.1 | 148.9 | 176.7 |
|---|---|---|---|---|---|
| 黏度/($10^{-3}$Pa·s) | 6.50 | 5.05 | 3.80 | 2.82 | 1.95 |

试求传热系数和烃类油的出口温度。

13. 试证理想气体的体积膨胀系数 $\beta=1/T$。

# 第8章 质量传递：现象、机理及模型

自本章开始，论述三种传递过程的最后一种——质量传递或称传质过程。质量传递指物质质量在空间中迁移的动力学(或速率)过程，它是相对热力学平衡态而言的。在热力学平衡态中，宏观上物质的状态参数(如强度量浓度或组成)不随时间改变，空间上各部分保持平衡，此时不存在质量的传递。

例如，考虑一杯经充分混合的糖水，是由糖分子和水分子组成的混合物(溶液)，杯中的糖浓度将处处相同，也不会随时间发生变化。如果(觉得糖水不够甜)在某时刻向杯中再投入一块方糖，然后静置；此时，由于溶解，可以想见在固体糖表面将会形成一个局部的溶解区域，此处的糖浓度为糖在水中的饱和溶解度，而在其余的溶液主体部分是低浓度的糖水。因此，高浓度区域的糖分子将自发向低浓度处迁移，这就产生了物质质量随时间在空间上的扩散迁移，即溶液主体空间各点的糖浓度随时间是变化的。这个过程就是此处定义的传质过程。在加入方糖后，上述传质过程将持续进行到杯中浓度达到处处均一的程度，这是在新的浓度下建立的又一个热力学平衡态，也是传递过程的终态或极限。如欲加快上述速率过程(以便尽快喝到可口的糖水)，或者说是缩短两个平衡态间转变的时间，可以(用勺子)施以搅拌使糖水运动(对流)，搅拌可加快糖分子在杯中的弥散(dispersion)或均一化过程，这也是一种干预传质的手段。但是无论搅拌与否，两种情形下过程的终态是一样的。

本章将结合化工过程背景，讨论质量传递过程中的现象和机理，基本概念和定义，以及定量的描述方法。

## 8.1 过程单元中的传质

通过化工原理课程的学习可知，描述分离过程的模型可分为平衡级模型和非平衡级模型。平衡级描述中有一个重要的假设，即认为在一个平衡级空间(塔板、传质单元)上的物料呈全混流，不同物相在进入某一平衡级的瞬间(或以无限大的速率)达到当地的相平衡状态；当然在不同的平衡级中相平衡的状态不同。相平衡是传质过程的极限，因此平衡级描述是实际分离单元的一种理想化或简化的图景。

图 8-1 以不同的尺度示出了一个实际的板式精馏塔分离过程。就塔整体(图左)而言，分离性能的优劣取决于塔中每一塔板上的相接触或传质；就塔板上气液接触(图右上)而言，是分散的气泡与液体间的传质过程，即穿越气液相界面，易挥发组分部分汽化，难挥发组分部分冷凝。以两组分为例(如乙醇和水)，图右下示出了界面两端组分浓度的分布。其中在界面上存在相平衡，即界面两侧的浓度取决于相平衡关系。但是在界面两端，组分的组成(或浓度)偏离相平衡且存在梯度，这就需要考虑有限的传质速率。

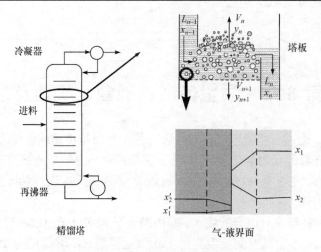

图 8-1　多尺度视角下精馏塔中的传质过程

为定量表征这种传质限制(或塔板的分离效率),对于此处的板式蒸馏塔,定义单板效率为经实际塔板前后组分组成变化与经一层理论塔板前后组分组成变化的比值,即

$$E_{mv} = \frac{y_n - y_{n-1}}{y_n^{eq} - y_{n-1}} \tag{8-1}$$

式中,$y_n^{eq}$ 为与 $x_n$ 对应的平衡摩尔分数。图 8-2 中,以读者熟悉的逐板计算法中的平衡线和操作线示出了式(8-1)的物理意义。由图 8-2 不难看出,实际塔板上不能达到平衡状态,故实际所需塔板数总是大于理论塔板数。理想化的平衡级夸大了塔板的分离效率,实际塔板的传质速率是制约塔板效率的因素。这就需要考虑采用非平衡级模型。

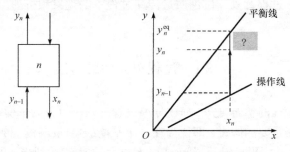

图 8-2　精馏塔的板效率

对于其他类似的分离单元,如吸收、萃取等,也可做同样的分析。由此可见,限制传质分离单元的关键往往体现在由一相向另一相的质量传递过程,如吸收为气相与液相之间的传质,蒸馏为汽相与液相之间的传质,萃取为液相与液相之间的传质,干燥为固相与气相之间的传质等。分离设备的尺寸取决于某一组分相间传质的速率,而该速率又与上述组分由主体向界面传递速率的快慢有关。

不失一般地再考虑化学工业中用作催化剂的多孔颗粒中的扩散和反应。用于合成氨的固定床反应器(图 8-3 左)中填充催化剂颗粒。一般地,这类气-固相催化反应涉及下列串联的多个步骤:①反应物分子从气相主体扩散到催化剂颗粒的外表面;②反应物分子经催化剂内孔扩散到催化剂的活性表面;③反应物分子吸附到催化剂表面上的活性中心;④被吸附的反应物在表面上反应;⑤反应产物分子由催化剂表面上脱附;⑥反应产物分子经催化剂内孔扩散到催化剂的外表面；⑦反应物分子从催化剂颗粒的外表面扩散到气相主体。

显然，反应器的性能(如转化率和选择性)会受到颗粒尺度上质量传递的影响。在该尺度上，可以区分两种主要的扩散阻力，即颗粒外膜阻力(图 8-3 中)以及颗粒内的扩散阻力。催化剂颗粒是由细小的子颗粒组成的团块，细小子颗粒间的大孔是组分进一步向这些小颗粒扩散的通道(图 8-3 右)。孔的形状和尺寸分布在很大程度上取决于吸附剂的种类。微孔直径大约为 1nm；大孔直径大体上为 100nm。因此，颗粒内的扩散阻力可进一步分为大孔阻力以及微孔阻力。可见，此时传质是"无孔不入"，直接影响到反应性能的优劣。

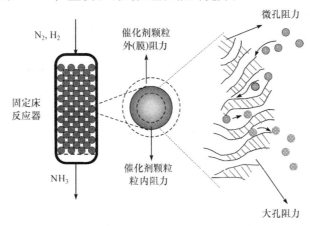

图 8-3 多尺度视角下固定床反应器内的传质过程

以上分析表明，传质过程是过程单元中的重要步骤。深入认识这类过程，并做出定性分析和定量描述，对于单元的设计、优化以至强化，都是非常必要的。

## 8.2 传 质 机 理

在连续介质假设前提下，质量传递有两种基本的方式，即扩散传质和对流传质。在过程单元中，一般同时存在上述两种传递机制，以下分别加以讨论。

### 8.2.1 扩散传质

狭义而言，多组分混合物中单纯因浓度梯度引发的组分质量传递称为扩散传质，简称扩散。通常在多组分混合物中，扩散在宏观上表现为组分由高浓度区向低浓度区迁移，并最终会达到系统浓度均一的平衡态。这是一种自发的过程，也称为浓度梯度(或浓度差)驱动的过程。

从微观角度看，任何超过绝对零度的温度下，无论处于何种相态(气态、液态或固态)，分子(或原子)时刻都处于随机的热运动中，也称为分子的布朗运动，如图 8-4 所示。当相内存在某一组分的浓度(或组成)差时，凭借分子的随机热运动，组分可自发由高浓度区域向低浓度区域迁移，这个过程称为分子扩散或分子传质。气体分子的随机热运动速度可达数百米每秒，但扩散的距离(实线)并不同于分子热运动的轨迹(虚线)，分子扩散是缓慢的过程。分子扩散可发生在固体、静止或层流流动的流体中；气体中扩散速度约为 10cm/min，液体中约为 0.05cm/min，固体中则仅为 $10^{-5}$cm/min。

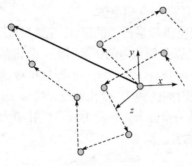

图 8-4　分子的布朗运动轨迹

描述分子扩散通量的基本定律为**菲克(Fick)定律**。对于由 A 和 B 组成的两组分混合物，若无总体流动，在一维方向上单纯由浓度差引起的扩散通量可表示为

$$J_A = -D_{AB} \frac{dc_A}{dz} \tag{8-2}$$

式中，$J_A$ 为组分 A 的摩尔通量；$D_{AB}$ 为组分 A 相对 B 的**分子扩散系数**；$\dfrac{dc_A}{dz}$ 为组分在传质方向上的浓度梯度。式中负号表示质量传递的方向与浓度梯度的方向相反，或称为逆梯度扩散[①]；分子扩散系数是物质的物性常数，表征物质迁移能力(mobility)的大小，它除与温度、压强、组成等因素有关外，还与扩散介质有关。有关扩散系数的计算将在第 9 章中讨论。

式(8-2)表明，分子扩散的驱动力是浓度梯度，扩散通量与该梯度成正比。这只能看作一种近似。在物理化学中，曾定义理想溶液中组分的化学势为

$$\mu_i = \text{const}(p,T) + RT \ln x_i \tag{8-3}$$

对于诸如汽-液一类的相平衡体系而言，显然，在等温、等压下，平衡的条件是组分在两相的化学势相等。即使对于均相的流体内部而言，由式(8-3)指示的组成与化学势之间的数量关系可知，如果相内存在浓度(或组成)的差异，也会引致化学势的差别，因此组分会由高浓度区向低浓度区自发迁移。这至少表明由组成和化学势指示的质量迁移方向是同一的。

但是，事物还有另外一面。例如，常温下一杯水中水的浓度为 55000mol/m³，在水面之上空气中水的浓度是 1mol/m³，故在水/汽间几个分子厚的界面上存在很大的浓差，此时，水自然会持续蒸发。但是，如果在玻璃杯上加一个盖子，使杯中空气饱和，即空气中水浓度升高至 2mol/m³。此时，虽然在界面处仍有梯度，但蒸发却停止了，这显然有悖菲克定律关于浓度驱动力作用的表述。但按照化学势理论，加盖后两相中水组分的化学势相等，因而蒸发停止。所以严格地说，**扩散是化学势驱动的**。

化学势是所谓的化学能，如果扩展其定义，将热能、压强能等包括在内[②]，如此则温度梯度和压强梯度也可以成为分子扩散的驱动力。温度梯度引发的分子扩散称为索雷(Soret)效应，通常情况下的温度梯度不大，这种热扩散效应可以忽略，热扩散也有一些重要的应用，其中包括熟知的铀同位素的分离过程。压强梯度引发的分子扩散通常也可以忽略，但对于分离液体溶液或气体混合物的高速离心机，这种压强扩散是分离的基本机制。

菲克定律虽然存在上述不足，但对于工程应用它仍是一个好的近似，因此本书第 9 章将采用菲克定律计算分子扩散通量，但第 10 章将给出更为普适的模型。

由第 4 章中关于湍流的讨论可知，湍流区别于层流的主要特征是存在各种尺度旋涡的随机脉动；旋涡是大量分子集合形成的拟序流动结构，其尺度大到单元设备尺度，小到耗散涡尺度。不难想见，在湍流中，旋涡的随机脉动会促进物质的混合和分散；这种在旋涡作用下，物质由高浓度向低浓度处的迁移，称为**涡流扩散**。由于涡流扩散的复杂性，涡流扩散通量常类比菲克定律的形式表示，即

---

① 第 10 章将会给出由扩散组分间相互作用所致顺梯度扩散的例子，表明菲克定律并非普遍适用。

② 郭平生. 2006. 能量公设与化学势的广义化形式. 大学物理, 25(9): 21-25.

$$J_A^e = -\varepsilon_M \frac{d\overline{c_A}}{dz} \tag{8-4}$$

式中，$J_A^e$ 为组分 A 的涡流扩散通量；$\varepsilon_M$ 为涡流扩散系数(eddy diffusivity)；$\overline{c_A}$ 为组分的雷诺平均浓度。与分子扩散不同，此处的涡流扩散系数 $\varepsilon_M$ 不是物性常数，它与流体的湍动程度、几何条件、壁面粗糙度等因素有关。另外，即使在湍流中也存在分子扩散，但涡流扩散系数较分子扩散系数大约 3 个数量级，因此涡流扩散起主导作用。

### 8.2.2　对流传质

狭义而言，因多组分混合物的宏观流动所致组分的质量迁移称为对流传质。本书的动量传递部分曾描述了流体的流动，此处的流体可以是单一组分(如水)，也可以是流体混合物或溶液(如氨水)。由于运动的流体含组分或者质量，因而其宏观流动必然导致组分或质量的迁移，此即对流传质的本义；换言之，若多组分混合物流体中组分 $i$ 的浓度为 $c_i$，混合物以一维速度 $u$ 运动，因此速度和组分浓度之积 $uc_i$ 将给出该方向上的一个质量通量 $\left[\dfrac{\text{mol}}{\text{m}^2 \cdot \text{s}}\right]$，此即对流通量。由此也可见，虽然浓度为标量，但由于速度为矢量，因此通量也是矢量。

在湍流下，按照雷诺的处理，速度和浓度均可分解为时均和脉动两个部分，即(以一维为例)

$$u = \overline{u} + u' \tag{8-5}$$

$$c_i = \overline{c_i} + c_i' \tag{8-6}$$

因此，按照雷诺时均运算规则，即 $\overline{f_1 f_2} = \overline{f_1}\,\overline{f_2} + \overline{f_1' f_2'}$，有

$$\overline{uc_i} = \overline{u}\,\overline{c_i} + \overline{u'c_i'} \tag{8-7}$$

由此可见，在湍流下，对流通量也可分解为两部分：式(8-7)右侧的第一项为时均流贡献的通量，第二项为脉动流贡献的通量。在湍流文献中，将前者称为对流通量，后者称为涡流扩散通量，即

$$J_i^e = \overline{u'c_i'} \tag{8-8}$$

由此可见湍流情形下旋涡的随机脉动($u'$)与浓度脉动($c'$)间的关联作用，这也就是前述式(8-4)所给出的涡流扩散通量的由来。

### 8.2.3　传质的工程描述

1. 概念及定义

前述讨论中给出了扩散传质和对流传质的严格(或狭义)定义。据此考虑水流过可溶性固体萘平板的例子：此时，溶出的萘组分随水溶液沿主流方向(纵向)流动(对流)，同时萘组分在水溶液的主体与固体壁面之间也存在浓度差，因此水溶液中萘组分在壁面的法向(横向)上存在浓差驱动的扩散传质，因此传质同时包含了扩散和对流这两种传质机制；如果混合物流动为湍流，传质中还要叠加涡流扩散的贡献。

类似地，在图 8-1 中所示蒸馏塔塔板上，分散的气泡相与连续的液相之间流体-流体间的传质，或者图 8-2 中所示气流穿过催化剂颗粒填充的床层时，颗粒外膜中流体-固体间的传质，

均属此类伴有对流的情形。为了简化或描述的便利，在工程中广义地定义对流传质为：伴有流动条件下在运动流体与固体壁面之间，或在不相混溶流动相间发生的质量传递。可见，相对前述狭义的扩散/对流传质，工程中所指的对流传质是更为广义的。

类比对流传热中的牛顿冷却定律，描述对流传质的基本方程为

$$N_A = k_c \Delta c_A \tag{8-9a}$$

式中，$N_A$ 为对流传质的摩尔通量；$k_c$ 为**对流传质系数**；$\Delta c_A$ 为组分 A 的界面浓度与其主体浓度之差。

式(8-9a)可看作对流传质系数的定义式。该式表明，通过(实验或理论)确定既定条件下的通量和浓度差，可以得到对流传质系数。该式既适用于混合物做层流流动的情形，也适用于湍流情形；可以推断，后一情形下对流传质系数更大。一般地，对流传质系数与流体的物性、相界面的几何构型以及流型等因素有关。

### 2. 工程对流传质模型：双膜模型

双膜模型也称传质膜模型，最早由怀特曼(Whiteman)于 1923 年提出。该模型的要点是(图 8-5)：①主体流动为湍流，其中存在对流和各种不同尺度的涡，因此流体迅速混合，在主体流中没有浓度梯度。②在近界面处，涡消失，存在一个滞止的膜层(传质通量方向上无对流)，其中传质发生在低浓度和低通量情形下，仅由定态扩散所致。③在相界面处，两相处于热力学平衡状态。传质膜模型假设涡在距界面某一距离处消失，此即膜的厚度($\delta_D'$)。通常，膜非常薄；图 8-6 分别示出了气体、液体以及固体中传质膜膜厚的数量级。在膜模型中，由式(8-9a)所定义的对流传质系数为

$$k_c^0 = \frac{D_{AB}}{\delta_D'} \tag{8-9b}$$

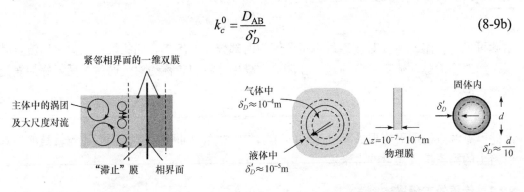

图 8-5　双膜模型　　　　　　　　　　图 8-6　传质膜厚

可见，该模型预示传质系数与扩散系数的一次方成正比，但该模型本身并不能给出如何确定模型参数膜厚 $\delta_D'$ 的方法。有关细节将在第 11 章中详细讨论。

双膜理论将复杂的相际传质过程归结为两种流体膜层中的定态扩散过程，依此模型，在相界面处及两相主体中均无传质阻力存在，故整个相际传质过程的阻力全部集中在两个膜层内。因此，双膜模型又称双阻力模型。值得指出的是，膜模型对相间传质过程做了过度的简化，在第 11 章中将对此加以改进。虽然如此，这个模型至今依旧是化学工程中最为实用的模型。

## 8.3 传质中的基本物理量

顾名思义，传质是物质的传递；在多组分混合物中，这表现为如前所述的组分的扩散和/或对流运动。本节讨论描述传质过程中的基本物理量的定义和关系式。

### 8.3.1 物质的数量、浓度和组成

对于由 $n$ 个组分组成的多组分混合物，物质的数量可以不同方式给出。常见的三种选择是：

(1) 组分的摩尔量[①]，$n_i$；混合物的摩尔量，$N = \sum_{i=1}^{n} n_i$。

(2) 组分的质量，$m_i$；混合物的质量，$M = \sum_{i=1}^{n} m_i$。

(3) 组分的体积，$v_i$；混合物的体积，$V = \sum_{i=1}^{n} v_l$。

这些均属热力学中的广延量，据此可定义相关的强度量。这可以是如下定义的物质的**浓度**(concentration)：

(1) 组分的摩尔浓度，$c_i = \dfrac{n_i}{V}$；混合物的摩尔浓度，$C = \dfrac{N}{V} = \sum_{i=1}^{n} c_i$。

(2) 组分的质量浓度或密度，$\rho_i = \dfrac{m_i}{V}$；混合物的质量浓度或密度，$\rho = \dfrac{M}{V} = \sum_{i=1}^{n} \rho_i$。

也可以是如下定义的物质的组成(composition)：

(1) 组分的摩尔分数，$x_i = \dfrac{n_i}{N}$；约束关系，$\sum_{i=1}^{n} x_i = 1$。

(2) 组分的质量分数，$\alpha_i = \dfrac{m_i}{M}$；约束关系，$\sum_{i=1}^{n} \alpha_i = 1$。

### 8.3.2 传质速度

在给出上述有关物质的数量以及浓度(或组成)的定义后，以下将以一个简单的思想实验[②]解释并说明如何描述传质过程中组分的扩散以及对流两种运动。

考虑图 8-7 所示的情形：两个玻璃球以毛细管相连，整个系统始终处于恒温状态。在初始时刻，左边球中含氢(组分 1)，右边球中为氮(组分 2)。由于左端氢的浓度高，右端氮的浓度高，因此在浓度梯度(或浓度差)的驱动下，必然存在氢自左及右以及氮自右及左的扩散运动。经足够长的时间，这种运动最终将导致整个系统处于组分浓度(或组成)均一的状态。

在上述传质过程中，由于组分的性质不同，故传质运动的速度不同。设点 $z$ 处相对毛细

---

① 注意 $n$ 和 $N$ 在后面还分别用于表示"质量传递通量"与"摩尔传质通量"，不要与这里的意义相混淆。

② 思想实验指按照真实的实验格式展开的形象思维和逻辑思维相结合的思维活动，通过构想假想物理客体的行为，揭示事物的内在规律。

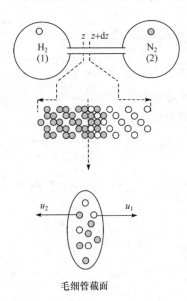

毛细管截面

图 8-7　混合物中组分的相对运动

管壁固定[①]的任一截面上，两组分分别以局部的**组分速度** $u_1$ 和 $u_2$ 相向运动(图 8-7 下部)；此处的组分速度均为相对管壁的速度。相应地，组分的质量通量为 $\rho_1 u_1$ 和 $\rho_2 u_2$，于是混合物的质量通量为 $\rho_1 u_1 + \rho_2 u_2$。设混合物的密度为 $\rho$，运动速度为 $u$，则通过相邻两点间的混合物的质量通量为

$$\rho u = \rho_1 u_1 + \rho_2 u_2 \tag{8-10}$$

变换式(8-10)可得

$$u = \frac{1}{\rho}\left(\rho_1 u_1 + \rho_2 u_2\right) = \alpha_1 u_1 + \alpha_2 u_2 \tag{8-11}$$

可见，混合物的速度 $u$ 可由组分的速度经组分的质量分数 $\alpha$ 加权后表示，这里 $u$ 称为**质量平均速度**。

以上关系式描述了组分以及混合物各自相对固体壁面的运动，其中，质量平均速度是混合物整体的运动速度，为混合物中的各个组分所共有。下面讨论组分各自相对混合物的运动。

对于此处的两组分混合物，有如下相对速度

$$u_{d1} = u_1 - u \tag{8-12a}$$

$$u_{d2} = u_2 - u \tag{8-12b}$$

上两式分别描述了组分 1 和组分 2 相对混合物的运动；与混合物的速度为各个组分共有所不同，该两速度为组分所特有，表征了组分的扩散运动能力。据此，可以将组分速度以相对速度和混合物的速度表示，即

$$u_1 = u_{d1} + u \tag{8-13a}$$

$$u_2 = u_{d2} + u \tag{8-13b}$$

由此可见，组分速度可以分解为组分相对混合物的运动以及组分随混合物的运动两部分。就物理意义而言，组分随混合物的运动就是组分的对流传质，而组分相对混合物的运动单纯由于浓度梯度(或浓度差)所致，属于扩散传质。因此，由式(8-12)定义的相对速度称为组分的**扩散速度**。

以上的讨论均基于质量单位，当然也可基于摩尔单位进行同样的讨论。设混合物的总的摩尔浓度为 $C$，运动速度为 $u_m$，则通过相邻两点间的混合物的摩尔通量为

$$C u_m = c_1 u_1 + c_2 u_2 \tag{8-14}$$

变换式(8-14)可得

$$u_m = \frac{1}{C}\left(c_1 u_1 + c_2 u_2\right) = x_1 u_1 + x_2 u_2 \tag{8-15}$$

可见，混合物的速度可由组分的速度经组分的摩尔分数加权后表示，这里称为**摩尔平均速度**。显然，摩尔平均速度和前述的质量平均速度在物理意义上是类同的，但取值不同。因此，如

---

① 任何运动均具有相对性，因此定义速度必须指明参考系。如果此处的系统相对实验室静止，也可以说组分速度是相对实验室坐标定义的。同时，速度作为矢量具有方向，因此此处速度取值的正或负表明了传质运动的方向。针对图 8-7 的讨论中约定自左至右为正方向。

下分别描述组分 1 和组分 2 相对混合物运动的相对速度

$$u'_{d1} = u_1 - u_m \tag{8-16a}$$

$$u'_{d2} = u_2 - u_m \tag{8-16b}$$

也具有与式(8-12)中的相对速度不同的取值。据此，可以将组分速度以相对速度和混合物的速度表示，即

$$u_1 = u'_{d1} + u_m \tag{8-17a}$$

$$u_2 = u'_{d2} + u_m \tag{8-17b}$$

据此同样可见，组分速度可以分解为组分相对混合物的运动以及组分随混合物的运动两部分。此处，由式(8-17)定义的相对速度也称为组分的扩散速度。

### 8.3.3 传质通量

为了定量描述传质过程，核心的问题是给出组分的传质通量。在前面有关对流传质的讨论中已经表明，浓度和速度之积总是给出某种传质通量，但是通量的意义既与浓度也与速度的定义有关。基于质量单位，对于图 8-7 示意的两组分混合物中的组分 1，定义如下的通量为组分各自的总质量通量：

$$n_1 = \rho_1 u_1 \tag{8-18a}$$

$$n_2 = \rho_2 u_2 \tag{8-18b}$$

因此混合物的总质量通量为

$$n = \rho u = n_1 + n_2 = \rho_1 u_1 + \rho_2 u_2 \tag{8-19}$$

已知组分以及混合物的速度均是相对系统的壁面定义的，因此上述通量均是相对壁面的。

如果采用式(8-13a)中的速度分解模式，将其代入式(8-18a)中可得

$$n_1 = \rho_1 \left( u_{d1} + u \right) \tag{8-20}$$

进一步变换该式有

$$n_1 = \rho_1 u_{d1} + \rho_1 u \tag{8-21}$$

可见，式右为两种通量的叠加；其中式右第一项中的速度为组分的扩散速度，对应的通量为相对于混合物平均速度定义的组分的**扩散通量**，即

$$j_1 = \rho_1 u_{d1} = -D_{12} \frac{d\rho_1}{dz} \tag{8-22}$$

式(8-21)右第二项中的速度为混合物的速度，对应的通量为相对于壁面的组分的**对流通量**，即

$$\rho_1 u = \frac{\rho_1}{\rho} \left( \rho_1 u_1 + \rho_2 u_2 \right) = \alpha_1 \left( n_1 + n_2 \right) \tag{8-23}$$

将式(8-22)和式(8-23)代入式(8-21)可得

$$n_1 = -D_{12} \frac{d\rho_1}{dz} + \alpha_1 \left( n_1 + n_2 \right) \tag{8-24}$$

至此可得结论，对应组分速度的分解，组分通量也分解为扩散通量和对流通量两部分贡献。

以上在质量单位下对于组分 1 的讨论也适用于组分 2。同理，在摩尔单位下，也可对组分 1 和组分 2 以及混合物导出相关的物理量，结果如表 8-1 中所列。

**表 8-1 两组分混合物及其中组分的摩尔通量**

| 总通量 | 扩散通量 | 对流通量 |
|---|---|---|
| $N_1 = c_1 u_1$ $N_2 = c_2 u_2$ $N = C u_m = N_1 + N_2 = c_1 u_1 + c_2 u_2$ | $J_1 = c_1 (u_1 - u_m)$ $J_2 = c_2 (u_2 - u_m)$ $J_1 = -D_{12} \dfrac{dc_1}{dz}$ $J_2 = -D_{21} \dfrac{dc_2}{dz}$ | $c_1 u_m = x_1 N$ $c_2 u_m = x_2 N$ |

【**例 8-1**】 在 $p$=206.6kPa、$T$=294K 的条件下，在两组分混合物(组分 A，$O_2$；组分 B，$CO_2$)中发生一维、定态(分子)扩散传质，已知 $x_A = 0.25$，$u_A = 0.0017$m/s，$u_B = 0.00034$m/s。试计算：

(1) $c_A$，$c_B$，$C$　　(2) $\alpha_A$，$\alpha_B$　　(3) $\rho_A$，$\rho_B$，$\rho$　　(4) $u_A - u_m$，$u_B - u_m$

(5) $u_A - u$，$u_B - u$　(6) $N_A$，$N_B$，$N$　(7) $n_A$，$n_B$，$n$

**解** 取理想气体近似，有

$$C = \frac{p}{RT} = \frac{206.6 \times 10^3}{8.314 \times 294} = 84.5 (mol/m^3)$$

(1) $c_A = x_A C = 0.25 \times 84.5 = 21.13 (mol/m^3)$；$c_B = C - c_A = 84.5 - 21.13 = 63.37 (mol/m^3)$

(2) $M_A$=32，$M_B$=44

$$\alpha_A = \frac{x_A M_A}{x_A M_A + x_B M_B} = \frac{0.25 \times 32}{0.25 \times 32 + 0.75 \times 44} = 0.20$$

$$\alpha_B = 1 - 0.20 = 0.80$$

(3) $\rho_A = c_A M_A = 21.13 \times 32 = 676.16 (g/m^3)$　　$\rho_B = c_B M_B = 63.37 \times 44 = 2788.28 (g/m^3)$

$$\rho = \rho_A + \rho_B = 3464.44 g/m^3$$

(4) $u_m = \dfrac{c_A u_A + c_B u_B}{C} = x_A u_A + x_B u_B = 0.25 \times 0.0017 + 0.75 \times 0.00034 = 6.8 \times 10^{-4} (m/s)$

$$u_A - u_m = 17 \times 10^{-4} - 6.8 \times 10^{-4} = 1.02 \times 10^{-3} (m/s)$$

$$u_B - u_m = 3.4 \times 10^{-4} - 6.8 \times 10^{-4} = -3.4 \times 10^{-4} (m/s)$$

(5) $u = \dfrac{\rho_A u_A + \rho_B u_B}{\rho} = \alpha_A u_A + \alpha_B u_B = 0.20 \times 0.0017 + 0.80 \times 0.00034 = 6.12 \times 10^{-4} (m/s)$

$$u_A - u = 17 \times 10^{-4} - 6.12 \times 10^{-4} = 1.088 \times 10^{-3} (m/s)$$

$$u_B - u = 3.4 \times 10^{-4} - 6.12 \times 10^{-4} = -2.72 \times 10^{-4} (m/s)$$

(6) $N_A = c_A u_A = 21.13 \times 17 \times 10^{-4} = 3.59 \times 10^{-2} \left[ mol/(m^2 \cdot s) \right]$

$$N_B = c_B u_B = 63.37 \times 3.4 \times 10^{-4} = 2.15 \times 10^{-2} \left[ mol/(m^2 \cdot s) \right]$$

$$N = N_A + N_B = 5.74 \times 10^{-2} [mol/(m^2 \cdot s)]$$

(7) $n_A = \rho_A u_A = 676.16 \times 17 \times 10^{-4} = 1.15 \left[ g/(m^2 \cdot s) \right]$　$n_B = \rho_B u_B = 2788.28 \times 3.4 \times 10^{-4} = 0.95 \left[ g/(m^2 \cdot s) \right]$

$$n = n_A + n_B = 2.1 \left[ g/(m^2 \cdot s) \right]$$

# 8.4　传质微分方程

描述流体流动或动量传递的普适方程是连续性方程和运动方程，对应热量传递有能量方程，类似地，对于质量传递，存在描述组分质量平衡的传质微分方程。传质微分方程给出在混合物流动的条件下，混合物中组分在时空的变化和分布，即组分的浓度场。

## 8.4.1　传质微分方程的建立

### 1. 守恒关系和基本变量

以下基于摩尔单位，考虑三维空间中多组分流体混合物中的传质。无疑，流体中的组分 $i$ 满足如下的质量守恒关系

$$\begin{pmatrix} 输入微元的组分i的 \\ 摩尔速率 \end{pmatrix} - \begin{pmatrix} 输出微元的组分i的 \\ 摩尔速率 \end{pmatrix} + \begin{pmatrix} 微元内组分i的 \\ 反应生成速率 \end{pmatrix} = \begin{pmatrix} 微元内组分i的 \\ 累积速率 \end{pmatrix} \tag{8-25}$$

对混合物中的组分应用上述守恒关系可以导出传质微分方程。

在欧拉观点下，取流场中固定位置处的正六面体作为流体微元或微分控制体，如图 8-8 所示。其中，各边长分别为 $\mathrm{d}x$、$\mathrm{d}y$ 和 $\mathrm{d}z$，微元体积为 $\mathrm{d}x\mathrm{d}y\mathrm{d}z$。流体混合物的摩尔平均速度(对流速度)矢量为

$$\boldsymbol{u}_{\mathrm{m}} = u_{\mathrm{m},x}\boldsymbol{i} + u_{\mathrm{m},y}\boldsymbol{j} + u_{\mathrm{m},z}\boldsymbol{k} \tag{8-26}$$

相应的组分 $i$ 的对流通量为

$$c_i\boldsymbol{u}_{\mathrm{m}} = c_i\left(u_{\mathrm{m},x}\boldsymbol{i} + u_{\mathrm{m},y}\boldsymbol{j} + u_{\mathrm{m},z}\boldsymbol{k}\right) \tag{8-27}$$

组分 $i$ 的扩散通量[①]为

$$\boldsymbol{J}_i = J_{i,x}\boldsymbol{i} + J_{i,y}\boldsymbol{j} + J_{i,z}\boldsymbol{k} \tag{8-28}$$

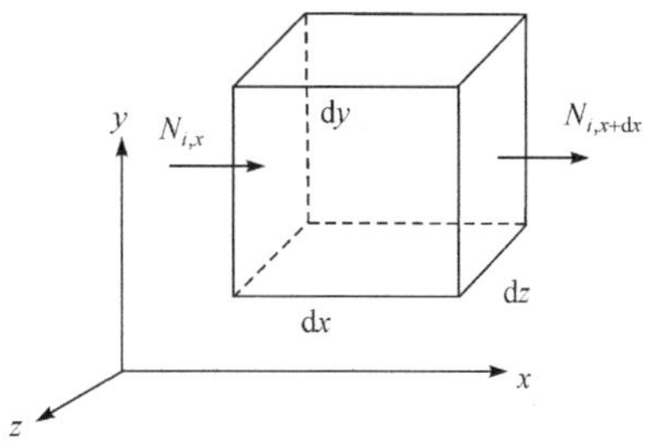

图 8-8　微分控制体

因此，组分 $i$ 的总摩尔通量为

$$\boldsymbol{N}_i = \left(J_{i,x} + c_iu_{\mathrm{m},x}\right)\boldsymbol{i} + \left(J_{i,y} + c_iu_{\mathrm{m},y}\right)\boldsymbol{j} + \left(J_{i,z} + c_iu_{\mathrm{m},z}\right)\boldsymbol{k} \tag{8-29}$$

### 2. 摩尔速率项

式(8-25)是以摩尔速率表示的守恒关系。其中，组分在微元上的输入和输出的机制是组分的扩散和对流，相应的总摩尔通量表达式为式(8-29)；如果将通量乘以对应的传递面积，则可以得到输入和输出的摩尔速率。以 $x$ 方向为例，基本关系如下：

在 $x$ 处的通量 $N_{i,x}$，对应的传递面积为 $\mathrm{d}y\mathrm{d}z$。这给出 $x$ 处输入的摩尔速率为

$$\dot{M}_{i,x} = N_{i,x}\mathrm{d}y\mathrm{d}z \tag{8-30}$$

在 $x+\mathrm{d}x$ 处输出的摩尔速率可以用一阶近似的泰勒展开、基于 $x$ 处的摩尔速率表示，即

$$\dot{M}_{i,x+\mathrm{d}x} = \dot{M}_{i,x} + \frac{\partial \dot{M}_{i,x}}{\partial x}\mathrm{d}x \tag{8-31}$$

---

① 通量的方向为传递面的法线方向。

于是可得 $x$ 方向上摩尔速率的净变化(输出−输入)为

$$\dot{M}_{i,x+\mathrm{d}x} - \dot{M}_{i,x} = \frac{\partial \dot{M}_{i,x}}{\partial x}\mathrm{d}x = \frac{\partial N_{i,x}}{\partial x}\mathrm{d}x\mathrm{d}y\mathrm{d}z \tag{8-32}$$

同理可得，在 $y$ 和 $z$ 方向上摩尔速率的净变化分别为

$$\dot{M}_{i,y+\mathrm{d}y} - \dot{M}_{i,y} = \frac{\partial \dot{M}_{i,y}}{\partial y}\mathrm{d}y = \frac{\partial N_{i,y}}{\partial y}\mathrm{d}x\mathrm{d}y\mathrm{d}z \tag{8-33}$$

$$\dot{M}_{i,z+\mathrm{d}z} - \dot{M}_{i,z} = \frac{\partial \dot{M}_{i,z}}{\partial z}\mathrm{d}z = \frac{\partial N_{i,z}}{\partial z}\mathrm{d}x\mathrm{d}y\mathrm{d}z \tag{8-34}$$

式(8-25)中，组分 $i$ 的反应生成速率计及了微元内有化学反应发生的情形。据定义，组分 $i$ 的化学反应速率为单位时间、单位体积流体混合物中组分 $i$ 的摩尔转化速率。设化学反应速率为 $R_i$，当组分为生成物时，$R_i$ 为正，当其为反应物时，$R_i$ 为负，因此微元内组分 $i$ 的反应生成速率为

$$\dot{R}_i = R_i\mathrm{d}x\mathrm{d}y\mathrm{d}z \tag{8-35}$$

式(8-25)中，组分 $i$ 的累积速率反映微元内组分质量随时间的变化。任一时刻混合物中组分的摩尔量为

$$\dot{M}_i = c_i\mathrm{d}x\mathrm{d}y\mathrm{d}z \tag{8-36a}$$

因此组分 $i$ 的累积速率

$$\frac{\partial \dot{M}_i}{\partial t} = \frac{\partial c_i}{\partial t}\mathrm{d}x\mathrm{d}y\mathrm{d}z \tag{8-36b}$$

### 3. 传质微分方程

将式(8-32)~式(8-36)代入质量守恒关系式(8-25)中整理可得

$$\frac{\partial c_i}{\partial t} + \frac{\partial N_{i,x}}{\partial x} + \frac{\partial N_{i,y}}{\partial y} + \frac{\partial N_{i,z}}{\partial z} - R_i = 0 \tag{8-37}$$

这是以通量表示的、普适的传质微分方程。

注意到式(8-37)中的通量项可分解为对流和扩散传质两部分，即式(8-29)；将此式代入式(8-37)可得

$$\frac{\partial c_i}{\partial t} + \frac{\partial c_i u_{\mathrm{m},x}}{\partial x} + \frac{\partial c_i u_{\mathrm{m},y}}{\partial y} + \frac{\partial c_i u_{\mathrm{m},z}}{\partial z} + \frac{\partial J_{i,x}}{\partial x} + \frac{\partial J_{i,y}}{\partial y} + \frac{\partial J_{i,z}}{\partial z} - R_i = 0 \tag{8-38}$$

进一步代入扩散通量的菲克定律表达式，即式(8-22)，可得

$$\frac{\partial c_i}{\partial t} + \frac{\partial c_i u_{\mathrm{m},x}}{\partial x} + \frac{\partial c_i u_{\mathrm{m},y}}{\partial y} + \frac{\partial c_i u_{\mathrm{m},z}}{\partial z} = D_{i,\mathrm{eff}}\left(\frac{\partial^2 c_i}{\partial x^2} + \frac{\partial^2 c_i}{\partial y^2} + \frac{\partial^2 c_i}{\partial z^2}\right) + R_i \tag{8-39}$$

这是基于菲克定律以浓度表示的**传质微分方程**，也称为对流-扩散方程；其中，$D_{i,\mathrm{eff}}$ 为组分相对混合物的有效扩散系数[①]。

---

① 对两组分混合物中的目标组分 1，该扩散系数为组分 1 的扩散系数 $D_{12}$；对于 $n$ 个组分组成的混合物，该扩散系数为目标组分 $i$ 相对其余 $(n-1)$ 种组分扩散的有效扩散系数，第 9 章和第 10 章关于气体扩散系数计算的讨论中将给出其计算方法。

式(8-39)是以组分浓度为自变量的偏微分方程，式中每一项的量纲均为单位体积内摩尔量与时间的比值，因此该式描述了控制体内组分摩尔量的演化；由前述推导可知各项的物理意义，即

(1) 式左第一项：描述空间点上组分含量随时间的变化，称为瞬态项。

(2) 式左第二、三、四项：描述组分在三个坐标方向上的对流传质，称为对流项。

(3) 式右第一项：描述组分在三个坐标方向上的扩散传质，称为扩散项。

(4) 式右第二项：描述组分 $i$ 在空间点上的化学转化；组分为生成物时，该项对微元内组分 $i$ 的含量为正贡献，故称为源(source)项，组分为反应物时，该项对微元内组分 $i$ 的含量为负贡献，故称为汇(sink)项。

以上推导均基于组分的摩尔浓度以及混合物的摩尔平均速度，若采用组分的质量浓度以及混合物的质量平均速度，也可导出相应的传质微分方程如下

$$\frac{\partial \rho_i}{\partial t} + \frac{\partial \rho_i u_x}{\partial x} + \frac{\partial \rho_i u_y}{\partial y} + \frac{\partial \rho_i u_z}{\partial z} = D_{i,\text{eff}}\left(\frac{\partial^2 \rho_i}{\partial x^2} + \frac{\partial^2 \rho_i}{\partial y^2} + \frac{\partial^2 \rho_i}{\partial z^2}\right) + r_i \tag{8-40}$$

推导是在直角坐标系中进行的，但对于解决实际的传质问题，这不是必需的。在过程单元中，如降膜吸收管中，涉及的气液传质问题如果在柱坐标系中描述，可能更便于数学解算；再如，描述固定填充床中球形催化剂颗粒内的传质，适宜采用球坐标系。在柱坐标系或球坐标系中推导相应传质微分方程的方法与前述类同，此处不再赘述；表 8-2 中列出了基于摩尔单位的有关方程。

**表 8-2　柱坐标系和球坐标系下的传质微分方程**(对流-扩散方程)

柱坐标系

通量表示形式

$$\frac{\partial c_i}{\partial t} + \frac{1}{r}\frac{\partial(rN_{i,r})}{\partial r} + \frac{1}{r}\frac{\partial N_{i,\theta}}{\partial \theta} + \frac{\partial N_{i,z}}{\partial z} = R_i \tag{8-41}$$

摩尔浓度表示形式

$$\frac{\partial c_i}{\partial t} + u_r\frac{\partial c_i}{\partial r} + \frac{u_\theta}{r}\frac{\partial c_i}{\partial \theta} + u_z\frac{\partial c_i}{\partial z} = D_{i,\text{eff}}\left[\frac{1}{r}\frac{\partial}{\partial r}\left(r\frac{\partial c_i}{\partial r}\right) + \frac{1}{r^2}\frac{\partial^2 c_i}{\partial \theta^2} + \frac{\partial^2 c_i}{\partial z^2}\right] + R_i \tag{8-42}$$

式中，$t$ 为时间变量；$r$ 为径向坐标；$\theta$ 为方位角坐标，$z$ 为轴向坐标

球坐标系

通量表示形式

$$\frac{\partial c_i}{\partial t} + \frac{1}{r^2}\frac{\partial(r^2 N_{i,r})}{\partial r} + \frac{1}{r\sin\theta}\frac{\partial(N_{i,\theta}\sin\theta)}{\partial \theta} + \frac{1}{r\sin\theta}\frac{\partial N_{i,\varphi}}{\partial \varphi} = R_i \tag{8-43}$$

摩尔浓度表示形式

$$\frac{\partial c_i}{\partial t} + u_r\frac{\partial c_i}{\partial r} + \frac{u_\theta}{r}\frac{\partial c_i}{\partial \theta} + \frac{u_\varphi}{r\sin\theta}\frac{\partial c_i}{\partial \varphi} = D_{i,\text{eff}}\left[\frac{1}{r^2}\frac{\partial}{\partial r}\left(r^2\frac{\partial c_i}{\partial r}\right) + \frac{1}{r^2\sin\theta}\left(\sin\theta\frac{\partial^2 c_i}{\partial \theta^2}\right) + \frac{1}{r^2\sin^2\theta}\frac{\partial^2 c_i}{\partial \varphi^2}\right] + R_i \tag{8-44}$$

式中，$t$ 为时间变量；$r$ 为矢径坐标；$\theta$ 为余纬度坐标；$\varphi$ 为方位角坐标

### 8.4.2　传质微分方程的应用和求解

本节讨论应用和求解传质微分方程的模型化处理方法。针对具体问题，模型化方法的步骤是：首先明确过程的物理图景并据此简化传质微分方程，给出描述过程的控制方程；然后，

根据控制方程的数学特性补充定解条件并采用相应的数学方法求解；最后，基于计算结果讨论过程的特性。

1. 控制方程

式(8-39)所示的传质微分方程描述了伴有混合物流动时组分传质的普遍情况。在应用该方程处理实际问题时，需要依据具体对象的物理/化学特性，对方程中对应的项进行取舍，从而得到描述对象的控制方程。

首先，考虑无化学反应条件下式(8-39)的展开形式

$$\frac{\partial c_i}{\partial t} + c_i\left(\frac{\partial u_{m,x}}{\partial x} + \frac{\partial u_{m,y}}{\partial y} + \frac{\partial u_{m,z}}{\partial z}\right) + u_{m,x}\frac{\partial c_i}{\partial x} + u_{m,y}\frac{\partial c_i}{\partial y} + u_{m,z}\frac{\partial c_i}{\partial z}$$

$$= D_{i,\text{eff}}\left(\frac{\partial^2 c_i}{\partial x^2} + \frac{\partial^2 c_i}{\partial y^2} + \frac{\partial^2 c_i}{\partial z^2}\right) \tag{8-45a}$$

或者写作

$$\frac{\partial c_i}{\partial t} + \boldsymbol{u}_m \cdot \nabla c_i + c_i \nabla \cdot \boldsymbol{u}_m = D_{i,\text{eff}}\nabla^2 c_i \tag{8-45b}$$

该式左端的前两项为浓度的随体导数，式右为扩散项，物理意义均是显明的。类似不可压缩流体满足 $\nabla \cdot \boldsymbol{u} = 0$，对于混合物总的摩尔浓度定常的情形，有 $\nabla \cdot \boldsymbol{u}_m = 0$，故式(8-45b)变为

$$\frac{\partial c_i}{\partial t} + \boldsymbol{u}_m \cdot \nabla c_i = D_{i,\text{eff}}\nabla^2 c_i \tag{8-46}$$

显然，对于定态情形，该式可化简为

$$\boldsymbol{u}_m \cdot \nabla c_i = D_{i,\text{eff}}\nabla^2 c_i \tag{8-47}$$

如果混合物没有宏观的对流运动或者在固体内部，此时 $\boldsymbol{u}_m = 0$，因此式(8-46)变为

$$\frac{\partial c_i}{\partial t} = D_{i,\text{eff}}\nabla^2 c_i \tag{8-48}$$

相对式(8-2)所示的菲克定律，式(8-48)常被称为菲克第二定律。继而对于定态情形，该式可化简为

$$\nabla^2 c_i = 0 \tag{8-49}$$

2. 初始条件和边界条件

前述传质控制方程是典型的数学物理方程。传质过程随时间的变化总是单向的，空间可在三维展开；后者决定了传质方程的维数或微分的阶数。为了积分求解微分形式的控制方程，使方程封闭、构成数学上的定解问题，这就需要给出系统的初始条件和边界条件；边界条件和初始条件反映了具体问题的特殊环境和历史。

初始条件给出有关系统初始状态的数学描述，即

$$c_i = c_i(0;x,y,z) \tag{8-50}$$

边界条件表达系统边界上的物理输入或输出。当然，边界条件的类型必须在数学上与方程相适应。例如，前面的推导中以菲克定律表示扩散通量，形如 $-D(\partial c / \partial z)$，代入式(8-37)后就给出二阶导数，因此模型方程就是一个二阶微分方程，需要在相应方向上给出两个边界条件[①]。

① 这个要求可类比二阶常微分方程在积分时为确定两个积分常数就需要附加两个独立的条件。

对于传质问题，常见的边界条件有下列四种：

(1) 第一类边界条件：已知边界处组分的浓度(组成)。对于图 8-1 右下部所示具有浓度分布的传质膜层，一侧的边界为界面，另一侧边界与主体接壤。由于假设界面处于相平衡，因此界面浓度可由热力学平衡计算，而主体浓度可能是已知的设计变量或者由其他方法确定，这样就可得到关于传质膜层的两个边界条件。

(2) 第二类边界条件：给定表面处的质量通量。例如，在壁面上按照菲克定律给出

$$J_{i,\text{wall}} = -D_{AB} \frac{dc_A}{dy}\bigg|_{y=0} \tag{8-51}$$

特殊地，类同绝热面处或对称轴上能量流不可穿透，从而 $\frac{dT}{dy} = 0$；对质量不可通透的表面或者在轴对称面，则质量通量为零，即

$$\frac{dc_A}{dy} = 0 \tag{8-52}$$

(3) 第三类边界条件：边界上的通量由式(8-9)定义的对流传质通量给出，即

$$-D_{AB} \frac{dc_A}{dy}\bigg|_{y=0} = k_c \left( c_{As} - c_{Ab} \right) \tag{8-53}$$

式中，$c_{As}$ 为边界上($y = 0$ 处)的组分浓度；$c_{Ab}$ 为主体中的组分浓度。如果 $k_c \to \infty$，这在物理上意味着相应的膜内没有传质阻力，因此 $c_{As} \cong c_{Ab}$，也就是趋近相平衡的状态；此时该界面的条件还原为第一类边界条件。

(4) 化学反应边界条件：如果边界处具有化学活性(如涂覆催化剂层后发生表面化学反应)，此时边界上的通量由表面反应速率[mol/(m² · s)]确定，以一级反应为例，即

$$N_{A,\text{surface}} = kc_{As} \tag{8-54}$$

式中，$k$ 为化学反应速率常数。如果化学反应速率非常快(瞬时反应)，即扩散组分 A 到达反应物表面立即耗尽，则边界条件为 $c_{As} = 0$。

### 3. 控制方程的求解

描述传质的控制方程是以关键组分浓度为自变量的偏(或常)微分方程。对于对流传质问题，方程中会含有流动速度，因此，在求解中需要联立求解连续性方程和 N-S 方程。至此，对两组分混合物，可以得到 5 个描述对流传质的一组控制方程，相应有 5 个未知量，即组分浓度、流场的压强以及三个速度分量。原则上，如果已知流体物性(包括扩散系数)，辅以初始和/或边界条件，这就构成数学上的定解问题。接续的问题是寻求适宜的积分求解方法，得到流体中的速度分布和浓度分布。只有在简单的条件下，才能得到解析解；对于复杂问题，只能求助于各种数值解法。以下的讨论将限于前者。在第 9～11 章，将应用上述传质模型，分别讨论有关扩散传质以及对流传质问题。

**【例 8-2】**　考虑工业中常用的一类降膜吸收器,如图 8-9 所示。其中,液体溶剂(B 组分,如碱液)顺流而下,在垂直纸面以及竖直方向上无限伸展的平板表面形成层流液膜,气体溶质(如 A 组分 $CO_2$ 和某种惰性气体的混合物)逆流上行。此时,液膜与相邻气体通过界面接触发生对流传质,若气相传质阻力可忽略不计,则溶质浓度变化发生在液膜一侧的浓度边界层中。为设计该过程,需要建立描述液膜中溶质浓度分布的传质模型。以下针对定态、无端效应(或入口和出口效应)的情形简化前述传质微分方程,给出控制方程以及相应的数学定解条件。

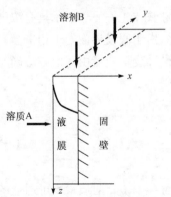

图 8-9　简化的气液吸收传质过程

**解**　对两组分(A+B)混合物,描述液膜中组分 A 浓度随时空变化的普适的传质微分方程为

$$\frac{\partial c_A}{\partial t} + u_{m,x}\frac{\partial c_A}{\partial x} + u_{m,y}\frac{\partial c_A}{\partial y} + u_{m,z}\frac{\partial c_A}{\partial z} = D_{AB}\left(\frac{\partial^2 c_A}{\partial x^2} + \frac{\partial^2 c_A}{\partial y^2} + \frac{\partial^2 c_A}{\partial z^2}\right) + R_A$$

由于流体做定态流动,故式左第一项为零;流动充分发展,液相混合物的摩尔平均速度 $\boldsymbol{u}_m$ 中只有 $u_{m,z}$ 不为零;垂直纸面方向上无限伸展,故 $y$ 方向的梯度为零;此处无化学反应,故 $R_A = 0$;另忽略 $z$ 方向的扩散。由此,传质微分方程可简化为如下的控制方程

$$u_{m,z}\frac{\partial c_A}{\partial z} = D_{AB}\frac{\partial^2 c_A}{\partial x^2}$$

这表明,在 $z$ 方向是对流传质占主导,在 $x$ 方向是扩散占主导。相应的定解条件如下。

(1) 边界条件:

$$z = 0, \quad c_A = 0$$

$$x = 0, \quad c_A = c_{As}\text{(界面上液侧的组分平衡浓度)}$$

$$x = \infty, \quad c_A = 0\text{(紧靠液膜一侧传质的渗透深度小或短时相间接触条件)}$$

或者　　　　　$x = \delta_D, \quad \dfrac{\partial c_A}{\partial x} = 0$ ($\delta_D$ 为液侧浓度边界层厚度或液膜厚度)

(2) 其他条件:有关轴向速度分布的求解参见 3.1.2 节"平壁面上降膜流动"中的讨论;可知,如果假设流动充分发展,则速度分布是一维的;进一步的近似可以假设,在短时相接触条件下,轴向速度可以界面最大速度近似,从而忽略速度沿 $x$ 方向的变化。关于界面平衡浓度,可由热力学相平衡计算给出(如描述吸收平衡的亨利定律);液相中组分扩散系数计算见 9.2 节"两组分液体中的定态扩散传质"中的讨论。

以上控制方程和定解条件即构成描述传质过程的完整的数学模型。接下来的问题就是选取适宜的数学方法积分求解上述方程,得到浓度场 $c_A = c_A(x, z)$,此处不就此展开讨论,留请读者参考 3.2 节中的方法尝试求解。

## 拓 展 文 献

1. 王绍亭, 陈涛. 1987. 化工传递过程基础. 北京: 化学工业出版社
   (这本书为笔者学习传递过程原理的启蒙课本, 论述简洁、严谨, 其中关于传质的论述有助于读者在短时间内把握传质理论的要点。)
2. 威尔特 J R, 威克斯 C R, 威尔逊 R E, 等. 2005. 动量、热量和质量传递原理. 马紫峰, 等译. 北京: 化学工业出版社
   (这本书为国外名校名著系列丛书之一, 其中有关于传质过程模型化方法的详细论述, 并且结合许多化工过程传质问题实例, 本章以及后续有关章节的习题大多改编自该书。这样一种做法的初衷是, 期望读者在能够熟练计算传质问题的同时, 也能够获得构建传质模型的能力, 并应用模型化方法认识和考察对象的特性。或许这对读者是一个挑战。)

## 学习提示

1. 质量传递是分离以及反应过程单元中的基本动力学过程，深入认识质量传递过程有助于设计和改进过程单元。
2. 质量传递的基本机制是扩散和对流，定量描述的主要物理量是传质速度和通量。通量的贡献分为扩散传质和对流传质两部分，并且与流型有关，相互关系为

$$\text{质量传递}\begin{cases}\text{对流传质：混合物宏观流动} \\ \text{扩散传质}\begin{cases}\text{分子扩散：分子热运动} \\ \text{涡流扩散：涡团湍动}\end{cases}\end{cases}$$

3. 工程上定义广义的对流传质，工程传质模型是对单元传质过程进行定量计算和设计的基础，包括传质膜模型、溶质渗透模型和表面更新模型等。
4. 传质微分方程描述了伴有混合物流动时组分传质的普遍情况，方程中的各项具有明确的物理意义，包括瞬态项、对流项、扩散项和源(汇)项。在应用该方程处理实际问题时，需要依据具体对象的物理/化学特性，对方程中对应的项进行取舍，从而得到描述对象的传质控制方程，然后用于分析具体的传质问题。
5. 传质控制方程需补充初始和/或边界条件以及其他关系，构成数学定解问题并采用解析的或数值的方法求解，这样就可以预测混合物中传质组分的浓度场。

## 思 考 题

1. 在什么条件下组分的质量分数等于摩尔分数？
2. 总结并分析牛顿黏性定律、傅里叶导热定律以及菲克定律之间的类似性。
3. 两组分混合物中，目标组分的摩尔分数梯度非零，这是否表明组分的总通量非零？试给出解释。
4. 在传质(双)膜模型中，传质组分的界面浓度(或组成)为何在界面两侧不连续、存在间断？如果采用化学势表示组分的分布，则化学势是否有间断？化学势梯度是否存在梯度为零的点？如何理解其物理意义？

## 习 题

1. 在两组分混合物(组分 A，$O_2$；组分 B，$CO_2$)中发生一维、定态(分子)扩散传质，已知 $c_A = 0.022\text{kmol/m}^3$，$c_B = 0.065\text{kmol/m}^3$，$u_A = 0.0015\text{m/s}$，$u_B = 0.0004\text{m/s}$。试计算：(1) $u, u_m$；(2) $u'_{dA}, u'_{dB}$；(3) $N_A, N_B, N$；(4) $J_A, J_B$；(5) $n_A, n_B, n$；(6) $j_A, j_B$。
2. 试证明两组分(A+B)混合物中分子扩散时，质量平均速度与摩尔平均速度不等，且相互关系为

$$u = \frac{u_m}{\overline{M}}\left(\frac{N_A M_A + N_B M_B}{N_A + N_B}\right)$$

式中，$M_A$、$M_B$ 分别为组分 A、B 的摩尔质量，且 $M_A \neq M_B$；$\overline{M}$ 为混合物的平均摩尔质量。
3. 依据质量守恒原理，应用微分衡算方法，以质量为单位，对于两组分(A+B)混合物中的组分 A 导出式(8-40)。
4. 一流体流过一块可轻微溶解的水平薄平板，在板的上方将有扩散发生。假设液体的速度与板平行，其值为 $u_m = ay$。式中，$y$ 为离开平板的距离；$a$ 为常数。试证明，当附加某些简化条件以后，描述该传质过程的微分控制方程为

$$D_{AB}\left(\frac{\partial^2 c_A}{\partial x^2} + \frac{\partial^2 c_A}{\partial y^2}\right) = ay\frac{\partial c_A}{\partial x}$$

并列出所作的简化假设条件。

5. 考虑在薄层上一层垂直流下的液体。液层长度为 $L$，厚度为 $\delta$。一含有固定浓度溶质 A 的气体与液层接触。亨利(Henry)定律描述了该气体溶质在液体中位于气液界面上的溶解平衡。在液层最上部，液体中没有溶质 A 溶解进入。然而随着液层的下行流动，气相中溶质不断被吸收到液层中，液体中溶质 A 的浓度逐渐增大。沿着液体下行的 $z$ 方向，溶质 A 的传质主要是主体的对流。在液体厚度的 $x$ 方向上，溶质向液层中的分子扩散占支配地位。气相组分溶质 A 为传质中的恒定来源，因此只要液体流动速率也为常数，传质过程即达到定态。

(1) 在直角坐标系中画出该物理系统的示意图。给出至少 5 个液层中溶质 A 传质过程的可能假设。

(2) 根据组分的总通量方程，$z$ 方向和 $x$ 方向上组分通量简化为

$$N_{Az} = c_A u_z \qquad N_{Ax} = -D_{AB}\frac{dc_A}{dx}$$

给出用于建立该关系的假设。提示：注意可以将 $u_m$ 简化为 $u_z$ 的条件。

(3) 以浓度 $c_A$ 表示的普适传质微分方程的简化形式是什么？

(4) 给出用于求解所得控制方程的可能的边界条件。

# 第9章　两组分气体、液体及固体混合物中的扩散传质

第 8 章中导出了描述质量传递的一般化传递方程，即传质微分方程。本章将应用该方程处理气体、液体及固体中的两组分扩散传质问题；具体而言，本章讨论这三种介质中两组分混合物的定态、一维扩散传质问题。这类问题的一个原型是 8.2.3 节中的传质(阻力)膜模型。早期的膜模型认为，相间传质时在气和/或液界面一侧存在静止的气膜和/或液膜，膜中集中了全部传质阻力，膜中的传质是定态扩散传质。在相当长的时间内，传质膜模型是化工过程单元设计的一个基础，用于计算诸如精馏塔、吸收塔中的气-液传质，萃取塔中的液-液传质，以及固定床反应器中的气-固传质、催化剂孔内传质与反应耦合等。应用传质微分方程处理这类问题，一方面是用以说明传质微分方程的用法，另一方面也可加深对于这些过程的认识。

## 9.1　两组分气体中的定态扩散传质

### 9.1.1　组分 A 经停滞组分 B 的定态扩散

#### 1. 问题的引出

考虑如图 9-1 所示的等温、等压气体扩散系统(文献中称其为 Stefan 管)，其中，直立的毛细管底部盛装挥发性液体(组分 A)，纯气体(组分 B)流过毛细管顶端。系统处于恒温、恒压。取固定的坐标，其正方向向下。在液体表面，气相中挥发性组分 A 处于相应的饱和蒸气压下。由于组分 A 的挥发，管内组分 A 的浓度分布不均匀，在 $0<z<L$ 之间发生分子扩散。考虑组分挥发速率较低的情形(如温度较低时)，因此在考察的时间段内，$L$ 可看作是不变的，扩散可视为是拟定态的[①]。

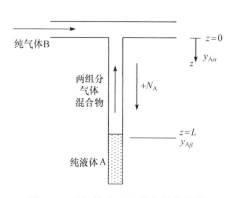

图 9-1　毛细管中两组分气体的扩散

#### 2. 控制方程

第 8 章中导出的传质微分方程有两种等价的形式，以下讨论中将视数学处理的方便，选用其中的一个。采用通量表示形式，有

---

[①] 本书中定态指物理量不随时间变化。这有别于所谓的稳态，稳态与系统状态的稳定性有关。一切变化都是相对的，没有绝对的快，也没有绝对的慢。既然是相对的，必然涉及至少两个对象以及相互间的比较。对一快(事件 A)一慢(事件 B)两个物理过程而言，如果事件 A 的变化足够快，那么在事件 A 变化的时间尺度内考察事件 B 的变化，则事件 B 是近似不变的，这就是拟定态假设。对于此处的扩散，虽然过程本身是非定态的(如液面随时间变化，因此也影响到扩散速率随时间改变)，但由于组分的挥发是近乎自然的、缓慢的，因此在感兴趣的时间段内，液面的变化可视为是拟定态的。

$$\frac{\partial c_i}{\partial t} + \frac{\partial N_{i,x}}{\partial x} + \frac{\partial N_{i,y}}{\partial y} + \frac{\partial N_{i,z}}{\partial z} - R_i = 0 \tag{9-1}$$

显然，对于此处的两组分、定态、一维、无化学反应情形，式(9-1)可以简化为

$$\frac{\partial N_A}{\partial z} = 0 \tag{9-2}$$

这表明，定态下若传递面积不变，则在传质方向($z$)上组分 A 的总通量为不变量(或常数)。组分 A 的总通量的表达式为

$$N_A = -D_{AB}\frac{dc_A}{dz} + \frac{c_A}{C}(N_A + N_B) \tag{9-3}$$

此即描述 $0<z<L$ 之间组分 A 扩散传质的控制方程，数学上为关于组分浓度 $c_A$ 的一阶常微分方程。需要指出的是，如果以组分 B 作为目标组分，也可以简化得到类似的方程，但对于此处两组分混合物，所得的两个(组分的)方程只有一个是独立的，或者说在数学上线性相关。

### 3. 控制方程的求解

此处已知浓度的第一类边界条件，即

$$z = 0 \quad c_A = c_{A\alpha} \tag{9-4a}$$

$$z = L \quad c_A = c_{A\beta} = c_{A,\text{sat}} \tag{9-4b}$$

式中，下标 $\alpha$ 和 $\beta$ 分别指代沿坐标正方向的上游和下游端；sat 表示饱和。显然，利用边界条件积分式(9-3)可得关于通量 $N_A$ 和 $N_B$ 的一个代数方程。问题是如果利用该代数式计算通量，不能同时确定两个变量 $N_A$ 和 $N_B$；为了确定组分的通量，对此处的两组分混合物需要另外补充一个独立的关系，以下称这类关系为附加关系。下面基于物理分析给出这种附加关系。

对图 9-1 中的物系，如果纯气体(组分 B)在组分 A 中为难溶气体(气-液界面对组分 B 是不可通透的)，可以推断，在 $0<z<L$ 之间不存在组分 B 的宏观迁移，即组分 B 在管内是停滞的，故有

$$N_B = 0 \tag{9-5}$$

将此条件代入式(9-3)，整理可得

$$N_A = -\frac{D_{AB}}{C - c_A}\frac{dc_A}{dz} \tag{9-6}$$

再利用前述边界条件式(9-4)积分该式，可得通量 $N_A$ 的计算式为

$$N_A = \frac{CD_{AB}}{L}\ln\frac{C - c_{A\beta}}{C - c_{A\alpha}} \tag{9-7a}$$

或

$$N_A = \frac{CD_{AB}}{L}\ln\frac{1 - y_{A\beta}}{1 - y_{A\alpha}} \tag{9-7b}$$

为确定 $0<z<L$ 之间组分 A 的浓度分布，将式(9-6)代入式(9-2)并利用 $c_A/C=y_A$ 关系，可得

$$\frac{d}{dz}\left(\frac{1}{1-y_A}\frac{dy_A}{dz}\right)=0 \tag{9-8}$$

式(9-8)经两次积分可得

$$-\ln(1-y_A)=C_1 z+C_2 \tag{9-9}$$

利用以下边界条件

$$z=0,\quad y_A=y_{A\alpha} \tag{9-10a}$$

$$z=L,\quad y_A=y_{A\beta} \tag{9-10b}$$

确定式(9-9)中的积分常数，可得组分 A 的浓度分布方程为

$$\frac{1-y_A}{1-y_{A\alpha}}=\left(\frac{1-y_{A\beta}}{1-y_{A\alpha}}\right)^{\frac{z}{L}} \tag{9-11}$$

值得注意的是，浓度分布与扩散系数无关。

### 4. 结果分析和讨论

下面结合一个具体的示例说明本节所讨论扩散的基本特征，随后，结合该例进一步讨论一种测量气体中两组分之间扩散系数的方法。

【例 9-1】　讨论图 9-1 所示系统中两组分扩散的特性。已知：毛细管高 6cm，管径为 1mm；系统温度为 25℃，压强为 1atm；液体为苯(A)，毛细管顶端吹过空气(B)；苯液面距毛细管顶端 $L=5\times10^{-2}$m，25℃下苯的饱和蒸气压为 0.131atm，苯在空气中的扩散系数为 $D_{AB}=0.0905\times10^{-4}$m²/s，液体苯的摩尔体积为 $V_L=89.4\times10^{-6}$ m³/mol。

**解**　采用拟定态假设。系统恒温、恒压，取理想气体近似，故混合物总的摩尔浓度为

$$C=\frac{p}{RT}=\frac{1\times1.013\times10^5}{8.314\times298}=40.89(\text{mol/m}^3)$$

气-液界面处苯的气相摩尔分数为

$$y_{A\beta}=\frac{0.131}{1}=0.131$$

在毛细管顶端，设毛细管顶端流过足够的空气流，可使该处的组分 A 浓度近乎为 0，故 $y_{A\alpha}=0$。

由式(9-11)可计算组分 A 在 $0<z<L$ 之间的浓度分布，如图 9-2 所示。据约束关系 $y_B=1-y_A$，图中一并示出了组分 B 的浓度分布。显然可见，沿 $z$ 方向组分 A 的浓度是不断增加的。值得注意的是，组分 B 沿 $z$ 方向存在浓度分布。按照菲克定律的表述，组分 B 的浓度分布将导致该组分向浓度降低的方向(沿 $z$ 方向)扩散，那么如何解释宏观上组分 B 是停滞的？这个问题留请读者思考。

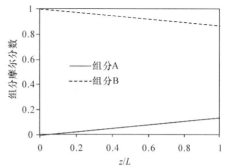

图 9-2　毛细管中两种组分的组成分布

据式(9-7)，代入已知条件，可算得组分 A 的通量为

$$N_A=\frac{CD_{AB}}{L}\ln\frac{1-y_{A\beta}}{1-y_{A\alpha}}=\frac{40.89\times0.0905\times10^{-4}}{5\times10^{-2}}\ln(1-0.131)=-0.00104\left[\text{mol/(s·m}^2)\right]$$

这里的通量取负值，表明组分 A 的传质方向沿 $z$ 的负方向，因而是沿毛细管向上的。

定态下，$N_A=c_A u_A=\text{const}$，将此关系代入式(9-7)，化简得组分 A 相对毛细管壁的速度表达式为

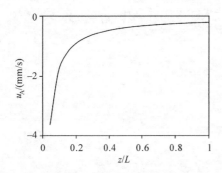

图 9-3　毛细管中苯组分的速度

$$u_A = \frac{D_{AB}}{Ly_A} \ln \frac{1 - y_{A\beta}}{1 - y_{A\alpha}}$$

由式(9-11)知，$y_A$ 为 $z$ 的函数，因此可以推知组分 A 的速度随 $z$ 是变化的。取与前相同的条件，图 9-3 中示出了组分 A 的速度分布。由图可见，组分 A 在毛细管的顶端具有很大的速度，这是由于本例中设此处浓度为零，如第 8 章中所述，质量传递中采用通量定义速度(为通量除以浓度)，导致在 $z=0$ 处组分速度无穷大或无定义，故图 9-3 中未示出该点的速度。由图可见，苯分子是逆坐标正方向一路加速(甚至在最后还做了冲刺式的快跑)到达毛细管顶端的。

毛细管的管径为 1mm，所以苯的挥发速率(传质通量与传递面积之积)为

$$\dot{M}_A = 0.00104 \times \frac{\pi \times 0.001^2}{4} = 8.16 \times 10^{-10} (\text{mol/s})$$

式中，速率为标量，故取绝对值。

气相中组分摩尔通量和液体中组分蒸发量之间的关系为

$$N_A = -\frac{1}{V_L} \frac{dL}{dt} \tag{A}$$

式中，$V_L$ 为挥发组分的液相摩尔体积；负号是考虑到组分 A 的通量沿坐标的负方向。将拟定态假设下所得通量式(9-7)代入本题式(A)可得

$$\frac{1}{V_L} \frac{dL}{dt} = -\frac{CD_{AB}}{L} \ln \frac{1 - y_{A\beta}}{1 - y_{A\alpha}} \tag{B}$$

如果在时段 $\Delta t$ 中，对应液面分别为 $L_0$ 和 $L_t$，对式(B)积分可得

$$D_{AB} = -\frac{1}{C\Delta t V_L} \frac{L_t^2 - L_0^2}{2} \bigg/ \ln \frac{1 - y_{A\beta}}{1 - y_{A\alpha}} \tag{C}$$

如果将此式与类似图 9-1 所示的系统结合，可以用来测量气相中组分的扩散系数。

以下将扩散系数的计算式(C)改写为

$$\Delta t = -\frac{1}{CD_{AB}V_L} \frac{L_t^2 - L_0^2}{2} \bigg/ \ln \frac{1 - y_{A\beta}}{1 - y_{A\alpha}} \tag{D}$$

利用题给数据计算液面因挥发变化 1mm 所需的时间为

$$\Delta t = -\frac{0.051^2 - 0.05^2}{40.89 \times 0.0905 \times 10^{-4} \times 89.6 \times 10^{-6} \times 2} \bigg/ \ln(1 - 0.131) = 10844(s) = 181(\text{min})$$

可见挥发是缓慢的。

一切研究都始于问题。本节的讨论试图结合所述问题展开这样的探究，并深入分析对象的特征。从中可以看出，虽然这里的问题和模型并不复杂，但通过研究所揭示的对象特征并非是显而易见的；同时，这样的分析也进而引导提出一种气相中扩散系数的测量方法。以下针对其他扩散传质问题的讨论仍将遵循本节的叙述结构，即"问题→模型→求解及结果→对象特性"，但不再划分细的标题。

### 9.1.2　等分子反方向定态扩散

不失一般地，考虑精馏塔分离己烷(A)和庚烷(B)时塔板上气泡的气膜一侧的定态传质，如图 9-4 所示。在塔板

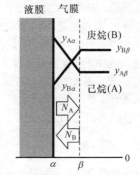

图 9-4　己烷和庚烷等分子反方向扩散

上，易挥发组分 A 持续蒸发，而组分 B 则不断冷凝到液体中。

原则上，本例可采用与前述相同的方法处理。此时，采用摩尔分数单位，由式(9-3)写出目标组分 A 的总通量的表达式为

$$N_A = -CD_{AB} \frac{dy_A}{dz} + y_A (N_A + N_B) \tag{9-12}$$

此即描述气膜中组分 A 扩散传质的控制方程，数学上为一阶常微分方程。

不同的是，附加关系需根据塔板上的能量和质量平衡给出。考虑两组分在界面上发生部分冷凝时的能量平衡，有

$$\lambda_A N_A + \lambda_B N_B + q_G + q_L = 0 \tag{9-13}$$

式中，$\lambda_A$ 和 $\lambda_B$ 分别为组分的摩尔蒸发焓；$q_G$ 为气相一侧通过热传导等方式经界面传递的显热通量；$q_L$ 为液相一侧通过热传导等方式经界面传递的显热通量。

由于塔板上的温度变化一般较小，显热通量因而也可忽略不计，两组分也有近乎相等的摩尔比热和摩尔蒸发焓值。因此，两组分的通量近乎相等但方向相反，如此简化后式(9-13)变为

$$N_A = -N_B \tag{9-14}$$

此即等分子反方向扩散。显然，由表 8-1 中混合物摩尔平均速度定义式可知，此时混合物是停滞的。将此关系代入式(9-12)可得

$$N_A = -CD_{AB} \frac{dy_A}{dz} \tag{9-15}$$

此时组分总通量单纯源自扩散的贡献。设膜厚为 $\delta_D'$，利用图示膜两端的边界条件积分可得组分 A 的通量计算式为

$$N_A = \frac{CD_{AB}}{\delta_D'} (y_{A\beta} - y_{A\alpha}) \tag{9-16}$$

为得到膜内组分 A 的浓度分布，将式(9-15)代入式(9-2)得

$$\frac{d^2 y_A}{dz^2} = 0 \tag{9-17}$$

同样地，积分该式两次并利用如下边界条件

$$z = 0, \quad y_A = y_{A\alpha} \tag{9-18a}$$

$$z = \delta_D', \quad y_A = y_{A\beta} \tag{9-18b}$$

确定积分常数，如此得到组分 A 的浓度分布为

$$\frac{y_{A\alpha} - y_A}{y_{A\alpha} - y_{A\beta}} = \frac{z}{\delta_D'} \tag{9-19}$$

或者

$$y_A = y_{A\alpha} - \frac{z}{\delta_D'} (y_{A\alpha} - y_{A\beta}) \tag{9-20}$$

这表明膜中组分的浓度分布为线性。

以下举一示例，以便对定态扩散通量以及速率取值的数量级有进一步了解。

【例 9-2】 将本节的讨论用于图 8-7 所示的两组分扩散系统，条件是玻璃球相较毛细管足够大，相当于

具有足够容量的能量和质量缓冲器，如此可使整个系统始终处于恒温、恒压状态。由于两个玻璃球之间没有压差，因此毛细管中没有混合物的对流，只有组分的(等分子反方向)扩散。设系统温度为 25℃，压强为 1atm，毛细管长 $L$=0.15m，直径 $d$=0.001m；已知 $H_2$(A)在 $N_2$(B)中的扩散系数为 $D_{AB}$= 0.784cm²/s。如果在某一时刻氢在两球中的摩尔分数分别为 $y_B$=0.25 和 $y_B$=0.80，试计算此时氢的扩散速率。

**解** 系统恒温、恒压，取理想气体近似，故混合物总的摩尔浓度为

$$C = \frac{p}{RT} = \frac{1 \times 1.013 \times 10^5}{8.314 \times 298} = 40.89 (\text{mol/m}^3)$$

将式(9-16)中的膜厚替换为毛细管长，代入已知数据可得氢的扩散通量为

$$N_A = \frac{CD_{AB}}{L}\left(y_{A\alpha} - y_{A\beta}\right) = \frac{40.89 \times 0.784 \times 10^{-4}}{0.15}(0.75 - 0.20) = 0.0118\left[\text{mol/}\left(\text{m}^2 \cdot \text{s}\right)\right]$$

毛细管的(传递)面积为

$$A = \frac{\pi d^2}{4} = \frac{3.14 \times 0.001^2}{4} = 7.854 \times 10^{-7} (\text{m}^2)$$

所以氢的扩散速率为

$$\dot{M}_A = 0.0118 \times 7.854 \times 10^{-7} = 9.23 \times 10^{-9} (\text{mol/s})$$

对于此处的等分子反方向扩散，氮的扩散速率为

$$\dot{M}_B = -\dot{M}_A = -9.23 \times 10^{-9} (\text{mol/s})$$

### 9.1.3 伴有化学反应的定态扩散

伴有化学反应的扩散可以区分为两种情形。一种是反应和扩散同时发生在某一相的内部，称为均相反应。另一种情形是扩散存在于一相，反应发生在另一相的表面，称为非均相反应。以下以炭颗粒气化为例讨论后者。

图 9-5 炭气化反应中的扩散问题

如图 9-5 所示，温度足够高时，氧(A)中的炭颗粒会反应并生成一氧化碳(B)。在该过程中，氧首先在气膜向颗粒表面扩散，然后在表面反应生成一氧化碳，其后产物一氧化碳逆颗粒表面向气相主体扩散，这构成两组分混合物扩散问题。炭颗粒本身为球形，此处为处理简便做了平板近似。与此前的纯扩散问题不同，此处同时存在界面的化学反应。

定态下，描述气膜中目标组分 A 的传质的控制方程仍旧为

$$N_A = -D_{AB}\frac{dc_A}{dz} + \frac{c_A}{C}(N_A + N_B) \tag{9-21}$$

依据化学计量学，一氧化碳生成量为氧耗量的 2 倍，即一氧化碳通量为氧通量的 2 倍两者的方向相反，可给出如下附加关系

$$N_B = -2N_A \tag{9-22}$$

将此关系代入式(9-21)可得

$$N_A = -\frac{CD_{AB}}{C + c_A}\frac{dc_A}{dz} \tag{9-23}$$

再利用气膜(设膜厚为 $\delta_D'$)两端的边界条件积分该式，可得通量 $N_A$ 的计算式为

$$N_A = \frac{CD_{AB}}{\delta_D'} \ln \frac{C + c_{A\alpha}}{C + c_{A\beta}} \tag{9-24}$$

以下根据速率控制步骤的概念讨论式(9-24)的应用。

在该过程中，目标组分 A(氧气)涉及两个串联的速率过程，即由气相主体向催化剂表面的扩散和在催化剂表面上反应(以及可能的吸附)。如果消耗氧的反应速率相对迅速，则气-固界面处氧的浓度极低，有 $c_{A\beta} \approx 0$，此时过程属扩散速率控制，组分 A 的通量为

$$N_A = \frac{CD_{AB}}{\delta_D'} \ln \frac{C + c_{A\alpha}}{C} \tag{9-25}$$

如果反应慢而扩散快，此时过程为反应速率控制。设反应对氧浓度为一级，则表面反应速率为

$$R_{As} = k c_{A\beta} \tag{9-26}$$

注意此处的反应速率以单位反应表面积为基准定义，其单位为[mol/(m² · s)]。如果已知该反应速率，则界面 $\beta$ 处的浓度可以反应速率表示，给出第一类边界条件为

$$c_{A\beta} = R_{As}/k \tag{9-27}$$

将式(9-27)代入式(9-24)可得反应控制下组分 A 的通量计算式为

$$N_A = \frac{CD_{AB}}{\delta_D'} \ln \frac{C + c_{A\alpha}}{C + R_{As}/k} \tag{9-28}$$

为确定气膜中组分 A 的浓度分布，将式(9-23)代入式(9-2)并利用 $c_A/C = y_A$ 关系，可得

$$\frac{d}{dz}\left(\frac{1}{1 + y_A}\frac{dy_A}{dz}\right) = 0 \tag{9-29}$$

上式经两次积分可得

$$\ln(1 + y_A) = C_1 z + C_2 \tag{9-30}$$

利用气膜两端的第一类边界条件

$$z = 0, \quad y_A = y_{A\alpha} \tag{9-31a}$$

$$z = \delta_D', \quad y_A = y_{A\beta} \tag{9-31b}$$

确定式(9-30)中的积分常数，可得组分 A 的浓度分布方程为

$$\frac{1 + y_A}{1 + y_{A\alpha}} = \left(\frac{1 + y_{A\beta}}{1 + y_{A\alpha}}\right)^{\frac{z}{\delta_D'}} \tag{9-32}$$

据此式可以讨论在前述两种速率控制情形下组分 A 在膜中的浓度分布以及扩散通量。

### 9.1.4　气体中组分的扩散系数

从前面的讨论中可以看出，为了计算组分通量和/或浓度分布，需要已知气体中扩散组分对的分子(互)扩散系数。依据气体动力学理论，可以较为准确地计算气体的扩散系数；由该理论所得的主要结论是，扩散系数与气体浓度无关，随温度增加而迅速增加，与压强成反比。附录 2 的附表 2-1 中列出了一些组分对在一定温度下常压的扩散系数，表明气体中扩散系数的数量级为 $10^{-5} m^2/s$。文献中有关气体中分子(互)扩散系数的计算方法多种多样，需要时可以

选用(主要是考虑物系的热力学理想性或非理想性)，此处不拟详述。

以下以一个示例说明气相扩散系数计算中的一些细节。

**【例 9-3】**　计算温度为 293K、压强为 101.3kN/m² 下 O₂(A)-N₂(B)组分对的扩散系数。

**解**　适用于计算非极性气体组分对扩散系数的 HCB(Hirschfelder-Curtiss-Bird)公式为

$$D_{AB} = 1.8583 \times 10^{-7} \frac{\sqrt{T^3 \left( \frac{1}{M_A} + \frac{1}{M_B} \right)}}{p \sigma_{AB}^2 \Omega_{D,AB}} \ (m^2/s)$$

式中，$p$ 为压强，atm；$T$ 为温度，K；$M$ 为分子的摩尔质量，g/mol，$M_A$=32.00，$M_B$=28.01；$\sigma_{AB}$ 为平均碰撞直径，Å，其定义式为

$$\sigma_{AB} = \frac{1}{2}(\sigma_A + \sigma_B)$$

各种物质的碰撞直径见附录 3 的附表 3-1。此外，$\Omega_{D,AB}$ 为分子扩散的碰撞积分，是温度以及 A-B 分子间相互作用势的量纲为一函数，可由附录 3 的附表 3-2 查取。其中，$k$ 为玻尔兹曼常量($k$=1.38×10⁻²³J/K)；伦纳德-琼斯(Lennard-Jones)势参数 $\varepsilon_{AB}$ 为 A-B 分子间的作用能量，J；$\varepsilon_{AB} = \sqrt{\varepsilon_A \varepsilon_B}$。各种物质的伦纳德-琼斯势参数 $\varepsilon$ 也见于附录 3 的附表 3-1。

对于本题情况，$\sigma_A$ 为组分 A 氧分子的碰撞直径，$\sigma_A$=3.433；$\sigma_B$ 为组分 B 氮分子的碰撞直径，$\sigma_B$=3.667。据此可得氧-氮扩散对的 $\sigma_{AB}$=3.550Å。$\varepsilon_A$ 为组分 A 的势常数，对氧分子 $\varepsilon_A/k$=113.0K；$\varepsilon_B$ 为组分 B 的势常数，对氮分子 $\varepsilon_B/k$=99.8K。据此可得氧-氮扩散对的 $\varepsilon_{AB}/k$=106.20K。在 $T$=293K 下，$kT/\varepsilon_{AB}$=2.76，因此查附录 3 并做线性插值可得 $\Omega_{D,AB}$=0.9722，即

$$\Omega_{D,AB} = \Omega_{D,AB-1} + \frac{kT/\varepsilon - kT/\varepsilon_1}{kT/\varepsilon_2 - kT/\varepsilon_1}(\Omega_{D,AB-2} - \Omega_{D,AB-1})$$

$$\Omega_{D,AB} = 0.9782 + \frac{2.76 - 2.7}{2.8 - 2.7}(0.9682 - 0.9782) = 0.9722$$

将以上结果代入 HCB 公式可得 O₂(A)-N₂(B)组分对在给定压强和温度下的扩散系数为

$$D_{AB} = 1.8583 \times 10^{-7} \times \frac{\sqrt{293^3 \left( \frac{1}{28.02} + \frac{1}{32.0} \right)}}{1 \times (3.550)^2 \times 0.9722} = 1.97 \times 10^{-5} \ (m^2/s)$$

## 9.2　两组分液体中的定态扩散传质

以下，首先结合液体中组分扩散系数的计算，说明液体中扩散传质较之气体中的特殊性，然后讨论液相中传质通量的计算。

### 9.2.1　液体中的扩散和扩散系数

就微观结构而言，液体中分子间平均距离远比气体分子小，液体分子间的距离更接近固体中的情形，但不及固体那样有规则排列，分子总处在较强的相互作用范围内。因此，只有在分子周围有足够的自由空间时分子才可以运动，这是液体中分子扩散的一个必要条件。参见图 9-6，考虑在低温或在高压下的纯流体，此时流体呈紧致的填充结构，其中无自由运动空间；在高温下(或低压下)，流体膨胀并出现自由空间且近似随温度线性增加。分子扩散的另一个必要条件是分子具有足够的跃迁能力，即由一点向另一点的迁移概率。当温度不变时，分子的平均能量是一定的，但分子的热运动还是有差异的，运动能量有高有低，这种现象称为能量涨落。液体

中,受周围分子的束缚,跃迁分子由一个位置跳到另一个位置,必须越过中间的势垒才行(图 9-7),而分子的平均能量总是低于势垒,但是由于能量涨落,因此总会有部分分子具有足够高的能量能够跨越势垒,从原来的平衡位置跃迁到相邻的平衡位置。分子扩散运动中克服势垒所必需的能量称为扩散活化能,它在数值上等于势垒高度。因此,液体中的分子扩散是活化过程,扩散具有活化能,一般可以采用阿伦尼乌斯(Arrhenius)温度依赖关系描述。

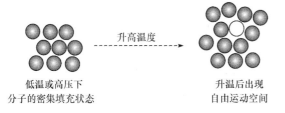

图 9-6　液体分子扩散的空间　　　　　图 9-7　液体分子活化扩散过程

液体中组分(溶质)的扩散系数取值一般在 $10^{-10} \sim 10^{-9} \, \mathrm{m^2/s}$ 范围,这比气体中的扩散系数小约 4 个数量级。附录 2 的附表 2-2 列举了一些常见液体溶液中组分的扩散系数。

表 9-1 示出了某些非电解质溶质-溶剂扩散对的无限稀释扩散系数 $D_{ij}^0$,表 9-2 则示出了水溶液中某些溶质的无限稀释扩散系数。此处,无限稀释指溶质($i$)浓度极低、趋近零的情形,因此 $D_{ij}^0$ 中的上标 "0" 指浓度并对应第一个下标 $i$,而第二个下标指溶剂或大量组分。由表可见,水的扩散系数值随溶剂改变很明显。从表 9-2 的数据可见,尺度小的溶质在水中的扩散系数取值与表 9-1 中的体系类同,但相较之下,大的蛋白分子的扩散系数可降低约 2 个数量级。

**表 9-1　298K 下液体中组分的无限稀释扩散系数**

| 溶质(1) | 溶剂(2) | $D_{12}^0 / [10^{-9} (\mathrm{m^2/s})]$ |
|---|---|---|
| 水 | 乙醇 | 1.24 |
| 水 | 乙酸乙酯 | 3.20 |
| 水 | 丙酮 | 4.56 |
| 苯 | 乙醇 | 1.81 |
| 氧 | 苯 | 2.85 |

**表 9-2　298K 下水(2)中组分的无限稀释扩散系数**

| 溶质(1) | $D_{12}^0 / [10^{-9} (\mathrm{m^2/s})]$ | 溶质(1) | $D_{12}^0 / [10^{-9} (\mathrm{m^2/s})]$ |
|---|---|---|---|
| 氧 | 2.10 | 乙醇 | 0.84 |
| 蔗糖 | 0.52 | 白蛋白 | 0.061 |
| 尿素 | 1.38 | 血红蛋白 | 0.069 |
| 甘氨酸 | 1.06 | 纤维蛋白原 | 0.020 |

虽然文献中报道多种预测二组分稀溶液的扩散系数的方法,但较之气体中分子扩散系数的计算,液体扩散理论还不成熟。爱因斯坦(Einstein)在其博士论文中曾提出一种流体动力学模型,用以估算无限稀释浓度下溶质的扩散系数

$$D_{12}^0 = \frac{kT}{6\pi\mu_2 r_1} \tag{9-33}$$

式中，$k$ 为玻尔兹曼常量；$T$ 为热力学温度，K；$r_1$ 为溶质(1)的分子半径，m；$\mu_2$ 为溶剂的黏度，mPa·s。式(9-33)通常称为爱因斯坦-斯托克斯方程[①]。该式表明扩散系数与温度成正比，与液体的黏度成反比，适用溶质分子尺度大于溶剂分子(为 3～5 倍)的情形。采用式(9-33)计算式需要用到两种分子的直径，这可由扩散体积的立方根估得。扩散体积可由标准沸点下液体摩尔体积的 2/3 估得。这些规则仅适用于分子间无特殊的相互作用的简单液体，如烃类。

一般而言，对于既定的扩散组分对，液体中的扩散系数取值既与温度有关，也与组分的浓度相关。以下举一示例，说明非电解质稀溶液中扩散系数的计算细节。

**【例 9-4】** 采用威尔基-张(Wilke-Chang)公式和沙伊贝尔(Scheibel)公式计算温度为 293K 下氧在水中的扩散系数。

**解** 采用威尔基-张公式计算

$$D_{AB}^0 = 7.4\times10^{-12}\times\left(\varPhi M_B\right)^{\frac{1}{2}}\frac{T}{\mu_B V_{bA}^{0.6}}$$

式中，$M_B$ 为溶剂 B 的摩尔质量，kg/kmol；$\varPhi$ 为溶剂的缔合因子，水取值为 2.6；$V_{bA}$ 为溶质 A 在正常沸点下的分子体积，cm³/mol，氧分子取值为 25.6；293K 时水的黏度为 $\mu_B = 100.5\times10^{-2}$ mPa·s。代入已知的各值，由该公式可算得 $D_{AB}^0 = 2.812\times10^{-9}$ m²/s。

采用沙伊贝尔公式

$$D_{AB}^0 = 8.2\times10^{-12}\left[1+\left(\frac{3V_{bB}}{V_{bA}}\right)^{\frac{2}{3}}\right]\frac{T}{\mu_B V_{bA}^{\frac{1}{3}}}$$

式中，$V_{bA}$ 为溶质 A 在正常沸点下的分子体积，cm³/mol，氧分子取值为 25.6；$V_{bB}$ 为溶剂 B 在正常沸点下的分子体积，cm³/mol，水分子取值为 18.9。代入已知的各值，由该公式可算得 $D_{AB}^0 = 2.189\times10^{-9}$ m²/s。

在许多混合物中，溶剂与溶质分子相互结合，特别是两者间形成氢键时更是如此。这类分子通常含正电性氢(如羟基和氨基)以及负电性氧(如羟基)。溶剂分子也可相互键合。如此，需要由键合分子的体积计算分子直径。氢键通常出现在与水有关的混合物中，这也就是水溶液中的扩散系数难以计算的原因之一。

如已知无限稀释状态下两组分的扩散系数，可以近似采用如下的对数内插公式

$$D_{12} = \left(D_{21}^0\right)^{x_1}\left(D_{12}^0\right)^{x_2} \tag{9-34}$$

估算中等浓度下的扩散系数值。图 9-8 中示出了己烷(1)和十六烷(2)体系中的扩散系数，由图可见，对数内插值(实线)与实验值(点值)非常接近。这两者的混合物近似为理想溶液，这是插值公式预测结果好的原因。图 9-8 中，左端点对应无限稀释状态下溶质己烷(1)在溶剂十六烷(2)中的扩散系数，右端点对应无限稀释状态下溶质十六烷(2)在溶剂己烷(1)中的扩散系数，由这两者的取值可见，由于两组分分子大小不同，扩散系数相差约 3 倍，因此，扩散组分对 12 和扩散组分对 21 的扩散系数并非是对称的。为什么此处组分对 12 的扩散系数小于组分对 21，留请读者思考。

图 9-9 给出了乙醇-水非理想混合物的情形。此物系的扩散系数存在极小值，对数内插(实线)完全不能预测实验值(点值)。对于非理想性强的溶液，如何考虑扩散系数随浓度变化，目

---

[①] 这里出现斯托克斯是因为模型中采用了他提出的颗粒曳力公式(3-70)。

前没有公认的计算方法。

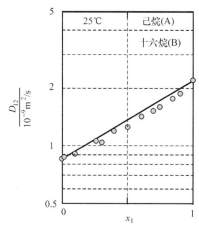

图 9-8  理想液体混合物的扩散系数
己烷(A)和十六烷(B)体系

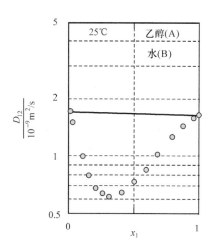

图 9-9  非理想液体混合物的扩散系数
乙醇(A)和水(B)体系

### 9.2.2  液体两组分混合物中的定态扩散

此前对于气体中的一维、定态扩散传质，一直采用如下的控制方程

$$\frac{\partial N_A}{\partial z} = 0 \tag{9-2}$$

或者

$$N_A = -D_{AB}\frac{dc_A}{dz} + \frac{c_A}{C}(N_A + N_B) \tag{9-3}$$

其中，式(9-2)由第 8 章的微分传质方程简化得到，式(9-3)源自第 8 章中对于速度和通量关系的论述。实际上，式(9-3)的另一等效表述式为

$$N_A = -D_{AB}\frac{dc_A}{dz} + c_A u_m \tag{9-35}$$

将式(9-35)代入式(9-2)化简可得

$$\frac{dc_A u_m}{dz} = D_{AB}\frac{d^2 c_A}{dz^2} \tag{9-36}$$

比较式(9-36)与如下微分传质方程的摩尔浓度表达式，即

$$\frac{\partial c_i}{\partial t} + \frac{\partial c_i u_{m,x}}{\partial x} + \frac{\partial c_i u_{m,y}}{\partial y} + \frac{\partial c_i u_{m,z}}{\partial z} = D_{i,\text{eff}}\left(\frac{\partial^2 c_i}{\partial x^2} + \frac{\partial^2 c_i}{\partial y^2} + \frac{\partial^2 c_i}{\partial z^2}\right) + R_i \tag{8-39}$$

可见，式(9-36)正是式(8-39)在两组分、定态、一维、无化学反应情形下的简化式，因此式(9-36)与式(9-3)两者是等效的。既然两者是等效的，那么此前在讨论气体中的扩散传质时，自然也可采用式(9-36)。但是，由式(9-36)可见，其中的混合物速度是未知的。这表明，以此式作为控制方程还不足以确定组分的通量，这是两组分混合物需要另外补充一个独立的附加关系的原因。

由于微分传质方程[简化式为式(9-36)]既适用于气体也适用于液体，同时，无论气体还是液体均属热力学中的流体相，因此，此前基于式(9-3)对于气体中扩散传质的讨论原则上也适用于液体中的扩散传质。但是，对液体中扩散传质的处理不能简单移用针对气体导出的结果。原因在于，与两组分气体中扩散系数相对浓度为常数不同，液体中扩散系数是浓度的函数(图 9-8)。如果采用式(9-3)作为控制方程，需要在积分时将扩散系数作为变量；如果采用式(9-36)作为控制方程，该式推导中假设了扩散系数为常数[由第 8 章中式(8-37)开始推导，不难发现在此式中计及扩散系数的浓度依赖关系]。另外，严格的处理还需要计及液体总浓度的变化。

以下采用一种近似的方法处理液体中的定态扩散问题。需要注意的是，此处之所以做近似，主要是为了避免数学处理上的困难。随着计算机的普及，采用数值方法直接积分式(9-3)并非难事。

不失一般，对于传质膜过程，取式(9-3)为控制方程，将其中的扩散系数和液体总浓度近似为如下的平均值

$$\overline{D_{AB}} = \frac{1}{2}\left(D_{AB,\alpha} + D_{AB,\beta}\right) \tag{9-37}$$

$$\overline{C} = \frac{1}{2}\left(\frac{\rho_\alpha}{M_\alpha} + \frac{\rho_\beta}{M_\beta}\right) \tag{9-38}$$

式中，下标 $\alpha$ 和 $\beta$ 分别指示两个边界点；$\overline{D_{AB}}$ 和 $\overline{C}$ 分别为扩散系数和液体总浓度在膜中的平均值；$D_{AB,\alpha}$ 和 $D_{AB,\beta}$ 分别为边界点处的扩散系数；$M_\alpha$ 和 $M_\beta$ 分别为边界点处混合物的摩尔质量；$\rho_\alpha$ 和 $\rho_\beta$ 分别为边界点处混合物的密度。

类同此前对于气体中扩散传质的讨论，在传质膜厚为 $\delta_D'$、第一类边界条件下，积分式(9-3)可得如下两种情形下的通量计算式：

(1) A 经停滞组分 B 的定态扩散：$N_A = \text{const}$，$N_B = 0$

$$N_A = \frac{\overline{CD_{AB}}}{\delta_D'} \ln \frac{\overline{C} - c_{A\beta}}{\overline{C} - c_{A\alpha}} \tag{9-39}$$

(2) 等分子反方向定态扩散：$N_A = -N_B = \text{const}$

$$N_A = \frac{\overline{CD_{AB}}}{\delta_D'}\left(x_{A\beta} - x_{A\alpha}\right) \tag{9-40}$$

此外，类似在气体中的定态扩散，上述两种情形下传质膜层中的浓度分布与扩散系数无关，可分别由式(9-11)和式(9-20)计算。当然，采用与浓度相关的扩散系数积分，浓度分布表达式与此会有不同。

## 9.3  两组分固体中的定态扩散传质

固体内的扩散类似液体中的情形。固体中粒子的扩散也是一个活化过程(图 9-7)，较之液体中的情形，固体中扩散组分的运动受到固体基体更大的约束，扩散活化能更大，但一般也可以采用阿伦尼乌斯温度依赖关系描述。固体中的扩散系数一般远小于液体或气体中的扩散系数，并且不同固体材料中扩散系数取值的范围变化很大。附录 2 的附表 2-3 列举了一些常见固体材料中的扩散系数值。

一般地,固体可分为晶体(晶态)和非晶体(非晶态)两类:前者的原子按一定的周期规则排列,如水晶、半导体、沸石(分子筛)等;后者的原子排列没有周期性,如高分子聚合物、玻璃等。固体中的扩散传质是由粒子(原子、离子、分子等)热运动而导致的扩散组分(diffusant)迁移的过程,包括气体、液体以及固体组分在固体中的扩散。在固体中,粒子的迁移主要靠扩散,如晶体中的原子扩散、离子固体的导电、膜分离中分子通过聚合物膜的渗透等都受扩散控制。

想象固体具有类似图 9-6 中那样的填充结构,继而将其间的空隙理想化为如图 9-10 所示的柱状的孔道,孔道的直径 $d_p$ 取决于固体的微观结构;组

分在孔道中运动。由哈根-泊肃叶方程可得, $u_b = \dfrac{d_p^2}{32\mu}\dfrac{\Delta p}{L}$ ,

可见对既定的压差,流动速度正比于管(或孔)径的平方。因此孔径足够小时混合物的流动或者对流运动是次要的,这也正是大多数微孔固体中的情形。

图 9-10　固体基体中理想化的柱状孔

如果将扩散组分作为客体,固体作为主体或者基体,则与前述在均相的气体或液体中的扩散不同,固体中的扩散涉及主体相和客体相两相。通过固体基体的扩散组分的运动可用不同方式描述,在以下讨论中,将依据处理固体中扩散传质问题的方法,将固体区分为**非结构化基体**(或均相基体)和**结构化基体**(或多孔基体)两类;相应地,采用非结构化扩散模型和结构化扩散模型描述。

### 9.3.1　非结构化扩散模型

非结构化基体(或均相基体)的一个示例是如图 9-11 所示的合金中的原子扩散。在金属和合金中,原子以跃迁方式进入邻近的任何空位和间隙位置。此时,两种原子形成固溶体,这类似于均相中的情形(图 8-7)。另外一类非结构化基体是离子晶体以及离子交换膜,其中的离子扩散也靠空位进行。许多膜过程中使用的聚合物和胶体也可视作非结构化基体。

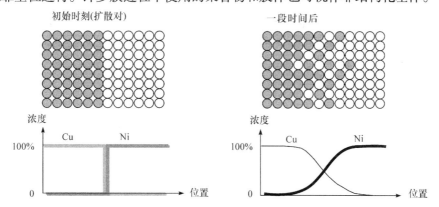

图 9-11　非结构化基体:金属中的原子扩散

以上为常见的三类非结构化基体,处理此类基体中的扩散传质问题采用非结构化或均相扩散模型,即将固体基体视为除扩散组分之外的又一种组分,换言之,所有的组分(包括基体)均被视为形成一种分子混合物。显然,这种模型并未直接计及固体微观结构的细节;但同样显然的是,客体分子的扩散运动与固体(基体)的微观结构以及两者间的相互作用密切相关,因此这类效应一般会体现在扩散系数的取值上。

由于非结构化扩散模型将包括固体在内的扩散体系视为均相混合物，因此，可以应用此前处理均相流体扩散传质的控制方程计算固体中目标组分 A 的总通量

$$N_A = -D_{AB}\frac{dc_A}{dz} + \frac{c_A}{C}(N_A + N_B)$$ (9-3)

已知上式中右第二项是计及扩散引发的混合物对流效应的项，这在固体中是可以忽略的，这相当于包括基体在内的混合物是静止的。因此，式(9-3)可以简化为

$$N_A = -D_{AB}\frac{dc_A}{dz}$$ (9-41)

此即描述非结构化基体中组分 A 扩散的控制方程，数学上为关于组分浓度 $c_A$ 的一阶常微分方程。如果已知浓度的第一类边界条件，即

$$z = 0, \quad c_A = c_{A\alpha}$$ (9-42a)
$$z = L, \quad c_A = c_{A\beta}$$ (9-42b)

积分式(9-41)可得通量计算式

$$N_A = \frac{D_{AB}}{L}(c_{A\alpha} - c_{A\beta})$$ (9-43)

在应用该式时，需要注意其中的浓度是以包括基体在内的混合物的体积为基的；另外，如果边界上存在吸附性相界面，还需要考虑相平衡关系。以下举一示例说明。

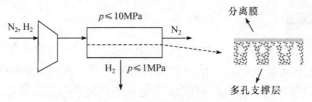

图 9-12　高压氢气膜分离过程示意

考虑图 9-12 中所示的氢气分离过程。其中，采用支撑层支撑的选择性透过膜(如极薄的钯膜，厚度为 $\delta_D'$ )分出上、下游腔室，氢可透过膜，氮被膜排除，因此氢在下游腔室中富集。此时，式(9-43)对分离膜也适用(有文献称为固体膜模型)，有

$$N_A = \frac{D_{AB}}{\delta_D'}(c_{A\alpha} - c_{A\beta})$$ (9-44)

式中的氢浓度分别为膜上表面固体一侧($\alpha$)和膜下表面固体一侧($\beta$)的浓度，一般是未知量。根据西韦特(Sievert)定律，双原子分子气体在固体中的溶解度通常与其在气相中的分压的平方根成正比，即 $c_A = K\sqrt{p_A}$。式(9-44)也可做如下的理解：氢的气-固平衡为

$$H_2 \longrightarrow 2\underline{H}(\text{下划线表示固溶状态})$$

平衡常数 $K' = (C_{\underline{H}})^2/(p_{H_2})_1$，则 $C_{\underline{H}} = \sqrt{K'} \cdot p_{H_2}^{\frac{1}{2}}$。如果上、下游腔室中浓度均匀为全混，且支撑层中无扩散阻力，则在膜两端界面上存在溶解平衡。据此式(9-44)变为

$$N_A = \frac{KD_{AB}}{\delta_D'}\left(\sqrt{p_{A\alpha}} - \sqrt{p_{A\beta}}\right)$$ (9-45)

以上讨论中取金属分离膜为例，如果分离膜为不吸附氢的材料(如常规分子筛对氢的吸附可以忽略，对氢的选择性透过是基于分子大小)，此时，只要将式(9-44)中的浓度按气体状态

方程换算为气相中的分压即可。

另外，液体或气体分子透过聚合物时，也是先溶解在聚合物内，然后向低浓度处扩散，所以聚合物的渗透性和液体及气体在其中的溶解或吸附有关。因此，形如式(9-45)的通量计算式在文献中也称为溶解-扩散模型。更为广义地，溶解也可理解为一种吸附平衡(如此处氢在金属中相当于解离吸附)，因此，对于膜为吸附材料的情形，界面的平衡可采用其他平衡关系，如朗缪尔(Langmuir)吸附等温线。

### 9.3.2 结构化扩散模型

相对非结构化扩散模型而言，采用结构化扩散模型时，直接计及固体基体结构的作用，这有助于理解结构对传质的影响；相应地，模型中将基体视作非均相结构和单独的物质(不是混合物的一部分)。

结构化基体(或多孔基体)在物理上对应各种多孔性固体材料，如以膜或颗粒形式使用的分离介质、催化剂、吸附剂等。多孔固体中充满了尺度从几纳米到 1mm 不等、形状各异的空隙或孔道，孔道表面(可能)还具有吸附位点。图 9-13 中以分离膜为例，示出了多孔固体中的柱状孔。孔道结构对于其中扩散传质的影响主要取决于孔道的几何尺度以及孔道表面可能具有的吸附活性。以下讨论结构化基体中不同尺度孔道中的传质。

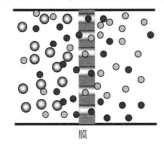

图 9-13 结构化基体：通过多孔膜的分子扩散　　　　图 9-14 孔道中的黏性流

1. 黏性流

设图 9-14 所示的系统中，膜两端存在压差，并且孔道直径足够大；显然，如果有压差，就会有黏性流动。已知 $Re$ 正比于流道的特征长度，多孔材料中孔的尺度很小，所以黏性流动为层流，形成如图 9-14 所示的速度分布。由哈根-泊肃叶方程可以计算(平均)黏性流速

$$u_b = \frac{d_p^2}{32\mu}\frac{\Delta p}{L} \tag{9-46}$$

可见在狭孔中，黏性流速较小，但流速随孔径增大而迅速增大。如果孔不是十分狭窄，并且孔表面没有吸附，所有扩散组分的黏性流速可认为相等。式(9-46)为混合物的对流速度，因此组分的对流通量为

$$N_A^v = c_A u_b = \frac{c_A d_p^2}{32\mu}\frac{\Delta p}{L} \tag{9-47}$$

2. 主体扩散

如图 9-15 所示，当孔径远大于扩散物质的分子平均自由程，即

$$d_p \gg \lambda = \frac{3.2\mu}{p}\left(\frac{RT}{2\pi M}\right)^{\frac{1}{2}} \tag{9-48}$$

碰撞主要发生在流体的分子之间，而分子与孔道壁面碰撞的机会相对较少，此时分子扩散与固体结构无关，扩散的规律仍遵循菲克定律，此类扩散称为主体扩散(也称自由分子扩散)，多见于密度大的气体和液体在多孔固体中的扩散或孔径较大的场合。此处"远大于"大致相当于 $d_p > 100\lambda$。

图 9-15　孔道中的主体扩散

类同于式(9-44)的导出，发生主体扩散时组分的扩散通量计算式为

$$N_A^b = \frac{D_{AB,eff}}{L}\left(c_{A\alpha} - c_{A\beta}\right) \tag{9-49}$$

式中，$L$ 为扩散路径或距离；$D_{AB,eff}$ 为有效扩散系数，它与前述均相流体体系中组分 A 的扩散系数 $D_{AB}$(参见 9.1.4 节)不等，若仍使用 $D_{AB}$ 描述多孔固体内部的分子扩散，需要对 $D_{AB}$ 进行校正。以下说明校正的缘由和方法。

如前所述，多孔固体中充满了尺度不等、形状各异、随机排列的空隙或孔道，图 9-16 示出了这类结构的简化图景。图中，直线扩散路径或距离为 $L$，但是由于孔道的随机取向效应，分子在扩散过程中必须通过曲折路径，该路径大于直线扩散路径，因而定义一个称为曲径因子的参数 $\tau$，故曲折路径为 $\tau L$。此外，与曲折路径有关，考虑因此对组分扩散速度的影响。在既定通量下，直线路径和曲折路径下等效的速度关系为：后者的扩散速度为前者的 $\tau$ 倍。再次，考虑孔道的形状因素，分子在扩散中"看到"的是存在突扩/突缩的孔道，因此引入一个称为收束因子的参数 $\gamma$。综合上述分析，孔道中组分的主体扩散为

$$D_{AB,eff} = D_{AB}\frac{\gamma}{\tau^2} \tag{9-50}$$

需要注意的是，式(9-50)中的曲径因子和收束因子取决于多孔材料的结构，属经验常数，

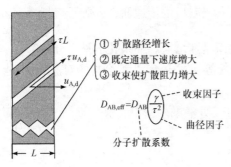

图 9-16　孔道中的主体扩散

一般由实验确定。而且，文献中对其也有不同的定义方式，如将式(9-50)中的修正项 $\frac{\gamma}{\tau^2}$ 的倒数归并且将其定义为曲径因子，用于计算时需要注意。

另外，组分在多孔固体内部扩散时，扩散的面积为孔道的截面积而非固体介质的总截面积，设固体的空隙率为 $\varepsilon$，因而需要采用空隙率将式(9-49)给出的以孔道面积为基的通量变换为以固体介质总面积为基的通量，即

$$N_A^b = \frac{\varepsilon D_{AB,eff}}{L}\left(c_{A\alpha} - c_{A\beta}\right) = \frac{\varepsilon\gamma D_{AB}}{\tau^2 LRT}\left(p_{A\alpha} - p_{A\beta}\right) \tag{9-51}$$

此即结构化基体中主体扩散的组分扩散通量计算式。

### 3. 克努森扩散

如图 9-17 所示，当分子平均自由程远大于多孔介质孔径时(如孔道的直径很小或气体的真空度较高)，碰撞主要发生在流体分子与孔道壁面之间，此时分子与孔壁间的碰撞对于分子扩散起主导作用，而分子之间的碰撞退居次要地位，此类扩散不遵循菲克定律，称为克努森(Knudsen)扩散。

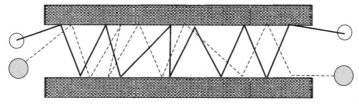

图 9-17　孔道中的克努森扩散

由以上对主体扩散和克努森扩散的讨论可知，区分这两种扩散的两个指标为孔径和分子平均自由程。需要注意的是，当孔道直径与流体分子运动的平均自由程相当时，分子与分子之间的碰撞以及分子与孔道壁面之间的碰撞同等重要，这属于介于菲克型分子扩散和克努森扩散之间的情况，此类扩散称为**过渡区扩散**[①]。

为了计算孔道中克努森扩散时组分的通量，可以采用类似式(9-50)的方式，定义一个等效的扩散系数；或按照气体分子动理论，采用下式计算克努森扩散系数

$$D_{AB,Kn} = \frac{d_p}{3}\left(\frac{8RT}{\pi M_A}\right)^{\frac{1}{2}} \tag{9-52}$$

空隙率、曲径因子对扩散的影响依然存在。因此，克努森扩散时组分的通量计算式为

$$N_A^K = \frac{\varepsilon\gamma}{\tau^2}\frac{D_{AB,Kn}}{L}\left(c_{A\alpha} - c_{A\beta}\right) = \frac{\varepsilon\gamma}{\tau^2}\frac{D_{AB,Kn}}{LRT}\left(p_{A\alpha} - p_{A\beta}\right) \tag{9-53}$$

### 4. 表面扩散

在微孔中或强吸附性固体基体中，分子的扩散以表面跃迁的方式进行，称为表面扩散或微孔扩散，图 9-18 中示出了这类扩散的物理图景。

图 9-18(a)中示意性地给出了客体分子在一种分子筛微孔结构内的跳跃运动。这种 MFI 结构分子筛由直通道和曲径通道以及两者间的交叉口(interactions)构成，通道及交叉处存在数目不等的吸附位点。客体分子在吸附位点随机地做点对点的跳跃扩散，跳跃后留下空位，后继的分子才有可能占据此空位。

更为一般地，图 9-18(b)中给出了表面扩散的简化图景，图中将吸附剂表面看作由"位点"组成，分子不断以不同的热运动速度 $v_i^T$ 跳跃；仅当其热能量超过一定值时才能跳跃至邻位，这也是一个活化过程(参见图 9-7 的相关内容)。分子跳跃成功(影响到扩散通量的跳跃)的概率

---

[①] 在分子动力学理论中，为了区别这三种情况，定义了克努森数 $Kn = \lambda/d_p$。当 $Kn \geqslant 10$ 时，克努森扩散起主要作用；当 $Kn \leqslant 0.01$ 时，主体扩散起主要作用；克努森数介于上述两值之间时，扩散由克努森扩散和主体扩散共同控制。有文献建议，审慎的做法是不要轻易忽略克努森扩散所起的作用。

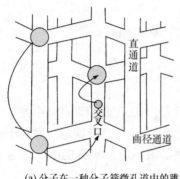
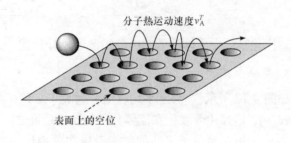

(a) 分子在一种分子筛微孔道中的跳跃        (b) 表面扩散的简化图景

图 9-18  微孔道中的表面扩散

正比于如下的因子

$$\exp\left(-\frac{E}{RT}\right) \tag{9-54}$$

式中，$E$ 为表面扩散活化能。因此，对于图 9-18(b) 中的情形，分子的表面扩散系数大致为

$$D_{AM} \approx \frac{v_A^T d_{jump}}{4} \exp\left(-\frac{E}{RT}\right) \tag{9-55}$$

式中，下标"M"指固体基体(matrix)；$v_A^T$ 为扩散组分的热运动速度；$d_{jump}$ 为跳跃距离；因子"4"为平面上跳跃分子的紧邻空位数目。由式(9-55)可见，表面扩散系数存在阿伦尼乌斯型的温度依赖关系，它只适用于此处讨论的简化情形。微孔固体材料中的表面扩散系数除与温度有关外，还与浓度有关，并且表面扩散系数的预测目前还不像气体甚至液体中扩散系数计算那样成熟，此处不展开讨论。

形如式(9-55)的表面扩散系数，其作用类似式(9-52)中的克努森扩散系数；相应地，发生表面扩散时组分通量的计算式为

$$N_A^s = \frac{D_{AM}}{L}\left(c_{A\alpha} - c_{A\beta}\right) \tag{9-56}$$

需要指出的是，在应用式(9-56)时，首先，其中的表面扩散系数描述微孔中的扩散，故一般不做曲径因子和/或空隙率等的修正；其次，如果边界上存在相界面，需要考虑相平衡关系[参见式(9-45)的相关讨论]。

5. 多种扩散机制下的组分总通量

以上讨论中，依据结构化基体中孔道尺度的不同，区分了其中的传质机制，包括黏性流、主体扩散、克努森扩散以及表面扩散。实际应用的多孔固体材料中，孔道的大小是有分布的，如第8章列举的催化剂颗粒(参见图 8-3 的相关讨论)既存在大孔也存在微孔。在大孔介质中，可能同时存在主体扩散、克努森扩散和黏性流；在微孔介质中可能同时存在克努森扩散和表面扩散。

在同时存在以上多种扩散机制的场合，每一种机制均与组分的总通量相关，相互间的关系表现为图 9-19 所示的电路类比关系，此处的类比对为电流/质量通量、电压/压降以及电阻/扩散阻力。其中，由于主体扩散和克努森扩散是组分的分压降按照动量叠加原理叠加，故犹如两个串联的电阻；而表面扩散以及黏性流与前者的关系满足通量加和，犹如并联的电阻。定量地，组分的总通量为

$$N_A = N_A^{b+K} + N_A^s + N_A^v \tag{9-57}$$

式中，$N_A^{b+K}$ 为主体扩散和克努森扩散两种效应叠加后的通量；有关 $N_A^{b+K}$ 的计算难以采用前述式(9-51)和式(9-53)描述，此处不再详述，感兴趣的读者可参考本章后面列出的文献。

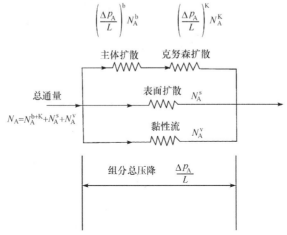

图 9-19　结构化基体中分子扩散的电路类比

## 9.4　停滞介质中非定态扩散传质：热质类比法

### 9.4.1　问题的提出

以上讨论均限于一维、定态扩散传质问题。实际上，任何系统的定态都是随时间演变后而来的。浓度分布随时间变化的非定态传质过程在化工过程的分离以及反应单元中是普遍存在的，典型的如反应器的开、停车过程，在从进料开始到建立起既定的反应工况这段时间内，反应器催化剂床层中的温度、浓度场都是随时间变化的，对于快速或反应热效应大的反应，反应系统对外界的变化敏感，不当的操作往往带来严重后果(如催化剂报废)。在这类场合，需要认识过程的非定态传质(和传热)特性，以指导操作。

本节讨论停滞介质中非定态扩散传质问题。此处，停滞介质指传质中没有混合物的宏观对流，因此组分的传质纯粹是由扩散传质所致。此前所述固体介质中的组分扩散即属此类。

第 8 章中曾针对此类情形，将传质微分方程简化为如下一般形式

$$\frac{\partial c_i}{\partial t} = D_{i,\text{eff}} \nabla^2 c_i \tag{8-48}$$

该式即为描述停滞介质中非定态扩散传质的控制方程。进而考虑非定态、一维、两组分(A+B)的情形，因此上式简化为目标组分 A 的控制方程

$$\frac{\partial c_A}{\partial t} = D_{AB} \frac{\partial^2 c_A}{\partial x^2} \tag{9-58}$$

形式上，此方程的解为

$$c_A = c_A(t, x; D_{AB}) \tag{9-59}$$

式中，扩散时间 $t$ 和扩散路径 $z$ 为自变量；扩散系数 $D_{AB}$ 为参量。如果取传质系统的某种参比浓度，相应有量纲为一浓度

$$C_A^* = \frac{c_A - c_{Ab}}{c_{A0} - c_{Ab}} \tag{9-60}$$

再引入如下的量纲为一数或称菲克数

$$Fi = \frac{tD_{AB}}{x^2} \tag{9-61}$$

按照数学求导规则，将上述量纲为一量代入式(9-58)，整理可得

$$\frac{dC_A^*}{\partial Fi} \cdot \frac{\partial Fi}{\partial t} + D_{AB}\left[\frac{dC_A^*}{dFi} \cdot \frac{\partial^2 Fi}{\partial z^2} + \frac{d^2 C_A^*}{dFi^2} \cdot \left(\frac{\partial Fi}{\partial z}\right)^2\right] = 0 \tag{9-62}$$

菲克数的各项导数为

$$\frac{\partial Fi}{\partial t} = \frac{D_{AB}}{x^2} \tag{9-63a}$$

$$\frac{\partial Fi}{\partial x} = -2\frac{D_{AB}t}{x^3} = -2\frac{Fi}{x} \tag{9-63b}$$

$$\frac{\partial^2 Fi}{\partial x^2} = 6\frac{D_{AB}t}{x^4} = 6\frac{Fi}{x^2} \tag{9-63c}$$

将式(9-63a)～式(9-63c)代入式(9-62)整理可得

$$\frac{D_{AB}}{x^2}\frac{dC_A^*}{\partial Fi} - D_{AB}\left[6\frac{Fi}{x^2}\frac{dC_A^*}{dFi} + 4\frac{Fi^2}{x^2}\frac{d^2 C_A^*}{dFi^2}\right] = 0 \tag{9-64}$$

可见，此时控制方程已变换为(二阶)常微分方程。进一步整理可得变换后的控制方程为

$$(1 - 6Fi)\frac{dC_A^*}{\partial Fi} - 4\frac{Fi^2}{x^2}\frac{d^2 C_A^*}{dFi^2} = 0 \tag{9-65}$$

可知必有如下形式的解

$$C_A^* = C_A^*(Fi) \tag{9-66}$$

　　类似地，可以对一维、非定态导热的控制方程(参见 6.2.2 节)进行同样的分析；结果列于表 9-3。显然，由表 9-3 中的数学类比可知，当抽去物理量的意义，控制方程具有如下的共同形式：

$$(1 - 6\Pi_2)\frac{d\Pi_1}{\partial \Pi_2} - 4\frac{\Pi_2^2}{x^2}\frac{d^2 \Pi_1}{d\Pi_2^2} = 0 \tag{9-67}$$

方程的形式解为

$$\Pi_1 = f(\Pi_2) \tag{9-68}$$

　　解的具体形式(特解)取决于特定系统的条件，即第 8 章中所说的初始和边界条件。如此就可建立非定态热量和质量扩散的类比关系，以下举例说明。

**表 9-3　非定态导热和扩散传质的数学类比关系：控制方程**

| 非定态导热 | | 非定态扩散传质 | |
|---|---|---|---|
| 控制方程 | $\dfrac{\partial T}{\partial t} = \alpha\dfrac{\partial^2 T}{\partial x^2}$ | 控制方程 | $\dfrac{\partial c_A}{\partial t} = D_{AB}\dfrac{\partial^2 c_A}{\partial x^2}$ |
| | $T^* = \dfrac{T - T_b}{T_0 - T_b},\ Fo = \dfrac{t\alpha}{x^2}$ | | $C_A^* = \dfrac{c_A - c_{Ab}}{c_{A0} - c_{Ab}},\ Fi = \dfrac{tD_{AB}}{x^2}$ |
| | $(1-6Fo)\dfrac{dT^*}{dFo} - 4Fo^2\dfrac{d^2T^*}{dFo^2} = 0$ | | $(1-6Fi)\dfrac{dC_A^*}{\partial Fi} - 4\dfrac{Fi^2}{x^2}\dfrac{d^2C_A^*}{dFi^2} = 0$ |
| 形式解 | $T^* = T^*(Fo)$ | 形式解 | $C_A^* = C_A^*(Fi)$ |

### 9.4.2　热质类比法求解示例

6.2.2 节中曾考虑无内热源、常物性的无限大平壁内的一维、非定态热传导，相应控制方程如表 9-3 所列。初始条件和边界条件为

初始条件
$$t = 0, \quad T = T_0 \tag{9-69a}$$

边界条件
$$x = 0, \quad \frac{\partial T}{\partial x} = 0 \,(\text{对称性}) \tag{9-69b}$$

$$x = \delta, \quad h(T - T_b) = k\frac{\partial T}{\partial x} \tag{9-69c}$$

转换为物理的语言，上述数学条件表明：厚度为 $2\delta$ 的平板，初始温度均匀且为 $T_0$，在初始瞬间将其两端对称地置于温度为 $T_b$ (恒定)的流体中加热或冷却，流体与壁面间的对流传热系数 $h$ 为常数。

类似上述无限大平壁内的一维、非定态热传导问题，可以提出如下的一维、非定态扩散传质问题，控制方程为式(9-58)

初始条件
$$t = 0, \quad c = c_{A0} \tag{9-70a}$$

边界条件
$$x = 0, \quad \frac{\partial c_A}{\partial x} = 0 \,(\text{对称性}) \tag{9-70b}$$

$$x = \delta, \quad k_c(c_A - c_{Ab}) = D_{AB}\frac{\partial c_A}{\partial x} \tag{9-70c}$$

这个与前述传热类比的传质模型不是无谓的数学游戏，而是有物理背景的[①]。

缓释药物颗粒通常由(可降解高分子)固体基体和充填其中的作用药物组成；药物组分在固体基体中的传质为分子扩散，通过选用基体和调控结构，可控制药物的溶出或缓释动力学过程。为此，需要研究药物的溶出动力学过程。在这类研究中，通常将制备的样品颗粒置于对流传质环境下并测定不同时刻药物的溶出量。为了解读所测溶出数据，一种简化的处理方法是将球颗粒内的扩散问题简化为具有相同体积与表面积之比的无限大平板，如图 9-20 所示，此时的传质模型就是式(9-58)和式(9-70)。

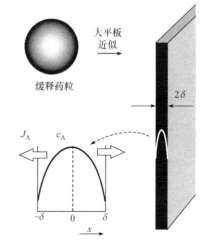

图 9-20　缓释药物颗粒的大平板近似及浓度分布示意

以下，继续表 9-3 的类比，结果如表 9-4 所列。

综合表 9-3 和表 9-4 的数学类比分析可知，对于此处列举的一维、非定态扩散传递问题，热量和质量间在数学上存在等效关系，解算结果可以通用。如此，缓释药物平板中的质量扩散问题的计算就可以利用式(6-43)对应的算图计算，得

---

① 麦克斯韦关于类比(analogy)的论述："类比建立在两类定律在数学形式上相似的基础上"，"物理类比(physical analogy)的意思是利用一种科学定律和另一种科学定律之间的部分类似性(similarity)，用它们中的一个去说明另一个"。摘自 Maxwell J C. 1856. On Faraday's Lines of force.Transactions of the Cambridge Philosophical Society,Vol. X Part I: 115-229。

到此情况下任一瞬间、任一位置处的浓度值。进而，如果不采用如图 9-20 所示的平板近似，而是直接解读球形颗粒的数据，则可以用 6.2.4 节所示球体非定态导热算图进行传质计算。如果利用纽曼法则，还可以处理其他异形颗粒中的非定态、多维扩散传质问题。

**表 9-4　非定态导热和扩散传质的数学类比关系：定解条件**

| 非定态导热 | 非定态扩散传质 |
| --- | --- |
| 量纲为一初始、边界条件[参见式(9-69)] | 量纲为一初始、边界条件[参见式(9-70)] |
| $Fo = 0$ 时，$T^* = 1$ | $Fi = 0$ 时，$C_A^* = 1$ |
| $Fo = \infty$ 时，$\dfrac{\mathrm{d}T^*}{\mathrm{d}Fo} = 0$ | $Fi = \infty$ 时，$\dfrac{\mathrm{d}C_A^*}{\mathrm{d}Fi} = 0$ |
| $Fo = \dfrac{t\alpha}{\delta^2}$ 时，$-\dfrac{1}{2}T^*Bi/Fo = \dfrac{\mathrm{d}T^*}{\mathrm{d}Fo}$ | $Fi = \dfrac{t\alpha}{\delta^2}$ 时，$-\dfrac{1}{2}C_A^*Bi/Fi = \dfrac{\mathrm{d}C_A^*}{\mathrm{d}Fi}$ |
| 其中 $Bi = \dfrac{h\delta}{k}$ | 其中 $Bi = \dfrac{k_c\delta}{D_{AB}}$ |

## 拓 展 文 献

1. 威尔特 J R，威克斯 C R，威尔逊 R E，等. 2005. 动量、热量和质量传递原理. 马紫峰，等译. 北京：化学工业出版社
[本章中对扩散传质问题的定量描述遵循所谓的菲克模式，即组分的扩散通量采用菲克定律表示。虽然这不是唯一的方式，并且新近的文献中对菲克模式的局限也多有阐述(如难以用于多种组分或存在多种传质驱动力的情形)，但在实践中采用这种模式进行教学几乎成为惯例。在这本国外名校名著的第 26 章中，以"定态(原译为稳态)分子扩散"为题，结合许多化工过程传质问题实例，展示了菲克模式的实用性；并且与本章局限在一维不同，那里也讨论了二维和三维体系中的扩散传质问题。另外，本章的习题大多改编自该书。]
2. 李绍芬. 1986. 化学与催化反应工程. 北京：化学工业出版社
[这本书为笔者学习反应工程的启蒙课本，个人认为它至今依旧是同类著述中的权威读本。反应工程中的核心问题是认识传递(尤其是质量传递)与化学反应动力学耦合作用下的反应性能，这必然涉及固体介质(通常为催化剂，参见图 8-3)中的扩散传质问题。不仅如此，随着新材料技术的不断发展，认识固体中传质的重要性也日益突显。但与相对简单的气体和液体中的传质相比，固体中的传质绝非本章有限篇幅所述那样简单。建议读者阅读该书的第 7 章"多相催化中的传递过程"，其中关于固体中扩散传质的处理不仅细致，而且方法对于其他固体材料中扩散传质问题的处理也富于启示作用。]

## 学 习 提 示

1. 本章讨论了气体、液体以及固体介质中的一维、定态扩散传质(分子扩散)，其中，可能存在由于扩散诱导的混合物对流。这类问题可采用(极度)简化的传质微分方程描述，其主要应用背景是传质膜模型中浓度分布以及质量通量的计算。
2. 对两组分气体和液体混合物中的一维、定态扩散传质问题，可以采用统一的模型化方法处理，即由传质微分方程入手进行简化，得到控制方程，补充适宜的条件构成数学定解问题并求解，如此得到有关目标组分浓度分布以及扩散通量的计算式，继而用于分析传质性能。定解条件包括边界条件、附加关系以及扩散系数计算方法，其中，附加关系需要依据对象的物理特性提出(如混合物存在扩散诱发的对流、混合物静止、存在化学计量学关系等情形)。
3. 固体介质中的组分扩散传质可以两种不同的方式描述，即非结构化扩散模型和结构化扩散模型。其中，非结构化模型将固体基体与扩散组分视同为均相混合物，不直接计及固体结构对传质的影响，结构的影响体

现在扩散系数中；结构化模型区分与固体结构(此处为多孔性固体的孔径)相关的传质机制(包括黏性流、主体扩散、克努森扩散以及表面扩散)，并采用不同的扩散系数以及通量计算式，多种传质机制及通量的关系可以电路类比表述。可以证明，对于同一固体介质，如果应用得当，两类模型给出同样的结果。

4. 对两组分气体，可以采用气体动力学理论预测二组分扩散系数；气体扩散系数的取值范围为 $10^{-5}\sim10^{-4}$m²/s。对多组分物系，气体扩散系数可采用威尔基关系[参见式(10-32b)]计算。对两组分液体，需要知道稀溶液的扩散系数数据或采用文献中的关系式计算；液体中扩散系数取值一般在 $10^{-10}\sim10^{-9}$m²/s 范围内。对理想的二组分溶液，可以采用稀溶液的扩散系数和对数内插规则，此外可供选择的方法不多。固体中扩散系数取值的范围宽广，取决于形形色色的固体结构以及扩散其间的粒子组成的主-客体系的性质；有关各种多孔材料中扩散系数的知识非常缺乏。

## 思 考 题

1. 对于正在实验室中利用类似图 9-1 所示系统测定气相扩散系数的学生李强和张伟，例 9-1 中与拟定态假设有关的如下问题令人困惑：

(1) 李强同学认为，由于在拟定态假设下，气相中组分摩尔通量和液体中组分蒸发量之间存在如下关系

$$N_A = -\frac{1}{V_L}\frac{dL}{dt} = -\frac{1}{V_L}\frac{\Delta L}{\Delta t} \tag{A}$$

式中，$V_L$ 为挥发组分的液相摩尔体积；负号表明组分 A 的通量沿坐标的负方向；采用差分是因为通量为常量。按题给出苯的摩尔体积，可以计算苯液面因挥发产生 1mm 变化所需的时间为

$$\Delta t = \frac{0.001}{89.4\times10^{-6}\times0.00104} = 10755(s) = 179(min)$$

由量纲分析可知，气相中扩散的时间尺度为

$$\tau_D \propto \frac{L^2}{D_{AB}} = \frac{(5\times10^{-2})^2}{0.0905\times10^{-4}} = 276.2(s) = 4.6(min)$$

这个时间可理解为，在既定扩散条件下，毛细管中组分通过扩散传质在轴向达到浓度均一所需的约略时间，这是研究系统扩散特性时的特征时间。比较可见，特征时间值 $\tau_D' \gg \tau_D$，即相对气相中的组分扩散，液面变化为慢过程，因此可以采用拟定态假设处理此处的扩散传质问题。

(2) 张伟同学认为，在拟定态假设下，将式(9-7)代入本题式(A)可得

$$\frac{1}{V_L}\frac{dL}{dt} = -\frac{CD_{AB}}{L}\ln\frac{1-y_{A\beta}}{1-y_{A\alpha}} \tag{B}$$

如果在时段 $\Delta t$ 中，对应液面分别为 $L_0$ 和 $L_t$，对上式积分可得

$$\Delta t = -\frac{1}{CD_{AB}V_L}\cdot\frac{L_t^2-L_0^2}{2}\bigg/\ln\frac{1-y_{A\beta}}{1-y_{A\alpha}} \tag{E}$$

利用题给数据计算液面因挥发变化 1mm 所需的时间为

$$t = \frac{0.051^2-0.05^2}{40.89\times0.0905\times10^{-4}\times89.6\times10^{-6}\times2}\bigg/\ln(1-0.131) = 10844(s) = 181(min)$$

(3) 由以上两种计算可见，李强同学估算出苯液面因挥发产生 1mm 变化所需的时间大致为 179min，而张伟同学估得时间为 181min。可见两种方法计算的时间非常接近，说明有时候不需要繁复的计算也可对物理问题的实质有快捷的把握。请思考在其他课程中是否也有类似的事例。

2. 采用式(9-3)作为控制方程处理液体中扩散系数随浓度变化的一维、定态扩散传质问题时，试给出不用简化而直接积分的数值方法。

3. 试举例说明，对于同一固体介质，采用非结构化和结构化模型时存在等效关系，因而给出同样的通量计算结果。

# 习 题

1. 管内由 $CH_4$(A)和 He(B)组成的气体混合物中发生 A 经停滞组分 B 、一维、定态扩散，系统维持温度 $T$=298K，压强 $p$=1.013×10⁵Pa。在相距 0.02m 的管两端，$CH_4$ 的分压分别为 $p_A$=6.08×10⁵Pa 和 $p_A$=6.08×10⁵Pa。
   (1) 计算 $CH_4$ 相对管壁的通量 $N_A$；
   (2) 计算混合物相对管壁的速度和通量 $N$；
   (3) 计算并图示 $CH_4$ 相对管壁的速度在管中的分布；
   (4) 计算并图示 $CH_4$ 在管中的浓度或组成分布；
   (5) 计算并图示 $CH_4$ 的浓度梯度在管中的分布；
   (6) 计算并图示 $CH_4$ 的扩散通量 $J_A$ 在管中的分布。

2. 对于组分 A 经停滞组分 B 的定态扩散传质，目标组分 A 的质量通量计算式为式(9-7)。试回答：
   (1) 如果体系的压强增加 1 倍，那么它对组分 A 的质量通量有什么影响，试定量说明。
   (2) 此处，目标组分 A 存在浓度梯度驱动下的扩散运动，如果体系总压恒定，由 $C$=$c_A$+$c_B$=const 可知，必然存在组分 B 的浓度梯度以及相应的扩散运动。那么，如何理解组分 B 为停滞组分($N_B$=0)，试通过推导加以说明。

3. 类似图 9-1 的扩散系统也称阿诺德扩散池(diffusion cell)，现采用其研究氯仿(A)在空气(B)中的扩散系数。已知系统温度为 298K，压强为 1.013×10⁵Pa。298K 时，氯仿的密度为 1.485g/cm³，蒸气压为 2.67×10⁵Pa，氯仿液面初始距管口 7.4cm，经过 10h 自由蒸发后液面降低为距管口 6.96cm，设管口处氯仿浓度为零。求氯仿在空气中的扩散系数。

4. 采用类似图 9-1 的扩散系统研究定态下甲苯(A)在空气(B)中的扩散特性。系统温度为 $T$=298K，压强为 $p$=1.013×10⁵Pa，蒸发的横截面面积为 0.8cm²，扩散路径的长度为 10cm。为保持液面高度不变，试问每小时需向室中补充多少克甲苯。已知甲苯的蒸气压为 28.4mmHg(1mmHg=1.33322×10²Pa)，液相摩尔体积为 106.8cm³/mol，甲苯在空气中的扩散系数满足 $D_{AB}p$=0.855m²·Pa/s。

5. 采用类似图 9-1 的扩散系统研究定态下甲苯(A)在空气(B)中的扩散特性。蒸发的横截面面积为 0.8cm²，扩散路径的长度为 10cm，液面高度为 3cm。假设系统温度为 $T$=298K，压强为 $p$=1.013×10⁵Pa。已知甲苯的蒸气压为 28.4mmHg，液相摩尔体积为 106.8cm³/mol，甲苯在空气中的扩散系数满足 $D_{AB}p$=0.855m²·Pa/s。试采用公式推演或作图展示方式说明甲苯质量通量与液面随时间的定量变化趋势。

6. 两个无限大的容器通过一直径为 0.1m 的圆管连接，体系温度与大气压分别为 298K、1atm，容器中装有 He(A)与 $N_2$(B)的混合气体，两容器中 He 的摩尔分数分别为 0.06 与 0.02，试计算两容器间 He 扩散传质的初始速率，并列举理由说明为什么该过程可同时近似为等分子反方向扩散和拟定态过程。上述条件下扩散系数 $D_{AB}$=0.687×10⁻⁴m²/s。

7. 采用例 9-4 中公式计算温度为 298K、压强为 1.013×10⁵Pa 条件下氯仿在空气中的扩散系数。

8. 在蒸馏苯-甲苯共混物时，苯(A)由液相部分汽化，甲苯(B)部分冷凝，前者的汽化速率较后者略大。在既定的系统压强和温度下，苯和甲苯的摩尔蒸发焓分别为 $\lambda_A$=30kJ/mol 和 $\lambda_B$=33kJ/mol。考虑两种气体通过厚度为 $\delta_D'$ 的气体传质膜中的一维、定态扩散。试推导苯通过气膜的总质量通量计算式，并讨论假设 $\lambda_A$=$\lambda_B$ 对通量计算的影响。
   提示：(1)过程的物理图景参考图 9-4。(2)计算式中包含的部分已知量有气相主体中苯的摩尔分数、气液界面上气相一侧苯的摩尔分数、苯和甲苯的扩散系数、膜厚以及气相混合物的总摩尔浓度。(3)假定蒸馏为绝热过程。

9. $H_2$ 通常可以用来将金属氧化物还原成金属单质，现使用纯 $H_2$ 作为还原剂，进行下述几类还原反应

$$FeO(s) + H_2(g) \longrightarrow Fe(s) + H_2O(g)$$

$$TiO_2(s) + 2H_2(g) \longrightarrow Ti(s) + 2H_2O(g)$$

$$Fe_2O_3(s) + 3H_2(g) \longrightarrow 2Fe(s) + 3H_2O(g)$$

$$Mn_3O_4(s) + 4H_2(g) \longrightarrow 3Mn(s) + 4H_2O(g)$$

假设：(1) 反应在恒定的温度和压强下进行，反应表面近似为平板。(2)反应进行很快，所有反应均为定态、一维扩散控制，记扩散方向为 $z$，气体膜厚度为 $\delta_D'$。(3)气相主体的气体组成固定。

(1) 试写出每个反应中目标组分 $H_2(A)$ 的质量通量计算式。

(2) 哪个反应形成等分子反方向扩散过程？

(3) 考虑扩散速率因素时，这些反应中哪个反应在消耗单位摩尔氢还原生成的金属摩尔数最多？

提示：过程的物理/化学图景参考图 9-5。

10. 考察乙醇通过一静止水膜的扩散。已知水膜厚度为4mm。乙醇在膜两端的浓度分别为 $0.1mol/m^3$ 与 $0.02mol/m^3$，系统温度为298K。

(1) 计算乙醇的摩尔扩散通量；

(2) 计算并图示乙醇在膜中的浓度分布。

提示：乙醇(A)和水(B)体系的扩散系数查图9-9。

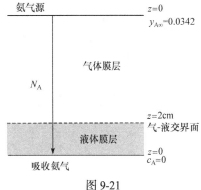

图 9-21

11. 通过水的溶解除去氨气和空气混合气中的氨气。氨气通过分子扩散先经过一厚度为 2cm 的气体膜，然后经过一厚度为 1cm 的水膜层，如图 9-21 所示。扩散前后在混合气系统中与水膜层下表面氨气的摩尔分数分别为 0.0342 与 0。系统温度为 288K，压强为 1atm。在气液界面上存在下表中的平衡关系。

| $p_A$/mmHg | 5.0 | 10.0 | 15.0 | 20.0 | 25.0 | 30.0 |
|---|---|---|---|---|---|---|
| $c_A$/(mol/m³) | 6.1 | 11.9 | 20.0 | 32.1 | 53.6 | 84.8 |

已知288K 时，氨气在空气以及在水中的扩散系数分别为0.215 和1.77。试计算定态下两种扩散层中氨气的质量通量。

12. 图 9-11 所示的系统也可用于在实验室中研究气体在固体薄膜中的扩散性能。现利用这种扩散装置测定氢气通过镍的渗透速率。实验中，系统保持温度为973K，上游腔室压强为 $8.104 \times 10^5 Pa$，下游腔室连续抽空，两腔室用一个面积为 $8cm^2$、厚为 2cm 的镍盘相隔。在 973K 和 1atm 的状态下，氢气在镍中的溶解度约为1kg 镍可溶解 $7.0 \times 10^{-5}m^3$ 的氢气。在 973K 时，氢气通过镍的扩散系数为 $6 \times 10^{-9}m^2/s$，镍的密度为 $9 \times 10^3 kg/m^3$。试求氢气通过镍的摩尔流率。

13. 类似图8-7 所示的两组分(氢气，A；空气，B)扩散系统中，毛细管长 40cm，管径为 50Å；系统温度为273K，压强 1atm。已知氢气的分子运动平均自由程为 $1.12 \times 10^{-5}cm$，空气的分子运动平均自由程为 $7.0 \times 10^{-6}cm$，毛细管两端氢的分压分别为 $p_{A1}=2.01 \times 10^3 Pa$，$p_{A1}=1.05 \times 10^3 Pa$。

(1) 试判断毛细管中氢和空气的扩散是否为克努森扩散。

(2) 计算氢和空气的克努森扩散系数。

(3) 计算氢的扩散通量。

14. 考虑将图 6-8 所示流体中的小金属球替换为缓释药物固体颗粒，试给出必要的物理假设条件和相应的量纲为一数判据，并分析金属球散热和药物颗粒溶出间可能的热质类比关系。

15. (1) 试构建无限长固体圆柱内的非定态扩散传质模型，即简化表 8-2 中的对流-扩散方程，给出控制方程，然后提出相应的初始、边界条件。

(2) 参考附录 1 的附图 1-2 无限长圆柱非定态导热算图的相关分析内容，分析可能的热质类比关系。

# 第 10 章　多组分传质的 Maxwell-Stefan 模型和菲克模型

第 9 章主要基于菲克定律描述两组分混合物中的扩散传质，然而在实际的分离和反应过程中，更为常见的是多组分(组分数 $n > 2$)物系。本章将引入一种新的描述多组分混合物中传质的模型——Maxwell-Stefan(MS)模型。首先，它可以处理任意数目的组分并计及化学势梯度力，以及电场、压强、离心和其他场力，因此可以对所有传质过程进行统一的物理和数学描述。其次，鉴于在目前多数文献及教科书中，传质理论仍以菲克定律为基础，本章将进一步将菲克定律推广应用到多组分混合物，并讨论其与 MS 模型之间的等效变换关系。

## 10.1　多组分传质的 Maxwell-Stefan 模型

### 10.1.1　问题的引出

在过去的 20 年中，已有越来越多的研究指出，基于菲克定律的传质模型存在缺陷，如在涉及多组分混合物时不能给出物理意义自洽的解读，在存在多种驱动力(如电解质溶液中的电场驱动力)的场合难以应用等。以下举一个例子具体说明。

图 10-1 示出了 Duncan 和 Toor 报道的一个著名的三气体组分扩散实验[1]。实验中采用两个

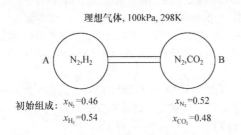

理想气体, 100kPa, 298K

初始组成：$x_{N_2} = 0.46$　　$x_{N_2} = 0.52$
　　　　　$x_{H_2} = 0.54$　　$x_{CO_2} = 0.48$

图 10-1　三气体扩散实验

同等大小的玻璃球，两球以很细(如直径为 1mm)的长毛细管相连，并处于等温、等压状态。在初始时刻，左边球中充满氢和氮，右边球中为二氧化碳和氮，各组分的摩尔分数如图中所示。

下面考虑该系统的演变。从热力学知识可确知，经过足够的时间，系统将自发达到平衡状态，也就是三种组分的浓度处处相等。

从初始到平衡状态的演变是一个动力学过程，并且由于组分在两球间有限的传质量不足以诱发两球间产生压差，系统不存在对流效应，故该过程可近似为纯扩散过程。注意到两球间氢和二氧化碳的浓度差较大，可以料想，这两种组分将由一球向另一球相向扩散。两球中氮的量略有不同，初始时右边较高，所以氮可从 B 球向 A 球扩散，但欲推断后续时段氮的扩散方向并非易事。

图 10-2 示出了实验结果。由图中的下图可见，氢与二氧化碳的扩散方向与此前的预料一致：它们的浓度是单调降低的，即经历若干天后，两球中两者的浓度趋于相等。另外，氢分子趋于平衡的速率较二氧化碳更快。这主要是因为氢作为小分子其扩散能力更强，换言之，

① Duncan J B, Toor H L. 1962. An experimental study of three component gas diffusion. AIChE J, 8: 38-41.

氢的扩散系数较大(参见 9.1.4 节扩散系数的计算公式及其中的影响因素)。由图 10-2 中的上图可见，氮的扩散行为颇为复杂：起初，氮由高浓度区(球 B)向低浓度区扩散，并且 1h 后在两区中浓度相等。但是，在此之后氮仍旧扩散，不过此时是顺梯度方向扩散(而不是菲克模型所预示的逆梯度扩散)。在实验开始后的 8h 内，浓度差会持续增加，此后，两球中浓度才会趋于相等。氮的顺梯度扩散是由于二氧化碳的摩擦曳带作用，即较重的二氧化碳和氮之间的摩擦要比氢和氮之间的摩擦更大，至少在扩散初期，氮的运动主要受二氧化碳和氢的浓度梯度的制约，而不是受其自身浓度梯度的影响(该梯度很小)。若采用菲克模型解释氮的顺梯度扩散是困难的。

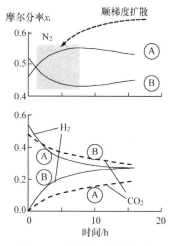

图 10-2　氮的奇异扩散行为

### 10.1.2　MS 方程的导出

为了建立 MS 模型，重新考虑图 8-7 所示的以毛细管相连的玻璃球系统，其中左边球

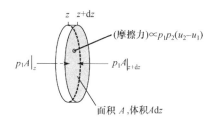

图 10-3　作用于组分 1 上的力

中的氢(组分 1)和右边球中的二氧化碳(组分 2)在两相邻点 $z$ 和 $z+dz$ 间分别以组分速度 $u_1$ 和 $u_2$ 相向运动。参见图 10-3，考虑微元 $z$ 与 $z+dz$ 间氢的受力，这包括：$z$ 处分压产生的力 $p_1A\big|_z$，$z+dz$ 处分压产生的力 $-p_1A\big|_{z+dz}$，以及组分间速度差所致相互作用，即二氧化碳作用于氢上的摩擦力[①]。

可以推断，二氧化碳与氢间的摩擦力正比于微元中两种气体的量以及气体间的速度差。由于两气体的量正比于分压，故

$$摩擦力 = \alpha p_1 p_2 (u_2 - u_1)$$

式中，$\alpha$ 为比例系数。此外，微元段中氢的速度会有很小的变化，但相关的惯性项很小，可以忽略。因此，三个相关项的力平衡给出

$$p_1A\big|_z - p_1A\big|_{z+dz} = \alpha p_1 p_2 (u_2 - u_1) \tag{10-1a}$$

其中，注意压强的方向为表面的内法矢方向；下游 $z+dz$ 处分压产生的力可以一阶泰勒展开表示，即

$$p_1A\big|_{z+dz} = p_1A\big|_z + \frac{\partial (p_1A)}{\partial z}dz \tag{10-1b}$$

将式(10-1b)代入式(10-1a)后整理得

$$-\frac{dp_1}{dz} = \alpha p_1 p_2 (u_1 - u_2) \tag{10-1c}$$

该式单位为每单位体积力。式(10-1c)重排后可得作用于每摩尔氢上的力，即

---

① 此外，这里忽略了可能存在的氢与壁之间的摩擦力，但是，除非是极细的孔道或是低压下，否则两气体间的相互作用远远大于氢与壁面间的摩擦力。

$$-\frac{RT}{p_1}\frac{\mathrm{d}p_1}{\mathrm{d}z} = \alpha RTp_2(u_1 - u_2) \tag{10-1d}$$

其中，作用于氢上的驱动力为

$$F_1^c = -\frac{RT}{p_1}\frac{\mathrm{d}p_1}{\mathrm{d}z} \tag{10-1e}$$

可见该式单位为每摩尔氢牛顿。式(10-1d)右端为二氧化碳作用于氢上的摩擦力。由 $x_2 \propto p_2$ 知，摩擦力也可写作

$$\zeta_{12}x_2(u_1 - u_2) \tag{10-1f}$$

此处推导中析出的 $\zeta_{12}$ 定义为组分 1 和 2 之间的摩擦系数。合并式(10-1e)和式(10-1f)可得

$$-\frac{RT}{p_1}\frac{\mathrm{d}p_1}{\mathrm{d}z} = \zeta_{12}x_2\left(u_1 - u_2\right) \tag{10-2}$$

此式就是两组分理想气体混合物的 MS 方程。以下就式(10-2)左端的驱动力项做进一步的讨论。

通过物理化学或者化工热力学课程的学习可知，理想气体混合物中组分 $i$ 的化学势可由下式计算：

$$\mu_i = \mathrm{const}(p,T) + RT\ln\left(\frac{p_i}{p}\right) \tag{10-3a}$$

式中，$p_i$ 为组分的分压；$p$ 为参比压强。或者在理想溶液中，组分化学势为

$$\mu_i = \mathrm{const}(p,T) + RT\ln x_i \tag{10-3b}$$

式中，$x_i$ 为组分的摩尔分数。如对式(10-3a)取导数，不难看出，作用于氢上的驱动力为氢的化学势梯度之负[①]：

$$F_1^c = -\frac{\mathrm{d}\mu_1}{\mathrm{d}z} \tag{10-4}$$

式中，上标 $c$ 表示与化学势(chemical potential)相关的驱动力。所以，对两组分混合物，含驱动力和摩擦力的完整的 MS 方程为

$$F_1^c = \zeta_{12}x_2(u_1 - u_2) \tag{10-5}$$

在 8.2.1 节已经指出，扩散是化学势驱动的。所以，式(10-4)并非仅对理想混合物中的组分成立，而是对任何近平衡、处于等温、等压的流体混合物均适用。更为一般地，在非理想溶液中，组分化学势的计算式为

$$\mu_i = \mathrm{const}(p,T) + RT\ln a_i \tag{10-6a}$$

式中，$a_i$ 为组分的活度，定义为活度系数和摩尔分数之积，即

$$a_i = \gamma_i x_i \tag{10-6b}$$

因此在给定温度和压强下，因化学势所致而作用于组分 $i$ 的驱动力为

$$F_i^c = -\frac{\mathrm{d}\mu_i}{\mathrm{d}z} = -RT\frac{\mathrm{d}\ln a_i}{\mathrm{d}z} = -\frac{RT}{a_i}\frac{\mathrm{d}a_i}{\mathrm{d}z} \tag{10-7a}$$

作为特例，在理想溶液中

---

① 此处的 $p$ 和 $T$ 为常数，故在化学势取导数时它们不出现。

$$F_i^c = -\frac{RT}{x_i}\frac{\mathrm{d}x_i}{\mathrm{d}z} \tag{10-7b}$$

同样，对多组分混合物，可以扩展式(10-5)右端的摩擦力相互作用项，从而一般地将多组分混合物中处于组分 $j$ 包围的任一组分 $i$ 的 MS 方程写作

$$F_i^c = \sum_{\substack{j=1 \\ j \neq i}}^{n} \zeta_{ij} x_j (u_i - u_j) \tag{10-8}$$

式中，$\zeta_{ij}$ 为组分对 $i$ 和 $j$ 之间的摩擦系数。需要注意，在式子右方对 $j$ 的加和中，由于 $j \neq i$，故实际上是 $(n-1)$ 项求和；这在物理上意味着，组分自身之间的相互作用并不对其力平衡有贡献。

式(10-8)即为**化学势驱动力作用下多组分混合物中组分 $i$ 的 MS 方程**。在导出该式的过程中，推导的逻辑是从特殊(理想、两组分混合物)推广至一般(非理想、多组分混合物)，但不变的模式是：驱动力或势的负梯度=摩擦力。其中，驱动力除化学势梯度外，还可以有其他来源。以下，将以物理类比的方法引入重力(及离心力)势、压强势及电场势等。所有这些势的叠加构成总势，其负梯度为作用于组分的总的传质驱动力。

### 10.1.3　MS 方程中的其他驱动力及其一般形式

首先，考虑重力场和离心力场中的势和相应的驱动力。在重力场中，势差是使质量发生状态变化所需的(可逆)功。例如，质量为 $m$ 的物体在地球重力场中(缓慢地)提升 $\Delta z$ 高度，所做功等于物质的势的增加 $\Delta \psi$，即

$$\Delta \psi^g = mg \Delta z \tag{10-9a}$$

在有关传质的讨论中，通常采用摩尔数为基，并且关注的是混合物中的组分。因此，将上式中质量 $m$ 替换为组分的摩尔质量 $M_i$ 即得作用于单位摩尔组分的势，如此则驱动力为如下的负的重力势梯度

$$F_i^g = -\frac{\mathrm{d}\psi_i^g}{\mathrm{d}z} = -M_i g \tag{10-9b}$$

式中，单位为 N/mol，其中，上标 $g$ 表示与重力势(gravitational potential)相关的驱动力，负号表示该力方向朝下。类似地，在离心力场(如离心机)中，离心加速度正比于角速度 $\omega$ 的平方和直径 $z$ 的一次方。将离心加速度与重力加速度类比，相应的驱动力为如下的负的离心力势梯度

$$F_i^\omega = -\frac{\mathrm{d}\psi_i^\omega}{\mathrm{d}z} = -M_i \omega^2 z \tag{10-9c}$$

式中，上标 $\omega$ 表示与离心力势(centrifugal potential)相关的驱动力。

其次，考虑与混合物中压强相关的势和相应的驱动力。因混合物压强所致组分的驱动力为

$$F_i^p = -\frac{\mathrm{d}\psi_i^p}{\mathrm{d}z} = -V_i \frac{\mathrm{d}P}{\mathrm{d}z} \tag{10-10a}$$

式中，上标 $p$ 表示与压强势(pressure potential)相关的驱动力；$V_i$ 为组分的摩尔体积，$P$ 为混合物的压强；$P$ 可为混合物自身的静压，也可以由动力装置(如泵或压缩机)从外部施加。例如，

在动量传递部分，已知静止的流体混合物上作用有两种力：重力和相应的压强梯度。这两种力是相伴而生的关系且必处于静力平衡，这个条件给出流体静压公式，即

$$\frac{\mathrm{d}P}{\mathrm{d}z} = -\rho g = -\frac{M}{V}g \tag{10-10b}$$

式中，负号表明压强沿负方向(向下)增大；$\rho$ 为流体混合物密度，可用混合物的摩尔质量 $M$ 和摩尔体积 $V$ 之比表示。因此，对于流体混合物中颗粒组分 $i$ 在自身重力作用下的沉降，可以式(10-10b)所示向下的驱动力表示，另外组分 $i$ 还受到混合物压强所致向上的驱动力[式(10-10a)]，因此颗粒所受的净作用力为

$$F_i^g + F_i^p = -M_i g - V_i \frac{\mathrm{d}P}{\mathrm{d}z} \tag{10-10c}$$

或将流体静压公式(10-10b)代入整理得

$$F_i^g + F_i^p = -V_i(\rho_i - \rho)g \tag{10-10d}$$

由该式可见，重力和压强梯度力的复合效应是正比于颗粒与混合物密度差的力。如颗粒和混合物具有相同的密度，则不会有驱动力。重力和压强梯度力对大颗粒是重要的(如一个人在水中游泳时的情形)。但是，在分子尺度上，重力和压强梯度力的作用较为次要。

最后，考虑与电场力相关的势和相应的驱动力。显然，这与带电组分相关，在化工中的主要应用场合是电解质溶液。

电解质是由溶剂(通常为水)和溶解的正、负离子(阳、阴离子)组成。每一离子均有电荷数，即所载带单位电荷的数目。在电化学中，浓度通常以质量摩尔浓度(每千克溶剂摩尔数)给出。经典的电化学工程主要处理稀水溶液，此时，质量摩尔浓度和摩尔分数间有简单的关系，即质量摩尔浓度约为摩尔分数的 55 倍。为与本书其他部分统一，这里采用摩尔分数。另外，在电解质中，将每一种离子视为一种单独的组分。例如，考虑 1mol CaCl$_2$ 溶于水中，电离后产生 1mol Ca$^+$ 和 2mol Cl$^-$，故其水溶液为三组分混合物。

电解质中带电组分所受电场驱动力与电势梯度之负成正比

$$F_i^e = -\frac{\mathrm{d}\psi_i^e}{\mathrm{d}z} = -F z_i \frac{\mathrm{d}\phi}{\mathrm{d}z} \tag{10-11}$$

式中，上标 $e$ 表示与电场力势(electrical potential)相关的驱动力；$\phi$ 为电势，其单位为伏特；为得到单位摩尔组分上的作用力，需要将电势梯度乘以法拉第(Faraday)常量 $F$ (=96500C/mol)，该常量值是一个大数，因此很小的电势差也会给出可观的作用力。另外，驱动力的大小还与组分的电荷数成正比。

基于以上对于多种可能的驱动力的讨论，可以一般地将组分 $i$ 所受驱动力表示为

$$F_i = F_i^c + F_i^g + F_i^\omega + F_i^p + F_i^e \tag{10-12a}$$

将此代入式(10-8)，可一般地将混合物中处于其他组分 $j$ 包围的任一组分 $i$ 的 MS 方程写作

$$F_i = \sum_{\substack{j=1 \\ j \neq i}}^n \zeta_{ij} x_j (u_i - u_j) \tag{10-12b}$$

式中，$\zeta_{ij}$ 为组分对 $i$ 和 $j$ 之间的摩擦系数。将化学势力[式(10-7a)]、电场力[式(10-11)]、压强力[式(10-10a)]以及离心力[式(10-9c)]一并代入上式，可得含各种驱动力的 MS 方程

$$-RT\frac{\mathrm{d}\ln a_i}{\mathrm{d}z}-Fz_i\frac{\mathrm{d}\phi}{\mathrm{d}z}-V_i\frac{\mathrm{d}p}{\mathrm{d}z}+M_i\omega^2 z=\underbrace{\sum_{\substack{j=1\\j\neq i}}^{n}\zeta_{ij}x_j\left(u_i-u_j\right)}_{\text{与其他组分的摩擦力}} \tag{10-13}$$

$$\underbrace{\phantom{-RT\frac{\mathrm{d}\ln a_i}{\mathrm{d}z}-Fz_i\frac{\mathrm{d}\phi}{\mathrm{d}z}-V_i\frac{\mathrm{d}p}{\mathrm{d}z}+M_i\omega^2 z}}_{\text{驱动力}}$$

当然也可在方程的左端加入新项，以计及更多的作用力(如重力或磁场力)。与式(10-13)相关，值得指出如下三点：

(1) 对理想气体，通常比较简便的处理是以组分分压梯度将活度和压强力综合考虑为一个力，即

$$-RT\frac{\mathrm{d}\ln(x_i)}{\mathrm{d}z}-V_i\frac{\mathrm{d}p}{\mathrm{d}z}=-RT\left[\frac{1}{x_i}\frac{\mathrm{d}x_i}{\mathrm{d}z}+\frac{1}{p}\frac{\mathrm{d}p}{\mathrm{d}z}\right]=-\frac{RT}{p_i}\frac{\mathrm{d}p_i}{\mathrm{d}z} \tag{10-14}$$

(2) 式(10-13)右端含"其他组分 $j$"的局部浓度。此前，混合物的局部浓度以摩尔分数表示，但这不是唯一的方式，可以基于任何浓度单位建立 Maxwell-Stefan 方程。例如，可以使用质量分数，还可以是质量或摩尔浓度。单位的变化相应会改变摩擦或扩散系数的取值和量纲。此间的换算原则是最终所得通量的计算结果不依赖于单位的选取，对这种等效关系，这里不拟展开进一步讨论，留请读者自己推导或查阅文献获取相关信息。

(3) 在实际的工程传质计算中，感兴趣的并不是某一组分的速度，而是组分的通量。通量为组分速度和组分浓度之积

$$N_i=u_ic_i=u_iCx_i \tag{10-15}$$

式中，$C$ 为混合物的总摩尔浓度。得到各通量间关系的一个简单方法是：以组分 $i$ 的浓度同乘以 MS 方程的两边从而得到通量表达式

$$F_iCx_i=\sum_{\substack{j=1\\j\neq i}}^{n}\zeta_{ij}Cx_ix_j\left(u_i-u_j\right) \tag{10-16a}$$

或者

$$f_i=\sum_{\substack{j=1\\j\neq i}}^{n}\zeta_{ij}(x_jN_i-x_iN_j) \tag{10-16b}$$

此处 $f_i$ 为每单位体积混合物中组分 $i$ 上作用的驱动力。将式(10-12a)各驱动力代入上式可得

$$-RT\frac{\mathrm{d}\ln a_i}{\mathrm{d}z}-Fz_i\frac{\mathrm{d}\phi}{\mathrm{d}z}-V_i\frac{\mathrm{d}p}{\mathrm{d}z}+M_i\omega^2 z=\frac{1}{x_iC}\sum_{\substack{j=1\\j\neq i}}^{n}\zeta_{ij}(x_jN_i-x_iN_j) \tag{10-16c}$$

相较以速度表示的 MS 方程，通常这种形式的方程更为实用。

式(10-13)或式(10-16c)现被称为 MS 方程，图 10-4 对其物理意义以文字表述形式作了总结。原则上，求解 MS 方程就可以求得组分速度或者传质通量。

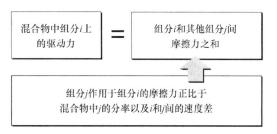

图 10-4　MS 方程的文字表述

### 10.1.4 MS 方程的附加关系

由式(10-13)可见，在 MS 方程中仅含速度差，方程中并无单独的速度。速度差与观察者相对混合物的(对流)运动速度无关，即 MS 方程与参考坐标系的选取无关。并且，速度差的取值也与 MS 方程中采用的浓度单位取值无关。

对两组分物系，可对两组分各自列出方程，但方程组包含相同的速度差项；这在物理上表明，方程组只描述了混合物内部的运动，但不包含混合物总体运动的信息；在数学上这意味着两个组分的 MS 方程不是独立的。对于更多组分的物系情形也一样，即独立方程的数目较组分速度数总少一个。因此，已有 MS 方程并不足以确定速度的绝对值，为此，需要给出至少一个以上独立的关系以使其得以确定。这里称这些关系为附加关系。

实际上，在 9.1 节中，当描述两组分气体中的定态扩散传质时，采用的等分子反方向扩散、停滞组分以及化学计量关系就是此类附加关系。再如，在图 10-1 所示双球三组分扩散实验中，附加关系是气体无体积流动(或称对流)，这在数学上的表述为

$$x_1u_1 + x_2u_2 + x_3u_3 = 0 \qquad (10\text{-}17)$$

在存在电场力的电解质溶液中，附加关系更为复杂。一般认为在宏观的传质膜尺度，溶液中不存在正、反粒子间的电荷分离，故保持电中性，这在数学上的表述为

$$\sum_l^N x_l z_l = 0 \qquad (10\text{-}18\text{a})$$

式中，$l$ 为带电组分的计数。另外，如果没有外加电势，还应满足如下无电流条件

$$F\sum_l^N x_l z_l u_l = 0 \qquad (10\text{-}18\text{b})$$

总之，为了得到适宜的附加关系，需要应用专业知识通过物理推断提出，或者是通过求解其他的独立模型获取。

### 10.1.5 MS 方程中的摩擦系数和扩散系数

式(10-13)的右端为摩擦力项，其中含有比例系数——摩擦系数。下面以两组分物系为例说明摩擦系数的性质。如果两组分溶液由稀薄的溶质(1)和溶剂(2)组成，由式(10-2)可知，组分 1 的 MS 方程的右端为

$$\zeta_{12}x_2(u_i - u_2) \approx \zeta_{12}(u_1 - u_2)$$

若溶剂静止，摩擦力简化为 $\zeta_{12}u_1$。设组分 1 是半径为 $r_1$ 的较大球形分子，溶剂为黏度为 $\mu_2$ 的液体，则单个球的摩擦系数可由斯托克斯定律给出[参见 3.4.2 节式(3-70)]。对 1mol 的球，无限稀释意义下的摩擦系数为

$$\zeta_{12} = A \times 6\pi\mu_2 r_1 \qquad (10\text{-}19\text{a})$$

式中，$A$ 为每摩尔中球的个数，即阿伏伽德罗常量；组分分子的直径可由下式估算

$$d_1 = \left(\frac{\upsilon_1}{A}\right)^{1/3} \qquad (10\text{-}19\text{b})$$

式中，扩散体积 $\upsilon_1$ 为标准沸点下液体摩尔体积的 2/3。据式(10-19a)估得小分子在常规液体中的摩擦系数在 $10^{12} \sim 10^{13}$N/[mol·(m/s)]之间[①]。由于传递的分子数目巨大，因此可以理解为什

---

[①] Einstein-Stokes 公式并不适用于气体中小分子摩擦系数的计算。气体中摩擦系数为 $10^8 \sim 10^9$N/[mol·(m/s)]，这是液体中的几万分之一。

么摩擦系数会很大。另外，摩擦力大，驱动力自然也会大。将式(10-19a)与 9.2.1 节中计算无限稀释菲克扩散系数的式(9-33)比较可知

$$\zeta_{12} = \frac{RT}{D_{12}^0} \tag{10-19c}$$

可见除了 $RT$ 因子外，摩擦系数和扩散系数为互易导数关系。这种关系可一般地写作

$$Ð_{ij} = \frac{RT}{\zeta_{ij}} \quad 和 \quad \zeta_{ij} = \frac{RT}{Ð_{ij}} \tag{10-20}$$

注意这里使用的 MS 扩散系数的特殊符号 $Ð$。式(10-20)中两种传递系数具有对称性，故对 $n$ 组分混合物，需要已知 $n(n-1)/2$ 个传递系数。一般情形下，MS 扩散系数与菲克扩散系数的物理含义以及浓度依赖变化行为均不同，有关的细节将在后面 10.2.3 节中讨论。

在多组分气体混合物中，一个计算 MS 互扩散系数的公式如下

$$Ð_{12} = 3.16 \times 10^{-8} \frac{T^{1.75}}{p\left(\upsilon_1^{1/3} + \upsilon_2^{1/3}\right)^2} \left(\frac{1}{M_1} + \frac{1}{M_2}\right)^{1/2} \tag{10-21}$$

式中，$\upsilon_i$ 为组分的扩散体积，单位为 $m^3/mol$，可查阅手册得到；$M_i$ 为摩尔质量，单位为 kg/mol。虽然式(10-21)为互扩散或二元扩散系数计算式，但它也可用于多组分混合物，并且由此所得 MS 扩散系数的数量级为 $10^{-5} m^2/s$。

在两组分液体混合物中，如溶液为稀溶液(或满足无限稀释条件)或理想溶液，MS 扩散系数与菲克扩散系数是等同的；在浓溶液或非理想溶液中，MS 扩散系数与浓度有关，已知在无限稀释状态下的扩散系数，浓度依赖关系可利用 9.2.1 节中式(9-34)那样的插值公式计算，如此所得 MS 扩散系数的数量级为 $10^{-9} m^2/s$。对三组分以至更多组分混合物中 MS 扩散系数的计算，目前并无公认的可靠方法。

### 10.1.6　MS 方程的差分近似

此前在导出 MS 传质模型时，考虑的是一维扩散的情形，如此所得的 MS 方程[式(10-13)和式(10-16c)]为一阶常微分方程组。以下，考虑将微分形式的一维 MS 方程简化为差分形式的 MS 方程，如此则只需求解一组独立的线性代数方程就可计算组分的传质速度或者通量。为此，先以传质膜中两组分混合物为例加以说明，如图 10-5 所示；其中，膜左端(上游)标示为α，右端(下游)标示为β。考虑化学势(活度)梯度是仅有的驱动力，通量逆梯度传递。

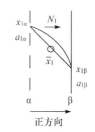

图 10-5　差分方程的推导

首先，对此两组分体系，简化式(10-13)后可以写出 MS 方程的速度表达式为

$$-\frac{RT}{a_1}\frac{da_1}{dz} = x_2 \frac{RT}{Ð_{12}}(u_1 - u_2) \tag{10-22a}$$

其次，消去方程中的 $RT$ 项并重排两个微分项可得

$$-\frac{da_1}{a_1} = x_2 \frac{(u_1 - u_2)}{(Ð_{12}/dz)} \tag{10-22b}$$

再次，针对有限厚度的传质膜(参见 8.2.3 节双膜模型)，以差分代替微分，并将活度、摩

尔分数以及总浓度以其均值代替

$$-\frac{\Delta a_1}{\overline{a}_1} = \overline{x}_2 \frac{(\overline{u}_1 - \overline{u}_2)}{k_{12}} \tag{10-22c}$$

其中，传质系数为

$$k_{12} = \frac{Đ_{12}}{\Delta z} \tag{10-22d}$$

需要注意的是，式(10-22c)中的差分约定为右端 β 处的数值减去左端 α 处的数值。例如，活度的差分为 $\Delta a_1 = a_{1\beta} - a_{1\alpha}$，并且按此处的约定，均值为两端点值的算术平均，如摩尔分数的均值为 $\overline{x}_2 = 0.5(x_{2\alpha} + x_{2\beta})$。值得强调的是，膜中的速度通常随位置变化。浓度最低的地方速度最大(参见例 9-1)。差分方程中需要计算的速度是对应平均浓度的速度。另外，式(10-22c)两端同时乘以组分浓度，即

$$-\overline{x}_1 \frac{\Delta a_1}{\overline{a}_1} = \frac{1}{k_{12}} \overline{x}_2 (\overline{u}_1 - \overline{u}_2) \times \frac{\overline{x}_1 C}{C} \tag{10-23a}$$

可以得到通量形式的表达式

$$-\overline{x}_1 \frac{\Delta a_1}{\overline{a}_1} = \frac{1}{k_{12} C} (\overline{x}_2 N_1 - \overline{x}_1 N_2) \tag{10-23b}$$

以上推导可扩展到任意数目多组分混合物，相应的速度方程为

$$-\frac{\Delta a_i}{\overline{a}_i} = \sum_{\substack{j=1 \\ j \neq i}}^{n} \overline{x}_j \frac{(\overline{u}_i - \overline{u}_j)}{k_{ij}} \tag{10-24a}$$

以及通量形式的方程为

$$\underbrace{-\overline{x}_i \frac{\Delta a_i}{\overline{a}_i}}_{\substack{\text{对于理想溶液}\\ -\Delta x_i}} = \sum_{\substack{j=1 \\ j \neq i}}^{n} \frac{(\overline{x}_j N_i - \overline{x}_i N_j)}{k_{ij} C} \tag{10-24b}$$

更为一般地可以有如下差分形式的 MS 速度方程

$$\underbrace{\frac{-\Delta a_i}{\overline{a}_i} - \frac{F z_i}{RT} \Delta \phi - \frac{V_i}{RT} \Delta p}_{\substack{\text{对于理想气体}\quad -\frac{\Delta p_i}{p_i}}} + \frac{M_i \omega^2 \overline{r} \Delta r}{RT} \cdots = \sum_{\substack{j=1 \\ j \neq i}}^{n} \overline{x}_j \frac{(\overline{u}_i - \overline{u}_j)}{k_{ij}} \tag{10-24c}$$

或是 MS 通量方程

$$\underbrace{\frac{-\Delta a_i}{\overline{a}_i} - \frac{F z_i}{RT} \Delta \phi - \frac{V_i}{RT} \Delta p}_{\substack{\text{对于理想气体}\quad -\frac{\Delta p_i}{p_i}}} + \frac{M_i \omega^2 \overline{r} \Delta r}{RT} \cdots = \frac{1}{x_i C} \sum_{\substack{j=1 \\ j \neq i}}^{n} \overline{x}_j \frac{(\overline{x}_j N_i - \overline{x}_i N_j)}{k_{ij}} \tag{10-24d}$$

相较 MS 方程的精确式，差分近似公式也可给出良好的结果(当然会有误差)，以下的示例中均采用近似公式。

### 10.1.7 MS 方程应用示例: 差分近似计算

#### 1. 气体中多组分扩散示例

【例 10-1】 考虑图 10-1 所示 $N_2(1)$、$H_2(2)$ 和 $CO_2(3)$ 三气体扩散问题。除图中所示组成、温度和压强外,已知毛细管的水平宽度 $\Delta z = 0.10m$。设两个玻璃球足够大,系统恒温、恒压,扩散达到定态,故通过毛细管的混合物没有对流;扩散组分与管壁的摩擦可以忽略;气体为理想气体。气体中的 MS 扩散系数可由式(10-21)计算。其他已知条件为:温度 $T = 298K$,总压 $P = 1.0 \times 10^5 Pa$,摩尔气体常量 $R = 8.314 J/(mol \cdot K)$,膜厚 $\Delta z = 0.10m$;摩尔质量 $M_1 = 0.028kg/mol$,$M_2 = 0.002kg/mol$,$M_3 = 0.044kg/mol$;扩散体积 $\upsilon_1 = 18.9 \times 10^{-6} m^3/mol$,$\upsilon_2 = 7.07 \times 10^{-6} m^3/mol$,$\upsilon_3 = 26.90 \times 10^{-6} m^3/mol$。试采用前述 MS 差分方程计算 $N_2(1)$ 和 $H_2(2)$ 的摩尔通量以及组分速度。

**解** 本题的求解可有两种方式。

第一种是由式(10-24a)计算组分速度,然后由式(10-15)计算通量。取图中 A 球为上游α,B 球为下游β。由图中已知条件得组成为

$$x_{1\alpha} = 0.46, \quad x_{1\beta} = 0.648; \quad x_{2\alpha} = 0.54, \quad x_{2\beta} = 0.002; \quad x_{3\alpha} = 0.00, \quad x_{3\beta} = 0.350$$

计算所得平均量和差分量为

$$\overline{x_1} = 0.5(x_{1\alpha} + x_{1\beta}) = 0.554, \quad \Delta x_1 = x_{1\beta} - x_{1\alpha} = 0.188$$

$$\overline{x_2} = 0.5(x_{2\alpha} + x_{2\beta}) = 0.271, \quad \Delta x_2 = x_{2\beta} - x_{2\alpha} = -0.538$$

$$\overline{x_3} = 0.5(x_{3\alpha} + x_{3\beta}) = 0.175, \quad \Delta x_3 = x_{3\beta} - x_{3\alpha} = 0.350$$

此处为三组分问题,故需要三个扩散系数。将题给已知值代入式(10-21)计算可得扩散系数和相应的传质系数为

$$Đ_{12} = 7.601 \times 10^{-5} m^2/s, \quad k_{12} = \frac{Đ_{12}}{\Delta z} = 7.601 \times 10^{-4} m/s$$

$$Đ_{13} = 1.639 \times 10^{-5} m^2/s, \quad k_{13} = \frac{Đ_{13}}{\Delta z} = 1.639 \times 10^{-4} m/s$$

$$Đ_{23} = 6.391 \times 10^{-5} m^2/s, \quad k_{23} = \frac{Đ_{23}}{\Delta z} = 6.391 \times 10^{-4} m/s$$

两个独立的 MS 表达式为

$$-\frac{\Delta x_1}{\overline{x_1}} = \overline{x_2}\frac{\overline{u_1} - \overline{u_2}}{k_{12}} + \overline{x_3}\frac{\overline{u_1} - \overline{u_3}}{k_{13}}$$

$$-\frac{\Delta x_2}{\overline{x_2}} = \overline{x_1}\frac{\overline{u_2} - \overline{u_1}}{k_{12}} + \overline{x_3}\frac{\overline{u_2} - \overline{u_3}}{k_{23}}$$

一个附加关系为

$$\overline{x_1}\overline{u_1} + \overline{x_2}\overline{u_2} + \overline{x_3}\overline{u_3} = 0$$

将已知各值代入以上三个联立的线性代数方程,可解得三个未知的组分速度分别为

$$\overline{u_1} = -4.582 \times 10^{-4} m/s$$

$$\overline{u_2} = 1.436 \times 10^{-3} m/s$$

$$\overline{u_3} = -7.729 \times 10^{-4} m/s$$

在得到组分速度后,为了计算通量,需要知道组分的平均浓度。由于这里气体为理想气体,故由状态方程计算混合物总浓度为

$$C = \frac{P}{RT} = 40.362 mol/m^3$$

所以可算出组分通量分别为

$$N_1 = \overline{x_1} C \overline{u_1} = -1.025 \times 10^{-2} \, \text{mol}/(\text{m}^2 \cdot \text{s})$$

$$N_2 = \overline{x_2} C \overline{u_2} = 1.570 \times 10^{-2} \, \text{mol}/(\text{m}^2 \cdot \text{s})$$

$$N_3 = \overline{x_3} C \overline{u_3} = -5.439 \times 10^{-3} \, \text{mol}/(\text{m}^2 \cdot \text{s})$$

求解本题的第二种方法是：先采用式(10-24b)计算通量，再由式(10-15)计算组分速度。此时两个独立的 MS 通量方程为

$$-\Delta x_1 = \frac{\overline{x_2} N_1 - \overline{x_1} N_2}{k_{12} C} + \frac{\overline{x_3} N_1 - \overline{x_1} N_3}{k_{13} C}$$

$$-\Delta x_2 = \frac{\overline{x_1} N_2 - \overline{x_2} N_1}{k_{21} C} + \frac{\overline{x_3} N_2 - \overline{x_2} N_3}{k_{23} C}$$

一个附加关系为

$$N_1 + N_2 + N_3 = 0$$

将已知各值代入以上三个联立的线性代数方程，可解得三个未知通量，继而可计算组分速度，所得结果自然与前一种方法一样。

### 2. 电解质溶液中多组分扩散示例

为了说明 MS 方程在电解质溶液中的应用，这里先讨论该方程的具体形式，然后举一个例子。显然，在电解质中，可能的传质驱动力仅包括活度和电场力两项。此时，简化式(10-13)可得以速度表示的 MS 方程为

$$-RT \frac{\mathrm{d}\ln a_i}{\mathrm{d}z} - F z_i \frac{\mathrm{d}\phi}{\mathrm{d}z} = \sum_{\substack{j=1 \\ j \neq i}}^{n} \frac{RT}{\mathcal{D}_{ij}} x_j (u_i - u_j) \tag{10-25a}$$

以下的讨论局限于非常稀的溶液，故活度系数等于 1，且溶剂的摩尔分数近似为 1.0。此时，离子和溶剂间的摩擦占主导。若溶剂速度为 0，式(10-25a)可以简化为

$$-RT \frac{\mathrm{d}\ln x_i}{\mathrm{d}z} - F z_i \frac{\mathrm{d}\phi}{\mathrm{d}z} = \frac{RT}{\mathcal{D}_{iw}} u_i \tag{10-25b}$$

式中，下标 w 表示水组分。利用式(10-15)替换式右边的组分速度可得组分通量的显式表达为

$$N_i = -C \mathcal{D}_{iw} \left( \frac{\mathrm{d}x_i}{\mathrm{d}z} + \frac{F z_i x_i}{RT} \frac{\mathrm{d}\phi}{\mathrm{d}z} \right) \tag{10-25c}$$

此即电化学中广为应用的 Nernst-Planck 方程，可见它是 MS 方程的特例。在以下的示例中，将采用以下由式(10-25b)简化所得的 MS 差分方程

$$-\frac{\Delta x_i}{\overline{x_i}} - \frac{F z_i \Delta \phi}{RT} = \frac{\overline{u_i}}{k_{iw}} \tag{10-26a}$$

或者

$$N_i = -k_{ij} C \left( \Delta x_i + \frac{F z_i \overline{x_i}}{RT} \Delta \phi \right) \tag{10-26b}$$

【例 10-2】 考虑混合电解质中盐酸和氯化钠通过传质膜的扩散，其中含 4 种组分，即三种离子组分 $H^+$(1)、$Na^+$ (2) 和 $Cl^-$(3) 在水(4)中扩散。

**解** 已知各组分的浓度(mol/m³)分别为：由于为稀电解质溶液，故溶液总浓度近似为水的浓度，即 $\overline{c_t} = 55000$。膜上游处组分浓度 $c_{1\alpha} = 18$，$c_{2\alpha} = 2$，故 $c_{3\alpha} = c_{1\alpha} + c_{2\alpha} = 20$；膜下游处组分浓度 $c_{1\beta} = 3$，$c_{2\beta} = 1$，故 $c_{3\beta} = c_{1\beta} + c_{2\beta} = 4$。

由此可得相应的组分摩尔分数分别为 $x_{1\alpha} = \dfrac{c_{1\alpha}}{C} = 3.273 \times 10^{-4}$，$x_{2\alpha} = \dfrac{c_{2\alpha}}{C} = 3.636 \times 10^{-5}$，$x_{3\alpha} = \dfrac{c_{3\alpha}}{C} =$

$3.636 \times 10^{-4}$，$x_{1\beta} = \dfrac{c_{1\beta}}{C} = 5.455 \times 10^{-5}$，$x_{2\beta} = \dfrac{c_{2\beta}}{C} = 1.818 \times 10^{-5}$，$x_{3\beta} = \dfrac{c_{3\beta}}{C} = 7.273 \times 10^{-5}$。

再计算各平均值分别为 $\overline{x_1} = 0.5\left(x_{1\alpha} + x_{1\beta}\right) = 1.909 \times 10^{-4}$，$\overline{x_2} = 0.5\left(x_{2\alpha} + x_{2\beta}\right) = 2.727 \times 10^{-5}$，$\overline{x_3} = 0.5\left(x_{3\alpha} + x_{3\beta}\right) =$ $2.182 \times 10^{-4}$；以及各差分值分别为 $\Delta x_1 = x_{1\beta} - x_{1\alpha} = -2.727 \times 10^{-4}$，$\Delta x_2 = x_{2\beta} - x_{2\alpha} = -1.818 \times 10^{-5}$，$\Delta x_3 = x_{3\beta} - x_{3\alpha} =$ $-2.909 \times 10^{-4}$。

由于忽略了离子-离子相互作用，故此处 4 组分体系只需要三个离子-溶剂扩散系数(m²/s)，分别为 $Ð_{14} = 9.3 \times 10^{-9}$，$Ð_{24} = 1.3 \times 10^{-9}$，$Ð_{34} = 2.0 \times 10^{-9}$。已知膜厚 $\Delta z = 1 \times 10^{-5}\,\text{m}$，故三个对应的传质系数(m/s)为 $k_{14} = \dfrac{Ð_{14}}{\Delta z} = 9.3 \times 10^{-4}$，$k_{24} = \dfrac{Ð_{24}}{\Delta z} = 1.3 \times 10^{-4}$，$k_{34} = \dfrac{Ð_{34}}{\Delta z} = 2.0 \times 10^{-4}$。

其他已知量为：组分电荷数分别为 $z_1 = 1$，$z_2 = 1$，$z_3 = -1$；温度 $T = 300\text{K}$，法拉第常量 $F = 96500\text{C/mol}$，摩尔气体常量 $R = 8.314\text{J/(mol·K)}$。

由式(10-26a)可得三个独立的 MS 表达式为

$$-\frac{\Delta x_1}{\overline{x_1}} - \frac{F z_1 \Delta \phi}{RT} = \frac{\overline{u_1}}{k_{14}}$$

$$-\frac{\Delta x_2}{\overline{x_2}} - \frac{F z_2 \Delta \phi}{RT} = \frac{\overline{u_2}}{k_{24}}$$

$$-\frac{\Delta x_3}{\overline{x_3}} - \frac{F z_3 \Delta \phi}{RT} = \frac{\overline{u_3}}{k_{34}}$$

上述方程中隐含溶剂静止条件，这相当于一个附加关系；通过组分浓度的计算可知，式(10-18a)描述的电中性条件自然满足；本题中无外加电势，故还应满足如下无电流条件[式(10-18b)]作为一个附加关系

$$\overline{x_1 u_1 z_1} + \overline{x_2 u_2 z_2} + \overline{x_3 u_3 z_3} = 0$$

将已知各值代入以上 4 个联立的线性代数方程，可解得三个未知的组分速度和膜两端的电势差(扩散电势)分别为

$$\overline{u_1} = 5.099 \times 10^{-4}\,\text{m/s}$$

$$\overline{u_2} = -2.777 \times 10^{-5}\,\text{m/s}$$

$$\overline{u_3} = 4.427 \times 10^{-4}\,\text{m/s}$$

$$\Delta \phi = 0.023\text{V}$$

从上述求解结果可知，$\overline{u_2}$ 为负值，故钠是顺浓度梯度方向(由低浓度向高浓度)扩散的，这表明钠离子的运动是受氢离子所形成的扩散电势(+ 0.023V)控制的。扩散电势的形成是由于氢离子运动快($Ð_{14}$ 值较大)，导致在膜的下游存在正电性。

# 10.2　多组分传质的菲克模型

## 10.2.1　简要回顾两组分混合物中的菲克模型

为了后面讨论方便，这里先简要复习一下基于菲克定律描述两组分混合物(组分 1 和组分 2)中扩散传质时的若干要点。

如 9.1 节中所述，两组分混合物中组分 1 的扩散通量由菲克第一定律描述，即

$$J_1 = -CD_{12}\frac{dx_1}{dz} \tag{10-27}$$

组分 1 的传质总通量计算式为

$$N_1 = J_1 + x_1(N_1 + N_2) \tag{10-28a}$$

或者

$$N_1 = -CD_{12}\frac{dx_1}{dz} + x_1(N_1 + N_2) \tag{10-28b}$$

与式(10-28a)相关，值得指出如下三点：

(1) 组分总通量是扩散通量和对流通量的叠加；换言之，组分的传质运动被分解为扩散和对流两部分。例如，组分 1 的传质速度为 $u_1$(该速度相对实验室坐标静止，以下称组分速度[①])，混合物的对流速度为 $u_m$，则组分 1 的扩散速度为 $(u_1-u_m)$(该速度相对混合物静止)。按照定义，通量为浓度与速度之积，故组分总通量为 $N_1=c_1u_1$，扩散通量 $J_1=c_1(u_1-u_m)$，以及对流通量为 $c_1u_m$。不同的传质速度与参考坐标系以及物质的量的基准选取有关。这里以常用的摩尔为基准讨论。显然，混合物的总摩尔通量为两组分的贡献之和：

$$N = Cu_m = N_1 + N_2 \tag{10-29a}$$

故混合物的摩尔平均速度为

$$u_m = x_1u_1 + x_2u_2 \tag{10-29b}$$

(2) 如果将组分 1 的通量式(10-28a)以及如下对应组分 2 的通量式

$$N_2 = J_2 + x_2(N_1 + N_2) \tag{10-30a}$$

相加和，并且注意到

$$x_1 + x_2 = 1 \tag{10-30b}$$

可得

$$J_1 + J_2 = 0 \tag{10-30c}$$

这表明，两组分扩散通量的线性叠加为零；换言之，在数学意义上，这两个扩散通量是线性相关、非独立的；而且，显然对多组分混合物扩散通量也仅有$(n-1)$个是线性独立的。注意到组分扩散通量是在相对混合物静止的坐标系中定义的，也可知两组分的扩散通量在该坐标系中是等分子反方向的。

(3) 组分 2 的扩散通量表达式为

$$J_2 = -CD_{21}\frac{dx_2}{dz} \tag{10-31a}$$

式中，$D_{21}$ 可解读为组分 2 在组分 1 中的互扩散系数，这与 $D_{12}$ 的意义原则上不同。但是，将式(10-27)和式(10-31a)代入式(10-30c)，得

$$-D_{21}\frac{dx_2}{dz} - D_{12}\frac{dx_1}{dz} = 0 \tag{10-31b}$$

由式(10-30b)可得

$$\frac{dx_1}{dz} = -\frac{dx_2}{dz} \tag{10-31c}$$

将此式代入式(10-31b)有

---

[①] 组分速度的变化范围很大，在气体中约为 $10^{-2}\,\text{m/s}$，液体中约为 $10^{-4}\,\text{m/s}$，而在固态基体(如膜)中为 $10^{-6}\,\text{m/s}$，甚至更小。

$$D_{12} = D_{21} \tag{10-31d}$$

由此可见，两组分混合物中互扩散系数是对称的，这与前述扩散通量为等分子反方向扩散的物理意义是一致的。另外，式(10-31c)表明，两组分混合物中两个梯度也是线性相关、非独立的，而且这对多组分混合物也是成立的。

### 10.2.2　从两组分到多组分：菲克模型的有效扩散系数法

1. 菲克模型：有效扩散系数法

该模式是式(10-27)相对多组分体系的简单扩展，即混合物中任一组分的菲克定律的一般化表达式为

$$J_i = -CD_{i,\mathrm{eff}} \frac{\mathrm{d}x_i}{\mathrm{d}z} \tag{10-32a}$$

式中，$D_{i,\mathrm{eff}}$ 为目标组分 $i$ 相对其余($n$–1)种组分的有效扩散系数。可见，在该模式下，组分的扩散通量仅与该组分的浓度梯度有关。

根据威尔基(Wilke)的建议[1]，式(10-32a)中的 $D_{i,\mathrm{eff}}$ 可取

$$D_{i,\mathrm{eff}} = (1 - x_i) / \sum_{\substack{j=1 \\ j \neq i}}^{n} \left( x_j / D_{ij} \right) \tag{10-32b}$$

式中，$x_i$ 为目标组分的摩尔分数，$x_j$ 为其他组分的摩尔分数，因此组分有效扩散系数是浓度相关的；$D_{ij}$ 为两组分混合物中组分对的(互)扩散系数，也称两组分扩散系数，其计算方法参见 9.1.4 节。一般地，在该模式下 $n$ 组分混合物中任一组分的总通量方程如下

$$N_i = -CD_{i,\mathrm{eff}} \frac{\mathrm{d}x_i}{\mathrm{d}z} + x_i \sum_{j=1}^{n} N_j \tag{10-33}$$

需要注意的是，上述方程中只有($n$–1)个是(数学意义上)独立的，对此，物理上的解释是，在混合物的速度或通量未确定的情形下，无法确定所有组分的通量。因此，需要额外补充一个独立的关系。

具体而言，对于三组分体系，两个独立的组分总通量表达式分别如下

$$N_1 = -CD_{1,\mathrm{eff}} \frac{\mathrm{d}x_1}{\mathrm{d}z} + x_1 \left( N_1 + N_2 + N_3 \right) \tag{10-34a}$$

$$N_2 = -CD_{2,\mathrm{eff}} \frac{\mathrm{d}x_2}{\mathrm{d}z} + x_2 \left( N_1 + N_2 + N_3 \right) \tag{10-34b}$$

此时，组分 1 的扩散系数计算式为

$$D_{1,\mathrm{eff}} = \frac{1 - x_1}{\dfrac{x_2}{D_{12}} + \dfrac{x_3}{D_{13}}} \tag{10-35}$$

并且由于两组分扩散系数的对称性[式(10-31d)]，需要已知 $n(n-1)/2 = 3$ 个两组分互扩散系数。

按照这种模式处理多组分混合物中扩散问题的优点是通量的表示形式简单，且只需要知道相关两组分扩散系数，就可以计算目标组分在混合物中的有效扩散系数。以下举例说明如何采用该模式分析三组分气体混合物中一维、定态扩散传质问题。

[1] Wilke C R. 1950. Diffusional properties of multicomponent gases. Chemical Engineering Progress，46(2): 95-104.

**【例 10-3】** 在第 9 章图 9-5 中，非均相炭燃烧反应中只生成了一氧化碳(2)，这表明反应是在供氧(1)不充分或受控条件下进行的。如果反应温度足够高且供氧充足，则会发生如下的简单反应

$$4C + 3O_2 \longrightarrow 2CO + 2CO_2$$

此时还有炭充分燃烧后的产物二氧化碳(3)生成。在这种情形下，考虑气膜中三个气相组分定态扩散问题，并导出目标组分氧的通量计算式。

**解** 对此处的三组分体系，定态下，气膜中目标组分 1 的控制方程为

$$N_1 = -D_{1,\text{eff}}\frac{dc_1}{dz} + \frac{c_1}{C}(N_1 + N_2 + N_3)$$

式中，$D_{1,\text{eff}}$ 为组分 1 相对其余组分 2 和组分 3 扩散的有效扩散系数，可由式(10-35)计算。显然，此时目标组分的有效扩散系数是随组成变化的，并非常数，此处作为近似，将扩散系数视为常数。在模型化中采用近似是某种权宜处理，是否切近对象，需要实践检验。在本问题中，需要求解三个未知的通量，但只有两个独立的通量关系，因此需要额外补充至少一个独立的关系。本例的特殊之处在于，由于考虑的是简单反应，根据化学计量学，可以提出如下两个独立的附加关系

$$N_2 = -\frac{2}{3}N_1$$

$$N_3 = -\frac{2}{3}N_1$$

将这两个关系式代入控制方程消去 $N_2$ 和 $N_3$，可得

$$N_1 = -\frac{CD_{1,\text{eff}}}{C + \frac{c_1}{3}}\frac{dc_1}{dz}$$

再利用气膜(设膜厚为 $\delta'_D$)两端的边界条件积分该式，可得氧通量 $N_1$ 为

$$N_1 = \frac{3CD_{1,\text{eff}}}{\delta'_D}\ln\left(\frac{C + \frac{c_{1\alpha}}{3}}{C + \frac{c_{1\beta}}{3}}\right)$$

式中，$c_{1\alpha}$ 和 $c_{1\beta}$ 分别为气膜上游(气相主体)、下游(固体表面)的氧浓度。

### 2. 菲克模型与 MS 模型的等效关系

本节的讨论限于多组分($n > 2$)理想气体混合物中 MS 模型和菲克模型的关系。此时，若采用菲克模型，组分 $i$ 的总通量由式(10-33)给出。采用 MS 模型，将式(10-7b)代入式(10-8)可得

$$-\frac{RT}{x_i}\frac{dx_i}{dz} = \sum_{\substack{j=1\\j\neq i}}^{n}\zeta_{ij}x_j\left(u_i - u_j\right) \tag{10-36a}$$

该式两端同乘以组分浓度并将其中的摩擦系数替换为扩散系数，然后整理可得

$$-\frac{dx_i}{dz} = \sum_{\substack{j=1\\j\neq i}}^{n}\frac{x_iN_j - x_jN_i}{C\mathcal{D}_{ij}} \tag{10-36b}$$

将该式代入式(10-33)消去梯度项并整理可得

$$D_{i,\text{eff}} = \frac{N_i - x_i\sum_{j=1}^{n}N_j}{\sum_{\substack{j=1\\j\neq i}}^{n}\frac{x_iN_j - x_jN_i}{C\mathcal{D}_{ij}}} \tag{10-37}$$

由此可见，即使在理想多组分混合物中，菲克有效扩散系数和 MS 扩散系数间也存在复

杂的函数依赖关系。文献中一种常见的简化做法是：视混合物中仅组分 $i$ 在扩散($N_i \neq 0$)，其他均为停滞组分($N_j = 0$，$j \neq i$)。可以证明(此处留请读者自己推导)，此时式(10-37)可简化为式(10-32b)的形式。不同的是，式(10-32b)中采用的是菲克互扩散系数，而式(10-38)中为 MS 扩散系数。但是，在理想或稀薄气体混合物中，这两种扩散系数可看作是相等的。

以下采用菲克模型再次计算图 10-1 中的三气体扩散问题，并与例 10-1 中采用 MS 模型计算的结果对比分析。

**【例 10-4】**　采用多组分菲克模型的有效扩散系数法求解图 10-1 所示 $N_2(1)$、$H_2(2)$ 和 $CO_2(3)$ 三气体扩散问题。已知条件如例 10-1 中所给，计算这三个组分的摩尔通量。

**解**　首先，如果以通量形式写出，本题的附加关系为

$$N_1 + N_2 + N_3 = 0 \tag{10-38a}$$

如果将此式分别代入式(10-34a)和式(10-34b)，可得组分 1 和组分 2 的通量计算式分别为

$$N_1 = J_1 = -CD_{1,\text{eff}} \frac{dx_1}{dz} \tag{10-38b}$$

和

$$N_2 = J_2 = -CD_{2,\text{eff}} \frac{dx_2}{dz} \tag{10-38c}$$

这两式中的菲克扩散系数可采用式(10-35)计算，但是由于其中的浓度依赖关系，它们并非常数。作为简化，这里采用算术平均浓度计算，故它们均为常数，即

$$D_{1,\text{eff}} = \frac{1 - \overline{x_1}}{\dfrac{\overline{x_2}}{\mathcal{D}_{12}} + \dfrac{\overline{x_3}}{\mathcal{D}_{13}}} = 3.132 \times 10^{-5} \, \text{m}^2/\text{s} \tag{10-38d}$$

和

$$D_{2,\text{eff}} = \frac{1 - \overline{x_2}}{\dfrac{\overline{x_1}}{\mathcal{D}_{12}} + \dfrac{\overline{x_3}}{\mathcal{D}_{23}}} = 7.270 \times 10^{-5} \, \text{m}^2/\text{s} \tag{10-38e}$$

其中的计算利用了例 10-1 的数据。因此，利用图 10-1 中的边界条件直接积分式(10-38b)和式(10-38c)，如此分别可得通量计算式及其数值

$$N_1 = J_1 = \frac{CD_{1,\text{eff}}}{\Delta z}\left(x_{1\alpha} - x_{1\beta}\right) = -2.376 \times 10^{-3} \, \text{mol/(m}^2 \cdot \text{s)}$$

和

$$N_2 = J_2 = \frac{CD_{1,\text{eff}}}{\Delta z}\left(x_{2\alpha} - x_{2\beta}\right) = 1.579 \times 10^{-2} \, \text{mol/(m}^2 \cdot \text{s)}$$

其中的计算利用了例 10-1 的数据以及菲克扩散系数值。利用式(10-38a)可算得组分 3 的通量

$$N_3 = -1.341 \times 10^{-2} \, \text{mol/(m}^2 \cdot \text{s)}$$

将这里由菲克模型计算的三个通量值与例 10-1 中采用 MS 模型计算的三个通量值比较可知，两个结果存在明显差异。一个显然的原因是，题中三组分均在扩散，但所采用菲克扩散系数计算式(10-38d)和式(10-38e)的假设是一个组分经其他两个停滞组分扩散。更为根本的原因是，由式(10-37)可知，如此给出的菲克扩散系数与通量有关，并不是物系的性质，也非常数。因此，以上讨论的菲克模型并非是一个普遍有效的模型，但 MS 模型是被证明普遍有效的。

### 10.2.3　从两组分到多组分：一般化菲克模型

#### 1. 一般化菲克模型

该模式是菲克定律对多组分体系的另一种扩展，此时混合物中任一组分的扩散通量不仅

与该组分的浓度梯度有关，还与其他组分的浓度梯度有关。一般地，对含 $n$ 个组分的混合物，有$(n-1)$个独立的扩散通量[参见式(10-30c)]和$(n-1)$个独立的梯度[参见式(10-31c)]，所以可列出

$$J_1 = -CD_{11}\frac{dx_1}{dz} - CD_{12}\frac{dx_2}{dz} - \cdots - CD_{1,n-1}\frac{dx_{n-1}}{dz}$$

$$J_2 = -CD_{21}\frac{dx_1}{dz} - CD_{22}\frac{dx_2}{dz} - \cdots - CD_{2,n-1}\frac{dx_{n-1}}{dz}$$

$$\vdots$$

$$J_i = -CD_{i1}\frac{dx_1}{dz} - CD_{i2}\frac{dx_2}{dz} - \cdots - CD_{i,n-1}\frac{dx_{n-1}}{dz} \tag{10-39a}$$

$$\vdots$$

$$J_{n-1} = -CD_{n-1,1}\frac{dx_1}{dz} - CD_{n-1,2}\frac{dx_2}{dz} - \cdots - CD_{n-1,n-1}\frac{dx_{n-1}}{dz}$$

式中，$D_{ij}$ 为**多组分菲克扩散系数**。这些扩散系数并不具有对称性，因此表征此处 $n$ 组分混合物需要$(n-1)^2$个扩散系数。式(10-39a)可以用如下通式表示

$$J_i = -C\sum_{k=1}^{n-1}D_{ik}\frac{dx_k}{dz} \tag{10-39b}$$

式(10-39a)或式(10-39b)是$(n-1)$个方程构成的方程组，也可以用如下矩阵形式表示

$$(J) = -C[D]\left(\frac{dx}{dz}\right) \tag{10-40a}$$

其中，$(J)$ 为$(n-1)$阶独立组分扩散通量列矩阵

$$(J) = \begin{pmatrix} J_1 \\ J_2 \\ \vdots \\ J_{n-1} \end{pmatrix} \tag{10-40b}$$

$\left(\dfrac{dx}{dz}\right)$ 为$(n-1)$阶浓度梯度列矩阵

$$\left(\frac{dx}{dz}\right) = \begin{pmatrix} \dfrac{dx_1}{dz} \\ \dfrac{dx_2}{dz} \\ \vdots \\ \dfrac{dx_{n-1}}{dz} \end{pmatrix} = \frac{d}{dz}(x) \tag{10-40c}$$

$[D]$ 为$(n-1)$阶菲克扩散系数方阵

$$[D] = \begin{bmatrix} D_{11} & D_{12} & D_{13} & \cdots & D_{1,n-1} \\ D_{21} & D_{22} & D_{23} & \cdots & D_{2,n-1} \\ \vdots & \vdots & \vdots & & \vdots \\ D_{n-1,1} & D_{n-1,2} & D_{n-1,3} & \cdots & D_{n-1,n-1} \end{bmatrix} \tag{10-40d}$$

2. 一般化菲克模型与 MS 模型的等效关系

尽管这两种模型看上去非常不同，但可以相互转换，使得组分传质速度或者通量的计算结果一样且同等有效。因此，就实用而言，可以选择个人认为处理方便或易于理解的任一种。此外，如前所述，目前在教科书和文献中多数采用菲克模型和菲克扩散系数。有鉴于此，有必要建立两者的等效换算关系。

在以下的讨论中将多采用矩阵形式，虽然这会使论证简洁，但为了避免过度的抽象和艰涩，讨论将从特殊的两组分和三组分混合物开始，然后推广至一般的多组分混合物。

1) 两组分和三组分混合物中的等效关系

首先，讨论两组分均相混合物中这两者的关系。此时，由式(10-22a)可得计及非理想效应的 MS 速度方程为

$$-\frac{\mathrm{d}\left[\ln(\gamma_1 x_1)\right]}{\mathrm{d}z}=x_2\frac{u_1-u_2}{D_{12}} \tag{10-41a}$$

将该式两端同乘以组分浓度可得 MS 通量方程为

$$-cx_1\frac{\mathrm{d}\left[\ln(\gamma_1 x_1)\right]}{\mathrm{d}z}=cx_1x_2\frac{u_1-u_2}{D_{12}}=\frac{x_2N_1-x_1N_2}{D_{12}} \tag{10-41b}$$

由通量关系式(10-28a)和组成约束关系式(10-30b)可得

$$J_1=x_2N_1-x_1N_2 \tag{10-41c}$$

故 MS 模型给出的组分 1 的扩散通量为

$$J_1=-cx_1D_{12}\frac{\mathrm{d}\left[\ln(\gamma_1 x_1)\right]}{\mathrm{d}z} \tag{10-41d}$$

据定义，这个 MS 扩散通量与式(10-27)给出的菲克扩散通量等效。取上述式(10-41d)和式(10-27)相等消去 $J_1$ 并整理可导得

$$\frac{D_{12}}{D_{12}}=\varGamma=1+x_1\frac{\mathrm{d}\ln\gamma_1}{\mathrm{d}z} \tag{10-41e}$$

可见 MS 扩散系数和菲克扩散系数间存在等效换算关系，其比值 $\varGamma$ 在文献中被称为**热力学校正因子**。由式(10-41e)可知该因子与非理想性有关。在 MS 模型中，非理想效应是在驱动力中计及的[参见式(10-41a)左端]，故知在菲克模型中非理想效应是在菲克扩散系数中计及的；因此在非理想混合物中，菲克扩散系数的变化行为是复杂的。

对三组分物系，首先需要强调的是，无论在菲克模型还是在 MS 模型中，均只有两个独立的传递关系式，因此必须选择两个独立组分。三组分体系有三种选取方式。已经证明，菲克模型中扩散系数取值与独立组分选取有关，但 MS 模型与此无关。在接续的讨论中，将选择组分 1 和组分 2 为独立组分。

为了导出三组分混合物中 MS 方程的矩阵形式以便与一般化菲克模型的矩阵形式相比较，作为准备，这里首先证明一个等式。对多组分混合物，组分 $i$ 的总通量为

$$N_i=J_i+x_i\sum_{k=1}^{n}N_k \tag{10-42a}$$

组分 $j(\,j\neq i)$ 的总通量为

$$N_j = J_j + x_j \sum_{k=1}^{n} N_k \tag{10-42b}$$

式(10-42a)两端同乘以 $x_j$，式(10-42b)两端同乘以 $x_i$，所得两式相减可得如下等式

$$x_i N_j - x_j N_i = x_i J_j - x_j J_i \tag{10-42c}$$

其次，利用式(10-42)将 MS 方程式(10-16c)改写为如下形式

$$d_i = \sum_{\substack{j=1 \\ j \neq i}}^{n} \frac{\left(x_i N_j - x_j N_i\right)}{C Đ_{ij}} = \sum_{\substack{j=1 \\ j \neq i}}^{n} \frac{\left(x_i J_j - x_j J_i\right)}{C Đ_{ij}} \tag{10-43a}$$

其中左端仍为驱动力项，但其量纲与先前所采用的不同，并且此时仅考虑化学势驱动力[①]，故有

$$d_i = x_i \frac{\mathrm{d}\ln a_i}{\mathrm{d}z} = \frac{x_i}{RT} \frac{\mathrm{d}\mu_i}{\mathrm{d}z}\bigg|_{T,p} \tag{10-43b}$$

其中，下标表示等温和等压。对三组分体系，由式(10-43a)可得组分 1 的 MS 通量方程为

$$x_1 C \frac{\mathrm{d}\left[\ln(\gamma_1 x_1)\right]}{\mathrm{d}z} = \frac{x_1 J_2 - x_2 J_1}{Đ_{12}} + \frac{x_1 J_3 - x_3 J_1}{Đ_{13}} \tag{10-44a}$$

类似式(10-30c)，在三组分混合物中，扩散通量之间有如下线性约束关系

$$J_3 = -J_1 - J_2 \tag{10-44b}$$

将式(10-44b)代入式(10-44a)消去 $J_3$ 并整理得

$$x_1 C \frac{\mathrm{d}\left[\ln(\gamma_1 x_1)\right]}{\mathrm{d}z} = -\left(\frac{x_1}{Đ_{13}} + \frac{x_2}{Đ_{12}} + \frac{x_3}{Đ_{13}}\right) J_1 + x_1 \left(\frac{1}{Đ_{12}} - \frac{1}{Đ_{13}}\right) J_2 \tag{10-44c}$$

已知在等温、等压条件下，三组分体系中活度系数为 $x_1$ 和 $x_2$ 的函数，所以按照链式求导法则，可写出式(10-44a)左端的导数项为

$$\frac{\mathrm{d}\left[\ln(\gamma_1 x_1)\right]}{\mathrm{d}z} = \frac{\partial\left[\ln(\gamma_1 x_1)\right]}{\partial x_1} \frac{\mathrm{d}x_1}{\mathrm{d}z} + \frac{\partial\left[\ln(\gamma_1 x_1)\right]}{\partial x_2} \frac{\mathrm{d}x_2}{\mathrm{d}z}$$
$$= \left(\frac{1}{x_1} + \frac{\partial\ln\gamma_1}{\partial x_1}\right)\frac{\mathrm{d}x_1}{\mathrm{d}z} + \left(0 + \frac{\partial\ln\gamma_1}{\partial x_2}\right)\frac{\mathrm{d}x_2}{\mathrm{d}z} \tag{10-44d}$$

类似地，由式(10-43a)可得组分 2 的 MS 通量方程为

$$x_2 C \frac{\mathrm{d}\left[\ln(\gamma_2 x_2)\right]}{\mathrm{d}z} = \frac{x_2 J_1 - x_1 J_2}{Đ_{12}} + \frac{x_2 J_3 - x_3 J_2}{Đ_{23}} \tag{10-45a}$$

类似地，将式(10-44b)代入式(10-45a)消去 $J_3$ 并整理得

$$x_2 C \frac{\mathrm{d}\left[\ln(\gamma_2 x_2)\right]}{\mathrm{d}z} = -\left(\frac{x_1}{Đ_{12}} + \frac{x_2}{Đ_{23}} + \frac{x_3}{Đ_{23}}\right) J_2 + x_2 \left(\frac{1}{Đ_{12}} - \frac{1}{Đ_{23}}\right) J_1 \tag{10-45b}$$

式中的导数项为

$$\frac{\mathrm{d}\left[\ln(\gamma_2 x_2)\right]}{\mathrm{d}z} = \left(0 + \frac{\partial\ln\gamma_2}{\partial x_1}\right)\frac{\mathrm{d}x_1}{\mathrm{d}z} + \left(\frac{1}{x_2} + \frac{\partial\ln\gamma_2}{\partial x_2}\right)\frac{\mathrm{d}x_2}{\mathrm{d}z} \tag{10-45c}$$

---

[①] 因为菲克模型难以计及其他驱动力，为了比较方便做此设定。但近年来，文献中已有研究提出包含多种驱动力的菲克模型，并与 MS 模型建立等效关系，本书不就此展开讨论。有兴趣的读者可参考最近的一篇文献：Bird R B, Klingenberg D J. 2013. Multicomponent diffusion: a brief review. Advances in Water Resources, 62: 238-242.

至此，对三组分混合物定义如下 2 阶 MS 扩散系数相关方阵

$$[B] \equiv \begin{bmatrix} \dfrac{x_1}{D_{13}} + \dfrac{x_2}{D_{12}} + \dfrac{x_3}{D_{13}} & -x_1\left(\dfrac{1}{D_{12}} - \dfrac{1}{D_{13}}\right) \\[3mm] -x_2\left(\dfrac{1}{D_{12}} - \dfrac{1}{D_{23}}\right) & \dfrac{x_1}{D_{12}} + \dfrac{x_2}{D_{23}} + \dfrac{x_3}{D_{23}} \end{bmatrix} \tag{10-46a}$$

2 阶独立组分扩散通量列矩阵

$$(J) = \begin{pmatrix} J_1 \\ J_2 \end{pmatrix} \tag{10-46b}$$

2 阶浓度梯度列矩阵

$$\left(\frac{dx}{dz}\right) = \begin{pmatrix} \dfrac{dx_1}{dz} \\[3mm] \dfrac{dx_2}{dz} \end{pmatrix} = \frac{d}{dz}(x) \tag{10-46c}$$

以及 2 阶热力学校正因子方阵

$$[\Gamma] = \begin{bmatrix} 1 + x_1 \dfrac{\partial \ln\gamma_1}{\partial x_1} & 0 + x_1 \dfrac{\partial \ln\gamma_1}{\partial x_2} \\[3mm] 0 + x_2 \dfrac{\partial \ln\gamma_2}{\partial x_1} & 1 + x_2 \dfrac{\partial \ln\gamma_2}{\partial x_2} \end{bmatrix} \tag{10-46d}$$

　　基于上述推导，在形式上不难看出，由式(10-44d)和式(10-45b)组成的方程组可以写作如下矩阵形式

$$C[\Gamma]\left(\frac{dx}{dz}\right) = [B](J) \tag{10-47a}$$

该式两端同乘以 $[B]$ 的逆矩阵可得

$$(J) = C[B]^{-1}[\Gamma]\left(\frac{dx}{dz}\right) \tag{10-47b}$$

　　比较式(10-47b)与式(10-40a)可得菲克扩散系数和 MS 扩散系数的等效关系为

$$[D] = [B]^{-1}[\Gamma] \tag{10-47c}$$

　　作为特例，对于三组分理想气体混合物，由式(10-46d)可知，热力学校正因子为 2 阶单位方阵，此时

$$[D] = [B]^{-1} \tag{10-48a}$$

由线性代数知识可知，方阵 $[B]$ 的行列式为

$$|B| = B_{11}B_{22} - B_{12}B_{21} = \frac{S}{D_{12}D_{13}D_{23}} \tag{10-48b}$$

其中参量

$$S = x_1 D_{23} + x_2 D_{13} + x_3 D_{12} \tag{10-48c}$$

$[B]$ 的伴随矩阵为

$$\left[B^{*}\right] \equiv \begin{bmatrix} B_{22} & -B_{12} \\ -B_{21} & B_{11} \end{bmatrix} \tag{10-48d}$$

所以菲克扩散系数方阵为

$$[D] = [B]^{-1} = \frac{\left[B^{*}\right]}{|B|} \tag{10-49a}$$

即其 4 个元素为

$$\left.\begin{aligned} D_{11} &= \mathcal{D}_{13}[x_{1}\mathcal{D}_{23} + \mathcal{D}_{12}(1 - x_{1})] / S \\ D_{12} &= x_{1}\mathcal{D}_{23}(\mathcal{D}_{13} - \mathcal{D}_{12}) / S \\ D_{21} &= x_{2}\mathcal{D}_{13}(\mathcal{D}_{23} - \mathcal{D}_{12}) / S \\ D_{22} &= \mathcal{D}_{23}[x_{2}\mathcal{D}_{13} + \mathcal{D}_{12}(1 - x_{2})] / S \end{aligned}\right\} \tag{10-49b}$$

以下采用一般化菲克模型再次计算图 10-1 中的三气体扩散问题，并与例 10-1 中采用 MS 模型以及例 10-4 中有效扩散系数法计算的结果做对比分析。

**【例 10-5】** 采用一般化的多组分菲克模型求解图 10-1 所示 $N_2$(1)、$H_2$(2)和 $CO_2$(3)三气体扩散问题。设定条件：系统为理想气体；采用差分近似。已知条件如例 10-1 中所给，试计算这三个组分的摩尔通量。

**解** 首先，如果以通量形式写出，本题的附加关系也可以为

$$J_1 + J_2 + J_3 = 0 \tag{10-50a}$$

在差分近似下，由式(10-39a)可得组分 1 和组分 2 的通量计算式分别为

$$J_1 = -CD_{11}\frac{\Delta x_1}{\Delta z} - CD_{12}\frac{\Delta x_2}{\Delta z} \tag{10-50b}$$

$$J_2 = -CD_{21}\frac{\Delta x_1}{\Delta z} - CD_{22}\frac{\Delta x_2}{\Delta z} \tag{10-50c}$$

这两式中的菲克扩散系数可采用式(10-49b)计算。考虑到其中的浓度依赖关系，出于例示和简化的目的，这里采用算术平均浓度计算，故所得扩散系数均为常数。由式(10-48b)及例 10-3 中的已知数据得

$$S = \overline{x_1}\,\mathcal{D}_{23} + \overline{x_2}\,\mathcal{D}_{13} + \overline{x_3}\,\mathcal{D}_{12} = 5.315 \times 10^{-5}\,\mathrm{m^2/s}$$

由式(10-49b)及例 10-1 中的已知数据得

$$D_{11} = \mathcal{D}_{13}[\overline{x_1}\,\mathcal{D}_{23} + \mathcal{D}_{12}(1 - \overline{x_1})] = 2.138 \times 10^{-5}\,\mathrm{m^2/s}$$

$$D_{12} = \overline{x_1}\,\mathcal{D}_{23}(\mathcal{D}_{13} - \mathcal{D}_{12}) / S = -3.971 \times 10^{-5}\,\mathrm{m^2/s}$$

$$D_{21} = \overline{x_2}\,\mathcal{D}_{13}(\mathcal{D}_{23} - \mathcal{D}_{12}) / S = -1.011 \times 10^{-6}\,\mathrm{m^2/s}$$

和

$$D_{22} = \mathcal{D}_{23}[\overline{x_2}\,\mathcal{D}_{13} + \mathcal{D}_{12}(1 - \overline{x_2})] / S = 7.197 \times 10^{-5}\,\mathrm{m^2/s}$$

即菲克扩散系数方阵为

$$[D] = \begin{bmatrix} 2.138 & -3.971 \\ -0.101 & 7.197 \end{bmatrix} \times 10^{-5}\,\mathrm{m^2/s} \tag{10-50d}$$

将所得菲克系数值以及例 10-3 中的已知数据代入式(10-50b)和式(10-50c)，如此可得组分 1 和组分 2 的通量值分别为

$$J_1 = N_1 = -1.025 \times 10^{-2}\,\mathrm{mol/(m^2 \cdot s)}$$

$$J_2 = N_2 = 1.570 \times 10^{-2}\,\mathrm{mol/(m^2 \cdot s)}$$

据此再由式(10-50a)计算组分 3 的通量为

$$J_3 = N_3 = -5.46 \times 10^{-3}\,\mathrm{mol/(m^2 \cdot s)}$$

将这里由一般化菲克模型计算的三个通量值与例 10-1 中采用 MS 模型计算的三个通量值比较可知，两种模型所得结果相同！首先，从式(10-47b)与式(10-40a)的等效性看，这并不出人意料；略显意外的是，在差分以及平均浓度近似下两者所得结果也相同(这似乎表明，此处一般化菲克模型中扩散系数的浓度依赖性较弱，由此也再次映衬出例 10-4 中方法的不足)。其次，虽然此前曾指出，一般化菲克模型中扩散系数取值与独立组分选取有关，但读者可以验证，计算所得通量值与此无关；而 MS 模型中的扩散系数以及通量值均与此无关。最后，从式(10-50d)中非对角菲克扩散系数值可见它们为负值且非对称，这是本方法中菲克扩散系数取值的一个典型特征；这两个扩散系数也称为耦合扩散系数，反映不同组分对之间的相互作用。

2) 多组分混合物中的等效关系

对多组分体系，类似式(10-44b)，可将第 $n$ 组分的通量以其他组分的通量表示为

$$J_n = -\sum_{k}^{n-1} J_k \tag{10-51}$$

将式(10-51)代入式(10-43a)消去 $J_n$ 并整理后可得如下代数式

$$Cd_i = -B_{ii}J_i - \sum_{\substack{j=1\\j\neq i}}^{n-1} B_{ij}J_j \tag{10-52a}$$

式中，系数 $B_{ii}$ 和 $B_{ij}$ 分别为

$$B_{ii} = \frac{x_i}{\DJ_{in}} + \sum_{\substack{k=1\\k\neq i}}^{n} \frac{x_k}{\DJ_{ik}} \tag{10-52b}$$

$$B_{ij} = -x_i\left(\frac{1}{\DJ_{ij}} - \frac{1}{\DJ_{in}}\right) \tag{10-52c}$$

考虑式(10-52a)左端的驱动力项，基于非平衡热力学中的局域平衡假设[①]以及平衡热力学中的吉布斯-杜安(Gibbs-Duhem)关系可知，在混合物中驱动力之和处处为零，即

$$\sum_{k}^{n} d_k = 0 \tag{10-53}$$

这表明驱动力项也仅有 $(n-1)$ 个是独立的。另外，在非理想溶液中，可以将化学势梯度用浓度梯度表示，即

$$
\begin{aligned}
d_i &= x_i\frac{\mathrm{d}\ln a_i}{\mathrm{d}z} = \frac{x_i}{RT}\frac{\mathrm{d}\mu_i}{\mathrm{d}z}\bigg|_{T,p} = \frac{x_i}{RT}\sum_{j=1}^{n-1}\frac{\partial\mu_i}{\partial x_j}\bigg|_{T,p,\Sigma}\frac{\mathrm{d}x_j}{\mathrm{d}z} \\
&= \frac{x_i}{RT}\sum_{j=1}^{n-1}RT\frac{\partial\ln(\gamma_i x_i)}{\partial x_j}\bigg|_{T,p,\Sigma}\frac{\mathrm{d}x_j}{\mathrm{d}z} \\
&= x_i\sum_{j=1}^{n-1}\left(\frac{\partial\ln x_i}{\partial x_j}+\frac{\partial\ln\gamma_i}{\partial x_j}\bigg|_{T,p,\Sigma}\right)\frac{\mathrm{d}x_j}{\mathrm{d}z} \\
&= \sum_{j=1}^{n-1}\left(\delta_{ij}+x_i\frac{\partial\ln\gamma_i}{\partial x_j}\bigg|_{T,p,\Sigma}\right)\frac{\mathrm{d}x_j}{\mathrm{d}z} = \sum_{j=1}^{n-1}\Gamma_{ij}\frac{\mathrm{d}x_j}{\mathrm{d}z}
\end{aligned} \tag{10-54a}
$$

---

[①] 在宏观尺度，传质系统是非平衡的，但若将系统整体视为由许多小的"局部区域"组成，后者的尺度从宏观上看充分小，但微观上足够大，其中包含许多粒子，故仍然可看作是处于热力学平衡状态，这被称为"局域平衡"假设，因此诸热力学平衡关系可适用于该局域。该假设所涉及的系统类似传递过程中连续介质假设所指的系统(参见 2.1.1 节)。

式中，$\delta_{ij}$ 为克罗内克(Kronecker) delta 符号，定义为

$$\delta_{ij}=\begin{cases}0 & （当\ i\neq j）\\ 1 & （当\ i=j）\end{cases} \tag{10-54b}$$

热力学校正因子 $\Gamma_{ij}$ 为

$$\Gamma_{ij}=\delta_{ij}+x_i\left.\frac{\partial\ln\gamma_i}{\partial x_j}\right|_{T,p,\Sigma} \tag{10-54c}$$

式中，下标 $\Sigma$ 的意义为：由于如下约束

$$\sum_{j=1}^n x_j=0 \tag{10-55}$$

$x_n$ 为非独立变量；当 $\ln\gamma_i$ 对 $x_j$ 取偏导数时，在其余 $(n-1)$ 个组分中，仅一个组成 $x_j$ 为变量，其他保持不变，即

$$\left.\frac{\partial\ln\gamma_i}{\partial x_j}\right|_{T,p,\Sigma}=\left.\frac{\partial\ln\gamma_i}{\partial x_j}\right|_{T,p,x_k,k\neq j=1,\cdots,(n-1)} \tag{10-56}$$

至此，仍可将式(10-52a)写作式(10-47a)的形式，所不同的是，此时式(10-47a)中 $[B]$ 为 $(n-1)$ 阶 MS 扩散系数相关方阵

$$[B]=\begin{bmatrix}B_{11} & B_{12} & B_{13} & \cdots & B_{1,n-1}\\ B_{21} & B_{22} & B_{23} & \cdots & B_{2,n-1}\\ \vdots & \vdots & \vdots & & \vdots\\ B_{n-1,1} & B_{n-1,2} & B_{n-1,3} & \cdots & B_{n-1,n-1}\end{bmatrix} \tag{10-57}$$

$(J)$ 为式(10-40b)所示 $(n-1)$ 阶组分扩散通量列矩阵；$[\Gamma]$ 为 $(n-1)$ 阶热力学校正因子方阵，其中元素由式(10-54c)给出。同理，该式两端同乘以 $[B]$ 的逆矩阵仍可得式(10-47b)，继而可得菲克扩散系数和 MS 扩散系数的等效关系为式(10-47c)。

最后，值得指出的是，在真实气体中，可以将化学势[参见式(10-6a)和式(10-6b)]梯度用逸度梯度表示，此时将式(10-54a)中活度系数 $\gamma_i$ 替换为逸度系数 $\phi_i$ 后可得校正因子为

$$\Gamma_{ij}=\delta_{ij}+x_i\left.\frac{\partial\ln\phi_i}{\partial x_j}\right|_{T,p,\Sigma} \tag{10-58}$$

## 拓 展 文 献

1. Taylor R，Krishna R. 1993. Multicomponent Mass Transfer. New York: Wiley
   [该书系统和完整地论述了描述多组分传质的菲克模型，Maxwell-Stefan 模型，不可逆过程热力学(TIP)方法，以及三者间的相互等效关系，属这方面的权威学术论著。]
2. 卫斯里荷 J R，克里斯纳 R. 2007. 多组分混合物中的质量传递. 刘辉，译. 北京：化学工业出版社
   (该书是关于 Maxwell-Stefan 模型及其应用的简明但不失深度的教科书。全书分两部分：气体或液体均相介质中的传质，以及固体或多孔介质中的传质。涉及的传质过程包括精馏、吸附、电解、非均相催化、色谱、超滤等。限于篇幅，本章中未对液体及固体介质中传质展开详细论述，而推荐的这本书的第二部分有大量篇幅讨论这类问题，建议读者阅读该书弥补这个不足。此外，本章的一些示例以及图形改编自该书，如果对照阅读，或许对拓展本章的讨论分析是有益的。)

## 学 习 提 示

1. 本章首先导出了描述多组分混合物中传质的 Maxwell-Stefan 模型，该模型的基本模式是驱动力=摩擦力，其中可能的驱动力包括化学势梯度(活度梯度)、电场势梯度、重力势梯度、离心力势梯度以及压强势梯度，摩擦力是组分 $i$ 和所有其他组分 $j$ 之间相互组对作用之和。

2. 在 MS 传质计算中，模型的构成包括如下要件：$(n-1)$ 个独立的 MS 方程，至少一个附加关系，传质膜上、下游的浓度边界条件，以及 $n(n-1)/2$ 个传递系数(MS 摩擦系数，MS 扩散系数，抑或 MS 传质系数)，如此构成数学定解问题，用于求解混合物中传质的组分速度或通量。其中，附加关系需要依据对象的物理特性提出(如混合物存在扩散诱发的或是强制的对流、混合物静止、存在化学计量学关系、电中性等情形)；MS 传递系数需要选取适宜的公式计算。关于 MS 模型的求解，本章重点介绍了差分近似法，如此则微分形式的 MS 方程近似成为代数方程；针对气体混合物以及电解质溶液的情形，本章给出了示例。

3. 本章还讨论了两种描述多组分混合物中传质的菲克模型。第一种为有效扩散系数模型，第二种为一般化菲克模型。本章通过推导分别建立了这两种模型与 MS 模型的等效变换关系。这两种模型的构成及求解与 MS 模型类同，本章给出的示例说明了其中涉及的细节。

## 思 考 题

1. 大气中氧和氮的浓度随高度是变化的。在珠穆朗玛峰顶，这两种组分的浓度约为海平面处的一半。据菲克定律，空气应该向外层空间扩散；由此估算表明，大气层的半衰期约为 1 万年。这是不正确的。大气层已存在数百个 1 万年了。是什么力消抵了扩散，而这在菲克定律中并未考虑？

2. 第 8 章定义了混合物中的质量平均速度和摩尔平均速度，以及相对上述平均速度的不同的组分速度或基于不同参考坐标系的组分速度。所有这些速度均使问题变得复杂。但在本章 MS 模型中，仅涉及每一组分 $i$ 的速度 $u_i$，其余均无必要。试给出 MS 方程如此简单的原因。

3. 三组分系统中含组分 1、组分 2 和组分 3，作用于组分 1 的摩擦力项中为什么无 $(u_2-u_3)$ 的贡献？

4. 对四组分混合物，有多少独立的速度差项？

5. 本章讨论过如下驱动力：化学势梯度(活度梯度)、电场势梯度、重力势梯度、离心力势梯度以及压强势梯度，另外还讨论了组分间的摩擦。是否有对混合物中组分传质起重要作用的其他的力？

## 习 题

1. 采用 MS 差分方程的传质计算。考虑图 9-5 所示气膜中氧(1)和一氧化碳(2)两气体扩散问题；设气体为理想气体且过程属扩散控制；靠气相主体一侧为上游 $\alpha$，碳表面一侧为下游 $\beta$。已知系统总浓度 $C=10\text{mol·m}^{-3}$，上游组成为 $x_{1\alpha}=0.6$，下游组成为 $x_{1\beta}=1.0$；气膜传质系数 $k_{12}=\dfrac{D_{AB}}{\delta'_D}=\dfrac{\text{Ð}_{12}}{\delta'_D}=1.0\times10^{-2}\text{m/s}$。试回答如下问题：

(1) 采用差分近似计算作用于氧组分的驱动力(N/mol)。

(2) 采用差分近似法计算气膜中各组分的通量和速度。

(3) 采用 9.1.3 节中两组分菲克模型计算气膜中各组分的通量以及(局部和平均)速度，并与前一结果比较。

2. 计算氨(1)和水(2)蒸气中两组分的气相 MS 互扩散系数。已知条件为：温度 $T=280\text{K}$，总压 $p=2.0\times10^5\text{Pa}$；扩散体积 $v_1=14.9\times10^{-6}\text{m}^3/\text{mol}$，$v_2=12.7\times10^{-6}\text{m}^3/\text{mol}$。

3. 己烷(1)和十六烷(2)理想液体混合物中组分在 25℃时的 MS 扩散系数计算(图 9-8)。已知数据为：液体己烷的黏度 $\mu_1=0.31\times10^{-3}\text{Pa·s}$，标准沸点(69℃)下密度 $\rho_1=609\text{kg/m}^3$；液体己烷的黏度 $\mu_2=1.60\times10^{-3}\text{Pa·s}$，标准沸点(290℃)下密度 $\rho_2=586\text{kg/m}^3$。试回答如下问题：

(1) 采用式(10-19a)计算十六烷(2)中己烷(1)的无限稀释扩散系数，以及己烷(1)中十六烷(2)的无限稀释扩散系数。这两个扩散系数取值为什么不同？哪个大？哪个小？大的原因是什么？

(2) 采用 9.2.1 节中式(9-34)计算混合物组成为 $x_1=0.4$ 时 MS 扩散系数 $\text{Ð}_{12}(x_1=0.4)$。此时 $\text{Ð}_{21}(x_1=0.4)$ 取何值？

4. 采用 MS 差分方程的传质计算。参见图 10-6，考虑管壳式冷凝器中气膜中的传质。其中，冷凝器的列管为内部冷却，水和氨从氨(1)、水(2)和氢(3)的蒸气混合物中冷凝下来，氢既不溶解也不冷凝。将气膜近似为平面膜，各组分在气膜上下游的摩尔分数如图中所示。其他已知量为：气体总浓度 $C = 30\,\text{mol/m}^3$，$k_{12} = 1.0 \times 10^{-3}\,\text{m/s}$，$k_{13} = k_{23} = 3.0 \times 10^{-3}\,\text{m/s}$。试回答如下问题：
(1) 采用差分法计算气膜中各组分的通量和速度。
(2) 解释氨可以顺梯度扩散从而在管壁处冷凝但是氢却不运动的原因。

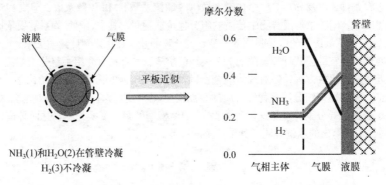

图 10-6

5. 采用 MS 差分方程的传质计算。参见图 9-1，如果此时底部液体替换为丙酮(1)和甲醇(2)的混合物，顶部载气替换为空气(3)，如此则在管中形成三气体扩散问题。已知系统温度 $T = 328.5\,\text{K}$，总压 $p = 99.4 \times 10^3\,\text{Pa}$，扩散长度 $L = \Delta z = 0.238\,\text{m}$。MS 扩散系数为 $Ð_{12} = 0.848 \times 10^{-5}\,\text{m}^2/\text{s}$，$Ð_{13} = 1.372 \times 10^{-5}\,\text{m}^2/\text{s}$，$Ð_{23} = 1.991 \times 10^{-5}\,\text{m}^2/\text{s}$。液体表面气相一侧的组成为 $x_{1\beta} = 0.319$，$x_{2\beta} = 0.528$。设气体为理想气体，试采用差分近似法计算管中各组分的通量和速度。[题注：本题若采用数值方法求解如式(10-16c)那样的微分方程所得精确解为 $N_1 = -1.783 \times 10^{-3}\,\text{mol/(m}^2 \cdot \text{s})$，$N_2 = -3.127 \times 10^{-3}\,\text{mol/(m}^2 \cdot \text{s})$，$N_3 = 0\,\text{mol/(m}^2 \cdot \text{s})$。]

6. 在 MS 差分近似计算中计及非理想性。考虑乙醇(1)和水(2)如图 10-4 所示液膜一侧的扩散，靠液相主体一侧为上游α，气液界面一侧为下游β。已知：液相总浓度 $C = 3.83 \times 10^4\,\text{mol/m}^3$；上游组成为 $x_{1\alpha} = 0.3$，活度系数 $\gamma_{1\alpha} = 1.72$；下游组成为 $x_{1\beta} = 0.1$，活度系数 $\gamma_{1\beta} = 3.04$；液侧传质系数 $k_{12} = 4.3 \times 10^{-4}\,\text{m/s}$。试在计及非理想性和忽略非理想性两种情形下，采用差分近似法分别计算各组分的通量。[题注：差分近似式参式(10-22c)或式(10-23b)；本题若求解如式(10-22a)那样的微分方程所得精确解为 $N_1 = 9.3\,\text{mol/(m}^2 \cdot \text{s})$，$N_2 = -9.3\,\text{mol/(m}^2 \cdot \text{s})$。]

7. 采用 MS 模型的电解质溶液中的传质计算。考虑电解质中盐酸通过传质膜的扩散，其中含 3 种组分，即两种离子组分，$H^+$(1) 和 $Cl^-$(2)在水(3)中扩散。已知各组分的浓度($\text{mol/m}^3$)分别为：由于为稀电解质溶液，故溶液总浓度近似为水的浓度，即 $C = 55000$；上游处组分浓度 $c_{1\alpha} = 10$，下游处组分浓度 $c_{1\beta} = 3$。由于忽略了离子-离子相互作用，故此处三组分体系只需要 2 个离子-溶剂扩散系数($\text{m}^2/\text{s}$)，分别为 $Ð_{14} = 9.3 \times 10^{-9}$，$Ð_{24} = 2.0 \times 10^{-9}$。其他已知量为：膜厚 $\Delta z = 1 \times 10^{-5}\,\text{m}$，温度 $T = 300\,\text{K}$。试回答如下问题：
(1) 计算各个组分的速度以及扩散电势。
(2) 解释扩散电势的成因，以及两种离子组分 $H^+$(1)和 $Cl^-$(2)具有相同扩散速度的原因。

8. 采用菲克模型的有效扩散系数法计算前面习题 3 中各组分的通量和速度，并分析有效扩散系数法和 MS 法所得结果的异同。已知条件同前。

9. 试针对 4 组分混合物，列出式(10-58)MS 扩散系数相关方阵 $[B]$ 的各元素，以及热力学校正因子方阵 $[\Gamma]$ 的各元素。

10. 采用一般化菲克模型计算前面习题 3 中各组分的通量和速度，并分析此处菲克方法和 MS 方法所得结果的异同。已知条件同前。

# 第 11 章　传质边界层及对流传质理论

第 9 章讨论了气体、液体和固体两组分混合物中的一维、定态扩散传质，其中的要点是在传质通量方向(或传递面的法向)上，传质的基本机制是扩散(只在特定条件下存在伴生而非强制的对流，如组分 A 经停滞组分 B 的扩散)。第 10 章进而将上述分析扩展至多组分混合物。本章将进一步讨论混合物存在强制对流时(如压差驱动下的流动)的质量传递过程。通过引入浓度边界层的概念，从理论上定性揭示传质膜中影响传质的因素，并定量预测对流传质系数。类似能量方程适用于温度边界层的定量描述，第 8 章中导出的传质微分方程也可用于求解浓度边界层中的传质问题。由于在对流传质过程中，除了质量的传递外，还涉及流体的流动，因此浓度场与速度场之间存在着相互关联。所以，求解对流传质问题，必须具备动量传递的基本知识。本章将以前面讨论过的连续性方程和运动方程以及传质微分方程为基础，运用边界层理论探讨对流传质的基本规律，分析对流传质系数的影响因素。同时，也将通过对三种对流传递过程的比较，揭示其中存在的数学和物理上的类比关系。

## 11.1　浓度边界层和对流传质

### 11.1.1　浓度边界层的概念、定性和定量特征

1. 平板上的情形

当速度以及浓度均匀的来流沿不可通透的平壁流动时(图 11-1)，由于壁面上流体无滑移，因此将建立起有速度分布的区域，即速度边界层；同时，若流体主体中溶质浓度与壁面浓度不同，则在近壁的邻域内，将形成有浓度分布的流体层，该区域称为浓度边界层，在壁面法向上(横向)该流体层的厚度称为边界层的厚度。

另外一种情形是流体流过可通透的平板，这类平板可以是分离过程中广泛采用的选择性透过膜[①]。例如，用于分离盐(A)+水(B)混合物的反渗透膜，只允许水透过，而截留盐。图 11-2 示出了混合物流体流过可通透平板时形成的浓度边界层。

上述情况下，浓度均匀的来流在接触传质壁面后就会形成浓度边界层，并且层厚沿流向(纵向)不断扩展，是流动距离的函数。如果来流为层流，层流将会在流向上一段距离内保持，随后会逐渐向湍流流型转变(关于影响这种转变的因素，参见第 4 章中关于湍流成因的分析)。因此在纵向上，对应于速度边界层流型的演变，浓度边界层也将处于层流、过渡流和湍流三个不同的区段。

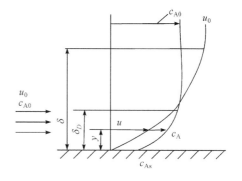

图 11-1　不可通透平板上的速度
边界层与浓度边界层

---

[①] 此处的膜指物理上的高分子膜、无机膜等。相应的，在膜分离领域通常将浓度边界层称为"浓差极化"。

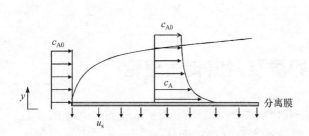

图 11-2　可通透平板上的浓度边界层

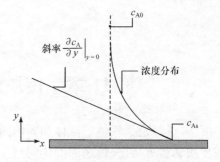

图 11-3　浓度边界层中的浓度分布

由于湍流边界层在横向上具有多层结构(黏性底层、过渡层及湍流层)，而影响到边界层内质量传递的机制。在湍流层，由于存在对流和充分的旋涡运动，这使得流体迅速混合，此层内浓度梯度很小；在近壁面的黏性底层，横向上质量传递主要来自分子扩散的贡献(图 11-2 中可通透壁面存在不能忽略的对流传质贡献)，因此，浓度边界层中浓度梯度在近壁处大，在邻近主体区域，浓度渐进地趋近于主体中的浓度，梯度很小，如图 11-3 所示。由于浓度边界层中浓度分布具有渐进的特征，在界定浓度边界层厚度($\delta_D$)时，采用速度边界层、温度边界层相似的截断处理，即满足如下条件

$$\frac{c_A - c_{As}}{c_{A0} - c_{As}} = 0.99 \tag{11-1}$$

时，对应浓度点距壁面的距离为边界层的厚度。可见，该式的物理意义是边界层内浓度 $c_A$ 趋近主体中浓度 $c_{A0}$ 的程度。以下举一示例，进一步分析平板上浓度边界层的特征。

【例 11-1】　求解平板上层流速度边界层(4.4 节)以及温度边界层(7.2 节)的近似解时，均预先假设了代数多项式分布；确定分布式中待定常数时，利用了边界层在边界上的物理和数学特征。类似地，试参见图 11-1，利用平板上层流浓度边界层的边界特征，验证如下量纲为一形式浓度分布式

$$C_A^* = \frac{c_A - c_{As}}{c_{A0} - c_{As}} = \sin\left(\frac{\pi}{2}\frac{y}{\delta_D}\right)$$

是否体现了平板上层流浓度边界层的主要特征。式中，$y$ 为距壁面的距离；$\delta_D$ 为浓度边界层厚度。

　　**解**　令 $\xi = \dfrac{y}{\delta_D}$，则浓度分布可写作 $C_A^* = \sin\left(\dfrac{\pi}{2}\xi\right)$。

(1)　$y = 0$ 时，$\xi = 0$，此时 $C_A^* = \dfrac{c_A - c_{As}}{c_{A0} - c_{As}} = \sin\left(\dfrac{\pi\xi}{2}\right)\bigg|_{\xi=0} = 0$，因此 $c_A = c_{As}$；

(2)　$y = \delta$ 时，$\xi = 1$，此时 $C_A^* = \dfrac{c_A - c_{As}}{c_{A0} - c_{As}} = \sin\left(\dfrac{\pi\xi}{2}\right)\bigg|_{\xi=1} = 1$，因此 $c_A = c_{A0}$；

(3)　$y = \delta$ 时，$\xi = 1$，此时 $\dfrac{\partial C_A^*}{\partial \xi}\bigg|_{\xi=1} = \dfrac{\partial}{\partial \xi}\sin\left(\dfrac{\pi\xi}{2}\right)\bigg|_{\xi=1} = \dfrac{\pi}{2}\cos\left(\dfrac{\pi\xi}{2}\right)\bigg|_{\xi=1} = 0$。

这相当于 $\dfrac{\partial c_A}{\partial y}\bigg|_{y=\delta} = 0$。可见，边界层外缘处浓度梯度为零，这比前述 $C_A^* = 0.99$ 对应的边界层厚度更为符合边界层的定义；本题假设的分布函数的特征与图 11-3 中渐进的浓度分布也是一致的。此外，如果浓度分布写作量纲为一形式 $C_A^* = \sin\left(\dfrac{\pi}{2}\xi\right)$，则在边界层不断扩展的主流方向上，分布的形态是不变的，这也就是边界层分布所具有的"自相似"特征。不难想象，这可以类比读者熟知的直角三角形的几何相似。

### 2. 管流中的情形

图 11-4 示出了管内层流传质的情形。图中，流动由左及右，流体中含有可通过壁面脱除
(如透过中空纤维分离膜)的组分。尽管浓度在整个管截面上较高，但由于物质在壁面处被迅速
除去，故形成浓度分布。经一段距离后，浓度边界层汇合于管心，管轴处的浓度也开始衰减。
自此以后，浓度分布形态不再改变，但浓度逐渐降低。因此存在两个区域：入口段和充分发
展的浓度衰减段。在液体中，扩散系数较小，入口段通常很长；在气体中，入口段通常可以
忽略。在此两段中，流体和壁面间的传质系数不同。在入口段，传质系数随距离降低；在充
分发展段，传质系数为常数。如果流动为湍流，则流体与壁间的传质系数要大得多。而且，
在入口段的传质也更快，但入口段较短(量级为 10 倍管径)。

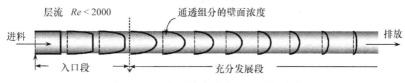

图 11-4  层流下管内浓度边界层的演变

### 11.1.2  浓度边界层与对流传质系数

在第 8 章中讨论传质机理时，曾给出工程中对流传质的定义及描述，其中对传质膜定义
了如下的对流传质系数

$$k_c = \frac{N_A}{\Delta c} \tag{11-2}$$

一般地，对流传质系数与流动几何条件、流型、物性等相关；通过实验或理论方法确定
既定条件下的通量和浓度差可以得到对流传质系数。本章中，将基于传质边界层理论导出平
板以及管内传质的对流传质系数。具体的做法如下：

考虑图 11-3 中所示平板定态传质的情形，图中在壁面和主体间存在连续、渐进的浓度分
布。对于浓度分布进行简化和近似处理，将层中的传质阻力归并为等效的层流膜阻力，膜内
浓度简化为线形分布，可得到如图 11-5 所示的虚拟膜和膜中的浓度分布。

在定态下，由质量守恒可知，壁面法向上(膜内层流的横向)浓度边界层的壁面扩散传质速
率等效于虚拟膜内对流传质速率。因而对此处传递面积相等的平板，有

$$-D_{AB}\frac{\partial c_A}{\partial y}\bigg|_{y=0} = k_{cx}^0 (c_{As} - c_{A0}) \tag{11-3}$$

整理可得

$$k_{cx}^0 = \frac{D_{AB}}{c_{A0} - c_{As}}\frac{\partial c_A}{\partial y}\bigg|_{y=0} \tag{11-4}$$

由式(11-4)可见，如果已知边界层内浓度分布关系 $c_A = c_A(x,y)$ 或浓度场，则对流传质系
数可以由边界层理论加以预测。为此，需要求解第 8 章中导出的传质微分方程，有关于此将
在后文详细讨论。

值得指出的是，如果将形如式(11-3)的关系用于图 11-5 所示的虚拟膜，设虚拟膜厚为 $\delta_D'$，
则定态下有

$$k_c^0 \left(c_{As} - c_{A0}\right) = D_{AB} \left.\frac{\partial c_A}{\partial y}\right|_{y=0} = D_{AB}\frac{\Delta c_A}{\Delta y} = D_{AB}\frac{c_{As} - c_{A0}}{\delta_D'} \tag{11-5}$$

因此

$$k_c^0 = \frac{D_{AB}}{\delta_D'} \tag{11-6}$$

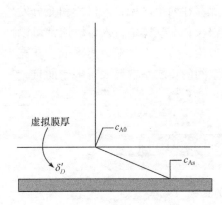

图 11-5　虚拟传质膜中的浓度分布

以下进一步说明有关式(11-4)所定义的对流传质系数的一些要点。

(1) 式(11-4)给出的对流传质系数为局部 $x$ 处的点值,对于一段长度 $L$ 上的传质系数,可以由如下的线平均给出平均传质系数

$$k_{cm}^0 = \frac{1}{L}\int_0^L k_{cx}^0 \mathrm{d}x \tag{11-7}$$

(2) 对式(11-4)进行量纲为一变换可得

$$Sh = \frac{k_{cx}^0 L}{D_{AB}} = \frac{\partial\left(\dfrac{c_{As} - c_A}{c_{As} - c_{A0}}\right)}{\partial\left(\dfrac{y}{L}\right)}\Bigg|_{y=0} \tag{11-8}$$

式中,析出的量纲为一数为 $Sh = \dfrac{k_c^0 L}{D_{AB}}$ ,称为舍伍德(Sherwood)数;$c_A^* = \dfrac{c_{As} - c_A}{c_{As} - c_{A0}}$ 为量纲为一浓度;$\dfrac{y}{L}$ 为自壁面起计算的量纲为一距离。

(3) 式(11-4)中对流传质系数的上标"0"表示虚拟膜中为纯粹的扩散传质(如等分子反方向扩散),通量中不含混合物对流的贡献。由对流传质系数的定义式(11-2)可见,传质系数取值既与(依赖传质方式的)通量有关,也与浓差(如组分的摩尔浓度、分压等)驱动力的取法有关。以下举例说明其中的等效变换关系。

不失一般地考虑两组分气相混合物中的扩散为等分子反方向,组分分压差为驱动力,此时通量定义式为

$$N_A = k_G^0\left(p_{A\alpha} - p_{A\beta}\right) \tag{11-9}$$

参考式(9-16)可得通量计算式为

$$N_A = \frac{D_{AB}}{RT\Delta z}\left(p_{A\alpha} - p_{A\beta}\right) \tag{11-10}$$

所以相应的对流传质系数为

$$k_G^0 = \frac{D_{AB}}{RT\Delta z} \tag{11-11}$$

对于膜内 A 经停滞组分 B 的扩散,以压差为驱动力,通量定义式为

$$N_A = k_G\left(p_{A\alpha} - p_{A\beta}\right) \tag{11-12}$$

参考式(9-7)可得通量计算式为

$$N_A = \frac{PD_{AB}}{RT\Delta z p_{BM}}\left(p_{A\alpha} - p_{A\beta}\right) \tag{11-13}$$

式中

$$p_{BM} = \frac{p_{B\beta} - p_{B\alpha}}{\ln\left(\dfrac{p_{B\beta}}{p_{B\alpha}}\right)}$$

所以相应的对流传质系数为

$$k_G = \frac{PD_{AB}}{RT\Delta z p_{BM}} \tag{11-14}$$

比较式(11-11)和式(11-14)可得如下对流传质系数的等效变换关系

$$k_G = \frac{P}{p_{BM}} k_G^0 \tag{11-15}$$

其他扩散方式和(或)浓差下的等效变换方法与上述类同，此处不再赘述。

【例 11-2】　总压为 $2.206\times10^5$Pa、温度为 298K 的条件下，组分 A 和 B 进行等分子反方向扩散。当组分 A 在某两点处分压分别为 $p_{A\alpha} = 0.40$atm 和 $p_{A\beta} = 0.10$atm 时，由实验测得 $k_G^0 = 1.26\times10^{-8}$ kmol/(m²·s·Pa)，试估算在同样条件下，组分 A 经停滞组分 B 的传质系数 $k_G$ 和 $N_A$。

**解**　由换算关系 $k_G^0 P = k_G p_{BM}$，其中 $p_{BM} = \dfrac{p_{B\beta} - p_{B\alpha}}{\ln\left(\dfrac{p_{B\beta}}{p_{B\alpha}}\right)}$，故有

$$k_G = \frac{P}{p_{BM}} k_G^0 = 1.26\times10^{-8} \times \frac{2}{0.4-0.1} \times \ln\frac{2-0.1}{2-0.4} = 1.44\times10^{-8}\left[\text{kmol/(m}^2\cdot\text{s}\cdot\text{Pa)}\right]$$

$$N_A = k_G(p_{A1} - p_{A2}) = 1.44\times10^{-8} \times 1.013\times10^5 \times (0.4-0.1) = 4.38\times10^{-4}\left[\text{kmol/(m}^2\cdot\text{s)}\right]$$

(4) 以上对对流传质系数的讨论主要针对平板情形，对于管内传质也有类似的关系。需要注意的是，为了给出管内传质的浓差驱动力，需要定义如下的主体平均或混合杯浓度

$$c_{Ab} = \frac{1}{u_b A}\iint_A u_z c_A dA \tag{11-16}$$

式中，$u_b$ 为混合物的主体平均速度；$u_z$ 为局部的轴向速度；$c_A$ 为对应点上的组分浓度；$A$ 为管截面积。相应地，管内对流传质系数的表达式为

$$k_c = \frac{D_{AB}}{c_{As} - c_{Ab}} \left.\frac{\partial c_A}{\partial y}\right|_{y=0} \tag{11-17}$$

## 11.2　定态层流传质的精确解

本节将应用传质微分方程处理平板上以及圆管内的层流传质问题，由此得到边界层内的浓度分布，据此由式(11-4)和式(11-17)导出对流传质系数的理论计算式。与工程中的实际问题相比，平板上以及圆管内的层流传质问题易于进行数学解析处理。虽然这里讨论的问题相对简单，但是其中体现的模型化方法对于更为复杂的问题也是适用的。

### 11.2.1　平板壁面上层流传质的精确解

对于流经平板的不可压缩、层流、两组分(A+B)流体混合物，以摩尔浓度表示的传质微分方程为

$$\frac{\partial c_A}{\partial t} + u_x \frac{\partial c_A}{\partial x} + u_y \frac{\partial c_A}{\partial y} + u_z \frac{\partial c_A}{\partial z} = D_{AB}\left(\frac{\partial^2 c_A}{\partial x^2} + \frac{\partial^2 c_A}{\partial y^2} + \frac{\partial^2 c_A}{\partial z^2}\right) + R_A \tag{11-18}$$

式中略去了表示摩尔平均浓度的下标。若流动为 $x$ 和 $y$ 方向上的平面流,即 $u_z=0$,$\frac{\partial^2 c_A}{\partial z^2}=0$。

在定态条件下,$\frac{\partial c_A}{\partial t}=0$。浓度边界层厚度 $\delta_D$ 在数量级上是个与速度边界层厚度 $\delta$ 相当的量,

也远小于流动距离 $x$,借助数量级分析,有 $\frac{\partial^2 c_A}{\partial x^2} \ll \frac{\partial^2 c_A}{\partial y^2}$,则式(11-18)右侧括号内 $\frac{\partial^2 c_A}{\partial x^2}$ 与 $\frac{\partial^2 c_A}{\partial y^2}$

相比可以略去。因此,得到平板壁面上浓度边界层的控制方程为

$$u_x \frac{\partial c_A}{\partial x} + u_y \frac{\partial c_A}{\partial y} = D_{AB}\frac{\partial^2 c_A}{\partial y^2} \tag{11-19}$$

可以发现,式(11-19)在数学结构上与普朗特边界层方程[式(4-3)]以及温度边界层的控制方程[式(7-5)]相似,即这三个方程左端均有两个一阶导数项,右端均有一个二阶导数项。这也反映三种传递具有物理上的相似性,即式左均有两个对流项,式右均有一个扩散项,这种物理相似性也称传递类似律。依此线索,将这三种传递边界层中数学和物理类比关系综列于表 11-1。由表可见,对于此处式(11-19)的求解,可以类比 7.2.1 节对流传热的求解得出,即

<table>
<tr><td>温度边界层</td><td>浓度边界层</td></tr>
</table>

$$\frac{\delta}{\delta_T} = Pr^{\frac{1}{3}} \qquad\qquad\qquad \frac{\delta}{\delta_D} = Sc^{\frac{1}{3}}$$

$$\left.\frac{dT^*}{d\eta}\right|_{\eta=0} = 0.332 Pr^{\frac{1}{3}} \qquad\qquad \left.\frac{dC_A^*}{d\eta}\right|_{\eta=0} = 0.332 Sc^{\frac{1}{3}}$$

$$\left.\frac{dT^*}{dy}\right|_{y=0} = 0.332\frac{1}{x}Re_x^{\frac{1}{2}}Pr^{\frac{1}{3}} \qquad \left.\frac{dC_A^*}{dy}\right|_{y=0} = 0.332\frac{1}{x}Re_x^{\frac{1}{2}}Sc^{\frac{1}{3}}$$

上面出现的 $Sc$ 称为施密特(Schmidt)数,$Sc = \dfrac{\nu}{D_{AB}} = \dfrac{\mu}{\rho D_{AB}}$,反映了流体中动量扩散与质量扩散能力的对比。施密特数 $Sc$ 在传质理论的地位与普朗特数 $Pr$ 在传热中的作用类似。

**表 11-1　平板上三种层流传递边界层的数学和物理类比分析(精确解)**

| 传递过程 | 动量传递 | 热量传递 | 质量传递 |
|---|---|---|---|
| 控制方程 | 条件: $\rho = \text{const}$,定态、二维流动<br>连续性方程　$\dfrac{\partial u_x}{\partial x} + \dfrac{\partial u_y}{\partial y} = 0$<br>动量方程　$u_x\dfrac{\partial u_x}{\partial x} + u_y\dfrac{\partial u_x}{\partial y} = \dfrac{\mu}{\rho}\dfrac{\partial^2 u_x}{\partial y^2}$ | 条件: 定态、二维流动<br>$u_x\dfrac{\partial T}{\partial x} + u_y\dfrac{\partial T}{\partial y} = \dfrac{k}{\rho c_p}\dfrac{\partial^2 T}{\partial y^2}$<br>联立求解连续性方程和动量方程 | 条件: 定态、二维流动<br>$u_x\dfrac{\partial c_A}{\partial x} + u_y\dfrac{\partial c_A}{\partial y} = D_{AB}\dfrac{\partial^2 c_A}{\partial y^2}$<br>联立求解连续性方程和动量方程 |
| 边界条件 | $y=0$ 时,$u_x = 0$<br>$y=\infty$ 时,$u_x = u_0$<br>$x=0$ 时,$u_x = 0$ | $y=0$ 时,$T = T_w$<br>$y=\infty$ 时,$T = T_0$<br>$x=0$ 时,$T = T_0$ | $y=0$ 时,$c_A = c_{As}$<br>$y=\infty$ 时,$c_A = c_{A0}$<br>$x=0$ 时,$c_A = c_{A0}$ |

续表

| 传递过程 | 动量传递 | 热量传递 | 质量传递 |
|---|---|---|---|
| 相似变换关系(式) | 量纲为一位置 $\eta(x,y)=y\sqrt{\dfrac{u_0}{\nu x}}$<br>量纲为一流函数 $f(\eta)=\dfrac{\psi}{\sqrt{u_0\nu x}}$<br>$u_x=u_0 f'$ ；　$u_y=\dfrac{1}{2}\sqrt{\dfrac{u_0\nu}{x}}(\eta f'-f)$<br>$f'''+\dfrac{1}{2}ff''=0$　或<br>$\dfrac{\mathrm{d}^2 f'}{\mathrm{d}\eta^2}+\dfrac{1}{2}f\dfrac{\mathrm{d}f'}{\mathrm{d}\eta}=0$ | 同上，即<br>$y=0$ 时，$T=T_w$<br>$y=\infty$ 时，$T=T_0$<br>$x=0$ 时，$T=T_0$ | 同上，即<br>$y=0$ 时，$c_A=c_{As}$<br>$y=\infty$ 时，$c_A=c_{A0}$<br>$x=0$ 时，$c_A=c_{A0}$ |
| 量纲为一控制方程 | 定义：$U^*=\dfrac{u_x}{u_0}$，$\nu=\dfrac{\mu}{\rho}$<br>$\dfrac{\mathrm{d}^2 U^*}{\mathrm{d}\eta^2}+\dfrac{1}{2}f\dfrac{\mathrm{d}U^*}{\mathrm{d}\eta}=0$ | 定义：$T^*=\dfrac{T-T_w}{T_0-T_w}$，$Pr=\dfrac{k}{\rho c_p}$<br>$\dfrac{\mathrm{d}^2 T^*}{\mathrm{d}\eta^2}+\dfrac{Pr}{2}f\dfrac{\mathrm{d}T^*}{\mathrm{d}\eta}=0$ | 定义：$C_A^*=\dfrac{c_A-c_{As}}{c_{A0}-c_{As}}$，$Sc=\dfrac{\mu}{\rho D_{AB}}$<br>$\dfrac{\mathrm{d}^2 C_A^*}{\mathrm{d}\eta^2}+\dfrac{Sc}{2}f\dfrac{\mathrm{d}C_A^*}{\mathrm{d}\eta}=0$ |
| 量纲为一边界条件 | $\eta=0$，$U^*=0$<br>$\eta=\infty$，$U^*=1$ | $\eta=0$，$T^*=0$<br>$\eta=\infty$，$T^*=1$ | $\eta=0$，$C_A^*=0$<br>$\eta=\infty$，$C_A^*=1$ |
| 传递类比关系 | $Pr=1$：热量传递和动量传递间类比；<br>$Sc=1$：质量传递和动量传递间类比；<br>热量传递和质量传递的类比基于数学关系的等效性；<br>类比除与 $Pr$ 和 $Sc$ 有关外，还与边界上 $u_y=u_{ys}$ 有关 | | |
| 基于边界层理论确定对流通量及对流传递系数 | 动量通量的工程定义<br>$\tau_{sx}=C_{Dx}\cdot\dfrac{1}{2}\rho u_0^2$<br>边界层中壁面动量通量<br>$\tau_{sx}=\mu\dfrac{\partial u_x}{\partial y}\Big|_{y=0}$<br>因此，曳力系数<br>$C_{Dx}=\dfrac{2\mu}{\rho u_0}\dfrac{\partial U^*}{\partial y}\Big|_{y=0}$ | 热量通量的工程定义<br>$\left(\dfrac{q}{A}\right)_x=h_x(T_w-T_0)$<br>边界层中壁面热量通量<br>$\left(\dfrac{q}{A}\right)\Big|_x=-k\dfrac{\partial T}{\partial y}\Big|_{y=0}$<br>因此，对流传热系数<br>$h_x=-k\dfrac{\partial T^*}{\partial y}\Big|_{y=0}$ | 质量通量的工程定义<br>$N_{Ax}=k_{cx}^0(c_{As}-c_{A0})$<br>边界层中壁面质量通量<br>$N_{Ax}\big|_{y=0}=-D_{AB}\dfrac{\partial c_A}{\partial y}\Big|_{y=0}$<br>因此，对流传质系数<br>$k_{cx}^0=-D_{AB}\dfrac{\partial C_A^*}{\partial y}\Big|_{y=0}$ |

将浓度梯度表达式代入式(11-4)可得局部对流传质系数为

$$k_{cx}^0=0.332\dfrac{D_{AB}}{x}Re_x^{\frac{1}{2}}Sc^{\frac{1}{3}}\tag{11-20}$$

或

$$Sh_x=\dfrac{k_{cx}^0 x}{D_{AB}}=0.332 Re_x^{\frac{1}{2}}Sc^{\frac{1}{3}}\tag{11-21}$$

式(11-20)和式(11-21)是层流边界层定态传质时求距离平板前缘 $x$ 处局部对流传质系数的计算式。对于长度为 $L$ 的平板，其平均对流传质系数与局部对流传质系数的关系为

$$k_{cm}^0=\dfrac{1}{L}\int_0^L k_{cx}^0\mathrm{d}x\tag{11-22}$$

将式(11-20)代入式(11-22)，经积分并整理后，得

$$k_{cm}^0 = 0.664 \frac{D_{AB}}{L} Re_L^{\frac{1}{2}} Sc^{\frac{1}{3}} \tag{11-23}$$

或
$$Sh_m = \frac{k_{cm}^0 L}{D_{AB}} = 0.664 Re_L^{\frac{1}{2}} Sc^{\frac{1}{3}} \tag{11-24}$$

以上结果适用于定态、层流下，$Sc > 0.6$，光滑平板壁面上传质速率极低时浓度边界层的传质计算。传质速率极低在数学上指

$$N_A = k_{cx}^0 (c_{As} - c_{A0}) = -D_{AB} \frac{\partial c_A}{\partial y}\bigg|_{y=0} + x_A (N_A + N_B)\big|_{y=0}$$

$$= -D_{AB} \frac{\partial c_A}{\partial y}\bigg|_{y=0} + c_A u_{my}\big|_{y=0} = -D_{AB} \frac{\partial c_A}{\partial y}\bigg|_{y=0} + c_{As} u_{ys} \approx -D_{AB} \frac{\partial c_A}{\partial y}\bigg|_{y=0} \tag{11-25}$$

所以，$k_{cx} \approx k_{cx}^0$，表明对流传质的贡献可以忽略。

**【例 11-3】** 温度283K、平均压强 $1.013\times10^5$Pa 的空气流以 15m/s 的流速流过长度为 0.3m 的光滑萘平板。已知 283K 时，萘的蒸气压为 3Pa，萘在空气中的扩散系数为 $5.4\times10^{-6}$m²/s，固体萘的密度为 1152kg/m³；空气的运动黏度为 $1.415\times10^{-5}$m²/s。设 $Re_{xc} = 5\times10^5$。试计算距萘平板前缘 0.3m 处的速度及浓度边界层的厚度。

**解** 施密特数

$$Sc = \frac{\nu}{D_{AB}} = \frac{1.415\times10^{-5}}{5.4\times10^{-6}} = 2.62$$

虽然 $Sc \neq 1$ 但大于 0.6，满足本节结果的适用条件。然后判别流型

$$Re_x = \frac{\rho u_0 x}{\mu} = \frac{15\times0.3}{1.415\times10^{-5}} = 3.18\times10^5 < 5\times10^5$$

因此计算区域为层流。由第 8 章传质通量的定义式(8-9)可知，通量大小取决于传质系数和浓差(驱动力)。层流下，传质系数较小；由题给萘的蒸气压可知，壁面和主体间的浓差也很小。因此可以认为萘通过升华传质的通量不大，因此产生的壁面法向对流效应可以忽略，即 $u_{ys} \approx 0$。$x = L = 0.3$m 处速度边界层的厚度(精确解)为

$$\delta = 5.0x \cdot Re_x^{-\frac{1}{2}} = 5.0\times0.3/\sqrt{3.18\times10^5} = 2.66\text{(mm)}$$

该处传质边界层的厚度为

$$\delta_D = \frac{\delta}{Sc^{\frac{1}{3}}} = \frac{2.66}{\sqrt[3]{2.62}} = 1.93\text{(mm)}$$

### 11.2.2 圆管内层流传质的精确解

在光滑圆管内，设流体沿轴向作一维定态层流，进行定态的轴对称传质且忽略轴向扩散，则柱坐标下两组分混合物中目标组分 A 的传质微分方程为(参见表 8-2)

$$\frac{\partial c_A}{\partial t} + u_r \frac{\partial c_A}{\partial r} + \frac{u_\theta}{r} \frac{\partial c_A}{\partial \theta} + u_z \frac{\partial c_A}{\partial z} = D_{AB}\left[\frac{1}{r}\frac{\partial}{\partial r}\left(r\frac{\partial c_A}{\partial r}\right) + \frac{1}{r^2}\frac{\partial^2 c_A}{\partial \theta^2} + \frac{\partial^2 c_A}{\partial z^2}\right] + R_A \tag{11-26}$$

可以简化为

$$u_z \frac{\partial c_A}{\partial z} = D_{AB}\left[\frac{1}{r}\frac{\partial}{\partial r}\left(r\frac{\partial c_A}{\partial r}\right)\right] \tag{11-27}$$

此即描述管内传质的控制方程。可以发现，上式在数学上与管内温度边界层的控制方程式(7-48)

相似，这两种传递边界层中的数学和物理类比关系如表 11-2 所示。显然可见，如同在管内传热的情形，管内层流传质时对流传质系数或舍伍德数也是常数，而且两种情形下对应的量纲为一量具有相同的取值。

表 11-2　圆管内层流传热和传质的数学和物理类比分析(精确解)

| | ●热量传递 | | ●质量传递 | |
|---|---|---|---|---|
| 控制方程 | 条件：沿轴向一维、定态层流，忽略轴向热传导，速度和浓度边界层充分发展<br>柱坐标下的能量方程为<br>$$\frac{\partial T}{\partial z} = \frac{\alpha}{u_z r}\frac{\partial}{\partial r}\left(r\frac{\partial T}{\partial r}\right)$$ | | 条件：沿轴向一维、定态层流，忽略轴向热传导，速度和浓度边界层充分发展<br>柱坐标下的能量方程为<br>$$\frac{\partial c_A}{\partial z} = \frac{D_{AB}}{u_z r}\frac{\partial}{\partial r}\left(r\frac{\partial c_A}{\partial r}\right)$$ | |
| 基本定义 | 轴向速度分布　$u_z = 2u_b\left[1-\left(\frac{r}{R}\right)^2\right]$<br>局部对流传热系数　$h_z = \dfrac{k}{T_w - T_b}\dfrac{\partial T}{\partial r}\Big\|_{r=R}$<br>混合杯温度　$T_b = \dfrac{\int_0^R u_z \rho c_p t 2\pi r dr}{\int_0^R u_z \rho c_p 2\pi r dr} = \dfrac{\int_0^R u_z t r dr}{\int_0^R u_z r dr}$<br>努塞特数　$Nu = \dfrac{h_z d}{k}$ | | 轴向速度分布　$u_z = 2u_b\left[1-\left(\frac{r}{R}\right)^2\right]$<br>局部对流传质系数　$k_c^0 = \dfrac{D_{AB}}{c_{As}-c_{Ab}}\dfrac{\partial c_A}{\partial y}\Big\|_{y=0}$<br>混合杯浓度　$c_{Ab} = \dfrac{\int_0^R u_z \rho c_p c_A 2\pi r dr}{\int_0^R u_z \rho c_p 2\pi r dr} = \dfrac{\int_0^R u_z c_A r dr}{\int_0^R u_z r dr}$<br>舍伍德数　$Sh = \dfrac{k_c^0 d}{D_{AB}}$ | |
| 边界条件及特征 | 壁面热通量恒定<br>$$\frac{\partial T}{\partial z} = \frac{\partial T_w}{\partial z} = \frac{\partial T_b}{\partial z} = 常数$$ | 壁面温度恒定 | 壁面质通量恒定<br>$$\frac{\partial c_A}{\partial z} = \frac{\partial c_{As}}{\partial z} = \frac{\partial c_{Ab}}{\partial z} = 常数$$ | 壁面浓度恒定 |
| 传递系数 | $Nu = \dfrac{h_z d}{k} = \dfrac{48}{11} \approx 4.36$ | $Nu = \dfrac{h_z d}{k} = 3.658$ | $Sh = \dfrac{h_z d}{k} = \dfrac{48}{11} \approx 4.36$ | $Sh = \dfrac{h_z d}{k} = 3.658$ |

上述结果适用条件是管内速度和浓度分布均充分发展。如图 11-5 所示，管内传质同样存在入口段。在层流条件下流动入口段长度 $L_e$ 以及传质入口段长度 $L_D$ 分别为

$$\frac{L_e}{d} = 0.05 Re_d \tag{11-28}$$

$$\frac{L_D}{d} = 0.05 Re_d Sc \tag{11-29}$$

在上述长度范围内，定态层流时，涉及管内入口段效应的局部与平均 $Sh$ 可以采用下式计算，即

$$Sh = Sh_\infty + \frac{k_1\left(Re_d \cdot Sc \cdot \dfrac{d}{L}\right)}{1 + k_2\left(Re_d \cdot Sc \cdot \dfrac{d}{L}\right)^n} \tag{11-30}$$

式中，$Sh$ 可以是不同条件下的局部与平均 $Sh$；$Sh_\infty$ 为温度边界层充分发展后的 $Sh$；$k_1$、$k_2$、$n$

为常数，其值由表 11-3 查出。

表 11-3　式(11-30)中的常数值

| $Sh$ | 壁面情况 | $Sc$ | 速度分布 | $Sh_\infty$ | $k_1$ | $k_2$ | $n$ |
|---|---|---|---|---|---|---|---|
| 平均 | 恒定壁面浓度 | 任意 | 抛物线 | 3.66 | 0.0668 | 0.04 | 2/3 |
| 平均 | 恒定壁面浓度 | 0.7 | 正在发展 | 3.66 | 0.104 | 0.016 | 0.8 |
| 局部 | 恒定质量通量 | 任意 | 抛物线 | 4.36 | 0.023 | 0.0012 | 1.0 |
| 局部 | 恒定质量通量 | 0.7 | 正在发展 | 4.36 | 0.036 | 0.0011 | 1.0 |

**【例 11-4】**　实验室新合成一种挥发性固体物质 A，为了达到应用的目的，需要研究其在空气(B)中的扩散性能。研究人员设计了一个简单的管内传质实验，如图 11-6 所示。

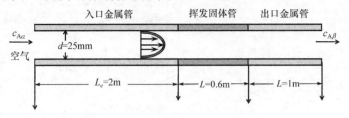

图 11-6　固体挥发传质实验管

其中，传质管(管径 25mm)由对接的三段组成：入口(2m 长)和出口(1m 长)金属管用于消除端效应，中间段(0.6m 长)为有效传质段。采取措施使系统保持在温度 318K、平均压强 $1.013\times10^5$Pa 下。在传质实验前，先进行了气固相平衡实验，测得在系统温度、压强下，A 在空气中的饱和浓度为 $2.80\times10^{-5}$kmol/m³。实验中，入口气流为空气，流速 1m/s。采用一台气相色谱仪测得出口气体中 A 的浓度为 $0.557\times10^{-5}$kmol/m³。据此，研究人员获得了在此实验条件下 A 在空气中的扩散系数。试利用本节的结果说明计算过程。

**解**　首先，由实测出口气体中 A 的浓度可知，A 的含量极低，故气体的物性可近似为空气；在题给条件下，空气物性为

$$\rho = 1.111\text{kg/m}^3, \quad \mu = 1.89\times10^{-5}\text{Pa}\cdot\text{s}$$

由此判别流型

$$Re_d = \frac{\rho u_0 d}{\mu} = \frac{1.111\times1\times0.025}{1.89\times10^{-5}} = 1469$$

故管内流动为层流，流动入口段长度由式(11-28)计算

$$L_e = 0.05 d Re_d = 0.05\times0.025\times1469 = 1.84(\text{m})$$

可知，图 11-6 中设计 2m 长的入口段长可使流动到达有效传质段前充分发展。

在图 11-6 所示实验中，传质段起始处为入口空气的浓度，出口浓度由实验测得。实际上，这是实验获取管内对流传质系数的一种实用方法。需要明确的是，对流传质系数不是直接可测量(如浓度、温度)，而是模型导出量。下面给出一个简化的定态传质模型。假设：①流动为活塞流；②组分 A 的浓度沿径向分布均匀；③忽略轴向扩散。取图 11-7 所示的控制体，定态下 A 组分的质平衡关系为

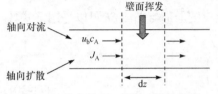

图 11-7　管内轴向一维传质微分衡算

净对流速率(入−出)+壁面挥发(对流传质)速率=0　　　　(A)

其中

$$Au_b c_A\big|_z - Au_b c_A\big|_{z+dz} \quad \text{[净对流速率，kmol/s]} \tag{B}$$

$$N_A\cdot\pi d\cdot\text{d}z = k_{cm}^0(c_{As}-c_A)\pi d\cdot\text{d}z \quad \text{[壁面挥发速率，kmol/s]} \tag{C}$$

式(C)中，采用 $k_{cm}^0$ 是考虑到壁面挥发速率低，法向上无对流效应；$c_{As}$ 为管壁处组分 A 的浓度，此处为 A 在

空气中的饱和浓度。由一阶泰勒展开

$$c_A\big|_{z+dz} = c_A\big|_z + \frac{dc_A}{dz}dz \tag{D}$$

将式(B)~式(D)代入式(A)整理可得关于组分 A 的浓度的一阶常微分方程

$$\frac{1}{c_{As} - c_A} \cdot \frac{dc_A}{dz} = \frac{4k_{cm}^0}{du_b} \tag{E}$$

利用传质段起始和出口条件沿管长对式(E)定积分可得

$$\int_{c_{A\alpha}}^{c_{A\beta}} \frac{dc_A}{c_{As} - c_A} = \frac{4k_{cm}^0}{du_b} \int_0^L dz \tag{F}$$

积分并整理可得

$$k_{cm}^0 = \frac{du_B}{4L} \ln\left(\frac{c_{As} - c_{A\alpha}}{c_{As} - c_{A\beta}}\right) \tag{G}$$

由式(G)可见，已知进出口浓度，可得对流传质系数。代入已知条件可得

$$k_{cm}^0 = \frac{0.025 \times 1}{4 \times 0.6} \ln\left(\frac{2.80 \times 10^{-5} - 0}{2.80 \times 10^{-5} - 0.557 \times 10^{-5}}\right) = 2.31 \times 10^{-3} \, (\text{m/s}) \tag{H}$$

所以此处的实验是获取管内对流传质系数的一种方法。但是按照题意，需要进一步确定 A 在空气中的扩散系数。由本节的结果式(11-30)及表 11-2 可知，定态层流时，计及管内入口段效应的平均 $Sh$ 可以采用下式计算

$$Sh_m = 3.66 + \frac{0.0668 \times \left(Re_d \cdot Sc \cdot \dfrac{d}{L}\right)}{1 + 0.04 \times \left(Re_d \cdot Sc \cdot \dfrac{d}{L}\right)^{\frac{2}{3}}} \tag{I}$$

或

$$\frac{k_{cm}^0 d}{D_{AB}} = 3.66 + \frac{0.0668 \times \left(Re_d \cdot \dfrac{\mu}{\rho D_{AB}} \cdot \dfrac{d}{L}\right)}{1 + 0.04 \times \left(Re_d \cdot \dfrac{\mu}{\rho D_{AB}} \cdot \dfrac{d}{L}\right)^{\frac{2}{3}}} \tag{J}$$

至此，将先前由式(G)算得 $k_{cm}^0$ 代入式(I)，采用适宜的数值方法解一个变量的超越方程可得

$$D_{AB} = 6.87 \times 10^{-6} \, \text{m}^2/\text{s} \tag{K}$$

## 11.3　浓度边界层积分传质方程

本节是 4.4 节中处理速度边界层的卡门近似积分法，以及 7.2 节中处理温度边界层的近似积分方法在处理传质边界层问题时的推广。与前面精确解方法不同，近似积分方法不仅可以处理层流传质问题，也可以处理湍流传质问题。以下分别对于这两种流型下平板传质问题加以讨论。

### 11.3.1　平板壁面上层流传质的近似解

首先，如图 4-11 所示取一个控制体，与积分动量方程的推导相似，通过混合物以及组分的质量衡算可以推导出浓度边界层中的传质控制方程为

$$D_{AB} \frac{\partial c_A}{\partial y}\bigg|_{y=0} = \frac{d}{dx} \int_0^{\delta_D} u_x (c_{A0} - c_A) dy \tag{11-31}$$

同样，类比平板速度边界层的积分动量方程式(4-65)和温度边界层方程式(7-17)可对

式(11-31)进行求解。这三种传递边界层中的数学和物理类比关系综列于表 11-4。

**表 11-4　平板上三种层流传递边界层的数学和物理类比分析(近似解)**

| 控制方程 | 速度边界层：卡门边界层积分动量方程 $\dfrac{\mu}{\rho}\dfrac{\partial u_x}{\partial y}\Big\|_{y=0}=\dfrac{\mathrm{d}}{\mathrm{d}x}\displaystyle\int_0^\delta \rho u_x(u_0-u_x)\mathrm{d}y$ | 温度边界层：热流方程 $\dfrac{k}{\rho\cdot c_p}\cdot\dfrac{\partial T}{\partial y}\Big\|_{y=0}=\dfrac{\mathrm{d}}{\mathrm{d}x}\displaystyle\int_0^{\delta_T} u_x(T_0-T)\mathrm{d}y$ | 浓度边界层：积分传质方程 $D_{AB}\cdot\dfrac{\partial c_A}{\partial y}\Big\|_{y=0}=\dfrac{\mathrm{d}}{\mathrm{d}x}\displaystyle\int_0^{\delta_\rho} u_x(c_{A0}-c_A)\mathrm{d}y$ |
|---|---|---|---|
| 分布方程设定式 | $u_x=a+by+cy^2+dy^3$ | $t=a+by+cy^2+dy^3$ | $c_A=a+by+cy^2+dy^3$ |
| 边界条件(确定分布常数) | $y=0,\ u_x=0,\ y=\delta,\ u_x=u_0$ <br> $y=\delta,\ \dfrac{\partial u_x}{\partial y}=0,\ y=0,\ \dfrac{\partial^2 u_x}{\partial y^2}=0$ | $y=0,\ T=T_w,\ y=\delta_T,\ T=T_0$ <br> $y=\delta_T,\ \dfrac{\partial T}{\partial y}=0,\ y=0,\ \dfrac{\partial^2 T}{\partial y^2}=0$ | $y=0,\ c_A=c_{As},\ y=\delta_D,\ c_A=c_{A0}$ <br> $y=\delta_D,\ \dfrac{\partial c_A}{\partial y}=0,\ y=0,\ \dfrac{\partial^2 c_A}{\partial y^2}=0$ |
| 量纲为一分布方程 | $U^*=\dfrac{u_x}{u_0}=\dfrac{3}{2}\left(\dfrac{y}{\delta}\right)-\dfrac{1}{2}\left(\dfrac{y}{\delta}\right)^3$ | $T^*=\dfrac{T-T_s}{T_0-T_s}=\dfrac{3}{2}\left(\dfrac{y}{\delta_T}\right)-\dfrac{1}{2}\left(\dfrac{y}{\delta_T}\right)^3$ | $C_A^*=\dfrac{c_A-c_{As}}{c_{A0}-c_{As}}=\dfrac{3}{2}\left(\dfrac{y}{\delta_D}\right)-\dfrac{1}{2}\left(\dfrac{y}{\delta_D}\right)^3$ |
| 基于边界层理论确定对流通量及对流传递系数 | 动量通量的工程定义 $\tau_{sx}=C_{Dx}\cdot\dfrac{1}{2}\rho u_0^2$ <br> 边界层中壁面动量通量 $\tau_{sx}=\mu\dfrac{\partial u_x}{\partial y}\Big\|_{y=0}$ <br> 因此，曳力系数 $C_{Dx}=\dfrac{2\mu}{\rho u_0}\dfrac{\partial U^*}{\partial y}\Big\|_{y=0}$ | 热量通量的工程定义 $q_x=h_x(T_w-T_0)$ <br> 边界层中壁面热量通量 $q_x\big\|_{y=0}=-k\dfrac{\partial T}{\partial y}\Big\|_{y=0}$ <br> 因此，对流传热系数 $h_s=-k\dfrac{\partial T^*}{\partial y}\Big\|_{y=0}$ | 质量通量的工程定义 $N_{Ax}=k_{cx}^0(c_{As}-c_{A0})$ <br> 边界层中壁面质量通量 $N_{Ax}\big\|_{y=0}=-D_{AB}\dfrac{\partial c_A}{\partial y}\Big\|_{y=0}$ <br> 因此，对流传质系数 $k_{cx}^0=-D_{AB}\dfrac{\partial C_A^*}{\partial y}\Big\|_{y=0}$ |

将浓度梯度表达式代入式(11-4)可得局部对流传质系数为

$$k_{cx}^0=0.332\frac{D_{AB}}{x}Re_x^{\frac{1}{2}}Sc^{\frac{1}{3}} \tag{11-32}$$

或

$$Sh_x=\frac{k_{cx}^0 x}{D_{AB}}=0.332 Re_x^{\frac{1}{2}}Sc^{\frac{1}{3}} \tag{11-33}$$

式(11-32)和式(11-33)是层流边界层定态传质时求距离平板前缘 $x$ 处局部对流传质系数的计算式。对于长度为 $L$ 的平板，其平均对流传质系数与局部对流传质系数的关系为

$$k_{cm}^0=\frac{1}{L}\int_0^L k_{cx}^0\mathrm{d}x \tag{11-34}$$

将式(11-32)代入式(11-34)，经积分整理后，得

$$k_{cm}^0=0.664\frac{D_{AB}}{L}Re_L^{\frac{1}{2}}Sc^{\frac{1}{3}} \tag{11-35}$$

或

$$Sh_m=\frac{k_{cm}^0 L}{D_{AB}}=0.664 Re_L^{\frac{1}{2}}Sc^{\frac{1}{3}} \tag{11-36}$$

比较这里的近似解与前述精确解的结果，表明两种方法是完全一致的。同样地，以上结果适用于定态、层流下，光滑平板壁面上传质速率极低时浓度边界层的传质计算。

以下举两个示例，进一步说明浓度边界层的计算及其与传质膜层的联系。

【**例 11-5**】　有大量空气(B)以 10m/s 速度流过挥发性固体物质 A 所制平壁板，板长 200mm、宽 2m，流体与壁面间传质速率很小($u_{ys}=0$)。已知空气物性为：密度 $\rho=1.1\text{kg/m}^3$，动力学黏度 $\mu=1.89\times10^{-5}\ \text{Pa·s}$。

已知施密特数 $Sc=1$，A 在空气中的饱和浓度为 $2.80\times10^{-5}\text{kmol/m}^3$。层流下浓度边界层厚度 $\delta_D=5.0Sc^{-\frac{1}{3}}\sqrt{\dfrac{\nu x}{u_0}}$，

局部对流传质系数 $k_{cx}^0=0.332\dfrac{D_{AB}}{x}Re_x^{\frac{1}{2}}Sc^{\frac{1}{3}}$。试分别求解如下问题(设 $Re_{xc}=3\times10^5$)：

(1) 平板端点处浓度边界层厚度；

(2) 平板端点处局部对流传质系数以及平板端点处局部传质通量；

(3) 板上平均传质系数以及板上平均传质通量。

**解**　首先检验流型

$$Re_x=\frac{\rho u_0 x}{\mu}=\frac{1.1\times10\times0.2}{1.89\times10^{-5}}=1.164\times10^5<3\times10^5，故流动在整个板上为层流。$$

$$Sc=\frac{\nu}{D_{AB}}=1$$

所以
$$D_{AB}=\nu=\frac{\mu}{\rho}=\frac{1.89\times10^{-5}}{1.1}=1.718\times10^{-5}(\text{m}^2/\text{s})$$

(1) $\delta_D=5.0Sc^{-\frac{1}{3}}\sqrt{\dfrac{\nu x}{u_0}}=5.1\times\sqrt{\dfrac{1.718\times10^{-5}\times0.2}{10}}=2.93(\text{mm})$

(2) $k_{cx}^0=0.332\dfrac{D_{AB}}{x}Re_x^{\frac{1}{2}}=0.332\times\dfrac{1.718\times10^{-5}}{0.2}\times\sqrt{1.164\times10^5}=9.73\times10^{-3}(\text{m/s})$

$$N_{Ax}=k_{cx}^0(c_{As}-c_{A0})=9.73\times10^{-3}\times(2.80\times10^{-5}-0)=2.72\times10^{-7}[\text{kmol/(m}^2\cdot\text{s})]$$

(3) 空气为大量，故主体中近似 $c_{A0}=0$。

$$k_{cm}^0=\frac{1}{L}\int_0^L k_{cx}^o\,dx=\frac{0.332}{L}\int_0^L\frac{D_{AB}}{x}Re_x^{\frac{1}{2}}=0.664\times\frac{D_{AB}}{L}Re_L^{\frac{1}{2}}=2k_{cx}^0=1.95\times10^{-2}(\text{m/s})$$

$$\bar{N}_{Ax}=2k_{cx}^0(c_{As}-c_{A0})=5.44\times10^{-7}[\text{kmol/(m}^2\cdot\text{s})]$$

【**例 11-6**】　已知层流下平板浓度边界层内浓度分布可采用如下量纲为一形式表示

$$C_A^*=\frac{c_A-c_{As}}{c_{A0}-c_{As}}=\sin\left(\frac{\pi}{2}\frac{y}{\delta_D}\right)$$

式中，$y$ 为距壁面的距离；$\delta_D$ 为浓度边界层厚度，表达式为 $\delta_D=5.0\sqrt{\dfrac{\nu x}{u_0}}\cdot Sc^{-\frac{1}{3}}$。

(1) 导出局部对流传质系数 $k_{cx}^0$ 和平均对流传质系数 $k_{cm}^0$ 的表达式。

(2) 如果速度边界层中的速度分布为

$$U^*=\frac{u_x}{u_0}=\sin\left(\frac{\pi}{2}\frac{y}{\delta}\right)$$

且速度边界层厚度为 $\delta=5.0\sqrt{\dfrac{\nu x}{u_0}}$，试通过推导，说明并指出如下传递类似律存在的条件

$$St_x'=\frac{Sh_x}{Re_x Sc}=\frac{C_{Dx}}{2}$$

式中，$St_x'$ 为传质斯坦顿(Stanton)数。

(3) 证明在 $Sc=1$ 时，浓度边界层厚度 $\delta_D$ 和传质膜理论中定义的虚拟传质阻力膜厚度 $\delta_D'$ 间存在如下关系

$$\frac{\delta_D}{\delta_D'}=\frac{\pi}{2}$$

**解** (1) 据定义

$$N_{Ax} = k_{cx}^0 (c_{A0} - c_{As})$$

依据菲克定律和浓度边界层理论

$$N_{Ax} = D_{AB} \frac{\partial c_A}{\partial y}\bigg|_{y=0}$$

上述两种通量相等，故

$$k_{cx}^0 (c_{A0} - c_{As}) = D_{AB} \frac{\partial c_A}{\partial y}\bigg|_{y=0}$$

$$k_{cx}^0 = D_{AB} \frac{\partial \left(\frac{c_A - c_{As}}{c_{A0} - c_{As}}\right)}{\partial y}\bigg|_{y=0} = D_{AB} \frac{\partial C_A^*}{\partial y}\bigg|_{y=0} = \frac{\pi D_{AB}}{2\delta_D} = \frac{\pi}{10} \frac{D_{AB}}{x} Re_x^{\frac{1}{2}} Sc^{\frac{1}{3}} \tag{A}$$

由定义，平均对流传质系数 $k_{cm}^0$ 为

$$k_{cm}^0 = \frac{1}{L} \int_0^L k_{cx}^0 dx$$

$$k_{cm}^0 = \frac{\pi}{5} \frac{D_{AB}}{x} Re_x^{\frac{1}{2}} Sc^{\frac{1}{3}} \tag{B}$$

(2) 由式(A)得

$$Sh_x = \frac{k_{cx}^0 x}{D_{AB}} = \frac{\pi}{10} Re_x^{\frac{1}{2}} Sc^{\frac{1}{3}} \tag{C}$$

所以

$$St_x' = \frac{Sh_x}{Re_x Sc} = \frac{\pi}{10} Re_x^{-\frac{1}{2}} Sc^{-\frac{2}{3}} \tag{D}$$

据定义 $C_{Dx} = \frac{\tau_{sx}}{\frac{1}{2}\rho u_0^2}$，已知 $u_x = u_0 \sin\left(\frac{\pi}{2}\frac{y}{\delta}\right)$

$$\tau_{sx} = \mu \frac{\partial u_x}{\partial y}\bigg|_{y=0} = \mu \frac{\partial}{\partial y} u_0 \sin\left(\frac{\pi}{2}\frac{y}{\delta}\right)\bigg|_{y=0} = \mu \frac{\pi u_0}{2\delta} u_0 \cos\left(\frac{\pi}{2}\frac{y}{\delta}\right)\bigg|_{y=0} = \mu \frac{\pi u_0}{2\delta} = \frac{\mu\pi u_0}{10}\sqrt{\frac{u_0}{\nu x}}$$

$$C_{Dx} = \frac{\frac{\mu\pi u_0}{10}\sqrt{\frac{u_0}{\nu x}}}{\left(\frac{1}{2}\rho u_0^2\right)} = \frac{2\pi}{10} \frac{\mu u_0}{\rho u_0^2}\sqrt{\frac{u_0}{\nu x}} = \frac{\pi}{5} Re_x^{-\frac{1}{2}} \tag{E}$$

式中，$Re_x = \frac{\rho u_0 x}{\mu}$。比较式(D)和式(E)可知，当 $Sc=1$ 时，有

$$St_x' = \frac{Sh_x}{Re_x Sc} = \frac{C_{Dx}}{2}$$

证毕。

(3) 传质膜理论中定义的虚拟传质阻力膜厚度 $\delta_D'$ 为

$$k_{cx}^0 = \frac{D_{AB}}{\delta_D'} \quad \delta_D' = \frac{D_{AB}}{k_{cx}^0}$$

所以由式(A)得

$$\frac{1}{\delta_D'} = \frac{k_{cx}^0}{D_{AB}} = \frac{\pi}{10}\frac{1}{x} Re_x^{\frac{1}{2}} Sc^{\frac{1}{3}} \tag{F}$$

由题给已知条件 $Sc=1$，且

$$\delta = 5.0 \sqrt{\frac{\nu x}{u_0}}$$

与式(F)合并得

$$\frac{\delta_D}{\delta_D'} = \frac{\pi}{2} \qquad (G)$$

证毕。

### 11.3.2　平板壁面上湍流传质的近似解

式(11-31)不仅可以处理层流传质问题，也可以处理湍流传质问题。以下说明将此控制方程用于湍流边界层传质计算的方法。

首先，将式(11-4)代入式(11-31)可得局部对流传质系数为

$$k_{cx}^0 = \frac{\mathrm{d}}{\mathrm{d}x} \int_0^{\delta_D} u_x \frac{c_{A0} - c_A}{c_{A0} - c_{As}} \mathrm{d}y \qquad (11\text{-}37)$$

上述积-微分方程的求解需要采用湍流时的速度分布与浓度分布关系。假定湍流边界层的速度分布与浓度分布均满足 7 次方律，即

$$\frac{u_x}{u_0} = \left(\frac{y}{\delta}\right)^{1/7} \qquad (4\text{-}72)$$

及

$$\frac{c_{A0} - c_A}{c_{A0} - c_{As}} = \left(\frac{y}{\delta_T}\right)^{1/7}$$

或

$$\frac{c_A - c_{A0}}{c_{As} - c_{A0}} = 1 - \frac{c_{A0} - c_A}{c_{A0} - c_{As}} = 1 - \left(\frac{y}{\delta_D}\right)^{1/7} \qquad (11\text{-}38)$$

湍流下两种边界层的厚度仍不等，可以假设两者之比为

$$\frac{\delta}{\delta_D} = Sc^n \qquad (11\text{-}39)$$

所以

$$\frac{u_x}{u_0} = \left(\frac{y}{Sc\delta_D}\right)^{1/7} \qquad (11\text{-}40)$$

将式(11-38)与式(11-40)代入式(11-37)中，积分可得与传热中[如式(7-35)和式(7-36)]类似的结果

$$k_{cx}^0 = 0.0292 \frac{D_{AB}}{x} Re_x^{0.8} Sc^{1/3} \qquad (11\text{-}41)$$

或

$$k_{cm}^0 = 0.0365 \frac{D_{AB}}{L} Re_x^{0.8} Sc^{1/3} \qquad (11\text{-}42)$$

或

$$Sh_m = 0.0365 \frac{D_{AB}}{L} Re_L^{0.8} Sc^{1/3} \qquad (11\text{-}43)$$

以上平均对流传质系数的计算式是假定湍流边界层从平板前缘开始。实际上，边界层开始时是层流，而后在临界雷诺数($Re_{x_c}$ 约为 $5\times10^5$ 处过渡为湍流。为此，应考虑 $x < x_c$ 的平板

前缘层流边界层部分的影响。这时，平均对流传质系数可按下式计算

$$k_{cm}^0 = \frac{1}{L}\left[\int_0^{x_c} k_{cx(层流)}^0 \mathrm{d}x + \int_{x_c}^L k_{cx(湍流)}^0 \mathrm{d}x\right] \tag{11-44}$$

式中，$k_{cx(层流)}^0$ 为层流边界层的局部对流传质系数，可由式(11-32)表示；$k_{cx(湍流)}^0$ 为湍流边界层的局部对流传质系数，可由式(11-41)表示。将式(11-31)与式(11-41)代入式(11-44)中，积分得到平均对流传质系数计算式为

$$k_{cm}^0 = 0.0365\frac{D_{AB}}{L}Sc^{\frac{1}{3}}\left(Re_L^{0.8} - A\right) \tag{11-45}$$

式中，$A = Re_{x_c}^{0.8} - 18.19Re_{x_c}^{0.5}$。

以下举一示例，说明平板上同时存在层流和湍流时的传质计算。

【例 11-7】 已知平板边界层内的对流传质可由下述方程描述

层流
$$\frac{k_{cx}^0 x}{D_{AB}} = 0.332Re_x^{\frac{1}{2}}Sc^{\frac{1}{3}}$$

湍流
$$\frac{k_{cx}^0 x}{D_{AB}} = 0.0292Re_x^{\frac{4}{5}}Sc^{\frac{1}{3}}$$

设边界层由层流向湍流的转变发生在 $Re_{xc} = 3\times10^5$。如果一块大平板上的来流为层流，平板另一端($x=L$)的雷诺数为 $Re_L = 3\times10^6$，试确定平板上层流段传质对全板对流传质速率贡献的百分数并分析计算结果。

**解** 据已知条件，传质从平板前缘开始，层流段平均传质系数

$$k_{cm(层流)}^0 = \frac{1}{x_c}\int_0^{x_c} k_{cx(层流)}^0 \mathrm{d}x$$

积分后得

$$k_{cm(层流)}^0 = 0.664\frac{D_{AB}}{x_c}Re_{x_c}^{\frac{1}{2}}Sc^{\frac{1}{3}}$$

对层流和湍流两段传质，平均传质系数的表达式为式(11-45)

$$k_{cm(层流+湍流)}^0 = 0.0365\frac{D_{AB}}{L}\left(Re_L^{0.8} - A\right)Sc^{\frac{1}{3}}$$

式中

$$A = Re_{x_c}^{0.8} - 18.9Re_{x_c}^{0.5}$$

层流段传质速率为

$$AN_{A(层流)} = bx_c k_{cm(层流)}^0 \Delta c_A$$

层流和湍流两段传质速率为

$$AN_{A(层流+湍流)} = bL k_{cm(层流+湍流)}^0 \Delta c_A$$

故层流段传质对全板对流传质速率贡献的百分数为

$$\frac{AN_{A(层流)}}{AN_{A(层流+湍流)}} \times 100\% = \frac{x_c k_{cm(层流)}^0}{L k_{cm(层流+湍流)}^0} \times 100\%$$

$$= \frac{0.664 D_{AB} Re_{x_c}^{0.5} Sc^{\frac{1}{3}}}{0.0365 D_{AB}\left(Re_L^{0.8} - Re_{x_c}^{0.8} + 18.9Re_{x_c}^{0.5}\right)Sc^{\frac{1}{3}}} \times 100\%$$

$$= \frac{0.664\times\left(2\times10^5\right)^{0.5}}{0.0365\left[\left(3\times10^6\right)^{0.8} - \left(2\times10^5\right)^{0.8} + 18.9\times\left(2\times10^5\right)^{0.5}\right]} \times 100\% = 7.20\%$$

可见层流段的贡献不大。

令人感兴趣的是，比较 $Re_{x_c}$ 和 $Re_L$ 的取值可知，本题中层流段长度 $x_c$ 也只占 $L$ 的 10%，因此这里有关层流段贡献的计算只能说明流型转变发生在板上较短的区段这个事实。如欲(在可比条件下)比较流型对板上对流传质的影响，可考察对流传质系数在两种流型下的比值，即

$$\frac{k_{cx(湍流)}^0}{k_{cx(层流)}^0} \approx 0.1 Re_x^{\frac{3}{10}}$$

对于流型转变，雷诺数约为 $10^5$ 量级，流型因素对上述比值的贡献约为 $Re_x^{\frac{3}{10}} \approx 30$，因此上述比值约为 3，表明在同样的传质驱动力下，湍流传质约为层流传质的 3 倍。事实上，湍流下对流传质系数对雷诺数有更大的依赖($k_{cx}^0 \propto Re_x^{\frac{4}{5}}$)也支持湍流强化传质的结论。

## 11.4　动量传递、热量传递以及质量传递间的类似律

此前，在 9.4 节中关于停滞介质中非定态扩散传质，以及本章中关于平板上以及圆管内定态层流传质的讨论中，已经对动量、热量和质量三种传质过程之间存在的类比关系进行过讨论。通过这种不仅是物理的，而且在数学上的类比，可以在不同传递过程间建立起定性和定量的联系，即各种所谓的传递类似律。传递过程中的核心问题是确定在既定的条件下传递量的传递通量或速率。利用类似律这种"举一反三"的功用，就可以由一个过程的解推断另一过程的解，或者由一已知传递过程的对流传递系数求其他传递过程的系数，从而确定传递通量或速率。

### 11.4.1　扩散传递过程的类比关系

在扩散传质中，基本的通量类比关系如表 11-5 所列。可见，对于扩散通量的描述遵循如下共同的模式：

(1) 物理和数学描述遵循共同的模式，即

传递量的扩散通量=(扩散系数[比例系数])×(浓度梯度[驱动力])

(2) 均遵循扩散机制，扩散系数具有相同量纲($m^2/s$)。

(3) 自发传递方向是由高浓度区向低浓度区迁移。

**表 11-5　扩散传递中的基本类比关系**

| 传递量及过程 | 动量传递 | 热量传递 | 质量传递 |
|---|---|---|---|
| 分子扩散通量 | $\tau = -\nu\dfrac{d(\rho u_x)}{dy}$ | $\dfrac{q}{A} = -\alpha\dfrac{d(\rho c_p T)}{dy}$ | $J_A = -D\dfrac{dc_A}{dy}$ |
| 分子扩散系数 | $\nu$ | $\alpha$ | $D$ |
| 涡流扩散通量 | $\tau^e = -\varepsilon\dfrac{d(\rho u_x)}{dy}$ | $\left(\dfrac{q}{A}\right)^e = -\varepsilon_H\dfrac{d(\rho c_p T)}{dy}$ | $J_A^e = -\varepsilon_M\dfrac{dc_A}{dy}$ |
| 涡流扩散系数 | $\varepsilon$ | $\varepsilon_H$ | $\varepsilon_M$ |
| 驱动力(浓度梯度) | $\dfrac{d(\rho u_x)}{dy}$ | $\dfrac{d(\rho c_p T)}{dy}$ | $\dfrac{dc_A}{dy}$ |

### 11.4.2 对流传递过程的类比关系

1. 基本定义和关系

在广义的对流传质中，基本的通量类比关系如表 11-6 所列。可见，对于对流传递通量的描述遵循如下共同的模式：

(1) 物理和数学描述遵循共同的模式，即

传递量的对流传递通量=(对流传递系数[比例系数])×(浓度差[驱动力])

(2) 均遵循广义的对流传递机制，对流传递系数具有相同量纲(m/s)。

(3) 自发传递的方向是由高浓度区向低浓度区迁移。

表 11-6　对流传递中的基本类比关系(适用层流/湍流)

| 对流传递量及过程 | 动量传递 | 热量传递 | 质量传递 |
|---|---|---|---|
| 对流传递通量 | $\tau_s = \dfrac{f}{2}u_b(\rho u_b - \rho u_s)$ | $\left(\dfrac{q}{A}\right)_s = \dfrac{h}{\rho c_p}(\rho c_p T_b - \rho c_p T_s)$ | $J_{As} = k_c^0(c_{Ab} - c_{As})$ |
| 驱动力 (浓度差) | $\rho u_b - \rho u_s$ | $\rho c_p T_b - \rho c_p T_s$ | $c_{Ab} - c_{As}$ |
| 对流传递系数 | $\dfrac{f}{2}u_b$ | $\dfrac{h}{\rho c_p}$ | $k_c^0$ |

对流传递系数一般是由量纲为一数表示的。表 11-7 列出了热量传递和质量传递中常见的量纲为一数，其中，$L$ 和 $u$ 分别为系统的特征长度和速度。

表 11-7　热量传递和质量传递中常见的量纲为一数

| 热量传递 | | 质量传递 | |
|---|---|---|---|
| 雷诺数 | $Re = \dfrac{\rho u L}{\mu}$ | 雷诺数 | $Re = \dfrac{\rho u L}{\mu}$ |
| 普朗特数 | $Pr = \dfrac{\nu}{\alpha}$ | 施密特数 | $Sc = \dfrac{\nu}{D_{AB}}$ |
| 努塞特数 | $Nu = \dfrac{hL}{k}$ | 舍伍德数 | $Sh = \dfrac{kL}{D_{AB}}$ |
| 传热斯坦顿数 | $St = \dfrac{Nu}{RePr}$ | 传质斯坦顿数 | $St' = \dfrac{Sh}{ReSc}$ |
| $j$ 因数 | $j_H = StPr^{2/3}$ | $j$ 因数 | $j_D = St'Sc^{2/3}$ |
| 传热佩克莱数 | $Pe = RePr$ | 传质佩克莱数 | $Pe = ReSc$ |

此前的讨论中，主要是利用边界层理论预测层流下的对流传递系数(参见表 11-1、表 11-3 和表 11-4)。在例 11-6 关于平板上层流传质的问题中，曾证明当 $Sc = 1$ 时，存在如下的传递类似律：

$$St'_x = \frac{Sh_x}{Re_x Sc} = \frac{C_{Dx}}{2} \tag{11-46}$$

这个关系给出了对流传质系数和曳力系数之间的一个简单的理论关系。在过程单元中，多为湍流下的对流传递，由于其机理的复杂性，难以用解析法求解，因此需要有更为实用的类比方法。以下主要结合管内对流传递问题，讨论湍流下动量传递、热量传递以及质量传递间的类似律。

2. 湍流下的传递类似律

雷诺在 1874 年最早提出三种传递过程类比的概念。按照雷诺的思路，湍流下流体与固体间动量、热量和质量[①]传递过程中，均同时存在两种促进传递的机制，即静止流体中固有的扩散作用(相当于表 11-5 中的分子扩散)，以及流体宏观运动产生的旋涡使流体混合并携区新鲜的流体微团与固体表面接触(对应宏观的湍流)。他认为，第一种机理与流体的性质有关，第二种机理为流过表面流体的速度的函数。将这种物理推理用前述对流传递通量模式表述，可写作

$$\tau = \frac{fu}{2}(\rho u - 0) = [a'' + b''u](\rho u - 0) \tag{11-47a}$$

$$q = \frac{h}{\rho c_p}\Delta(\rho c_p T) = [a' + b'u]\Delta(\rho c_p T) \tag{11-47b}$$

$$N_A = k\Delta c_A = [a + bu]\Delta c_A \tag{11-47c}$$

式中的常数有如下关系：

(1) 第一种机理贡献远小于第二种，即旋涡的贡献占主导，故

$$a'' \ll b''u, \quad a' \ll b'u, \quad a \ll bu \tag{11-48a}$$

且

$$a'' = a' = a = 0 \tag{11-48b}$$

(2) 由于三种传递均遵循同样的(第二种)机理，因此假设

$$b = b' = b'' \tag{11-48c}$$

参考表 11-6 中的基本类比关系可知，这两个假设相当于给出对流传递系数间的如下关系

$$\frac{k}{u} = \frac{h}{\rho c_p u} = \frac{f}{2} \tag{11-49}$$

此即雷诺类似律的原初形式。按照表 11-7 的符号，可写作

$$\frac{f}{2} = \frac{h}{c_p \rho u_b} = \frac{k_c^0}{u_b} \tag{11-50}$$

即

$$\frac{f}{2} = St = St' \tag{11-51}$$

式(11-50)和式(11-51)即为湍流下动量、热量和质量传递的雷诺类似律表达式。

实验表明，雷诺类似律可以较好地适用于气体，但不适用于液体，原因在于气体可约略

---

① 雷诺的原文中尚未提到质量传递，见 Reynolds O. 1874. Proc Manchester Lit. Phil Soc, 14:7.

满足 $Pr \approx 1$ 及 $Sc \approx 1$ 的条件，但液体的 $Pr$ 和 $Sc$ 往往比 1 大得多。事实上，在以上雷诺的分析中，认为旋涡可直达壁面进行传递，根据边界层理论，这相当于把整个边界层作为湍流区处理，并未区分湍流边界层中存在的分区结构，即紧贴壁面的层流内层、随后的过渡层以及湍流主体。只有当 $Pr=1$ 及 $Sc=1$ 时，才可忽略层流内层或过渡层的作用，把湍流区一直延伸到壁面，从而用雷诺类似律描述整个边界层中的传递。换言之，在该两层中，分子扩散对于传递的影响不能忽略，但在雷诺的分析中，忽略了反映分子扩散作用的常数[式(11-48b)]，因此雷诺类似律只适用于湍流主体。

基于雷诺类似律局限性的认识，普朗特和泰勒考虑湍流边界层由湍流主体和层流内层组成，提出了普朗特-泰勒类似律。冯·卡门同时计及湍流边界层中湍流主体、过渡层、层流内层的效应，进而提出了卡门类似律。这两种改进模型中采用的基本方法是考虑分层的传递阻力，并列出相应的类比方程，然后按照定态下串联阻力的方法，推导出一个单一的总阻力方程，从而得到传递系数的表达式。表 11-8 中列出了上述三种类似律的表达式以及适用的范围。该表中，卡门类似律中的参数 $\phi_m$ 一般取值为 0.817，随 $Re$ 变化不大；另一参数 $t'$ 与 $Re$ 和 $Pr$ 有关，取值见表 11-9。

**表 11-8　对流传递中的类似律**(适用于管内湍流)

| 类似律 | 动量传递与热量传递 | 动量传递与质量传递 | 注释 |
|---|---|---|---|
| 雷诺类似律 | $St = \dfrac{f}{2}$ | $St = \dfrac{f}{2}$ | $Pr=Sc=1$ |
| 普朗特-泰勒类似律 | $h = \dfrac{(f/2)\rho c_p u_{\mathrm{b}}}{1+5\sqrt{f/2}(Pr-1)}$ <br> $St = \dfrac{h}{\rho c_p u_{\mathrm{b}}} = \dfrac{f/2}{1+5\sqrt{f/2}(Pr-1)}$ | $k_c^0 = \dfrac{(f/2)u_{\mathrm{b}}}{1+5\sqrt{f/2}(Sc-1)}$ <br> $St' = \dfrac{k_c^0}{u_{\mathrm{b}}} = \dfrac{f/2}{1+5\sqrt{f/2}(Sc-1)}$ | 当 $Pr=Sc=1$ 时，两式可还原为雷诺类似律.对于 $Pr=Sc=0.5 \sim 2.0$ 的介质而言，普朗特-泰勒类似律与实验结果符合 |
| 卡门类似律 | $h = \dfrac{(\phi_m/t')(f/2)\rho c_p u_{\mathrm{b}}}{1+\phi_m\sqrt{f/2}\{5(Pr-1)+5\ln[(1+5Pr)/6]\}}$ <br> $St = \dfrac{h}{\rho c_p u_{\mathrm{b}}}$ <br> $= \dfrac{(\phi_m/t')(f/2)}{1+\phi_m\sqrt{f/2}\{5(Pr-1)+5\ln[(1+5Pr)/6]\}}$ | $k_c^0 = \dfrac{(\phi_m/t')(f/2)u_{\mathrm{b}}}{1+\phi_m\sqrt{f/2}\{5(Sc-1)+5\ln[(1+5Sc)/6]\}}$ <br> $St' = \dfrac{k_c^0}{u_{\mathrm{b}}}$ <br> $= \dfrac{(\phi_m/t')(f/2)}{1+\phi_m\sqrt{f/2}\{5(Sc-1)+5\ln[(1+5Sc)/6]\}}$ | 推导中利用了光滑管的湍流速度分布方程，但也适用于粗糙管，对于 $Pr$、$Sc$ 极小的流体，如液态金属，该式不适用 |
| $j$ 因数类比法 | $j_H = \dfrac{f}{2}$ | $j_D = \dfrac{f}{2}$ | 适用范围为 $0.6<Pr<100$ $0.6<Sc<2500$ 无形体阻力 |

**表 11-9　$t'$ 与 $Re$ 和 $Pr$ 的关系**

| $Pr$ | $Re$ | | | |
|---|---|---|---|---|
| | $10^4$ | $10^5$ | $10^6$ | $10^7$ |
| $10^{-1}$ | 0.69 | 0.76 | 0.82 | 0.86 |
| $10^0$ | 0.86 | 0.88 | 0.90 | 0.91 |
| $10^1$ | 0.96 | 0.96 | 0.96 | 0.97 |
| $10^2$ | 0.99 | 0.99 | 0.99 | 0.99 |
| $10^3$ | 1.00 | 1.00 | 1.00 | 1.00 |

此外，奇尔顿(Chilton)-科尔伯恩通过对实验数据的分析，关联了对流传质系数与范宁摩擦因数之间的关系，得到了以实验为基础的类比关系，又称为 $j$ 因数类比法。有关的类比关系也一并列于表 11-8 中。

【例 11-8】　水以 2m/s 的平均流速流过直径 25mm、长度为 2.5m 的光滑圆管。管壁温度恒定，为 320K，水的进、出口温度分别为 292K 和 295K。试计算科尔伯恩 $j$ 因数的值。

**解**　首先，按题给条件，定性温度为 $T_f = \dfrac{292+295}{2} = 293.5(\text{K})$，相应水的物性数据为：$\rho = 998\text{kg/m}^3$，$\mu = 0.001\text{Pa·s}$。又已知主体速度 $u_b = 2\text{m/s}$；管径 $D = 25\text{mm}$，管长 $L = 2.5\text{m}$，可见长径比很大，可以忽略入口端效应。由 $Re$ 数判断流型

$$Re = \frac{\rho u_b D}{\mu} = \frac{998 \times 2 \times 0.025}{0.001} = 49900$$

可知本题为湍流传热问题。按照科尔伯恩类似律

$$j_H = \frac{h}{c_p \rho u_b} Pr^{\frac{2}{3}} = \frac{f}{2}$$

式中，$f$ 采用布拉休斯公式计算

$$f = 0.079 Re^{-\frac{1}{4}} = 0.079 \times (49900)^{-\frac{1}{4}} = 5.3 \times 10^{-3}$$

所以

$$j_H = 2.65 \times 10^{-3}$$

## 11.5　相间对流传质：溶质渗透模型和表面更新模型

### 11.5.1　溶质渗透模型

1935 年，希格比(Higbie)在研究气液相间传质时提出了该模型。他认为，界面上传质的时间短暂，不可能存在前述膜模型所假设的定态传质。考虑气体中溶质组分从相界面向液相的非定态渗透，如图 11-8 所示，液相中的新鲜涡团(因而其中组分浓度为 $c_{A0}$)自液相主体运动至相界面(界面组分平衡浓度为 $c_{Ai}$)并曝露一段时间 $t_c$，在此期间涡团与气相交换溶质，随后界面处的液相涡团即被来自主体的涡团取代或更新。图 11-8 仅示出了一个涡团的更新过程，实际上这类涡团是大量的，希格比假设所有这些涡团在表面的曝露时间是一样的。

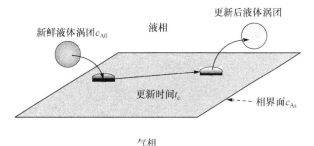

图 11-8　涡团的溶质渗透过程

对于涡团在表面曝露期间的非定态传质过程，采用非定态扩散方程描述，即

$$\frac{\partial c_A}{\partial t} = D_{AB} \frac{\partial^2 c_A}{\partial y^2} \tag{11-52}$$

这相当于将曝露于表面的涡团视为停滞介质，其中无宏观的对流。式(11-52)中 $y$ 为液相一侧离开界面的距离。在初始时刻，来自液相主体的涡团中组分浓度为 $c_{A0}$，所以

$$t = 0, \quad c_A = c_{A0} \tag{11-53a}$$

在界面处，涡团在界面液相一侧时即达到相平衡，所以

$$y = 0, \quad c_A = c_{As} \tag{11-53b}$$

在涡团中，由于涡团曝露或停留时间短暂，溶质的穿透深度(近界面处有浓度分布区域的几何尺度)相对涡团尺度而言很小，所以涡团另一侧的浓度为 $c_{A0}$；在数学上，这相当于无穷远处边界条件，即

$$y \to \infty, \quad c_A = c_{A0} \tag{11-53c}$$

采用以上初值和边界条件[参照 3.2 节中求解得到式(3-40)的过程]，求解式(11-52)，可得近界面液相一侧涡团尺度膜层内的量纲为一组分浓度分布为

$$\frac{c_{As} - c_A}{c_{As} - c_{A0}} = \mathrm{erf}\left(\frac{y}{\sqrt{4D_{AB}t}}\right) = \frac{2}{\sqrt{\pi}}\int_0^\eta e^{-\eta^2}\,\mathrm{d}\eta \tag{11-54a}$$

式中

$$\eta = \frac{y}{\sqrt{4D_{AB}t}} \tag{11-54b}$$

且 $\mathrm{erf}(\eta)$ 为著名的误差函数，其值可由手册中查得或软件中的内部函数计算。

已知浓度分布式(11-54a)，按照菲克第一定律可求得组分通过界面的瞬时传质通量为

$$N_A(t) = -D_{AB}\frac{\partial c_A}{\partial y}\bigg|_{y=0} \tag{11-55a}$$

式中，浓度梯度可代入式(11-54a)计算，即

$$\frac{\partial c_A}{\partial y}\bigg|_{y=0} = \left(\frac{\partial c_A}{\partial \eta}\frac{\partial \eta}{\partial y}\right)_{y=0} = -(c_{As} - c_{A0})\frac{1}{\sqrt{\pi D_{AB}t}} \tag{11-55b}$$

将式(11-55b)代入式(11-55a)得

$$N_A(t) = (c_{As} - c_{A0})\sqrt{\frac{D_{AB}}{\pi t}} \tag{11-55c}$$

在涡团停留时间 $t_c$ 时段内的时均传质通量为

$$\overline{N}_A = \frac{1}{t_c}\int_0^{t_c} N_A(t)\mathrm{d}t \tag{11-56}$$

将式(11-55c)代入式(11-56)积分可得

$$\overline{N}_A = 2(c_{As} - c_{A0})\sqrt{\frac{D_{AB}}{\pi t_c}} \tag{11-57}$$

而按照对流传质通量的定义式

$$\overline{N}_A = k_{cm}^0(c_{As} - c_{A0}) \tag{11-58}$$

比较式(11-56)和式(11-57)可得对流传质系数的计算式为

$$k_{cm}^0 = 2\sqrt{\frac{D_{AB}}{\pi t_c}} \tag{11-59}$$

由该式可见，该模型预示传质系数与扩散系数的 1/2 次方成正比；另外，该模型含模型参数 $t_c$，但模型本身并不能给出如何确定该参数的方法。

### 11.5.2　表面更新模型

1951 年，丹克沃茨(Danckwerts)在研究气相组分在湍流液体中的吸收时提出该模型。与希格比一样，丹克沃茨也认为，在气液两相接触过程中，不断有新鲜液体涡团从主体到达界面，置换原来界面上的涡团，停留一段时间后又被新的液体涡团所置换，故接触表面被不断更新。不同的是，丹克沃茨认为曝露在表面的涡团并非具有相同的停留时间，而是具有不同的年龄，因而具有年龄分布；另外，涡团在表面的非定态扩散传质速率还与表面更新的频率或速率有关。以下，通过与渗透模型的比较，说明表面更新模型的导出方法。

首先，根据随机过程理论，定义表面涡团年龄概率密度函数(PDF) $f(t)$，其含义为：年龄在 $t \sim t + dt$ 时段内表面涡团所覆盖的界面积占界面总面积的分率为 $f(t)dt$。显然，由其定义可知，分布密度函数 $f(t)$ 应满足如下归一化条件

$$\int_0^\infty f(t)dt = 1 \tag{11-60}$$

同时可知，若已知表面更新这一随机过程的 PDF，则时均传质通量为

$$\overline{N_A} = \int_0^\infty N_A(t)f(t)dt \tag{11-61}$$

对于前述的渗透模型，相应的 PDF 可写作如下分段函数形式

$$f(t) = \begin{cases} \dfrac{1}{t_c}, & 0 \leqslant t \leqslant t_c \\ 0, & t_c < t < \infty \end{cases} \tag{11-62}$$

可见渗透过程服从均匀分布，并且可以验证，将式(11-62)和式(11-55c)代入式(11-61)积分后可得与式(11-57)同样的结果。

为了给出表面更新过程的 PDF，丹克沃茨假定，无论表面涡团的年龄如何，它们被更新的概率是相等的，即更新频率或速率与年龄无关。定义单位时间表面涡团覆盖面积被更新的分率为表面更新率并以符号 $s$ 表示，则在 $\Delta t$ 时段内任何年龄表面涡团被更新的分率为 $s\Delta t$，而表面未被更新的分率为 $(1-s\Delta t)$。如图 11-9 所示，如果将表面更新过程视为随机的单向时间序列，以下讨论任选三个时刻(状态 1、2 和 3)的表面更新关系。

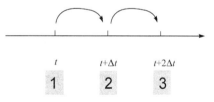

图 11-9　涡团的表面状态更新序列

按照年龄分布函数的定义，年龄在 $t \sim t + \Delta t$ 时段(图 11-9 中状态 1～2 之间)内表面涡团所覆盖的面积分率为 $f(t)\Delta t$。再经过 $\Delta t$ 时段(图 11-9 中状态 2～3 之间)，被更新的面积分率为 $f(t)\Delta t \cdot s\Delta t$，而未被更新的面积分率为 $f(t)\Delta t \cdot (1-s\Delta t)$；在此同一时段，按照定义，未被更新的或者称存续于表面的涡团的面积分率也可以用 $f(t+\Delta t)\Delta t$ 表示，所以有如下等式

$$f(t+\Delta t)\Delta t = f(t)\Delta t(1-s\Delta t) \tag{11-63}$$

整理式(11-63)并取极限有

$$\lim_{\Delta t \to 0} \frac{f(t+\Delta t) - f(t)}{d\Delta t} = -sf(t) \tag{11-64}$$

或

$$\frac{\mathrm{d}f(t)}{\mathrm{d}t} = -sf(t) \tag{11-65}$$

积分式(11-65)得

$$f(t) = Ce^{-st} \tag{11-66}$$

式中，$C$ 为积分常数。将式(11-66)代入式(11-60)可证得

$$C = s \tag{11-67}$$

所以表面涡团年龄分布的 PDF 为

$$f(t) = se^{-st} \tag{11-68}$$

由该式可知表面更新过程服从指数分布，并且由于其中随时间的指数衰减项，表面涡团中年龄较大者所占比例迅速减少；而渗透模型的 PDF 表达式(11-62)表明，表面涡团的年龄在 $0\sim t_c$ 时段内是均匀分布的且不存在年龄大于 $t_c$ 的涡团。

将式(11-68)和式(11-55c)代入式(11-61)积分可得表面更新模型的时均传质通量为

$$\overline{N}_A = (c_{As} - c_{A0})\sqrt{sD_{AB}} \tag{11-69}$$

比较式(11-69)和式(11-58)可得对流传质系数的计算式为

$$k_{cm}^0 = \sqrt{sD_{AB}} \tag{11-70}$$

由该式可见，表面更新模型同样预示传质系数与分子扩散系数的 1/2 次方成正比。后来的实验研究结果表明，该指数可在 0.33～0.66 之间变化。另外，该模型含模型参数 $s$，但模型本身并不能给出如何确定该参数的方法。

## 拓 展 文 献

1. Levenspiel O. 2002. Modeling in chemical engineering. Chemical Engineering Science, 57: 4691-4696
   (这篇文章作者是化学工程在 20 世纪作为一门学科发展成熟的重要的见证者和建设者。在这篇最近的带有札记性质的综述中，作者指出传热、传质膜模型源出边界层理论，而提出边界层理论的普朗特之于化学工程犹如发现新大陆的哥伦布，如果没有膜传递系数 $h$ 和 $k$，则化学工程会是一片不毛之地。文中深入浅出地介绍了对流传递理论在分离和反应工程中的应用。)
2. Bird R B, Stewart W E, Lightfoot E N. 2002. Transport Phenomena. 2nd ed. New York: John Wiley & Sons
   (这本书是传递过程理论和教科书的奠基之作，是本学科的"圣经"。读者只要将这本书和绝大多数中文或外文的传递教科书比较一下即可看出，如欲"取乎法上"，本书自然不可漏读。书中对于对流传质问题的讨论也是更为详尽的。)
3. 本尼特 C O，迈尔斯 J E. 1988. 动量、热量和质量传递. 3 版. 张统潮，陈岚生，译. 北京：化学工业出版社：211-223
   (这本书对于传递类似律的物理概念、传递模型以及应用均有细致的论述。)

## 学 习 提 示

1. 本章引入了浓度边界层的概念，据此讨论了层流(或湍流)下，在平板上以及圆管内的对流传质问题(主要是对流传质系数的理论计算)。

2. 平板上的层流(或湍流)对流传质问题可以两种方法处理：一种方法是，为得到定态、层流下的精确解，可以根据传质边界层的特征由传质微分方程(对流-扩散方程)入手进行简化，得到浓度边界层控制方程，补充边界条件构成数学定解问题并求解，如此得到浓度边界层内的浓度分布，据此结合对流传质理论导出对流传质系数的理论计算式。另一种方法是，直接针对浓度边界层建立特殊的浓度边界层控制方程，即浓度边界层的传质积分方程，由此得到浓度分布的近似解，也可给出对流传质系数的计算式。后一种方法的优点是建立的控制方程同时适用于湍流。

3. 圆管中层流对流传质问题的处理遵循了类似平板上得到精确解那样的模型化方法，区别只是在细节上，如几何条件不同等。

4. 通过对于三种对流传递过程的比较，本章充分展示了其中存在的数学和物理上的类似性。传递类似律通过物理或数学上的类比，可以在不同传递过程间建立起定性和定量的联系，这样就可以由一个过程的解推断另一过程的解，或者由一已知传递过程的对流传递系数求其他传递过程的系数。传递类似律常用于处理湍流下对流传递通量计算问题，应用时需要注意关系式的使用条件。

5. 本章介绍了三种典型的相间传质模型，即膜模型、渗透模型和表面更新模型。

## 思　考　题

1. 比较氧在气体和液体中的施密特数大小。

   (1) 氧在 293K、$1.103 \times 10^5 Pa$ 的空气中；　(2) 氧在 293K 水中。

   提示：扩散系数值分别见例 9-1 和例 9-2。

2. 显然，工程中定义的对流传质过程中伴随混合物在纵向的对流。但是，对流传质中考虑的是横向上的传质(类似地，在动量传递中是纵向的流动速度梯度导致横向上的动量传递)，那么：

   (1) 什么情形下横向上不独是扩散，还有对流的贡献？

   (2) 如何考虑纵向对流对于横向上传质的影响？

   提示：通过分析纵向对流对(横向的)对流传热的影响，如下两篇文献提出一种强化传热的机制。[1] 过增元. 2003. 换热器中的场协同原则及其应用. 机械工程学报，39(12): 1-9; [2] 过增元. 2001. 对流换热的物理机制及其控制. 科学通报，45(19): 2118-2122。

3. 本章例 11-6 中，为何特别建立了一个传质模型？能否采用柱坐标下的传质微分方程(表 8-2)，将其简化后讨论其中的问题？

4. 在导出表面更新模型的 PDF 过程中，采用了丹克沃茨给出的颇为繁复的论证。实际上，如果采用随机过程理论中的累积分布函数的概念，即

$$F(t) = \int_0^t f(\lambda) \mathrm{d}\lambda$$

将式(11-68)代入上式取积分可得

$$F(t) = 1 - e^{-st}$$

试依据上述推导解读所得分布函数 $F(t)$ 及其中参数 $s$ 在表面更新模型框架下的物理意义。再考虑渗透模型中的分布函数如何解读。

## 习　题

1. 图 11-4 中示意了层流下管内浓度边界层的主要特征，试类比该图画出湍流下管内浓度边界层的演变特征并做文字分析说明。

2. 试利用不同传质方式以及驱动力表达方式间的变换关系，对下述各传质系数进行变换：

   (1) 将气体中 $k_G^0$ (等分子反方向；组分分压差)变换为 $k_c$ (A 经停滞组分 B；组分浓度差)和 $k_y^0$ (等分子反方向；组分摩尔分数差)。

   (2) 将液体中 $k_x$ (A 经停滞组分 B；组分摩尔分数差)变换为 $k_L$ (A 经停滞组分 B；组分摩尔浓度差)和 $k_x^0$ (等分子反方向；组分摩尔分数差)。

3. 对平板上二维层流，流函数 $\psi$ 的定义如下

$$u_x = \frac{\partial \psi}{\partial y} \qquad u_y = -\frac{\partial \psi}{\partial x}$$

已知如下形式的量纲为一流函数 $f$ 的近似表达式：$f(\eta) = \frac{\psi}{\sqrt{u_0 \nu x}} = 0.166\eta^2$

式中，$u_0$ 为边界层外主体流速；$\eta = \eta(x,y) = y\sqrt{\dfrac{u_0}{\nu x}}$ 为量纲为一坐标。

(1) 试导出速度边界层厚度 $\delta$ 以及局部曳力系数 $C_{Dx}$ 的表达式。

(2) 当 $Pr = 1$ 时热量传递和动量传递间存在简单的类比关系，即 $T^* = \dfrac{T - T_w}{T_0 - T_w} = U^* = \dfrac{u_x}{u_0}$，试导出局部对流传热系数 $h_x$ 的表达式。

(3) 当 $Sc = 1$ 时质量传递和动量传递间存在简单的类比关系，即 $C_A^* = \dfrac{c_A - c_{As}}{c_{A0} - c_{As}} = U^* = \dfrac{u_x}{u_0}$，试导出局部对流传质系数 $k_{cx}^0$ 的表达式。

提示：对二维流动，已知流函数就给出了速度分布。

4. 氮气流在 2m 长的装有液态丙酮的容器表面处平行流过，温度为 300K，压强为 $1.013 \times 10^5$Pa，流速为 4m/s。假设丙酮在 300K 下持续供给，且在该温度下丙酮向氮气中的扩散系数为 $9.2 \times 10^{-6}$m$^2$/s。设边界层由层流向湍流的转变发生在 $Re_{x_c} = 3 \times 10^5$。试计算局部传质系数 $k_c$ 和距最前端的距离 $x_c$。

5. 在光滑的平板上洒有一薄层乙醇。乙醇上方沿平板有压强为 $1.013 \times 10^5$Pa 的空气沿平板平行流过，空气速度为 2.5m/s，温度维持 289K。试求算由平板前缘算起 1m 长、1m 宽的面积上乙醇的汽化速率。设 $Re_{x_c} = 3 \times 10^5$，计算时忽略表面传质对边界层的影响。已知 289K 下乙醇的饱和蒸气压为 4000Pa，乙醇-空气混合气的运动黏度为 $1.48 \times 10^{-5}$ m$^2$/s，乙醇在空气中的扩散系数为 $1.26 \times 10^{-5}$ m$^2$/s。

6. 海水以 1m/s 的速度流过一块长、宽尺寸为 0.15m×0.15m 的固体盐(NaCl)的表面。290K 时海水的盐浓度为 0.0309g/m$^3$；饱和时，盐浓度将达到 35g/m$^3$。海水的运动黏度约为 $1.02 \times 10^{-6}$m$^2$/s，其中盐的扩散系数为 $1.0 \times 10^{-9}$m$^2$/s。忽略边界效应(或端效应)，计算盐向溶液中的传质速率。设边界层由层流向湍流的转变发生在 $Re_{x_c} = 3 \times 10^5$。

7. 当圆管内进行定态层流传质时，假设速度沿管径方向分布均匀，即为活塞流($u_z = u_b$)。

(1) 试证明在第二类传质边界条件(恒管壁传质通量)情况下舍伍德数 $Sh = 8.0$。

(2) 比较并分析此时舍伍德数与书中精确解(表 11-3)的异同，指出差别产生的物理上的和数学上的原因。你认为线性分布近似下的结果能否满足计算精度要求？

8. 为了研究萘向空气流中的升华，研究人员制备了一根内径为 $2.5 \times 10^{-2}$m、长 3m 的圆管。283K、平均压强 $1.013 \times 10^5$Pa 的空气流以 1m/s 的流速通过该圆管。283K 时，萘的蒸气压为 3Pa，萘在空气中的扩散系数为 $5.4 \times 10^{-6}$m$^2$/s，空气的运动黏度为 $1.415 \times 10^{-5}$m$^2$/s。试计算空气离开圆管后的组成。

9. 研究人员设计了一根如习题 7 所描述的萘管(内径为 $2.5 \times 10^{-2}$m、283K、平均压强 $1.013 \times 10^5$Pa 的空气流以 1m/s 的流速流过)，如果使通过萘管的空气流中的萘的浓度为 $3.0 \times 10^{-4}$mol/m$^3$，需要设计多长的萘管？所要用到的物性见习题 8 中所列。

10. 求解平板上层流速度边界层(4.4 节)以及温度边界层(7.2.2 节)的近似解时，均预先假设了代数多项式分布；确定分布式中待定常数时，利用了边界层在边界上的物理和数学特征。类似地，试利用平板上层流浓度边界层的边界特征，验证如下浓度分布假设

$$c_A = a + by + cy^2 + dy^3$$

并确定式中的待定常数 $a$、$b$、$c$、$d$。

11. 假设平板表面层流边界层的速度分布和浓度分布均为线性关系，试利用层流边界层的边界特征确定速度及浓度分布，代入传质边界层积分方程导出相应的局部对流传质系数计算式，比较并分析此时对流传质系数与书中精确解(表 11-1)的异同，指出差别产生的物理上的和数学上的原因。你认为线性分布近似下的结果能否满足计算精度要求？

提示：如果假设线性分布则有两个待定参数；物理上，第一类边界条件是最强的或在较大程度上体现了对象特性。

12. 参见图 11-2，考虑可通透多孔表面上的定态、不可压缩二维层流流动，在壁面上存在可通透组分的传质以及混合物通过壁面的外泄流，这相当于壁面的通量为

$$N_A = -D_{AB} \frac{\partial c_A}{\partial y}\bigg|_{y=0} - c_A u_{ys}$$

注意其中 $u_{ys}$ 前的负号表明了坐标的方向。试采用积-微分质量衡算方法建立传质边界层积分方程。

提示：控制体选取参见图 4-11。

13. 空气以 30m/s 平行流过 $1m^2$ 的薄萘板的表面。空气温度为 310K，压强为 $1.013 \times 10^5 Pa$，萘板温度为 300K。已知下列有关萘的数据：298K 时萘的扩散系数为 $6.11 \times 10^{-6} m^2/s$；300K 时萘的蒸气压为 25Pa。试计算萘板的升华速率。

提示：假设物性不随温度变化；气体密度和黏度近似空气。

14. 如上所述，空气以 6m/s 的流速从 3m 长的盛有水的容器表面平行流过。水在 298K 表面温度时的蒸气压为 $3.21 \times 10^3 Pa$，空气的运动黏度为 $1.55 \times 10^{-5} m^2/s$，水在该系统温度和压强下向空气中的扩散系数为 $2.60 \times 10^{-5} m^2/s$。试计算：

(1) 雷诺数为 100000 处的对流传质系数。

(2) 平板最前端到雷诺数为 100000 处的平均对流传质系数。

(3) 雷诺数 1000000 处的对流传质系数。

15. 气流以 6m/s 的流速从盛有水的容器表面平行流过，空气的运动黏度为 $1.55 \times 10^{-5} m^2/s$，在该系统温度和压强下水在空气中的扩散系数为 $2.60 \times 10^{-5} m^2/s$。计算：

(1) 距最前端 1m 处的对流传质系数 $k_c$。

(2) 距表面 0.1～0.3m 的平均对流传质系数 $k_{cm}$。

(3) 容器长 3m，整个表面的平均对流传质系数值 $k_{cm}$。

16. 三氯乙烷($Cl_3CCH_3$，TCA)用来氯化在热氧条件下生成的 $SiO_2$ 膜。半导体的生产过程已经使用了将 TCA 蒸发进入惰性气体流中的方法。使用平地的容器装有液体 TCA，在 0.01m 深、4m 长的方向上，惰性气体以 6m/s 的流速流过，容器足够宽。液体 TCA 在 293K 下持续供给，系统压强为 $1.013 \times 10^5 Pa$。在该条件下，TCA 的扩散系数可以认为是 $1.0 \times 10^{-5} m^2/s$。如果 TCA 的密度为 $1g/m^3$，层流到湍流的转变发生在 $Re_{x_c} = 2 \times 10^5$ 时，计算蒸发 TCA 所需的时间。

17. 水以 3m/s 的平均流速流过直径 25mm 的光滑圆管。管壁温度恒定为 305K，水的进口温度为 283K。试分别采用雷诺、普朗特-泰勒、冯·卡门以及科尔伯恩类似律计算上述条件下的对流传热系数以及水流过 3m 管长后的出口温度，并将计算结果列表进行讨论。

提示：出口温度计算方法参见例 11-4。

18. 西德尔和泰特提出的圆管内强制层流传热的经验关联式为

$$Nu = 1.86 Re^{\frac{1}{3}} Pr^{\frac{1}{3}} \left(\frac{d}{L}\right)^{\frac{1}{3}} \left(\frac{\mu}{\mu_w}\right)^{0.14} \tag{7-64}$$

凭直觉，在相同的管内层流传质时可能有类似的方程

$$Sh = 1.86 \left(ReSc\frac{d}{L}\right)^{\frac{1}{3}} \left(\frac{\mu}{\mu_w}\right)^{0.14}$$

这两个方程中的黏度数值基本相同。试采用科尔伯恩类似律推导管内层流传质的传递系数方程并检验上式是否正确。

19. 简述三种相间传质模型——膜模型、渗透模型和表面更新模型——的基本物理假设，以及所得传质系数计算式的异同。

# 第 12 章　传递过程模型化方法

本书完整地介绍了传递过程的基础理论，其中给出了各种各样的示例，涉及诸多的物理和数学细节。这种表面上的内容丰富或繁杂，常常使人或望而却步，或如堕雾中。实际上，传递过程理论具有严整、单一的逻辑和方法论结构。按照博德等的说法[①]，从动量传递，继而热量传递，最后质量传递，一路看来，看到的是不变的剧情或故事，变化的只是"演员的名字"而已。

本章将从方法论角度总结此前所述的动量传递、热量传递以及质量传递理论，通过总结，将拓展此前相关章节的内容。

## 12.1　模型化方法简述

一切研究都始于问题。这源于对现有及未知原理、方法、工程及工艺、设备的改进及创新，如现有工艺及设备的分析、新现象及原理的揭示等。就过程研究与设计而言，基本的任务是要求发现最适宜的方式和方法(如设备、工艺和配方等)，达到给定目标，如最后的状态或产品，或者是预测过程工艺及设备的性能，并在此基础上实现放大。可供选择的研究方法有实验、理论和计算的方法，包括：①针对特定过程设备的实验模型；②针对特定的问题，应用基于物理-化学原理所得的理论或计算模型。

模型是相对原型(prototype)而言的，它是与原型相似的系统，是对原型的摹写和仿真。因此，模型化方法是以模型的形式对于原型的性能和行为进行模拟、表征或描述，以得到系统各有关因素或参数(变量)间定性或定量关系、借以描述和说明系统特性的方法。因此，模型化方法包括以下三种：

(1) 实验或物理模型方法(experimental or physical modeling)：以实体或实验装置，通过测试或调节系统参数揭示或描述所研究系统性能。这类模型方法的作用是，通过设计特定的实验模型了解原型系统的行为特征，验证技术或工程问题，定量测定结果可在一定的范围内直接用于实际过程；而且借助实验可建立物理量间的关联或函数关系，用于过程设计和优化。

(2) 理论模型方法(theoretical modeling)：以物理量间数学关系方式描述所研究系统的本质行为，如代数方程、微分方程、差分方程、积分方程等，并在简化条件下得到解析解。这类模型方法的作用是：提供对过程机理的解析以及过程研究及开发中的规律性认识；较之实验方法，可节约时效及耗费，估量中试及放大结果。

(3) 计算或数值模型方法(computational or numerical modeling)：基于物理化学原理或逻辑关系对所研究系统本质行为进行数值描述。这类模型包括逻辑关系式(如人工智能)和计算机模拟程序等，其作用是作为过程研究及开发中的模拟器或仿真器。

本书中无论问题大小，均采用了理论模型化的方法，如图 12-1 所示。以下说明和综述这种方法是如何展开的。

---

① Bird R B , Stewart W E , Lightfoot E N. 2002. Transport Phenomena. 2nd ed. New York: John Wiley & Sons.

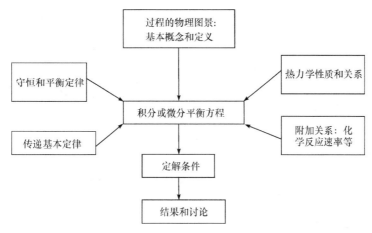

图 12-1　传递过程理论模型的构成及应用

本书中对三种传递过程模型化的起点是依据守恒律针对三种传递量建立普适的传递微分方程，包括：

(1) 动量传递：连续性方程和运动微分方程，即第 2 章中式(2-18)和式(2-58)。

(2) 热量传递：能量方程，即第 5 章中式(5-12)。

(3) 质量传递：组分 A 的传质微分方程，即第 8 章中式(8-42)。

对于具体的传递问题，给出物理简化及假设条件，简化传递微分方程，就可以得到描述对象特性的控制方程。这种方法相当于一个由普遍到特殊的过程。

为求解上述控制方程，除了需要给出边界条件和/或初始条件外，还需要补充必要的附加关系，如物性计算、反应速率表达式等，以构成数学上适定或封闭的问题。在数学上，本书中力求简单，因而在多数情形下在物理上做了大幅的简化，使控制方程简单，以求得精确解或近似解。但是对于解决工程实际问题，这是不够的。

本书中与上述一般化方法并行的另一种模型化方法是，对于特定的对象依据守恒原理建立特定的控制方程，典型的如对于平板上的对流传递过程的处理(表 11-4 )。这种方法虽属近似，但对解决问题也是有效的。

利用上述模型化方法，可以对三种传递过程建立简单的传递模型并对对象的基本特性进行描述。但在前述各章中，分别对于三种传递过程进行了讨论，很少计及不同传递过程之间的耦合作用。例如，温度分布以及浓度分布均会直接影响到流体黏度和密度等，后者与流场直接相关。在过程单元中，这类不同传递过程的耦合是常见的。另外，即使是对于单一的传递过程，为避免模型求解的复杂，在处理时也常常对普适的传递微分方程进行大幅的简化。从实用角度看，这类简化的结果究竟在多大程度上逼近实际的对象难免令人生疑。

传递过程研究在过去 30 多年中的一个重要的进展是计算或数值模型方法的应用。得益于计算机技术的飞速发展和计算能力的大大增强，已可以通过对过程做尽可能少的简化，采用计算流体力学(computational fluid dynamics，CFD)方法，针对许多十分复杂的单相流动问题求解一整套非线性、耦合的传递微分方程组。湍流模式理论的发展也为工程实用提供了一些较可靠的数值模型，如目前广为应用的 $k$-$\varepsilon$ 两方程湍流模型以及雷诺应力模型等。对于更为复杂的多相流传递问题，利用多种针对多相流的数值解法(如 IPSA)以及大型商用软件(如 FLUENT

等)求解多相传递基本方程组,已可以成功地对多维、定态和非定态、多相湍流、有化学反应的分离和/或反应过程进行数值分析。目前,这类模型化方法已逐渐成为化工过程单元优化设计以及放大的有效工具,用于诸如分离(蒸馏、吸收和吸附、萃取、过滤、搅拌、沉降、流态化、乳化、结晶、聚并等),以及化学的、催化的、生物化学的、电化学的以及光化学等过程的概念设计、操作和控制以及优化和放大。

以下通过一示例,具体说明采用本书传递微分方程处理复杂对象的模型化方法。

## 12.2　模型化方法应用实例

本节将针对催化燃烧管式反应器建立综合的传递过程模型,其中计及物性(密度、黏度等)变化的效应。通过采用数值方法求解模型,可以详细考察伴有化学反应条件下系统的传递特性。这相当于将物理对象转化为数值的或计算机模型,据此通过数值试验推演系统的行为和特性。

本例是综合应用前述传递过程理论的一个实例,目的不是讲解如何做更为复杂的计算,而是说明如何扩展先前讲述的传递基础理论,并将其用于研究和/或解决实际的传递问题。

### 12.1.1　物理模型和假设

考虑如图 12-2 所示的催化燃烧蜂窝体反应器,其原型是汽车尾气净化中使用的蜂窝体催化反应元件。这种反应器器内填充由规整、重复、相互分隔的通道(尺度 1～3mm,圆形、正方形等)构成的整块陶瓷或金属载体,通道壁面涂敷多孔性涂层(20～150μm),涂层上担载催化活性组分;气体反应物经预分布后流过通道集束,在壁面上固体催化剂的作用下实现化学转化。

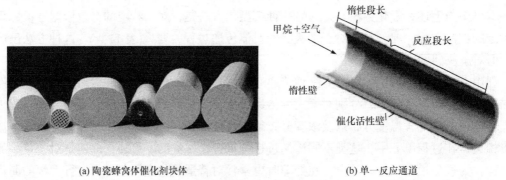

(a) 陶瓷蜂窝体催化剂块体　　　　　　(b) 单一反应通道

图 12-2　催化燃烧蜂窝体催化剂

选取甲烷催化燃烧为目标反应,反应式为

$$CH_4 + O_2 \longrightarrow CO_2 + H_2O \quad \Delta H_{298K} = -801kJ/mol$$

假定反应器径向绝热,且来流在进料截面上均匀分布,因而每一个通道的传递和反应特性是一样的,故可以取整体的一个单通道作为模拟对象,即一个半径为 $R$ 的圆柱形直管反应器。对于单一反应管,作如下假设:

(1) 涂有催化剂的通道壁表面上发生一级反应,在考察的温度范围内可以忽略气相主体中的均相反应。

(2) 流动和反应过程均为定态,并且由于通道截面很小,其中的流动可以认为是层流。

(3) 由于对象具有轴对称几何特征,故传递参数的分布为轴对称、二维。

### 12.2.2 控制方程

首先,对反应管内动量传递或流场的描述基于混合物的连续性方程和运动微分方程,即第 2 章中式(2-18)和式(2-58)。在轴对称柱坐标系、定态、层流下,简化可得

连续性方程:

$$\frac{1}{r}\frac{\partial}{\partial r}(\rho r u_r) + \frac{\partial}{\partial z}(\rho u_z) = 0 \tag{12-1}$$

轴向和径向动量方程:

$$u_r\frac{\partial u_z}{\partial r} + u_z\frac{\partial u_z}{\partial z} = -\frac{1}{\rho}\frac{\partial p}{\partial z} + \nu\left\{\frac{\partial}{\partial r}\left[\frac{1}{r}\frac{\partial}{\partial r}(r u_z)\right] + \frac{\partial^2 u_z}{\partial z^2}\right\} \tag{12-2a}$$

$$u_r\frac{\partial u_r}{\partial r} + u_z\frac{\partial u_r}{\partial z} = -\frac{1}{\rho}\frac{\partial p}{\partial r} + \nu\left\{\frac{\partial}{\partial r}\left[\frac{1}{r}\frac{\partial}{\partial r}(r u_r)\right] + \frac{\partial^2 u_r}{\partial z^2}\right\} \tag{12-2b}$$

对反应管内热量传递或温度场的描述基于混合物的能量方程,即式(5-18)。对于理想气体,忽略黏性耗散的简化能量平衡方程为

$$\rho C_p\left(u_r\frac{\partial T}{\partial r} + u_z\frac{\partial T}{\partial z}\right) = \frac{1}{r}\frac{\partial}{\partial r}\left(rk\frac{\partial T}{\partial r}\right) + \frac{\partial}{\partial z}\left(k\frac{\partial T}{\partial z}\right) \tag{12-3}$$

对反应管内质量传递或浓度场的描述基于反应组分 A 的传质微分方程,即式(8-42)。简化后的传质微分方程为

$$C\left(u_r\frac{\partial y_A}{\partial r} + u_z\frac{\partial y_A}{\partial z}\right) = \frac{1}{r}\frac{\partial}{\partial r}\left(rDC\frac{\partial y_A}{\partial r}\right) + \frac{\partial}{\partial z}\left(DC\frac{\partial y_A}{\partial z}\right) \tag{12-4}$$

该式中假设混合物的摩尔平均速度和质量平均速度相等,这是文献中普遍的做法。

式(12-1)~式(12-4)即构成过程的控制方程。

### 12.2.3 定解条件

1. 边界条件

动量方程的边界条件为:在反应管进料处,设速度均匀分布或为抛物线型分布,壁面处速度无滑移条件,中心处为对称条件,在出口处充分发展(轴向速度梯度为零)条件。

能量方程的边界条件为:

在进料处 $$T = T_0 \tag{12-5a}$$

在中心处 $$\frac{\partial T}{\partial r} = 0 \tag{12-5b}$$

在边壁处 $\qquad -k\dfrac{\partial T}{\partial r} = (-R_{As})(-\Delta H)$ $\qquad$ (12-5c)

在出口处 $\qquad \dfrac{\partial T}{\partial z} = 0$ $\qquad$ (12-5d)

传质微分方程的边界条件为:

在进料处 $\qquad y_A = y_{A0}$ $\qquad$ (12-6a)

在中心处 $\qquad \dfrac{\partial y_A}{\partial r} = 0$ $\qquad$ (12-6b)

在边壁处 $\qquad -DC\dfrac{\partial y_A}{\partial r} = -R_{As}$ $\qquad$ (12-6c)

在出口处 $\qquad \dfrac{\partial y_A}{\partial z} = 0$ $\qquad$ (12-6d)

### 2. 物性计算

假定混合气体符合理想气体状态方程，计算气体密度。

甲烷在空气中的扩散系数与温度和压强的关联式由富勒(Fuller)关系式求得

$$D = 9.99 \times 10^{-5} \frac{t^{1.75}}{p}$$ (12-7)

反应混合物的导热系数和黏度系数分别由如下两式求得

$$k = 1.679 \times 10^{-2} + 5.073 \times 10^{-5} T$$ (12-8)

$$\mu = 7.701 \times 10^{-6} + 4.166 \times 10^{-8} T - 7.531 \times 10^{-12} T^2$$ (12-9)

各反应组分的比热容与温度的关系可由文献查得并由式(12-10)计算

$$c_p = a + bT + cT^2$$ (12-10)

然后按组成加和得到混合物的比热容。

### 3. 反应速率方程

据文献报道，甲烷催化燃烧反应对甲烷为一级，对氧气为零级。此处取以单位活性表面积为基的反应速率方程为

$$-R_{As} = 3 \times 10^5 \exp(-\frac{100000}{Rt})c_A \quad \text{mol}/(\text{m}^2 \cdot \text{s})$$ (12-11)

至此，以上的各个方程构成了此处所述问题的完整的数学模型。

### 12.2.4　模型求解

采用有限体积法(见本章后列文献)联立求解由式(12-1)～式(12-5)组成的耦合的偏微分方程组，可得到反应管内在定解条件式(12-5)～式(12-11)下的浓度、温度、流速和压强等的分布。据此可计算传递系数。定义努塞特数为

$$Nu = \frac{2R}{(T_w - \langle T \rangle)} \frac{\partial T}{\partial r} \Big|_{r=R}$$ (12-12a)

式中，混合杯温度为

$$\langle t\rangle = \frac{\int_0^R u_z(r)\rho c_V T(r) r \mathrm{d}r}{\int_0^R u_z(r)\rho c_V r \mathrm{d}r} \tag{12-12b}$$

定义舍伍德数为

$$Sh = \frac{2R}{\left(\langle y_{\mathrm{A}}\rangle - y_{\mathrm{As}}\right)} \frac{\partial y_{\mathrm{A}}}{\partial r}\Big|_{r=R} \tag{12-13a}$$

式中，混合杯组成为

$$\langle y_{\mathrm{A}}\rangle = \frac{\int_0^R u_z(r) y_{\mathrm{A}}(r) r \mathrm{d}r}{\int_0^R u_z(r) r \mathrm{d}r} \tag{12-13b}$$

为验证数值求解算法的可靠性，首先求解了对流传热中经典的格雷兹(Graetz)问题①，求解结果如图 12-3 和图 12-4 所示，图中 $Gz$ 的定义式为 $Gz = \frac{2R}{z}(RePr)$。由图可见，$Nu$ 从进料处开始降低到某个极限值后保持恒定；在充分发展段，在管壁恒热流和恒壁温两种条件下，$Nu$ 的数值解逐渐趋近理论值 4.36 和 3.66。这表明数值求解过程是可靠的。

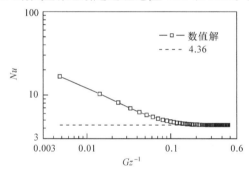

图 12-3　管壁恒热流时数值解与解析解的比较
管长 0.02m，管径 0.002m，流动介质为空气，管壁热通量为 500W/m²

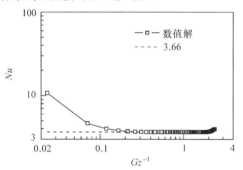

图 12-4　管壁恒温时数值解与解析解的比较
管长 0.1m，管径 0.002m，流动介质为空气，管壁温度为 700K

### 12.2.5　数值模拟结果与讨论

一般而言，影响反应通道中同时进行的动量、热量、质量及反应过程的因素包括：操作条件，如进料速度及分布、浓度、温度等；几何条件，如通道尺寸等；以及壁面上催化剂的活性及其分布等。这些因素通过复杂的方式影响到反应管内的速度分布、温度分布以及浓度分布(及反应的转化率)。同时，在已知三种场分布的条件下，作为导出量的对流传递系数，即与压降相关的摩擦系数，与温度分布有关的努塞特数以及与浓度分布有关的舍伍德数的影响因素也可加以考察。通过这种“数值实验”，可以深入了解对象的特性，从而设计出优化的过程。以下选取一些典型的结果，借以说明传递模型的这种作用。

1. 反应管内的速度分布和压降

图 12-5 示出了不同界面上轴向速度的径向分布。由图可见，沿流动方向速度的径向分布

① 1883 年格雷兹研究了关于管内层流传热热入口段的模型描述和数学求解问题，1910 年努塞特在不了解格雷兹工作的情况下，再次求解了同样的问题。参见第 7 章图 7-5“圆管内的局部对流传热系数在入口段的变化”及相关的讨论。

逐渐发展为抛物线型，经过一定管长之后，抛物线的形状不再改变，近似达到充分发展，这些特征与圆管内非反应条件下层流流动充分发展段速度分布形态是一致的。图 12-6 中考察了不同甲烷进料浓度对压强梯度的影响。由图可见，一方面，进料浓度增大，压强梯度明显增大。浓度增大，反应速率也会增大，热效应增强，体系温度升高，气体黏度增大，压降也增大；另一方面，温度升高，流体的体积膨胀，也会增加流动阻力。可见在伴有反应发生的情形下，反应对流场的影响是较大的。

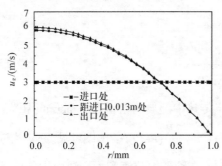

图 12-5　轴向不同横截面的径向速度分布

$y_{A0}$=0.001, $u_{z0}$=3m/s, $T_0$=700K, 进口速度均布

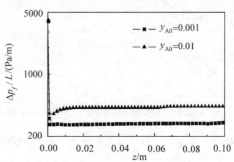

图 12-6　不同进料浓度压强梯度沿轴向变化

$T_0$=700K, $u_{z0}$=1m/s, 进口速度均布

根据压强场的数值解结果可以获得通道的进、出口压降。图 12-7 和图 12-8 中比较了长 $L$=0.02m、半径 $R$=0.001m 反应通道的进、出口压降的数值模拟结果和如下哈根-泊肃叶方程

$$-\frac{\Delta p_f}{L}=\frac{8\mu u_{\mathrm{b}}}{R^2} \tag{12-14}$$

计算值之间的差别，其中，式(12-14)以进料温度作为计算基准。图 12-7 示出了不同进料浓度下由式(12-14)所得计算值与模拟值的偏差，可见，浓度越大，相对偏差越大，在进料摩尔分数为 0.01 时相对偏差达 57.6%。图 12-8 示出了不同进料温度下模拟值与计算值的比较，可见，在该图所示的操作条件下，不同进料温度时，压降的相对偏差均在 50%左右，以进料温度作为基准温度导致很大的偏差。

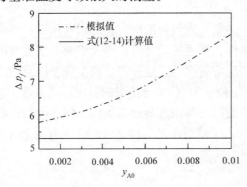

图 12-7　不同进料浓度时压降模拟与计算值的比较

$T_0$=700K, $u_{z0}$=1m/s

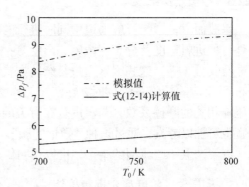

图 12-8　不同进料温度时压降模拟与计算值的比较

$y_{A0}$=0.01, $u_{z0}$=1m/s

## 2. 反应管内的传热与传质特性

以下针对长 $L$=0.02m、半径 $R$=0.002m 的反应通道，用上述数值模拟方法考察了轴向不同截面处的径向温度和浓度分布，以及不同操作条件下传热与传质系数的变化情况。

图 12-9 和图 12-10 分别示出了甲烷浓度的径向分布及其转化率的轴向分布。由图可见，反应物沿轴向不断消耗，浓度逐渐减小，温度逐渐升高；由于反应仅发生在壁面，因此沿径向壁面位置处反应物浓度最低，温度最高。图 12-10 表明，沿反应器长度方向，浓度梯度开始增加缓慢，然后突然加速，增至最大，又开始减小。这是由于随着反应不断进行，一方面体系温度逐渐升高，反应速率遵循阿伦尼乌斯温度关系增大；另一方面，反应物不断消耗，也会降低反应速率，但在进料段之后的一定距离范围内，前者的影响占主导地位，因而反应速率上升很快；而在反应器后半段反应物几乎消耗殆尽，后者的影响占主导，因而反应速率下降，浓度梯度变化甚微。图 12-11 和图 12-12 分别示出了温度的径向和轴向分布。该两图所示的温度变化情形和图 12-10 转化率的情形是对应的。沿轴向不同位置径向浓度梯度的变化也表明了反应速率和传递速率的相对大小的变化，反应器的前端，反应速率小于传递速率；进料段之后，反应速率加快，大于传质速率，壁面浓度相对较小，图 12-11 中在反应器的高温区径向温差达到 100℃，表明整个反应进入所谓的扩散控制段。

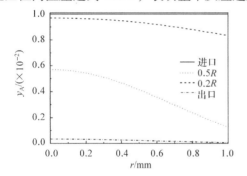

图 12-9　甲烷浓度沿径向的分布
$y_{A0}$=0.01, $T_0$=700K, $u_{z0}$=6m/s

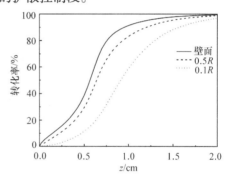

图 12-10　甲烷转化率沿轴向的分布
$y_{A0}$=0.01, $T_0$=700K, $u_{z0}$=6m/s

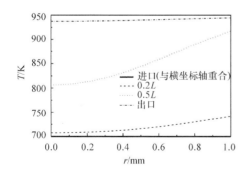

图 12-11　温度沿径向分布
$y_{A0}$=0.01, $T_0$=700K, $u_{z0}$=6m/s

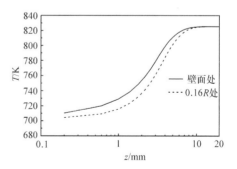

图 12-12　温度沿轴向分布
$y_{A0}$=0.005, $T_0$=700K, $u_{z0}$=1m/s

最后，采用上述数值模拟方法考察了 $Nu$ 随过程条件的变化。计算结果表明，由于传递过程的类似性，$Nu$ 和 $Sh$ 的值相等，因此在以下的讨论中仅讨论 $Nu$ 的变化。

图 12-13 示出了改变甲烷进料浓度对 $Nu$ 的影响，可见，进料浓度不同，在进料段，传递

系数差别不大，到了渐近值段，低进料浓度时传递系数更大。如果将反应速率方程表示为

$$-R_A = 3 \times 10^5 \alpha \exp\left(-\frac{100000}{RT}\right) C_A \tag{12-15}$$

式中，$\alpha$ 为表征催化剂活性的因子。图 12-14 示出了不同催化剂活性对 $Nu$ 的影响，可见，活性因子增大，在进料段影响不大，在渐近值段活性小，传递系数大。反应物进料浓度大，活性因子大，都会导致升温很快，于是反应速率更大，反应速率与传递速率的对比更加明显，进入传质扩控制区，此时温度更高，壁面浓度很小，同时壁面温度梯度也逐渐变小，在渐近值段，温度越高，$Nu$ 越小。图 12-15 示出了进料温度对 $Nu$ 的影响，可见，进料温度对进料段影响较小，渐近值段在进料温度低时，传递效果好。图 12-16 示出了进料速度对 $Nu$ 的影响，可见，在进料段影响较显著，渐近值段几乎没影响。

　　从以上结果可知，数值模拟的结果和传统恒壁温及恒壁热流条件下的数值是同一个数量级，但是数值并不相等。这是因为在实际的反应过程中，在壁面不同位置处，温度和组成都在改变，不满足恒定壁温或者恒定壁面热流，因而结果也会有差异。

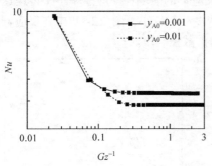

图 12-13　进料浓度对 $Nu$ 的影响

$T_0$=700K, $u_{z0}$=1m/s, 进料速度均匀分布

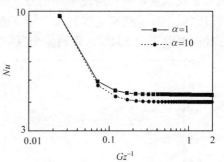

图 12-14　催化剂活性对 $Nu$ 的影响

$y_{A0}$=0.001, $T_0$=700K, $u_{z0}$=1m/s

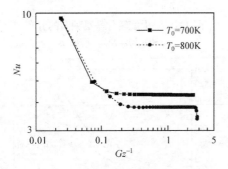

图 12-15　进料温度对 $Nu$ 的影响

$y_{A0}$=0.001, $u_{z0}$=1m/s

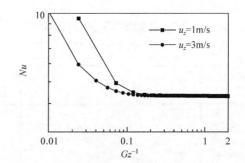

图 12-16　进料速度对 $Nu$ 的影响

$y_{A0}$=0.001, $T_0$=700K

## 12.2.6　小结

　　通过建立过程的传递模型，利用数值模拟，可以考察进料浓度、温度、流速和催化剂活性等参数对反应管流动、传热和传质性能的影响。结果表明，反应器单通道内的速度分布仍为抛物线型；对压降的模拟结果与哈根-泊肃叶方程的计算结果的比较表明，后者用于反应器压降设计偏差较大；此外，分析了 $Nu(Sh)$ 与 $Gz$ 的关系，发现 $Nu$ 的值与反应条件如进料浓度、

温度、流速和催化剂活性等有较大的依赖关系。

上述模型化研究充分说明，计算传递模型方法对增进对过程的理解和改进过程的设计是一种有效的工具。

## 拓 展 文 献

1. Aris R. 1993. Ends and beginnings in the mathematical modeling of chemical engineering systems. Chemical Engineering Science，48(14): 2507-2517

   (这本书是关于化工过程模型化的权威论述。)

2. 焦国凤, 刘辉, 杨立英, 等. 2004. 蜂窝体催化燃烧反应器中流动特性的数值模拟. 北京化工大学学报(自然科学版)，31(2): 1-5； Hayes R E, Kolaczkowsik S T. 1999. A study of Nusselt and Sherwood numbers in a monolith reactor. Catalysis Today, 47(1-4)：291-303

   (本章例12-1源自这两篇文献。)

3. 陶文铨. 1988. 数值传热学. 2 版. 西安：西安交通大学出版社

   (对于本书中传递微分方程的数值求解方法而言，这本书介绍的算法非常实用。)

## 学 习 提 示

传递模型是基于物理定律(通常是守恒原理)而建立的，用以描述传递中守恒量的平衡；模型的适用范围或普适性取决于建立模型时的设定条件。因此，面对具体的问题，需要基于细致的物理/化学分析"量体裁衣"，得到与对象特性最为切合的模型。一旦确立了模型，模型中就"结晶"了对象的特性。此时，需要依据传递模型的数学特性(常微分或偏微分)选取求解方法，从而得到理论解析解或者数值解。基于求解结果，就可以定性和/或定量把握对象的传递特性。这样一种模型化方法较之常规的实验模型方法的优点是显然的，如省时省力、预测能量强等。在计算传热学中创立学派的斯波尔丁(Spalding)教授曾说，他的理想是有一天所有的过程单元的可靠设计都能在计算机上完成，笔者愿以此与读者共勉。

## 思 考 题

参见 4.3.1 节，针对管内层流入口段流动，给出完整的传递计算模型，以分析入口段边界层流动特点。

# 参 考 文 献

本尼特 C O, 迈尔斯 J E. 1988. 动量、热量和质量传递. 3 版. 张统潮, 陈岚生, 译. 北京: 化学工业出版社

博德 R B, 斯图沃特 W E, 莱特富特 E N. 2004. 传递现象. 2 版. 戴干策, 戎顺熙, 石炎福, 译. 北京: 化学工业出版社

陈涛, 张国亮. 2009. 化工传递过程基础. 3 版. 北京: 化学工业出版社

戴干策, 任德呈, 范自晖. 2008. 传递现象导论. 2 版. 北京: 化学工业出版社

邓肯 T M, 雷默 J A. 2004. 化工过程分析与设计导论. 陈晓春, 李春喜, 译. 北京: 化学工业出版社

郭永怀. 2008. 边界层理论讲义. 合肥: 中国科学技术大学出版社

欧特尔 H, 等. 2008. 普朗特流体力学基础. 朱自强, 钱翼稷, 李宗瑞, 译. 北京: 科学出版社

王补宣. 2015. 工程传热传质学. 北京: 科学出版社

威尔特 J R, 威克斯 C E, 威尔逊 R E, 等. 2005. 动量、热量和质量传递原理. 4 版. 马紫峰, 吴卫生, 等译. 北京: 化学工业出版社

卫斯里荷 J A, 克里斯纳 R. 2007. 多组分混合物中的质量传递. 刘辉, 译. 北京: 化学工业出版社

杨世铭, 陶文铨. 2006. 传热学. 4 版. 北京: 高等教育出版社

查金荣, 陈家镛. 1997. 传递过程原理及应用. 北京: 冶金工业出版社

张德良. 2010. 计算流体力学教程. 北京: 高等教育出版社

张兆顺, 崔贵香. 2015. 流体力学. 3 版. 北京: 清华大学出版社

Finnemore E J, Franzini J B. 2002. Fluid Mechanics with Engineering Applications. 10th ed. New York: McGraw-Hill

Geankoplis C J. 1993. Transport Processes and Unit Operations. 3rd ed. New York: Prentice Hall

Incropera F P, Dewitt D P, Bergman T L, et al. 2011. Fundamentals of Heat and Mass Transfer. 7th ed. New York: John Wiley & Sons Inc.

Taylor R, Krishna R. 1993. Multicomponent Mass Transfer. New York: Wiley

# 附　录

## 附录 1　非稳态一维导热的工程简易算图

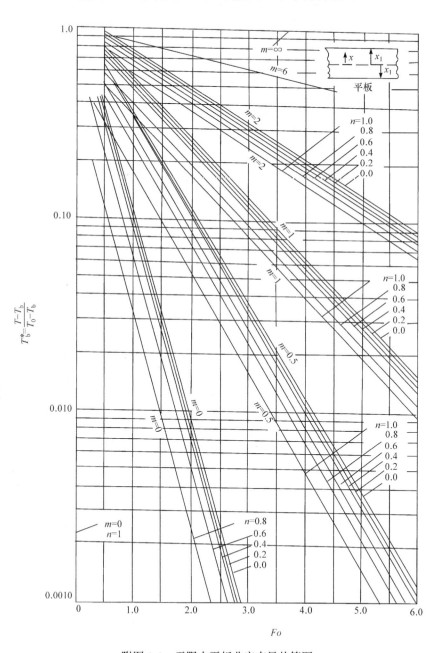

附图 1-1　无限大平板非定态导热算图

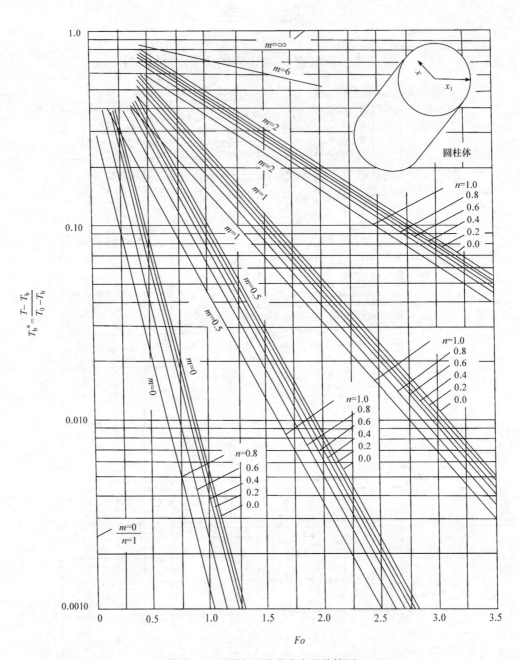

附图 1-2 无限长圆柱非定态导热算图

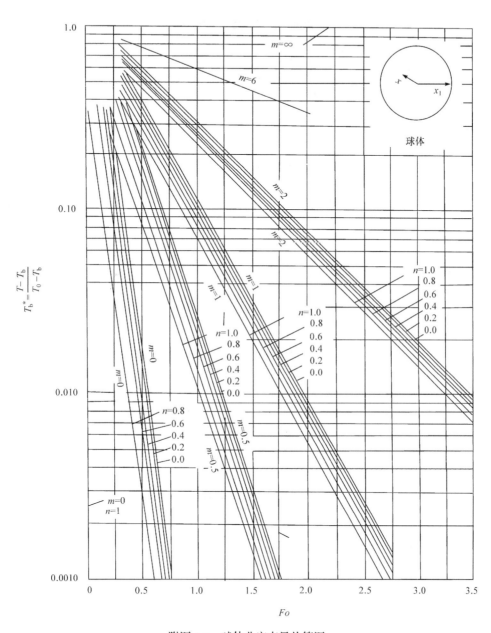

附图 1-3　球体非定态导热算图

# 附录 2　扩 散 系 数

### 附表 2-1　气体的扩散系数

| 系统 | 温度/K | 扩散系数/($10^{-5}m^2/s$) | 系统 | 温度/K | 扩散系数/($10^{-5}m^2/s$) |
|---|---|---|---|---|---|
| 空气-氨 | 273 | 1.98 | 氢-氩 | 295.4 | 8.3 |
| 空气-水 | 273 | 2.20 | 氢-氨 | 298 | 7.83 |
|  | 298 | 2.60 | 氢-二氧化硫 | 323 | 6.10 |
|  | 313 | 2.91 | 氢-乙醇 | 340 | 5.86 |
| 空气-二氧化碳 | 276 | 1.43 | 氦-氩 | 298 | 7.29 |
| 空气-氢 | 273 | 6.61 | 氦-空气 | 317 | 7.65 |
| 空气-乙醇 | 298 | 1.35 | 氦-甲烷 | 298 | 6.75 |
|  | 315 | 1.45 | 氦-氮 | 298 | 6.96 |
| 空气-乙酸 | 273 | 1.06 | 氦-氧 | 298 | 7.29 |
| 空气-正己烷 | 294 | 0.81 | 氩-甲烷 | 298 | 2.02 |
| 空气-苯 | 303 | 0.87 | 二氧化碳-氮 | 298 | 1.67 |
| 空气-甲苯 | 298.9 | 0.86 | 二氧化碳-氧 | 293 | 1.53 |
| 空气-正丁醇 | 273 | 0.70 | 二氧化碳-二氧化硫 | 473 | 1.98 |
|  | 298.9 | 0.87 | 水-二氧化碳 | 307.3 | 2.02 |
| 氢-甲烷 | 298 | 7.26 | 一氧化碳-氮 | 373 | 3.18 |
| 氢-氮 | 298 | 7.84 | 一氯甲烷-二氧化硫 | 303 | 0.693 |
|  | 358 | 10.52 | 乙醚-氨 | 299.5 | 1.078 |
| 氢-苯 | 311.1 | 4.04 | 氮-正丁烷 | 298 | 0.96 |

### 附表 2-2　液体的扩散系数

| 溶质(A) | 溶质(B) | 温度/K | 浓度/(kmol/m³) | 扩散系数/($10^{-9}m^2/s$) |
|---|---|---|---|---|
| $Cl_2$ | $H_2O$ | 289 | 0.12 | 1.26 |
| HCl | $H_2O$ | 273 | 9.0 | 2.70 |
|  |  | 273 | 2.0 | 1.80 |
|  |  | 283 | 9.0 | 3.30 |
|  |  | 283 | 2.5 | 2.50 |
|  |  | 289 | 0.5 | 2.44 |
| $NH_3$ | $H_2O$ | 278 | 3.5 | 1.24 |
|  |  | 288 | 1.0 | 1.77 |
| $CO_2$ | $H_2O$ | 293 | 0 | 1.77 |
| NaCl | $H_2O$ | 291 | 0.05 | 1.26 |
|  |  | 291 | 0.2 | 1.21 |
|  |  | 291 | 1.0 | 1.24 |

| 溶质(A) | 溶质(B) | 温度/K | 浓度/(kmol/m³) | 扩散系数/(10⁻⁹m²/s) |
|---|---|---|---|---|
| NaCl | $H_2O$ | 291 | 3.0 | 1.36 |
| | | 291 | 5.4 | 1.54 |
| 甲醇 | $H_2O$ | 288 | 0 | 1.28 |
| 乙酸 | $H_2O$ | 285.5 | 1.0 | 0.82 |
| | | 285.5 | 0.01 | 0.91 |
| | | 291 | 1.0 | 0.96 |
| 乙醇 | $H_2O$ | 283 | 3.75 | 0.50 |
| | | 283 | 0.05 | 0.83 |
| | | 289 | 2.0 | 0.90 |
| 正丁醇 | $H_2O$ | 288 | 0 | 0.77 |
| $CO_2$ | 乙醇 | 290 | 0 | 3.20 |
| 氯仿 | 乙醇 | 293 | 2.0 | 1.25 |

附表 2-3　固体的扩散系数

| 溶质(A) | 固体(B) | 温度/K | 扩散系数/(m²/s) |
|---|---|---|---|
| $H_2$ | 硫化橡胶 | 298 | $0.85 \times 10^{-9}$ |
| $O_2$ | 硫化橡胶 | 298 | $0.21 \times 10^{-9}$ |
| $N_2$ | 硫化橡胶 | 298 | $0.15 \times 10^{-9}$ |
| $CO_2$ | 硫化橡胶 | 298 | $0.11 \times 10^{-9}$ |
| $H_2$ | 硫化氯丁橡胶 | 290 | $0.103 \times 10^{-9}$ |
| | | 300 | $0.180 \times 10^{-9}$ |
| He | $SiO_2$ | 293 | $(2.4 \sim 5.5) \times 10^{-14}$ |
| $H_2$ | Fe | 293 | $2.59 \times 10^{-13}$ |
| Al | Cu | 293 | $1.30 \times 10^{-34}$ |
| Bi | Pb | 293 | $1.10 \times 10^{-20}$ |
| Hg | Pb | 293 | $2.50 \times 10^{-19}$ |
| Sb | Ag | 293 | $3.51 \times 10^{-25}$ |
| Cd | Cu | 293 | $2.71 \times 10^{-19}$ |

# 附录 3　碰撞积分与伦纳德-琼斯势参数数值表

## 附表 3-1　伦纳德-琼斯势参数 $\sigma$ 、$\varepsilon/k$ 数值表

| 化学式 | 物质名称 | $\sigma$ /Å | $(\varepsilon/k)$/K |
|---|---|---|---|
| Ar | 氩 | 3.542 | 93.3 |
| He | 氦 | 2.551 | 10.22 |
| Kr | 氪 | 3.655 | 178.9 |
| Ne | 氖 | 2.820 | 32.8 |

| 化学式 | 物质名称 | $\sigma$ /Å | $(\varepsilon/k)$/K |
|---|---|---|---|
| Xe | 氙 | 4.082 | 206.9 |
| 空气 | 空气 | 3.711 | 78.6 |
| $Br_2$ | 溴 | 4.296 | 507.9 |
| $CCl_4$ | 四氯化碳 | 5.947 | 322.7 |
| $CF_4$ | 四氟化碳 | 4.662 | 134.0 |
| $CHCl_3$ | 三氯甲烷(氯仿) | 5.389 | 340.2 |
| $CH_2Cl_2$ | 二氯甲烷 | 4.898 | 356.3 |
| $CH_3Br$ | 溴代甲烷 | 4.118 | 449.2 |
| $CH_3Cl$ | 氯代甲烷 | 4.182 | 350.0 |
| $CH_3OH$ | 甲醇 | 3.626 | 481.0 |
| $CH_4$ | 甲烷 | 3.758 | 148.6 |
| CO | 一氧化碳 | 3.690 | 91.7 |
| $CO_2$ | 二氧化碳 | 3.941 | 195.2 |
| $CS_2$ | 二硫化碳 | 4.483 | 467.0 |
| $C_2H_2$ | 乙炔 | 4.033 | 231.8 |
| $C_2H_4$ | 乙烯 | 4.163 | 224.7 |
| $C_2H_6$ | 乙烷 | 4.443 | 215.7 |
| $C_2H_5Cl$ | 氯乙烷 | 4.898 | 300.0 |
| $C_2H_5OH$ | 乙醇 | 4.530 | 362.6 |
| $CH_3OCH_3$ | 甲醚 | 4.307 | 395.0 |
| $CH_2CHCH_3$ | 丙烯 | 4.678 | 298.9 |
| $C_3H_6$ | 环丙烷 | 4.807 | 248.9 |
| $C_3H_8$ | 丙烷 | 5.118 | 237.1 |
| $CH_3COCH_3$ | 丙酮 | 4.600 | 560.2 |
| $CH_3COOCH_3$ | 乙酸甲酯 | 4.936 | 469.8 |
| $n$-$C_4H_{10}$ | 正丁烷 | 4.687 | 531.4 |
| $iso$-$C_4H_{10}$ | 异丁烷 | 5.278 | 330.1 |
| $C_2H_5OC_2H_5$ | 乙醚 | 5.678 | 313.8 |
| $CH_3COOC_2H_5$ | 乙酸乙酯 | 5.205 | 521.3 |
| $n$-$C_5H_{12}$ | 正戊烷 | 5.784 | 341.1 |
| $C_6H_6$ | 苯 | 5.349 | 412.3 |
| $n$-$C_6H_{14}$ | 正己烷 | 5.949 | 399.3 |
| $Cl_2$ | 氯 | 4.217 | 316.0 |
| $F_2$ | 氟 | 3.357 | 112.6 |

续表

| 化学式 | 物质名称 | $\sigma$ /Å | $(\varepsilon/k)$/K |
|---|---|---|---|
| HBr | 溴化氢 | 3.353 | 449.0 |
| HCN | 氰化氢 | 3.630 | 569.1 |
| HCl | 氯化氢 | 3.339 | 344.7 |
| HF | 氟化氢 | 3.148 | 330.0 |
| HI | 碘化氢 | 4.211 | 288.7 |
| $H_2$ | 氢 | 2.827 | 59.7 |
| $H_2O$ | 水 | 2.641 | 809.1 |
| $H_2O_2$ | 过氧化氢 | 4.196 | 289.3 |
| $H_2S$ | 硫化氢 | 3.623 | 301.1 |
| Hg | 汞 | 2.969 | 750.0 |
| $I_2$ | 碘 | 5.100 | 474.2 |
| $NH_3$ | 氨 | 2.900 | 558.3 |
| NO | 一氧化氮 | 3.492 | 116.7 |
| $N_2$ | 氮 | 3.798 | 71.4 |
| $N_2O$ | 氧化氮 | 3.828 | 232.4 |
| $O_2$ | 氧 | 3.467 | 106.7 |
| $SO_2$ | 二氧化硫 | 4.112 | 335.4 |
| $PH_3$ | 磷化氢 | 3.981 | 251.5 |

### 附表 3-2　分子扩散时 $\Omega_D$ 与 $kT/\varepsilon_{AB}$ 之间的关系表

| $kT/\varepsilon_{AB}$ | $\Omega_D$ | $kT/\varepsilon_{AB}$ | $\Omega_D$ | $kT/\varepsilon_{AB}$ | $\Omega_D$ |
|---|---|---|---|---|---|
| 0.30 | 2.662 | 1.05 | 1.406 | 1.80 | 1.116 |
| 0.35 | 2.476 | 1.10 | 1.375 | 1.85 | 1.105 |
| 0.40 | 2.318 | 1.15 | 1.346 | 1.90 | 1.094 |
| 0.45 | 2.184 | 1.20 | 1.320 | 1.95 | 1.084 |
| 0.50 | 2.066 | 1.25 | 1.296 | 2.00 | 1.075 |
| 0.55 | 1.966 | 1.30 | 1.273 | 2.1 | 1.057 |
| 0.60 | 1.877 | 1.35 | 1.253 | 2.2 | 1.041 |
| 0.65 | 1.798 | 1.40 | 1.233 | 2.3 | 1.026 |
| 0.70 | 1.729 | 1.45 | 1.215 | 2.4 | 1.012 |
| 0.75 | 1.667 | 1.50 | 1.198 | 2.5 | 0.9996 |
| 0.80 | 1.612 | 1.55 | 1.182 | 2.6 | 0.9878 |
| 0.85 | 1.562 | 1.60 | 1.167 | 2.7 | 0.9770 |
| 0.90 | 1.517 | 1.65 | 1.153 | 2.8 | 0.9672 |
| 0.95 | 1.476 | 1.70 | 1.140 | 2.9 | 0.9576 |
| 1.00 | 1.439 | 1.75 | 1.128 | 3.0 | 0.9490 |

续表

| $kT/\varepsilon_{AB}$ | $\Omega_D$ | $kT/\varepsilon_{AB}$ | $\Omega_D$ | $kT/\varepsilon_{AB}$ | $\Omega_D$ |
|---|---|---|---|---|---|
| 3.1 | 0.9406 | 4.3 | 0.8694 | 10 | 0.7424 |
| 3.2 | 0.9328 | 4.4 | 0.8652 | 20 | 0.6640 |
| 3.3 | 0.9256 | 4.5 | 0.8610 | 30 | 0.6232 |
| 3.4 | 0.9186 | 4.6 | 0.8568 | 40 | 0.5960 |
| 3.5 | 0.9120 | 4.7 | 0.8530 | 50 | 0.5756 |
| 3.6 | 0.9058 | 4.8 | 0.8492 | 60 | 0.5596 |
| 3.7 | 0.8998 | 4.9 | 0.8456 | 70 | 0.5464 |
| 3.8 | 0.8942 | 5.0 | 0.8422 | 80 | 0.5352 |
| 3.9 | 0.8888 | 6 | 0.8124 | 90 | 0.5256 |
| 4.0 | 0.8836 | 7 | 0.7896 | 100 | 0.5130 |
| 4.1 | 0.8788 | 8 | 0.7712 | 200 | 0.4644 |
| 4.2 | 0.8740 | 9 | 0.7556 | 400 | 0.4170 |